张云鹏 著

回到纯粹感性

杜夫海纳审美知觉现象学
之现象学阐释

Back to Pure Sensibility

The Phenomenological Interpretation on
Dufrenne's Phenomenology of Aesthetic Perception

中国社会科学出版社

图书在版编目(CIP)数据

回到纯粹感性:杜夫海纳审美知觉现象学之现象学阐释/张云鹏著.
—北京:中国社会科学出版社,2023.10
ISBN 978-7-5227-2291-7

Ⅰ.①回… Ⅱ.①张… Ⅲ.①杜夫海纳—审美—现象学
Ⅳ.①B83-0

中国国家版本馆 CIP 数据核字(2023)第 136375 号

出 版 人	赵剑英
责任编辑	陈肖静
责任校对	夏慧萍
责任印制	戴 宽

出 版	中国社会科学出版社
社 址	北京鼓楼西大街甲 158 号
邮 编	100720
网 址	http://www.csspw.cn
发 行 部	010-84083685
门 市 部	010-84029450
经 销	新华书店及其他书店

印 刷	北京明恒达印务有限公司
装 订	廊坊市广阳区广增装订厂
版 次	2023 年 10 月第 1 版
印 次	2023 年 10 月第 1 次印刷

开 本	710×1000 1/16
印 张	25.25
插 页	2
字 数	378 千字
定 价	139.00 元

目　　录

前　言

本论题是针对杜夫海纳《审美经验现象学》中"审美知觉现象学"所作的专题研究。审美经验的意向性显现为"纯粹知觉—审美对象"。在这个循环论证的结构中，杜夫海纳首先论述的是审美对象，其原因如爱德华·S. 凯西所言："首先，审美对象初看起来比审美经验本身更易于接近。它作为一个封闭的整体呈现于知觉，因而能够对它作出精确的描述。第二，现象学方法对研究经验的对象或内容要比对研究作为行为的经验本身更完备。作为'意向的分析'，现象学方法当然倾向于从分析意识对象开始，而把分析意识活动（意识对象分析的必然关联）放到下一步。第三，也是更重要的一点，杜夫海纳在书中是从欣赏者的立场来看问题的。而欣赏者所经验的正是审美对象。欣赏者'向外的注意力'（这是盖格尔的用语）首先是指向它的。倘若杜夫海纳写书时选择了艺术家的立场，其结果就会强调创作的行为，而不是创作的产品。采用强调艺术家活动的研究方法，亦即根据可以在艺术家身上发现的心理状况或心理过程来界定审美对象，有陷入心理主义的危险。杜夫海纳秉承胡塞尔过去对心理主义的攻击，拒绝采用这种方法。"①

事情固然如此，但这并非意味着，相对于审美对象审美知觉是次

---

① ［法］杜夫海纳：《审美经验现象学》，韩树站译，文化艺术出版社1996年版，英译本前言，第608页。

要的。因为"纯粹知觉—审美对象"的交互意向性结构表明，两者相辅相成，互相依存，不能分离。从审美对象的角度看，"审美对象不仅是一个自在－自为。它是为我们而存在的自在－自为。它的存在是为了被感知，被作为欣赏者的我们的感知"①。而如果从审美知觉的角度看，"知觉的目的是显现审美对象"②，审美对象则是只能实现在知觉中的一种感性事物的存在，它是在知觉中完成的。这就是说，缺少审美知觉特定的意向作用，审美对象就不可能显现和存在。至于艺术家的创作心理行为，在审美对象的显现上，它与欣赏者的欣赏心理行为遵循着同样的法则和规律。进一步也可以说，艺术创作与艺术欣赏是交互进行的。没有纯粹的艺术创作，也没有纯粹的艺术欣赏。创作当中贯穿着欣赏，欣赏当中渗透着创造。如果说，在《审美经验现象学》中，为追求审美经验的纯粹性（避开心理学和宇宙论的问题），杜夫海纳是从艺术作品出发界定审美对象；那么，在《审美经验现象学》之后，也就是在审美经验的纯粹性得到证明之后，这种划定艺术作品为起点界限的做法就被突破了。此时，艺术作品之外的自然对象、实用对象，以及技术对象就进入了其美学研究的视野。笔者在论及审美对象的自然性时，对自然对象、实用对象和技术对象之转化为审美对象曾说过这样一段话："在审美知觉之外，任何对象（包括艺术作品）都是一物，尽管有的是自然之物，有的是人造之物，但作为物的本性没有本质的区别。在审美知觉的范围之内，这些'物'因为被主体的审美态度悬置了它的有用性而转化为'艺术品'，这些'艺术品'是处于可能状态的审美对象。审美知觉与艺术品相遇，使其感性得以辉煌地呈现从而成为审美对象。"③ 此处的"转化"无疑包含着创造，此时，欣赏者就是艺术家，欣赏的心理就是创造的心理。在把审美知觉主体规定为"具体主体"时，杜夫海纳也曾明确说："这个主体可

---

① ［法］杜夫海纳：《审美经验现象学》，韩树站译，文化艺术出版社 1996 年版，英译本前言，第 613 页。

② ［法］杜夫海纳：《审美经验现象学》，韩树站译，文化艺术出版社 1996 年版，英译本前言，第 371 页。

③ 张云鹏、胡艺珊：《审美对象存在论》，中国社会科学出版社 2011 年版，第 296 页。

以是用这个世界来表现自己的艺术家，也可以是通过读解这一表现而与艺术家结合的欣赏者。"① 一方面，他虽然承认，"我们自认可以抛开艺术家的经验而选取欣赏者的经验进行研究"，但另一方面他又断然地说："我们无意断言欣赏者的经验是唯一的审美经验。"② 实际上，人这一主体通过情感呈现于审美对象有两种方式，一是作为艺术家，通过自己使之存在的那个被表现的世界而表现自己；二是作为欣赏者，通过对表现的阅读介入到被表现的世界之中。总之，在完成了对审美对象的研究之后，转向主体的审美知觉就是必要且必然的了。

外在地看，《审美经验现象学》由四个部分构成：（一）审美对象的现象学，（二）艺术作品的分析，（三）审美知觉的现象学，（四）审美经验批判。但内在地看，审美对象与审美知觉这二者及其相互关联才是其研究的中心之所在，而艺术作品因其能够引起审美对象的经验（通过艺术作品来界定审美对象），所以它的作用仅仅在于为整个审美经验现象学的研究奠定一个出发点。由此可以看出，审美对象与审美知觉，"这种二分法不但组成了全书的骨架，而且为杜夫海纳辩证地进行交错分析提供了两个基本项——知觉和对象"③。

就这两个基本项而言，相对于审美对象，审美知觉的研究却要薄弱得多。这表现在：（一）作为知觉主体外在表现的欣赏者（表演者、欣赏者、见证人、公众），只是放在了"审美对象的现象学"中，作为艺术作品向审美对象转化的一个环节而被侧面地论及。而作为知觉主体内在规定的"肉体""非属人的主体"和"具体主体"，仅仅作了简单地提及，并没有得到应有的具有深度和广度的展开。（二）在"审美知觉的现象学"这一部分中，仅论及了审美知觉和审美态度，而作为知觉主体的其他维度，诸如语言、意识、情感先验则付之阙如，而"情感先验"则是放在了"审美经验批判"这一部分中。（三）更为根本的是，它没有展现出知觉主体及其不同维度在审美活动中作为现象学还原所体现出的回归身体、回归感性的动态过

---

① ［法］杜夫海纳：《审美经验现象学》，韩树站译，文化艺术出版社1996年版，第477页。
② ［法］杜夫海纳：《审美经验现象学》，韩树站译，文化艺术出版社1996年版，第3页。
③ ［法］杜夫海纳：《审美经验现象学》，韩树站译，文化艺术出版社1996年版，第607页。

程，以及这个还原所形成的作为主体的人及其诸维度所具有的动态性结构的特性。

针对上述不足，本论题在"杜夫海纳审美知觉现象学"的基础上，将论述重点放在了"审美知觉现象学"的"现象学阐释"上。

首先，围绕知觉主体展开全方位的理论探讨。纯粹知觉主体，在他的审美活动中，在主体极，必然地涉及、内蕴、包含着如下基本的维度或方面：身体、态度、知觉、语言、意识、情感。在通向存在的途中，这些维度或方面相互交织、嵌合、融会，共同构成审美经验的感性整体。在阐释的顺序上，按照由总到分的原则、逻辑的原则以及由显到隐的原则，首先论述纯粹知觉主体，然后依次是：审美态度，审美知觉，感性语言，自由意识，"情感先验 - 存在"与自然。

其次，解释、揭示、补充杜夫海纳审美知觉现象学与胡塞尔纯粹意识现象学、舍勒的情感现象学、海德格尔此在存在现象学、萨特自为存在现象学、梅洛 - 庞蒂身体知觉现象学的学术关联。因此，对以上六个维度所作的"审美知觉现象学之现象学阐释"是双向的：一方面，运用上述现象学哲学诸家的理论深化、补充、丰富杜夫海纳的"审美知觉现象学"，使其成为超越了杜夫海纳的审美知觉现象学；另一方面，以杜夫海纳的"审美知觉现象学"为基点和支点，汇聚、贯穿、融通上述现象学哲学诸家的相关理论，并在现象学"回到事情本身"基本精神的引导下，建构一个同样超越了杜夫海纳的具有现象学总体性的审美主体理论。因此，在目标设定上，杜夫海纳审美知觉现象学的深化拓展与现象学视域下的具有总体性的审美主体理论的建构达到同一。本论题所谓"阐释"，其义如下：解释、揭示、深化，补充、丰富、完善。那种在看了本论题中对现象学诸家理论的论述之后便认为有偏离主题之嫌的看法，不过是匆忙阅读所产生的表面印象而已。如果深入其中，沉思涵咏，当能体会出杜夫海纳审美知觉现象学与其他诸家理论的内在关联，以及由此所达致的深化拓展；并进一步理解笔者借此建构现象学总体审美主体理论的意图之所在。

最后，还原与建构。人的生命活动具有阶段性和层级性。从现象学的角度看，审美活动是一个人的生命活动回归身体、回归感性的还原与建构同一的过程。现象学"还原"体现在知觉主体及其诸方面：主体，是由意识主体经身体主体回到纯粹感性主体；态度，是由认知态度经功利态度升华为审美态度；知觉，是由理性认知经身体知觉返回纯粹知觉；语言，是由科学语言经日常语言返回感性语言；意识，是由纯粹意识经身体意识回返自由意识；情感，是由认知先验经肉体先验回返情感先验。但还原不是回到人的生命的原初状态，而是在超越中还原，而超越则是还原中的超越。因此，它在超越前两个阶段的同时把前两个阶段融汇于自身，构成一具有动态性的结构，此之谓建构。现象学"建构"同样体现在知觉主体及诸方面：纯粹感性主体，融意识主体和身体主体于一身，形成具有肉体、属人的思的主体、具体主体三个层次的结构整体；审美态度，融汇认知态度和功利态度于自身，成为包含具体生命内涵和精神内涵的自由态度；审美知觉，融理性认知和身体知觉于自身，所以五官感觉、心理感觉、精神感觉构成审美感觉整体的三个垂直层次；感性语言，融科学语言和日常语言于自身，构成感性的但又蕴含观念的存在性语言；自由意识，融纯粹意识和身体意识于自身，成为纯粹感性的意识；情感先验，融肉体先验和认知先验于自身，构成结构性的情感先验。

　　综括上述，如果用一句话来命名由"杜夫海纳审美知觉现象学之现象学阐释"所建构的现象学审美主体理论的话，这就是——回到纯粹感性。所谓"基本维度"，其实质是通向"纯粹感性"所必需的相互交叉、相互嵌合的根本性道路。立足于回返了的纯粹感性，笔者非常赞同爱德华·S. 凯西对杜夫海纳《审美经验现象学》返回古希腊人称之为 aisthésis 即感觉经验的高度评价："在鲍姆嘉通和康德之后，审美经验离感觉经验越来越远。19 世纪末，'审美'渐渐用来意指高尚、杰出和独特。杜夫海纳一反这种唯美主义观点，力图在情感和知觉的普遍作用中为审美经验提供一个基础，以恢复古希腊 aisthésis 的含义。他用同代法国哲学家研究人类经验其他领域（例如身体或意志）的方法来研究审美经验。对所有那些观点比较接近的思想家来说，'现象学'与其说是一种共同的研究方法或分析方法，不如说是一种共同的信念：即哲学的首要任务是尽可能详尽地描述人类经验的各不同领域。

审美经验在很大程度上是没有探索过的领域。杜夫海纳的著作走向这一领域，完成了上述任务。"①

　　海德格尔在《康德纯粹理性批判的现象学阐释》中说过这样一句话："恰当地理解康德就意味着，比他本人理解他自己更好地理解他。"②本论题所做的上述努力，笔者期望可以并能够看作是"恰当地理解杜夫海纳"。

① ［法］杜夫海纳：《审美经验现象学》，韩树站译，文化艺术出版社1996年版，第601页。
　② ［德］海德格尔：《康德纯粹理性批判的现象学阐释》，溥林译，商务印书馆2021年版，第4页。

第一章　纯粹知觉主体

审美对象的显现需要审美知觉，这个知觉主体，其外在表现为艺术家或欣赏者（表演者、欣赏者、见证人、公众）；其内在规定则是由体验、思维和感觉三个层面构成的结构性的具体主体，杜夫海纳根据审美知觉的不同阶段分别称其为"肉体""非属人的主体"和"深层的我"。

艺术作品的显现需要表演。从广义来说，表演包含演员的表演、作者的表演、观众或读者的表演，在此，演员、作者、观众或读者都是创造者和欣赏者。而欣赏者身兼双重职能：他既是表演者，又是见证人。作为表演者，他参与到作品中去，作审美对象显现的同谋者；作为见证人，他同样需要参与到作品中去，但他是为审美对象的显现作证和保存。如果说见证人是一个单个的人，那么公众就是见证人的无限倍数。公众的形成，不是一些个人的集合，不是一个你和一个我的关系的无限扩大，而是一个我们的直接肯定。公众是个别性与普遍性的高度统一，当公众作为观众群体出现的时候，这个群体的内在规定是作为个体的见证人；当公众作为个体见证人出现的时候，这个个体的内在规定是作为观众群体的我们。

根据杜夫海纳对纯粹知觉主体所作不同阶段的定位，我们用梅洛–庞蒂的"身体主体"充实深化他的"肉体"，用海德格尔的"此在的领会"、萨特的"反思前的我思"和梅洛–庞蒂的"沉默的我思"来矫正他的"非属人的主体"，并深化纯粹知觉主体的思的维度；用海德格尔的"此–在"（Da-sein）和梅洛–庞蒂的"可感的感觉者"来深化丰富他的"深层的我"。

"肉体"概念指人体，它处在审美知觉的呈现阶段，与审美对象感性呈现的体验的世界相应，它的基本功能是感知，其生存态度是体验，"肉体先验"是这种感知和体验之所以可能的条件。杜夫海纳关于"肉体"的思考来自梅洛－庞蒂的"身体主体"。梅洛－庞蒂认为，人的身体是融心灵与身体于一体的"现象的身体"，身体具有身体本身的时间性和空间性，而欲望与情感则与整体的身体生存相关联。现象的身体不只是处于某个独立的精神视野之内的一个在世界之中的客体，而是处于主体一边，是我们在世的视点，是精神借以呈现某种自然和历史处境的地方，是身体主体。作为在世界之中存在的载体，身体具有一种本源的意向性——身体意向性，其具体表现为知觉和表达。

"非属人的主体"指的是意识主体，它处在审美知觉的再现阶段，与审美对象的再现的世界（观念的世界）相应，它的基本功能是认识，其态度是思维，"智力先验"是这种认识和思维之所以可能的条件。严格地说，杜夫海纳的这种表述是不准确的，同时也是极为片面的；但它开启了审美知觉中思的维度。审美知觉涉及三种思：思考的我思，肉体的我思，存在的我思。三者之间的关系表现为：存在的我思，是思考的我思还原到肉体的我思之后出现的，在这个还原的过程中，思考的我思沉潜成为思考的背景，肉体的我思在审美态度的驱动下生成为存在的我思。在这三种形态或三个层次的我思中，肉体的我思处在枢纽的位置。杜夫海纳的"肉体"概念必然涉及"肉体的我思"，而且认为它比"思考的我思"更原初，但他没有对其展开详细的论述。海德格尔的"此在的领会"，萨特的"前反思的我思"，梅洛－庞蒂的"沉默的我思"，恰恰可以被看作分别从存在、意识、身体三个角度对审美知觉中"思"这一维度的更深刻、更宏阔的论述。

此在的领会不是认识，而是此在的展开状态。作为此在存在的基本样式和基本的生存论环节，此在在"此"就蕴含着领会，它源始地构成此之在。领会具有整体性，即它始终关涉"在世界之中存在"的整个基本建构。而"直观"和"思维"不过是领会的两种远离源头的衍生物，连现象学的"本质直观"也植根于存在论的领会。萨特区分两个等级的意识，"前反思的我思"是非反思的原初意识，如情感意识、欲望性意识和目的性意识都属于非反思的意识；而"我思"则是反思意识，它以前反思的我思为对象，属于认识意识。两者的关系表现为，非反思的意识是奠基性的，它使反思意识成为可能。意识与身体的关系表现为：在前反思的我思层面上，自为的存在完全应该是身体，并且完全应该是意识。另一方面，在反思意识的层面上，自为与身体分离，所以说它不可能与身体统一。就前一层面而言，前反思的我思其实质也就是身体的我思。梅洛－庞蒂区分了两种我思：说出的我思和沉默的我思。前者指的是脱离了身体的纯粹意识活动，与其对应的是概念式语言。在这种语言的表达中，表达行为（能指）在被表达的东西（所指）面前消失了，能指与所指的分裂表明这是一种工具式的语言。后者指的是身体主体的我思，与其对应的是"最初语言"，这种语言的词语和词语的意义与对象、身体以及身体的动作和行为融为一体，乃至我们可以说对象本身、身体本身、行为本身就是言语。沉默的我思不需要表达，因为它本身就是表达。如果说沉默的我思也是一种"思"，那么它是身体的思、看的思、听的思、行为的思。综合上述，可把杜夫海纳"非属人的主体"修正为"属人的思的主体"。

"深层的我"指的是具体主体，它处在审美知觉的感觉阶段，与审美对象的表现的世界（意象的世界）相应，它的基本功能和态度是感觉，情感先验是具体主体的纯粹感觉之所以可能的条件。杜夫海纳把这个与一个世界保持活的联系的具体主体看作用这个世界来表现自己的艺术家或欣赏者。由于他未能更深入地展开相关论述，我们在此用海德格尔的"此－在"和梅洛－庞蒂的"可感的感觉者"加以丰富和深化。

从"此在"到"此－在"，是海德格尔思想转向的标志之一。"此－在"是人、存在者、存在三者动态关联的枢机、关节点、"之间情形"的之间，人之"此"、存在者之"此"、存有之"此"，是同一个"此－在"之"此"。三者的动态关联表现为：呼唤人追问存在的"此－在"是存在（Seyn），作为应答而追问存在的"此－在"是人，作为能使人"感觉－感应"存在的是存在者的"此－在"。"此－在"既是时间又是空间，是本真时间与本真空间构成的瞬间场域，是"时间－游戏－空间"。人跳入"此－在"，寓居于"此－在"，就是应合存在的召唤与作为物化之物的存在者在"时间－空间"的自由之境里共同游戏。寓居于"此－在"的人因此成为存有之真理的寻访者、葆真者和看护者，成为一个本真意义上的人，从而成为一个审美的人。

为了彻底克服"身体主体"所残留的主体性，梅洛－庞蒂后期由身体走向了对于存在的探讨，他把使身体与世界相统一得以可能的条件或根基称为"肉"或"肉身"。"肉"作为原初的存在，就是"母体""自然""大地""母亲"，它原始，感性，生生不息，是一切可能性的孕育。作为存在的感性象征的"肉身"是不可见的，但它可以通过存在者显现出来。因此，不可见的存在与可见的存在者之间的关系就表现为——垂直存在与感性显现。存在者对于存在的感性显现，是相对于感觉者而言的，没有感觉这一显现的人，所谓显现就是无。相对于身体主体，这一感觉存在显现的人被梅洛－庞蒂称为"可感的－感觉者"。这个"可感的－感觉者"，在世界中，在存在中，是一个回应存在而用身体进行吟唱的艺术家。

由于知觉主体在审美活动中悬置了意识主体的抽象性和日常实践活动中欲望主体的功利性，建构了感性主体的自由性，所以我们把杜夫海纳的"具体主体"称为"纯粹感性主体"。纯粹感性主体融意识主体和身体主体于一身，形成具有肉体、属人的思的主体、具体主体三个层次的结构性整体。

第一节　知觉主体的构成

审美对象的显现需要审美知觉，这个知觉主体，其外在表现为艺术家或欣赏者（表演者、欣赏者、见证人或公众），其内在规定则是由体验、思维和感觉三个层面构成的结构性的具体主体。如果说，审美对象是一个"自在－自为－为我们"的准主体，那么，这个与一个世界保持活的联系的具体的人则是一个"自为－自在－为对象"的准客体。如果说，主体性指的是作为思维的人的存在的自主性、自觉性、自为性；那么，客体性指的则是作为身体的人的被动性、非自觉性和自发性。合上述两个方面，经过还原之后的知觉主体，就是一个融自主性、自觉性和自为性于被动性、非自觉性和自发性中的纯粹感性主体。叶秀山对此评论说："在杜弗朗的美学著作中，像'对象'（客体）'主体'这样一对为海德格尔和雅斯贝斯所限制使用了的传统哲学的基本概念，又重新活跃起来，恢复了它们的地位，而如何在现象学和存在哲学的原则下来理解这些概念和它们之间的关系，则成为他所要研究的核心问题。"①

一 表演者与欣赏者

作品必须呈现于知觉，但知觉是面对作品的一个具体的欣赏者的知觉。如果说作品必须经过表演才可以说从潜在存在过渡到显势存在，那么知觉和欣赏者各自的首要含义就是表演和表演者。杜夫海纳把这个意思分成两个方面来谈："一方面，作品要充分呈现。就是说，至少对某些艺术而言，而在一定意义上对所有艺术而言，作品必须得到表演。另一方面，要有一个欣赏者，或者要有比一个欣赏者更好的观众出现在作品面前。"②

"表演"有狭义和广义之分，狭义的表演是相对于某些表演艺术而言的，广义的表演则适用于所有的艺术和审美对象。"一个剧本等待着上演，它就是为此而写作的。它的存在只有当演出结束时才告完成。以同样方式，读者在朗诵诗歌时上演诗歌，用眼睛阅读小说时上演小说。"③ 在这个意义上，它又具有英加登"具体化"的含义。如果从一切艺术都要有"表演者"的角度讲，这里的"表演"是泛指"付诸实现"，以及使这种"实现"得以可能的欣赏者的身体的参与。但他这个思想当是由演员"表演"引申而出，因此有必要从演员的表演、作者的表演和欣赏者的表演三个层面展开论述。

---

① 叶秀山：《思·诗·史》，人民出版社 1988 年版，第 306 页。
② ［法］杜夫海纳：《审美经验现象学》，韩树站译，文化艺术出版社 1996 年版，第 42 页。
③ ［法］杜夫海纳：《美学与哲学》，孙非译，中国社会科学出版社 1985 年版，第 158 页。

1. 演员的表演

舞蹈、戏剧、电影等表演艺术，一方面是通过创作、设计出来的舞蹈、戏剧、电影作品，另一方面是对这种舞蹈、戏剧、电影作品的表演。在这种艺术中，演员的身体变成了审美对象的材料，演员的表演构成作品的能指，作品通过表演者呈现给欣赏者。如果没有演员的表演（能指），这种艺术以及它所塑造的审美对象（所指）也就不可能存在了。明确了这一点，我们就能认识清楚表演者及其表演所具有的两个特性。一方面，表演者的地位受到作品意向的制约，也就是说，表演者的意志在作品中。"他必须服从这个意向。我们知道萨特是如何发挥狄德罗的著名悖论的。他指出被非现实掌握的演员怎样在他作为化身的角色中实现自身的非现实化"，① 这是表演者的被动性的表现。另一方面，作为感性形式的能指，它作为目的应该得到强化，应该得到自由发挥。训练有素的身体，当它的活动成为本能，感性的表演达到自然流露而不落雕琢痕迹时，作品的审美价值就会得到充分显现，这是表演者能动性的表现。

与表演这个能指密切相关的一个问题是，作品的真实性与现实性。所谓作品的真实性，指的是它想要成为而通过理想的表演恰恰成为的东西，即审美对象。所谓现实性，指的是它根据实际表演所是的东西。作品在现实的表演中完成，但同时又对它在其中完成的表演加以判断。现实的表演成为对作品真实性的感性解释，而真实性则成为判断表演是否成功及其水平优劣的标准和依据。这种相互的关系表明，表演具有历史性，而真实性则是超历史的。"因此，作品是一种无限的要求，要求给予有限的实现。每当作品相当清楚地、相当严格地和准确无误地呈现在我们面前的时候，每当一切都要求我们的知觉把它奉为审美对象的时候，这个无限的要求就实现了。这时，我们掌握的作品的真实性确是摆到我们面前的作品规定的真实性。"② 历史性的表演与超历史性的审美对象就是这样达到了统一。

① ［法］杜夫海纳：《审美经验现象学》，韩树站译，文化艺术出版社 1996 年版，第 45 页。
② ［法］杜夫海纳：《审美经验现象学》，韩树站译，文化艺术出版社 1996 年版，第 52 页。

其实，作品真实性与现实性的关系远比上述复杂得多。原因在于，在表演艺术中，不仅存在着演员的表演，而且同时存在着欣赏者的表演。当演员面对着舞蹈、戏剧、电影剧本时，他是一个欣赏者；当演员把自己的身体作为审美对象的材料进行能诉诸观众感知的表演时，他成为被观众欣赏的审美对象。观众作为欣赏者，同时也是表演者。如果说演员的表演是感知中的表演，那么观众的表演则是想象中的表演。不论演员还是观众，如无表演，他就不可能对作品的真实性和现实性有所认识和作出判断。

2. 作者的表演

不仅表演艺术要求表演，而且所有艺术都要求表演。前者的表演指的是狭义的演员的表演，后者的表演指的是广义的作者的表演。"画家绘制或'表演'肖像画，雕刻家雕刻或'表演'半身像。"① 从创作过程中作者身体的参与——感知、模仿、体验、对象化——来看，创作就是表演。

演员的表演和作者的表演具有明显的差异性：第一，演员表演之前，面对的是已经定型的剧本，而作者创作之初，则仅是一点恍恍惚惚的"想法"，一点感觉，一种愿望。这种想法、感觉和愿望，或许是来自作者的内心，或许是来自外在于作者的作品的召唤。"在这一层次，艺术家身上带有的作品已是要求，但也只是要求，一种完全存在于创作者内心的要求。这种要求一点也不是他所能看见或模仿的东西。艺术家准备表演的时候，就把自己放在一种圣宠地位而祈求他的那种要求就是某种内心逻辑的表现：某种技巧的发展、某种纯审美的寻求、某种精神的成熟的逻辑。所有这一切都混合在艺术家身上，艺术家也就是那个身上混有这些东西的人。"②

第二，演员以自己的身体作为材料，以表演的形体动作作为能指构成审美对象；作者的表演则是面对并运用构成作品的材料，如对于绘画而言的颜色，对于音乐而言的声音，对于诗歌而言的词句，如此

---

① ［法］杜夫海纳：《审美经验现象学》，韩树站译，文化艺术出版社 1996 年版，第 55 页。
② ［法］杜夫海纳：《审美经验现象学》，韩树站译，文化艺术出版社 1996 年版，第 57 页。

等等。这些感性材料要通过人的身体，"画家在努力作画不辞辛劳之外，必须是一个像钢琴家或舞蹈家那样的能手。在绘画中身体永远有一份作用，如同瓦莱里对建筑所指出的那样。身体不仅提供自己能力的灵巧和可靠性，而且还把蕴含在自己身上的深度通过一种默契传递给作品。作品的召唤发自内心深处（interior）。这里，与内心深处相似的东西就是身体的灵感。就像思想来自精神的深处一样，表演方法来自生命的深处。画笔和雕刻刀的运用自如传给感性一种优美之感。没有这种优美之感绝不会有审美对象"①。

第三，演员的表演是从剧本存在到形象存在的过渡；作者的表演，则是从抽象存在到具体存在（感性存在）的过渡。前者虽然也存在着犹豫、摸索、提高等过程，但它毕竟是在一个既定的模型指引下的表演。它流畅，具有节奏，一气呵成。而后者则需要准备方案，制定草图，修改草稿，不断返工等等，这一切都会在身体的表演中打上鲜明的印记，方向不明，四处试探，停止，返回，徘徊，重新开始，前行，直至作品完全存在。这时，作者的表演也就转换成了欣赏者的表演。对创作者来说，表演既是灵感的最大源泉又是检验作品的最佳方法。

两种表演尽管存在着差异，但是以身体的参与让审美对象显现则是共同的要求，因为对审美对象来说，问题始终是显现。

3. 欣赏者的表演

要求欣赏者参与的欣赏活动，使得欣赏者首先是一个表演者。对表演艺术而言，表演在欣赏者面前举行，因此，欣赏者也参加了表演。这具体表现在两个方面：首先，欣赏者协助表演，对于演员的表演来说，观众构成了作品的一个真正寂静的背景。他们聚精会神，一声不响。这种注意力的集中，从一个意识影响到另一个意识，为审美知觉创造了最有利的环境。其次，欣赏者的观看，不是无动于衷的静观，而是以自己的身体对作品和演员的表演作出模仿式的回应。"对审美对象，每个欣赏者都以各自不同的方式变成表演者。问题不在于他是否内行，是否像表演对象的行家那样深刻地认识对象，而在于他参与

---

① ［法］杜夫海纳：《审美经验现象学》，韩树站译，文化艺术出版社1996年版，第62页。

这项表演。甚至一件不需要体现于时间过程中的造型作品，他至少也要让作品在自己身心中充分展开。"① 这种情形几乎等同于作者的表演，在一定程度上，欣赏者也就是那个作品的创造者。

对于非表演性艺术而言，欣赏者甚至是唯一的表演者，因为读者就是感知的人，不过当他读出声音来的时候，他自己就成为自己感知的对象。高声诵读诗歌，这种阅读方式本身就是表演诗歌；即便是默读，声音也同样在内心回荡，而且"这种默不出声的阅读已经把发声器官同眼睛结合起来，去感受语言的牢固程度和特性。其所以不像演员那样一边说话一边表演，那是因为诗歌不是戏剧，只消把话说出就什么都说了。但这不仍然是表演吗？难道不能说读者既是演员又是欣赏者，而这终究是任何说话的人的条件吗？"② 最显著的是，词句的抑扬顿挫会在身体上形成节奏感。对于非韵文作品来说，由于作品的感性特征、环境、故事，以及人物、人物的言语与行为动作，需要读者设身处地的体验，这已经就是一种表演，尽管是想象中的表演。只有这样，才能使词句从书写符号的抽象存在过渡到有声符号的具体存在。

欣赏者作为表演者的实质，在于作为准主体的审美对象期待并要求作为准客体的欣赏者表演自己，完成自己。正如杜夫海纳所说，审美对象的根本现实性，"首先存在于感性之中。绘画、舞蹈、音乐、诗歌都是若干因素的巧妙的和必要的配合。这些因素对绘画来说是颜色，对舞蹈来说是可见的动作，对音乐来说是声音，对诗歌来说是词句，而词句自身也要转化为声音。如果感性退居第二位，成为一种偶性或者一个句号，对象也就不再是审美的了。但感性是感觉者和感觉物的共同行为。"③ "共同行为"意味着，欣赏绘画的颜色需要眼睛的运动，观看舞蹈的动作需要身体动作的配合，音乐的声音需要耳朵聆听和身体节奏的感应，诗歌的词句需要读者的诵读使之完善，欣赏者就是这样以感性的身体及其动作回应审美对象并促成它

---

① ［法］杜夫海纳：《审美经验现象学》，韩树站译，文化艺术出版社 1996 年版，第 378 页。
② ［法］杜夫海纳：《审美经验现象学》，韩树站译，文化艺术出版社 1996 年版，第 80 页。
③ ［法］杜夫海纳：《审美经验现象学》，韩树站译，文化艺术出版社 1996 年版，第 74 页。

的感性显现。所以说，"欣赏者身兼双重职能：他既是表演者，又是见证人"①。

二　见证人与公众

1. 见证人

欣赏者无论是作为表演者还是作为见证人，都需要参与、介入到作品中去。所谓参与、介入，就是要置身于审美世界中，通过身体与对象保持一致，服从对象，听任对象驱遣，作审美对象的同谋者。"在音乐会上，我是面对着乐队，但我是存在于交响乐之中。这样说也对：交响乐存在于我身上，以示彼此的占有关系。"② 但两者的参与和深入程度又是不一样的，表演者的参与，是成为审美对象；而见证人的参与则是为作品和审美对象的呈现作证。如果说参与作品体现的是一种欣赏者的主观性，那么表演者的主观性是主观性中的主观性，见证人的主观性则是主观性中的客观性。所以说见证人似乎首先是一部记录仪器，由组织自己的镜头的作品放在或移动到空间的某些点。欣赏造型艺术所需要的某种距离、某种角度就是为见证人所特设的。"这样，见证人不离开他在物质空间中的位置，就能深入作品的世界。同时因为他让感性说服自己，让感性寄居在自己身上，所以他深入作品的意义之中，或者由于主客体异常密切的相互关系，也可以说意义深入他的心中。在一幅形象画面前，我在雷斯达尔画的橡树荫下，在卡纳勒托市，与再现的人物在一起。任何光线都不是不可能，因为那是画的光线；任何怪物都不是畸形，任何脏乱都不需要打扫，高脚水果盘有权成为歪斜的样子。这倒不说明绘画不现实。这说明我为了宣告绘画的现实性而使自己非现实化了，说明我已涉足绘画为我这个变成新人的人打开的那个新世界。但是必须清楚地看到，我在使自己非现实化时，我禁止自己进行任何积极的参与。当我变得与我脱离的那个自然世界无关的时候，我就丧失了关心审美世界的能力。我置身于

---

① ［法］杜夫海纳：《审美经验现象学》，韩树站译，文化艺术出版社1996年版，第75页。
② ［法］杜夫海纳：《审美经验现象学》，韩树站译，文化艺术出版社1996年版，第83页。

审美世界之中，但只是为了欣赏它。"① "禁止自己进行任何积极的参与"表达的不是不参与，而是参与中的不参与，这是欣赏所应有的静观姿态。

所谓见证，就是作品或审美对象为了自身呈现而要求于欣赏者的感知、作证和保存。感知当然是欣赏者的感知，并且具有创造性，这是毫无疑问的；但如果立足于审美对象作为主体的角度来看，则是审美对象借助于作为准客体的欣赏者的感知自我实现。在这个意义上，感知成为欣赏者见证审美对象显现的过程。"见证人在感知的同时，……进入作品的世界。其目的不是为了影响它，也不是为了受它影响，而是为了作证，使整个世界通过他的呈现而获得意义，使作品的创作意图得以实现。"② 作证和保存，则是把欣赏者的欣赏和审美对象的显现放在更阔大的社会历史视域加以审视所得出的一个结论。作证不仅是面向作品的，而且也是在面向作品的同时面向他人面向公众的。保存则是来自海德格尔的一个概念，"这种'让作品成为作品'，我们称之为作品之保存（Bewahrung）。唯有这种保存，作品在其被创作存在中才表现为现实的，现在来说也即：以作品方式在场"③。没有创作者的创作，作品无法存在；同样，没有保存者，被创作的东西也将不能存在。"作品的保存意味着：置身于在作品中发生的存在者之敞开性中。"④叶秀山立足于社会历史和人与他人的交往，整合海德格尔、雅斯贝斯和杜夫海纳的理论资源，对见证人和保存者的含义作了更为深入和更为广阔的创造性阐释：

> 我们天天都在用前人用过的东西，但一旦我们把前人的遗物保存起来，我们就承认了前人的世界是不同于我的现今的世界，"我"就由"使用者"成为"保存者"，成为"他人的世界"的

---

① ［法］杜夫海纳：《审美经验现象学》，韩树站译，文化艺术出版社1996年版，第84—85页。

② ［法］杜夫海纳：《审美经验现象学》，韩树站译，文化艺术出版社1996年版，第86页。

③ ［德］海德格尔：《林中路》，孙周兴译，上海译文出版社1997年版，第50—51页。

④ ［德］海德格尔：《林中路》，孙周兴译，上海译文出版社1997年版，第51页。

"见证者"，而我们天天又都在做这种"见证者""保存者"。

我们为什么不仅是前人的"继续（使用）者"，而且是"保存者""见证者"？雅斯贝斯提供的一个解释是：人固然生活于必然的物理世界中，但人在工作、活动时却又是活生生的，是自由的，"自由"是在历史的发展中的一个点，是时间的长河中的"永恒性"。承认"他人"的世界就是承认他人的自由，"我"作为"见证者""保存者"，是他人的自由的见证者、保存者，是"历史的见证者"。"我"对"艺术品"的欣赏（观赏）是对他人的世界的肯定，也是对自由的肯定，是自由意识的觉醒和肯定。通过肯定他人的自由，同时也肯定了我的自由。所以"我"才不会把"艺术品""用掉"。这就是以艺术观赏的方式实现的人际之间的"交往"。①

由对作品的见证和保存，扩展为对他人（这个他人既是作品的创作者，也可以是作品的欣赏者）的世界的见证和保存，这既是通过艺术对他人自由的肯定，也是对自我自由的肯定。置身于在作品中发生的存在者之敞开性中，也就是置身于此在之此的敞开性中。

这就是作品带给欣赏者的东西，"作品在鼓励人去充当见证人时，它在人的身上发展了人"②。具体地说，作品培养了人的审美情趣和鉴赏力，见证人把自己提高到人的普遍性的水平。审美情趣或爱好表示的是我的天性对审美对象的反应，在欣赏者与对象的关系中，爱好侧重在主体一方，具有主观性和个体性。它是对象与我的和谐一致对我来说所产生的一种感觉：我在我的存在中被确认了或我已被显示给自身了。这种具有个体性的审美偏好，一方面是此前欣赏活动对自我塑造的结果，具有相对稳定性；另一方面在此后的活动中会被对象重塑而发生变化，具有变异性。与爱好的个别性和主观性不同的是，鉴赏力是主观性中的普遍性，"当主观性被升华时，它主要是世界的投射，

---

① 叶秀山：《思·诗·史》，人民出版社1988年版，第316—317页。
② ［法］杜夫海纳：《审美经验现象学》，韩树站译，文化艺术出版社1996年版，第88页。

而不是向自身折返。它是世界的特殊性而不假定世界的特殊性。它想方设法去认识，而不是去偏爱什么。……有鉴赏力就是能够超脱偏见和成见进行判断。这种判断可以具有普遍性。……因为它只要求我注意对象，不要求我作出决定：是作品自身出现在法庭，对自己进行审判"①。如果说审美情趣是感觉性的，那么鉴赏力则因其"判断"而具有理性的特征了。

显然，杜夫海纳在鉴赏力问题上，受到了康德美学的深刻影响。康德把鉴赏判断所具有的普遍有效性，归结为人的先天的"共同感觉力"；而杜夫海纳则由见证人入手，在见证人与作品的关系上，让艺术作品通过自身的呈现，制服情欲，建立秩序和节度；压抑主观性中的个别的东西，包括经验的、历史上确定下来的东西，和一时心血来潮的东西；要求主体性构成纯粹的目光和自由通向对象的洞口，要求主体性的特殊内容用于理解，而不是通过突出自己的爱好来影响理解。艺术作品就是这样，几乎可以说是以强制性的力量"迫使见证人成为典范"，把个别转变成普遍。如果说在作品面前见证人还有什么权利的话，那也仅仅是"通过鉴赏力"，把自己提高到人的普遍性的水平。这就意味着，见证人由个别的人转化成为公众。

2. 公众

"公众"的概念当是由听众或观众的概念引申出来的。所以狭义上的公众，指的是临场观看表演的那个密密麻麻的人群，这些因为观看演出而在同一个时间聚集在同一个地方的人群，就是我们平常所称的"观众"或"听众"。而广义上的公众，则是超越时间和空间的限制而出现在作品面前的更为广泛的观众或听众。

审美对象需要公众欣赏。从存在的角度看，一幅不曾展出的绘画，一份未经出版的手稿，一个没有上演的剧本，都是些尚无资格跻身文化世界的对象，因为它们还没有充分存在。而作品含义的无限性以及对作品含义解释的永无止境，又需要见证人和公众的扩大。

---

① ［法］杜夫海纳：《审美经验现象学》，韩树站译，文化艺术出版社 1996 年版，第89—90 页。

作品的公众越广，意义越多，审美对象就越是丰富。公众通过增加作品的意义在继续创作作品。作品就是这样通过扩大公众而持续存在并永远存在。

如果说见证人是一个单个的人，那么公众就是见证人的无限倍数。与观众或听众由聚集而成不同的是，作品的见证人即使单独出现，也不是独身一人，而是公众的一分子。在这里，公众的构成涉及两种关系，一是公众与群体的关系，一是公众与个体的关系。就公众与群体的关系看，"公众不是一个'会社'，因为公众丝毫不受某一个契约的约束，也丝毫没有利害关系。公众也不是一个'共同体'，因为没有淹没个体意识的一股集体意识（Erlebnisse）洪流。保证表象的同一性的乃是对象的同一性。这里没有集体的意识，只有与共同的对象相配合的一种意识。"①"会社"的契约、"共同体"的集体意识都不可能把群体变为公众，使人群成为公众的是完成作品并成为自身的欣赏者。其中，与对象、与他人构成的是没有利害的自由关系。在这个意义上，"这个公众倒应该比作'智人的宇宙'，即在任何物体的或契约的关系之外表现出一种精神团结的智者的城邦。就这个宇宙而言，公众或许只是一种不像样的形式，但终究是一种形式，它犹如康德所说的鉴赏判断的普遍性，在证明理智的人在精神上的亲缘关系的同时，象征着一个目的共和国的现实性"②。

就公众与个体的关系看，一方面，欣赏者或见证人希望有这样一个公众，因为审美感情需要得到传播，对审美经验加以认可和断定的鉴赏判断需要担保，而公众和公众的赞赏恰恰是最好的传播途径和最好的保证。另一方面，欣赏者在公众中，不是失去自我，而是成为自己。所以"戏剧应该实现的与其说是大伙儿的一致，不如说是'许多个人欣赏的一致'。……欣赏者在观众中消失时（因为这个观众是和对象配合的）赢得了自己，因为观众要求他并准备他成为自己"③。这即是说，公众是个别性与普遍性的高度统一，当公众作为观众群体出

---

① ［法］杜夫海纳：《审美经验现象学》，韩树站译，文化艺术出版社1996年版，第97页。
② ［法］杜夫海纳：《审美经验现象学》，韩树站译，文化艺术出版社1996年版，第97页。
③ ［法］杜夫海纳：《审美经验现象学》，韩树站译，文化艺术出版社1996年版，第77页。

现的时候，这个群体的内在规定是作为个体的见证人；当公众作为个体见证人出现的时候，这个个体的内在规定是作为观众群体的我们。

就杜夫海纳在见证人之后又专论公众的构成而言，其本意更加侧重在欣赏者对个体性的超越上，这种超越包含着三个环节：见证人（特殊性）—公众（普遍性）—人类（普遍性的普遍性）。公众的构成与公众的扩大体现的正是上述三个环节之间的运动走向。

公众的形成，不是一些个人的集合，不是一个你和一个我的关系的无限扩大，而是一个我们的直接肯定。是审美对象以及审美对象所具有的客观性把各个人联合起来，强迫他们忘掉个人的特殊性。"作品强迫我放弃我自己的差异性，迫使我变成我的同类人的同类人，像我的同类人那样接受表演规则，去观看或甚至去赞赏。……作品的客观性和作品包含的要求强加并保证这种社会联系的现实性。"①

公众的构成是持续的，这表现在纵横两个方面的同时扩大。纵的方面，由于作品是历史性的，它由过去走到现在，并且还会走向未来，因此一代人一代人相继在作品周围站岗放哨。横的方面，随着作品影响范围的扩大，公众就增多了。这个公众随着自身的增长，有不再是公众而与人类合成一体的趋向，而最终走向人类的普遍性。杜夫海纳就此写道：

> 面对审美对象的人超越自己的特殊性，走向人类的普遍性。他像孔德或马克思所说的无产者，即从束缚意识的锁链和偏见中挣脱开来、不再受到束缚的人那样，能在自己身上找回赤裸裸的人的特质，在审美的大家庭里直接与其他人会聚。使人们分裂的是生存方面的冲突。所以黑格尔认为，意识斗争是一场为生存而进行的斗争。但是审美对象在更高的层次把人们集拢到一起。在这一层次，尽管个人仍是个人，却有休戚与共之感。我们简直可以说审美静观本质上是一种社会行为，如同舍勒所说的，爱、服从和尊敬都是社会行为一样。这一行为至少暗示着有与我平等的他人，因为我觉得

---

① ［法］杜夫海纳：《审美经验现象学》，韩树站译，文化艺术出版社1996年版，第94页。

受到他的支持和赞同，在一定意义上要为他负责。即使暗含中的他人的出现不是我负责的这个人的出现，那也是我与之休戚相关的那个人的出现。审美欣赏所包含的这种相互性的要求就是康德所说的鉴赏判断在形式上的普遍性的一种意义。正如爱别人也期待别人爱、有权威就要有服从一样，赞赏也要求助于赞赏。建立在诸如爱和同情这样一些原始经验基础之上的相互主体性还不是社会性，因为人与人的关系还不是社会关系，因为他人仍然是他人，不可约地既与我有别又与我结合在一起。而公众则是一个社会集体，因为作品对有同样感觉的各个意识来说起着公分母的作用。①

从公众向人类的这种过渡只有通过作品才有可能实现。如果说，审美对象期待于公众的不仅是要公众认可它，还要公众完成它，那么反过来公众期待于作品的就是自己上升到人类。②

三 知觉主体的结构

杜夫海纳的审美知觉主体是结构性的，这种结构性的构成与审美对象具有意向相关性，对此，杜夫海纳提出的命题是："主体联系于客体有多种方式，客体向主体显示也有多种方式。"③ 所谓"多种方式"，是立足于知觉主体整体而言的；如果把这个整体加以分解，则就表现为审美知觉不同阶段或不同层面上的主体。在呈现阶段，他是肉体；在再现阶段，他是非属人的主体；在感觉阶段，他是深层的我。这不同层面上的主体分别对应着审美对象的体验的世界、再现的世界和感觉的世界，其所采取的态度是体验、思维和感觉。

在不同阶段或不同层次上，主体既有先验的方面，又有经验的方面。在呈现阶段是肉体先验（生命先验，呈现的先验）和身体主体，

---

① ［法］杜夫海纳：《审美经验现象学》，韩树站译，文化艺术出版社1996年版，第96—97页。

② ［法］杜夫海纳：《审美经验现象学》，韩树站译，文化艺术出版社1996年版，第99页。

③ ［法］杜夫海纳：《审美经验现象学》，韩树站译，文化艺术出版社1996年版，第484页。

在再现阶段是认识先验（再现的先验，智力先验，思维先验）和思维主体（非属人的主体，意识主体），在感觉阶段是情感先验（存在先验）和具体主体（深层的我）。先验主体是经验主体的可能性，经验主体则是先验主体的现实性，两者都是主体的构成因素。

对上述不同阶段或不同层次的主体，又可以也必须分别从还原之前和还原之后进行考察。在还原之前，这三个阶段实质上分别对应于人与世界的三个层次的关系。"呈现阶段"属于前主客关系层次，"体验的世界"即生活世界；"再现阶段"属于主客关系层次，"再现的世界"即观念的世界；"感觉阶段"属于超主客关系层次，"感觉的世界"即意象世界。在还原之后，前两个阶段和其所对应的人与世界的前主客关系层次及主客关系层次进入了感觉阶段和超主客关系层次。但前两个阶段并没有失去，而是融化在感觉阶段并与这一阶段构成审美知觉的整体，在这个整体中，又各具有自己的表现。

在呈现阶段，在一般知觉中，我的身体与对象是连接在一起的，对象是环境的一种成分和激发行为的一种因素，同时它也构成我的环境和世界；而"作为物体的主体不是世界的一个事件或一个部分，不是万物中之一物；它身含世界，世界也含有主体。它通过成为物体的动作认识世界，世界在它身上认识自己"①。在我与对象的交往中，观看、拿取、抬起、搬动等身体动作起着重要的作用，"感官不完全是用来截获世界图像的工具，而主要是主体用来感觉客体以及与客体相互协调的手段，犹如两种乐器那样相互协调。身体所理解的，也就是身体所感受的和承担的东西，可以说就是存在于事物之中的意向自身，就像梅洛-庞蒂先生所说的，是事物的'唯一存在方式'"②。

在审美知觉中，在搁置了实用性的态度和要求之后，审美对象同样要求人体对它采取某种态度和使用。观看大教堂要步子缓慢，看绘画要目不转睛，吟诗要抑扬顿挫。在主体向对象作肉体上的呈现和对象向主体作感性的呈现的交互活动中，我们就会看到"作品与表演者

---

① ［法］杜夫海纳：《美学与哲学》，孙非译，中国社会科学出版社1985年版，第58页。
② ［法］杜夫海纳：《美学与哲学》，孙非译，中国社会科学出版社1985年版，第58页。

的关系、作品与欣赏者（当他又是表演者时）的关系最为清楚地显示出审美对象与生命先验的密切关系。不仅如此，审美经验或许还暗示，在审美对象内部可能与表演者或欣赏者有某种共谋关系，可能有对支托我们的那个生命的反应，因为对象本身也是贯穿艺术家和世界的这一生命的产物"①。

主体与对象之间根本的意向性契约，在知觉的辩证法导向再现时被破坏了。"在再现中，主体意识到它与客体的关系，对形象产生怀疑，并把被知觉者与现实区别开来。"② 感性的对象转化为抽象的概念，肉身主体转化为非属人的意识主体。

但在审美经验中，主客体之间根本的意向性契约在新的地基上又重新建立了起来。还原之后再现阶段的既联系于客体又联系于主体的"思想"和"观念"双重变化成为有血有肉的东西。因而，它不是被思考的，而是在审美创造方面被体验到的。如果说思考，音乐家是用钢琴思考，画家是用画笔思考。还原之前，是纯粹意识的我思；还原之后，是身体的我思。

感觉阶段，既是相对于呈现和再现而言的审美知觉深化阶段，也是合前两个阶段于自身而构成的审美知觉整体，它是知觉还原的结果。"感觉这个世界的不是康德所指的一个非属人的主体——后康德派哲学家可能把这个主体等同于历史——而是可以与一个世界保持活的联系的一个具体主体。这个主体可以是用这个世界来表现自己的艺术家，也可以是通过读解这一表现而与艺术家结合的欣赏者。"③ 无论是艺术家还是欣赏者，这个作为具体主体的具体的人与情感密切相关，在一定意义上也可以说具体主体就是情感主体。

首先，情感是人的本源性的存在方式。"先验表示一个主体在万物面前所处的绝对地位，以及主体瞄准、体验与改造万物的方式和主体联系万物以创造自己的世界的方式。……先验就是一个具体主体借

---

① ［法］杜夫海纳：《审美经验现象学》，韩树站译，文化艺术出版社1996年版，第501页。
② ［法］杜夫海纳：《美学与哲学》，孙非译，中国社会科学出版社1985年版，第58页。
③ ［法］杜夫海纳：《审美经验现象学》，韩树站译，文化艺术出版社1996年版，第477页。

以构成自己的、萨特的存在精神分析应该找出的那种不可还原的东西。"① 对萨特来讲，这不可还原的东西就是作为最后的选择并使自己成为这种选择的"情结"，它是对存在的选择。对杜夫海纳来说，情感先验不是主体的绝对自由的自我选择行为，而是表现了一个具体主体的存在性质，正是它使审美对象成为可能。

其次，由具体主体情感意向性所指向并构成审美对象和它所是的世界，因此情感也是审美对象的存在方式。"用情感修饰的对象在一定范围内自身就是主体，而不再单纯是对象或一种非属人意识的关联物。"② 叶秀山就此评论说："'客体'中表现的'类主体性'，使主体的特性借助'客体'的属性表现出来，作为一种特殊的属性（如巴赫音乐的'纯净'）提供出来，感染欣赏者，这种特殊的'审美属性'，被杜弗朗叫作'情感的性质'（affective quality）。'情感的性质'是对象中的主体特性，是客体属性中的价值。"③ 主体性使审美对象的世界成为表现的世界。

最后，情感既是主体的构成因素，同时也是客体的构成因素。审美对象的表现的世界，同时也是一个主体在其中被认出并成为他自己的世界。感觉就是感到一种情感。在具体主体真正具有人性时，情感作为我的存在状态；在对象呈现为辉煌的感性时，情感作为对象的能被我感觉到的情感结构和存在属性。所以，在感觉阶段，主客体的关系就是主体与主体的关系，就是自身与自身的关系。"这个世界与主体的联系如此紧密，以至于作为它的基础的情感先验就是主体：莫扎特就是明朗，贝多芬就是悲怆激烈。"④

杜夫海纳对知觉主体的不同层次作了一些零星的提示，但远远没有得到必要的展开和论述，与审美对象现象学的丰富性相比，知觉主体现象学显得过于单薄，甚至在许多方面留下了空白。作为审美知觉现象学的阐释，有必要对此寻根探源并加以拓展和深化，这就要求我

---

① ［法］杜夫海纳：《审美经验现象学》，韩树站译，文化艺术出版社 1996 年版，第 487 页。
② ［法］杜夫海纳：《审美经验现象学》，韩树站译，文化艺术出版社 1996 年版，第 481 页。
③ 叶秀山：《思·诗·史》，人民出版社 1988 年版，第 337 页。
④ ［法］杜夫海纳：《审美经验现象学》，韩树站译，文化艺术出版社 1996 年版，第 488 页。

们回到海德格尔、萨特和梅洛－庞蒂，借助他们的理论资源，来弥补杜夫海纳之不足。

第二节　身体主体

一　现象的身体

以笛卡尔为代表的传统哲学把人作了心灵与身体的区分，并进一步把身体与物质、广延相联系，把心灵与精神和思维相联系，由此形成了身心二元论。梅洛－庞蒂认为，把身体定义为无内部的部分之和，使身体成为一个具有透明性的无深度的物体；把灵魂定义为无间距地向本身呈现的一个存在，使心灵成为一个同样具有透明性的只不过是自以为他之所是的主体。结果导致两者的绝对分裂：物体贯穿的是物体，意识贯穿的是意识。与此相应，人或者作为物体存在，或者作为意识存在。笛卡尔二元论的实质，在于肯定意识，否定身体，正如他自己所言："严格来说我只是一个在思维的东西，也就是说，一个精神，一个理智，或者一个理性。"① 梅洛－庞蒂明确反对这种二元论："身体没有意识是无法想象的，因为存在着一种身体意向性，意识没有身体是无法想象的，因为现在是有形的。"② 在此基础上，他提出了融心灵与身体为一整体的第三种类型的存在——"现象的身体"或"身体本身"。现象的身体不是客观实在的身体，因为客观实在的身体是解剖学或更一般地说是孤立的分析方法让我们认识到的身体，是我们在直接经验中不会对它们形成任何观念的各种器官的集合。精神与身体不是两个并置的实体，而是交融在一起并形成一个新的"结构"，这就是心灵与身体作为一个整体的"身体本身"。

但这个整体并不是心灵与身体的简单相加或者把其中的一元归并到另一元去的统一，它恰恰是我们能够说出意识或者肉体的概念之前

---

① ［法］笛卡尔：《第一哲学沉思集》，庞景仁译，商务印书馆1986年版，第26页。
② ［法］梅洛－庞蒂：《马勒伯朗士、比朗和柏格森那里的心身统一》，法文版，第86页；转引自杨大春《感性的诗学》，人民出版社2005年版，第177页。

的那个整体。这个整体先于两者而存在并具有多层次的结构性关系。正如梅洛－庞蒂所说："存在着作为一堆相互作用的化学化合物的身体，存在着作为有生命之物和它的生物环境的辩证法的身体，存在着作为社会主体与他的群体的辩证法的身体，并且，甚至我们的全部习惯对于每一瞬间的自我来说都是一种触摸不着的身体。这些等级中的每一等级相对于它的前一等级是心灵，相对于后一等级是身体。一般意义上的身体是已经开辟出来的一些道路、已经组织起来的一些力量的整体，是既有辩证法的土壤——在这一土壤上，某种高级形式的安置发生了，而心灵是由此而建立起来的意义。"① 现象的身体就是由这许多层次（物体、生命、文化等）交织而成的活生生的生命整体。在任何时候，心灵与身体总是穿越所有层次而处于某种构形关系中。因此，身体是活的。"我不是在我的身体前面，我在我的身体中，更确切地说，我是我的身体。"②

相对于纯粹意识的透明性，现象的身体具有一种含混性；相对于客观身体的被动性，现象的身体具有身体主体性；作为在世界之中存在的载体，现象的身体具有一种本源的意向性。身体具有身体本身的时间性和空间性，而欲望与情感则与整体的身体生存相关联。

（一）时间性

1. 身体时间性

分析时间的基本原则，不是从一种先定的主体性概念得出结论，而是"通过时间理解时间的具体结构"，"在时间中考虑时间"。所谓"通过时间"，所谓"在时间中"，指的是我作为身体主体所置身其中的时间，离开了我这个观察者和我对时间的看法，时间就崩溃了。所以，在事物中没有时间，在意识状态中也没有时间，时间是一种我与事物之间的存在性关系。

时间河流的著名隐喻，把时间看作从过去流向现在和将来，现在

---

① ［法］梅洛－庞蒂：《行为的结构》，杨大春、张尧均译，商务印书馆 2005 年版，第 307 页。
② ［法］梅洛－庞蒂：《知觉现象学》，姜志辉译，商务印书馆 2003 年版，第 198 页。

是过去的结果，将来是现在的结果。这个比喻的问题在于，如果考虑事情本身，那么其中发生的诸事件（冰川的融化，目前的水流，奔向并汇入大海）并不是连续的，而是被分割了的。由此造成的结果是，时间就是由一系列的诸现在所构成的均等的客观系列，现在是现在，过去是过去了的现在，将来是尚未到来的现在。如果引入一个观察者，河流所隐喻的时间关系就颠倒了："时间不是来自过去。不是过去推动现在，也不是现在推动在存在中的将来。"① 过去和将来的事件在眼前的世界中。与上述仅从事物考察时间相反，心理学家用回忆"解释"过去的意识，用这些回忆在我们前面的投射"解释"对将来的意识。实际上，"记忆痕迹"只是一个纯粹的现在，它不可能为我们打开过去和将来。"过去和将来不可能是我们根据我们的知觉和我们的回忆，通过抽象作用形成的单纯概念，表示一系列实际'心理事实'的单纯名称。时间是在时间的各个部分之前被我们想象的，时间关系使在时间中的诸事件成为可能。"②

在梅洛－庞蒂看来，时间既不是一个流动的实体，也不是一种第三人称的被动记录过程；相反，时间与主体性是密不可分的，它通过主体与世界的关系得以存在。我有一个身体，身体必然在这里，身体也必然在现在。过去和将来如果不与我的身体产生联系，那它们就是一个自在的过去和自在的将来，自在的过去一去不返，自在的将来就不会到来。因此离开身体就不可能有时间。"在每一个注视的运动中，我的身体把一个现在，一个过去和一个将来连接在一起，我的身体分泌时间，更确切地说，成了这样的自然场所，在那里，事件第一次把过去和将来的双重界域投射在现在周围和得到一种历史方向，而不是争先恐后地挤进存在。……我的身体占有时间，它使一个过去和一个将来为一个现在存在，它不是一个物体，它产生时间而不是接受时间。"③

身体主体之所以是时间的，之所以具有时间性，是因为，按照海

① ［法］梅洛－庞蒂：《知觉现象学》，姜志辉译，商务印书馆2003年版，第515页。
② ［法］梅洛－庞蒂：《知觉现象学》，姜志辉译，商务印书馆2003年版，第518页。
③ ［法］梅洛－庞蒂：《知觉现象学》，姜志辉译，商务印书馆2003年版，第306页。

德格尔的说法，此在在世界中存在，它的意义就是时间性；按照萨特的说法，时间性是随着人的存在的涌现而出现在世界上的，而且人的存在同时存在于时间的三维之中；而梅洛－庞蒂则认为时间性来源于我的身体性存在，这是在时间和主体之间所发现的一种更内在的联系。"我没有选择出生，一旦我已经出生，不管我做什么，时间总是通过我涌现。……时间是我们的自发性的基础和尺度，是继续前进和'化为虚无'的能力，这种能力寓于我们中，就是我们自己，和时间性及生命一起呈现给我们。"① 赫伯特·施皮格伯格把这种内在的联系看作时间性的出神的性质和有时间性的主体的出神的性质之间的紧密关联，并由此评论说："因此，梅洛－庞蒂最后'把时间说成是主体，把主体说成是时间'。他以此表示，主体不仅是在时间之中，因此它承受着时间并经历着时间，并被投入（engagé）到时间中：它被时间所渗透。"②

2. 呈现场：过去和将来界域

作为时间的三个环节，现在、过去和将来之间并不存在一条截然分明的界限，它们相互蕴含，构成了一个具有整体性的时间场，梅洛－庞蒂称之为"呈现场"（champ de présence）。在这个呈现场中，不仅现在是在场的，过去和将来也是在场的，这三个维度不是通过隐蔽的活动呈现给我们的。狭义上的现在虽然没有被确定，但是在它的后面拖着一个保持（rétention）的界域，在它的前面有一个延伸（protention）的界域，它们共同构成了我的知觉场。"这等于说，每一个现在重新肯定了它驱逐的整个过去的呈现，预期了整个将来的呈现，等于说，按照定义，现在不是自我封闭的，而是追赶一个将来和一个过去。存在的东西不是一个现在，然后在存在中接替前一个现在的另一个现在，也不是带着过去和将来的投影、在另一个可能打乱这些投影的现在之后的一个现在，因此，需要一个目击者进行连续投影的综合：只有一种唯一的时间，它自我证实，不把任何没有规定为现在和将来到

① ［法］梅洛－庞蒂：《知觉现象学》，姜志辉译，商务印书馆2003年版，第534—535页。
② ［美］赫伯特·施皮格伯格：《现象学运动》，王炳文、张金言译，商务印书馆1995年版，第776页。

的过去的东西引入存在，它是一下子被确定的。"① 因此，所谓呈现
场，也就是在场的呈现。以此去看过去，作为曾经是现在的过去，它
包含着作为未打开的今天的一个将来界域，也就是作为遥远的今天的
一个最近过去界域的时刻。以此去看将来，作为尚未现在的将来，它
包含着一个即将转变为现在和过去的将来界域的时刻。这样，随着每
一个新的现在的来临，我们的呈现场带着它的整个时间环节不断地向
后推移。这种持续着的我的身体的"意向之线"构成了我的呈现场的
横意向性。

包含着过去和将来界域的呈现场，不仅有横向的移动，而且有垂
直的沉积。梅洛－庞蒂所谓"时间不是一条直线，而是一个意向性的
网络"，指的就是呈现场的纵意向性。"在每一个时刻来到时，先前的
时刻发生了变化：我把它留在手里，它还在那里，但它已经消失，它
进入现在的直线下面；为了留住它，我应该伸出手，穿过一层薄薄的
时间。就是它，我有能力赶上刚刚出现的时刻，我没有和它分开，如
果没有东西发生变化，那么它最终不会消逝，它开始出现在或投射在
我的现在上面，而它刚才还是我的现在。当第三个时刻来到时，第二
个时刻又发生了新的变化，它从它所是的保持变成保持的保持，它和
我之间的时间层在变厚。"② 在评价胡塞尔的时间视域纵意向性时，笔
者曾说，时间视域意识的连续沉积，形成当下活的知识与能力储备。
它显示为个性化的经验、知识、习性、能力等因素的统一综合，成为
时间视域的深层结构。这个深层结构，一方面赋予时间视域的表层结
构以意义，另一方面向上赋予前摄以我能和内涵的可能性。这个评价
当然完全适应于梅洛－庞蒂，如果注意到他与胡塞尔意识时间性与身
体时间性的差异，那么纵意向性带给身体时间性的是更多生命状况的
内涵。

3. 时间三维与生命状况的联系

不仅仅是现在，而且过去和将来也都具有绽出的特性，这就意味

---

① ［法］梅洛－庞蒂：《知觉现象学》，姜志辉译，商务印书馆 2003 年版，第 526 页。
② ［法］梅洛－庞蒂：《知觉现象学》，姜志辉译，商务印书馆 2003 年版，第 521 页。

着，将来不是在过去之后，过去不是在现在之前。时间性作为走向过去和来到现在的将来被时间化。时间三维前后相随的顺序因生命的具体情况而被打破了。海德格尔认为，"这些方式（笔者注：指时间不同维度的绽出）使此在形形色色的存在样式成为可能，尤其是使本真生存与非本真生存的基本可能性成为可能。"① 这具体地表现为，领会首要地奠基于将来，现身情态首要地在曾在状态中到时，沉沦首要地植根于当前。梅洛－庞蒂虽没有把生命的具体情况与时间不同维度的绽出对应起来作详细的考察，但他肯定海德格尔的观点，并在"作为主体的时间和作为时间的主体"题目下，对此作过原则的整体性的表述："过去不是过去，将来也不是将来。只有当主体性打破自在的整个存在，在那里勾画出一个景象和引入非存在，过去和将来才能存在。"②

真正的时间性就是我们的生活过程本身。与人的生活整体相应，时间性的每一种绽出样式都整体地到时。在这个基础上，时间呈现场不会封闭在自身之内，而是在两个方向上超出自身，成为真正广义上的"生活－生命"呈现场。梅洛－庞蒂就此说："在我看来，我不在时间本身，我在今天早晨和即将到来的夜晚，可以说，我的现在就是这个瞬间，但也是今日、今年、我的整个一生。不需要一种综合从外面把各个时刻（tempora）集中在一种唯一的时间里，因为每一个时刻已经在本身之外包含了一系列开放的其他时刻，在里面与它们建立联系，因为'生命联系'是和时间的绽出一起出现的。"③ 再进一步，呈现场还可以向我没有经历的时间性开放，由此形成一个社会界域，"因此，在我的个人存在再现和接受的集体历史范围内，我的世界变大了"④。

（二）空间性

存在着两种空间，身体空间与客观空间。客观空间奠基于身体

---

① ［德］海德格尔：《存在与时间》，陈嘉映、王庆节译，生活·读书·新知三联书店1987年版，第374页。

② ［法］梅洛－庞蒂：《知觉现象学》，姜志辉译，商务印书馆2003年版，第526页。

③ ［法］梅洛－庞蒂：《知觉现象学》，姜志辉译，商务印书馆2003年版，第527页。

④ ［法］梅洛－庞蒂：《知觉现象学》，姜志辉译，商务印书馆2003年版，第542页。

空间，身体空间是客观空间的意义根源。身体空间是原初的，客观空间只有建基于身体空间之上才有可能。"一旦我想主题化我的身体空间，或想详细说明身体空间的意义，那么我在身体空间中只能发现纯概念性空间。"① 这表明，客观空间是对身体空间反思的结果。两种空间的区分对应着两种身体、两种意识和两种意向性的区分：客观空间对应着客观身体与理智意识，身体空间对应着现象身体与知觉意识；客观空间奠基于范畴意向性，身体空间奠基于身体意向性。

1. 身体本身的空间性

身体不仅具有时间性，也同样具有空间性，如果我没有身体的话，在我看来也就没有空间。再具体一点说，"在空间本身中，如果没有一个心理物理主体在场，就没有方位，就没有里面，就没有外面"②。我们的身体是一个有机的整体，由此决定了身体不是各个器官在空间中外在地并列组合，而是一些部分包含在另一些部分之中，诸多部分在一种共有中拥有我的整个身体。这个整体身体的结构被梅洛-庞蒂称之为"身体图式"，正是通过身体图式我得以知道我的每一条肢体的位置。我的身体的轮廓，我的肢体的位置，我的肢体、器官、感官与我的身体整体的相互蕴涵关系，以及我的身体所在的"这里"，以及通过身体的运动所朝向的"那里"，这一切都已经是一种空间，已经是空间和空间关系。但这个空间不是外部物体的客观性空间，而是身体本身的存在性空间。"身体的空间性是身体的存在的展开，身体作为身体实现的方式。"③ 或者说，身体的空间性是"身体最终所处的客观空间里的一种原始空间性，而客观空间只不过是原始空间性的外壳，原始空间性融合于身体的存在本身。成为身体，就是维系于某个世界，……我们的身体首先不在空间里：它属于空间"。④ 所谓"属于空间"，指的是身体与空间的相互归属，身体属于空间，空间属于身

① ［法］梅洛-庞蒂：《知觉现象学》，姜志辉译，商务印书馆 2003 年版，第 140 页。
② ［法］梅洛-庞蒂：《知觉现象学》，姜志辉译，商务印书馆 2003 年版，第 262 页。
③ ［法］梅洛-庞蒂：《知觉现象学》，姜志辉译，商务印书馆 2003 年版，第 197 页。
④ ［法］梅洛-庞蒂：《知觉现象学》，姜志辉译，商务印书馆 2003 年版，第 196 页。

体，空间与身体同属一体。

我们的身体总是处在某种情境中，因而身体的存在性空间就显现为"处境的空间"。我在大街上行走，我的脚踏在地面上，我的身体随着双脚的走动而不断地移动，我的身体成为行走的身体，我不需要知道每一个肢体的位置，因为我的整个身体就表现在我的行走的姿态和步伐中。可以这么说，我的身体在行走，就是我的身体的空间在行走。如果我在十字街口驻足，等待车辆通过，然后快步走过路口，这一切都会带来身体姿势和身体空间的相应变化。这是因为，"身体空间蕴涵着某种动力学机制，身体朝向它的任务而存在，身体结构能被它的任务所极化，并随着不同的任务情境呈现出不同的身体姿态"①。或者如梅洛－庞蒂所举的例子，我站着，紧握烟斗。我不需要分析和推断，我以一种绝对能力知道我的烟斗、我的手、我的身体的位置。"我站着，紧握烟斗"就是此时此地这个处境中的身体和空间。在书房里，我用双手依靠在写字台上，那么，"我的整个姿态表现在我的双手对桌子的支撑中"。毫无疑问，身体的这个姿态，这个情境，就是身体本身空间性的显现。

处境的空间，必定是带有方位的空间。首先，我的身体在"这里"，而且"在我的身体中我始终存在于'这里'。无论我到哪里，这个身体的'这里'可以说是一直随着我流浪，并且因此而构成了我始终无法放弃的、我的空间定位的绝对关系点"②。梅洛－庞蒂把这个我的空间定位的绝对关系点称为"初始坐标的位置"，它是"主动的身体在一个物体中的定位，身体面对其任务的处境"③。其次，我的身体携带着自己的方向。上下、左右、前后等，都是身体本身所具有的方位感，把这种方位感投射到外部对象上，便有了身体与外在事物的方位空间关系。我行走的时候，天空中的白云在我的头上，秋天的落叶在我的脚下，我的前面有车辆，后面有房屋，如此等等。如果脱离了

---

① 刘胜利：《身体、空间与科学》，江苏人民出版社 2015 年版，第 143 页。

② ［德］胡塞尔：《生活世界现象学》，倪梁康、张廷国译，上海译文出版社 2002 年版，第 29 页。

③ ［法］梅洛－庞蒂：《知觉现象学》，姜志辉译，商务印书馆 2003 年版，第 138 页。

我的身体，"那么词语'在……上'就不再与词语'在……下'和'在……旁边'有什么区分"①。

2. 身体居住在空间里

客观的身体在空间里，现象的身体居住在空间里。客观的身体与空间的关系是外在的，现象的身体与空间的关系是内在的。梅洛－庞蒂用了许多不同的词语来表达这种内在性："属于"，"寓于"，"适合"，"包含"，"居住"。所谓"居住"，就是用身体本身的空间去转化外在的客观空间，或者说将身体本身的空间投射、扩大，将外部空间纳入自身空间。

海德格尔此在之"此"的空间性讲的就是这个问题，此在以何种方式具有空间性？从反面看，此在从不像一件实在的物或用具那样现成地存在于现成的空间中，也就是说，此在不是以"在之内"的方式存在于空间中；从正面看，此在是以"在之中"的方式存在于空间中；所以说，此在的空间性就是"在之中"的空间性。"在之中"的空间说的是此在在世界之中生存所占取并整理的空间。此在占取空间、整理空间的具体方式是去远和定向，而由此获取的空间其具体显现形态则是位置（Platz）和场所（Gegend）。所谓"去远"，就是作为具有生存论性质的去某物之远而使之近，即带到近旁的活动。此在作为有所去远的"在之中"同时具有定向的性质。所谓"定向"，即"使位于……"的活动，此在始终随身携带着的上、下、左、右、前、后 这些方向都源自这种定向活动。定向包含了此在为自己定向、给某物定向，通过定向而揭示场所，或者说向着一定场所定向，被去远的东西就从这一方向而来接近，以便我们就其位置发现它。总括去远和定向两者，可以说寻视操劳活动就是制定着方向的去远活动。所谓"位置"，是世内上到手头的东西的空间规定性，它由方向与相去几许构成。具体地说，位置就是各个用具在用具联络整体中通过互为方向和相去几许而确定的各属其所的"那里"与"此"。每一各属其所都同上手事物的用具性质相适应，同以因缘方式隶属于用具整体的情况相

① ［法］梅洛－庞蒂：《知觉现象学》，姜志辉译，商务印书馆2003年版，第139页。

适应。因此，位置不可解释为物的随便什么现成存在的"何处"或"地点"。所谓"场所"（Gegend），就是使用具在联络整体中各属其所并向之归属的"何所往"，是用具联络的位置整体性的"何所在"，是由关联（意指）整体借寻视活动先行揭示出来的环围和视界。场所的实质在于，它就是日常此在最切近的"周围世界"的空间规定性。但这个周围世界并不以实存的方式存在，而是表现为此在当下地与一个个上手事物寻视地照面，而随着事物的上手，周围世界的空间规定性——场所也一道展开。

梅洛-庞蒂是从身体运动的角度来阐述这个问题的。身体必然在"这里"，身体也必然在"现在"，身体的运动就是从"现在"的"这里"转换到下一个"现在"的"这里"，如此以至无穷。身体的这种连续的运动，就是不断地把一个自在的空间转换成为我的空间。这之所以可能，其因在于"身体图式"作为在不同方位中无数等同位置的开放系统中的直接呈现者，正是它使得各种运动任务得以瞬间换位。更为重要的是，在一个运动的每一个时刻，以前的时刻并没有成为自在的过去，而是被装入现在；同理，当前的位置也重新把握一个套着一个一系列以前的位置。这一系列的被装入"现在"的时间和空间就构成了对应着一个运动的身体的整体的空间。"因为我有一个身体，因为我通过身体在世界中活动，所以空间和时间在我看来不是并列的点的总和，更不是我的意识对其进行综合和我的意识能在其中包含我的身体的无数关系；我不是在空间里和时间里，我不思考空间和时间；我属于空间和时间，我的身体适合和包含时间和空间。"① "适合""包含"就是对空间的整理和占取，化自在空间为身体的空间。

最典型的体现这种空间转化的是习惯的获得。一位妇女不需要计算就能在其帽子上的羽饰和可能碰坏羽饰的物体之间保持一段安全距离，她能感觉出羽饰的位置。一位司机不需要比较路的宽度和车身的宽度就能知道"我能通过"。盲人的手杖对盲人来说不再是一件物体，

---

① ［法］梅洛-庞蒂：《知觉现象学》，姜志辉译，商务印书馆2003年版，第186页。

而是其触觉器官的延伸。"习惯于一顶帽子，一辆汽车或一根手杖，就是置身于其中，……使之分享身体本身的体积度。"① 当我坐在打字机前，一个运动空间在我手下展开，我就在这个空间里把我读到的东西打出来。学习打字，就是学习把键盘的空间和自己的身体的空间融合在一起。梅洛－庞蒂说："习惯的获得就是对一种意义的把握，而且是对一种运动意义的运动把握。"② 身体对运动和运动的意义的理解和把握，不是我思，而是我能，也就是把运动并入身体的世界。"习惯不寓于思想和客观身体中，而是寓于作为世界中介的身体中。"③

（三）欲望与情感

作为性存在的身体，就是指有性别、有性欲、有爱情的身体。梅洛－庞蒂探讨性的欲望和爱情，其目的是阐明"我们使空间、物体或工具为我们存在"，以及"为我们存在的起源"，"我们接受空间、物体或工具的原始功能，以及描述作为这种占有的地点的身体"。以这种方式我们将会更好地理解物体和存在如何能一般地存在。这其实就是要探讨身体的存在，以及身体主体在世界之中如何存在。因此，这种探讨包含着两个基本方面：其一，性欲与身体；其二，身体与情感环境。

1. 性欲与身体

性欲不是抽象的我思活动（cogitatio），它是一个身体针对另一个身体的感性知觉活动，所以它不能以表象（思维、概念）能力来定义。诸如快乐、痛苦、爱情等情感现象，也不能被理解为自我封闭的情感状态，它总是与身体的其他机能，与自身之外的他人他物相关联。如果不是这样，那么，前者，作为我思对象的表象、概念就会激起人的性欲；后者，身体的本能及这种本能的自主反射机制，就会导致性欲的自动性释放，并通过有力的性行为表现出来。

病人施耐德因为枕叶区的损伤导致性功能的障碍，其具体表现是，没有主动的性行为，没有性幻想。隐晦的图片视觉，乃至异性的接吻、

---

① ［法］梅洛－庞蒂：《知觉现象学》，姜志辉译，商务印书馆 2003 年版，第 190 页。
② ［法］梅洛－庞蒂：《知觉现象学》，姜志辉译，商务印书馆 2003 年版，第 189 页。
③ ［法］梅洛－庞蒂：《知觉现象学》，姜志辉译，商务印书馆 2003 年版，第 192 页。

拥抱已没有性刺激的含义。这些性冷淡现象表明，施耐德身上遭到破坏的是知觉或性爱体验的结构。梅洛－庞蒂把这种性爱结构称为"性图式"。如果说它是知觉，含有意义，并具有意向性，那也是一种不同于客观知觉的知觉方式，一种不同于理智意义的意义，一种不是"关于某物的意识"的原始意向性，一种不属于知性范畴的性爱"理解力"。"在正常人中，身体不仅被感知为某个物体，这种客观知觉还含有一种更隐蔽的知觉：可见的身体受到一种纯属个人的性图式的支持，性图式突出性欲发生区，显示性的外貌，唤起本身与这种情感整体融合在一起的男性的身体动作。"① 之所以是"更隐蔽的知觉"，是因为它是被一般欲望、纯粹意识和相应的观念所遮盖甚至压抑的，无论是基本压抑还是额外压抑。这里的性意向或性图式，不应被狭隘的理解为性本能、性冲动，因为它是与身体整体相联系的。

作为有机的活的身体，现象的身体所具有的功能是整体性的。以这种观点看，无论是传统的"知""情""意"心理机能，还是弗洛伊德精神分析的"意识""潜意识""前意识"，都不可能是分裂的，而是相互联系、相互表示、共同构成身体的整体生命能力。梅洛－庞蒂在他不同语境的论述中，用过许多含义相近、相似的词语，诸如：包含着性的可能性、运动的可能性、知觉可能性、智力可能性的"生命区域"，"有机主体的内部能力"，认识、能作用的生命、行为这三个方面表现出的"一种唯一的典型结构"；有时他直接用"我的身体""人的整个存在"来表达身体的这种整体性。他说："因为在人身上的所有功能，从性欲到运动机能和智力，是完全相互关联的，所以在人的整个存在中，区分被当作一个偶然事实的身体结构和其他必然属于身体结构的断定，是不可能的。"②

从机能划分的角度，可以说"性图式"是整体的"身体图式"的一个最基本的层次，是身体意识的最初方式；甚至也可以说"性本能"。但是，无论在产生的意义上，还是在表现的意义上，性欲都应

---

① ［法］梅洛－庞蒂：《知觉现象学》，姜志辉译，商务印书馆2003年版，第206页。
② ［法］梅洛－庞蒂：《知觉现象学》，姜志辉译，商务印书馆2003年版，第224页。

该与身体整体相关联。就它的形成看，"应该有一种内在于性生活、确保性生活展开的功能，性欲的正常延伸应该建立在有机主体的内部能力的基础上。应该有使原始世界具有活力、把性的价值或意义给予外部刺激、为每一个主体描绘如何使用其客观身体的性爱（Eros）或性本能（Libido）"①。就它表现出的意义看，"一个场面对我来说有一种性的意义，不是因为我隐隐约约地想起它与性器官或与快感状态的可能关系，而是因为这个场面为我的身体存在，为始终能把呈现的刺激和性爱情境联系起来和在性爱情境中调整性行为的能力存在"②。立足于这个立场，梅洛－庞蒂从两个方面对精神分析作了高度肯定，一方面，精神分析把性欲纳入人的存在，这样，我们就能在性欲中重新发现以前被当作意识的关系和态度的那些关系和态度；另一方面，精神分析把人在世界上存在的方式投射在人的性欲上，这样，我们就能在人的性欲上看到主体的生活经历、置身于其中的各种环境，以及一个人的性经历在他生活中如何成为一个"关键"。性欲与身体的这种相互关联，"不就意味着整个生存归根结底有一种性的意义，或意味着任何一种性现象都有一种生存意义吗？"③ 甚至可以反过来更具体地说，性现象只是我们投射我们的环境的一般方式的一种表达。

性欲与身体的关联，有许多具体的表现。由于身体蕴涵着意识、精神、情感，所以性欲难以容忍第三者在场，羞感的产生与以上两个因素有关。"因此，人们想占有的东西并不是一个身体，而是一个由意识赋予活力的身体"④。如果身体是一架机器，或当作"一堆本能"，那么害羞、欲望和爱情就是不可理解的。由于身体是模棱两可的，所以我们不能把性欲归结为一种认识过程，同样也不能把一个人的经历归结为他的意识的经历。性欲虽然是身体的底层结构，但它的表现却是整体性的身体。作为生命基础的底层结构，性欲在人的生活中不能被否定性地超越，但会从它所处的较专门的身体部位扩散到全身，构

---

① ［法］梅洛－庞蒂：《知觉现象学》，姜志辉译，商务印书馆2003年版，第206页。
② ［法］梅洛－庞蒂：《知觉现象学》，姜志辉译，商务印书馆2003年版，第207页。
③ ［法］梅洛－庞蒂：《知觉现象学》，姜志辉译，商务印书馆2003年版，第209页。
④ ［法］梅洛－庞蒂：《知觉现象学》，姜志辉译，商务印书馆2003年版，第220页。

成某种情感的外貌；并进一步向四周散发出一种气味，一种声音，最终作为一种气氛出现在人的生活中。

2. 身体与情感环境

身体的存在是在世生存，"即使与生存断绝关系，身体也不会完全退回自身。即使我沉湎于我的身体的感受，沉湎于感受到的孤独，我也不能取消我的生命与一个世界的关系，某种意向每时每刻重新从我身上涌现，即使这种意向只是朝向围绕着我和进入我的视野的物体，朝向突然出现和把我刚才体验到的东西推入过去的时刻。我不会完全成为世界中的一个物体，我始终缺少作为物体的全部存在，我自己的物质通过内部从我身上流出，某种意向始终显露出来"①。更直接地说，退回自身，沉湎于孤独，也是一种身体在世的方式。身体的意向已经表明，世界就是身体的世界，断绝与生存的关系意味着身体不存在。

在肯定了身体在世生存的前提下，我们有必要对两者的关系作更具体的表达。身体通过生存建立了在世界上真正呈现的可能性，而生存则是在身体中实现的，身体是生存的现实性。身体和生存都必须以另一方为前提，身体是固定的或概括的生存，而生存是一种持续的具体化。身体与生存的这种互为前提的关系，使得身体与生存的情境可以自由转换：一方面，"一个正常的、置身于人际情境中的人，因为他有一个身体，所以就必然每时每刻保存着摆脱情境的能力"；另一方面，"正是因为我的身体能拒绝让世界进入，所以我的身体也能使我向世界开放，使我置身于情境。向着他人、向着未来、向着世界的生存运动能重新开始"。②

身体与生存的关系直接的就是性欲与生存的关系，这表现为性欲与生存相互影响，相互转化和相互扩散。性欲向生存的扩散，就是爱情唤起主体的所有精神力量，使主体整个地卷入，这时，"没有能把性欲归结为性欲以外的其他东西的解释，因为性欲已经是性欲

---

① 〔法〕梅洛-庞蒂：《知觉现象学》，姜志辉译，商务印书馆2003年版，第217—218页。
② 〔法〕梅洛-庞蒂：《知觉现象学》，姜志辉译，商务印书馆2003年版，第217页。

以外的其他东西，也可以说，是我们的整个存在。……我们把我们的整个个人生活置于其中"①。被当作模棱两可的气氛的性欲，是与生命同外延的。性欲对生存会产生不同形式的影响，我们的某些生活方式，如逃避的态度或孤独的需要，可能是某种性欲状态的概括表现；性的主题可能是许多本身正确的和真实的意见，许多有充分根据的决定的深层原因。这种影响、转化、扩散如此密切，以至"为一个决定或一个给出的行为确定性的动机的分量和其他动机的分量是不可能的，确定一个决定或一个行为是'性的'或'无性的'也是不可能的"②。

爱就是爱的意识，欲望就是欲望的意识，但爱就是意识到一个对象是可爱的，欲望就是意识到一个对象是有价值的。这种人与人之间的活生生的意愿、情感关系构成了我们的性爱情境和生存环境。性欲、爱情建构着我们的生存环境，而一定的性爱情境和生存环境也生产着性的欲望和爱情。病人施耐德之所以没有性的主动性，根本原因在于他和他的身体没有置身于情境中，更没有体验到性爱情境，他缺少的是一个与身体互动的生活世界。说他失去了每当性爱情境出现时能维持它或对之做出反应直至满足的能力与说他缺少一个性爱情境是一回事。

二　身体主体

主体和主体性概念是近代哲学的产物，在不同的哲学家那里具有不同的含义，于是有多种多样的主体性，如笛卡尔的思维之我，康德主义的先验之我，等等。但这些形形色色的主体性具有一个共同的要素，即意识或灵魂，所以这种主体被称为意识主体。梅洛－庞蒂反对意识与身体的分裂，把意识放回到了身体，成为现象的身体。这也就意味着梅洛－庞蒂否定了传统哲学的意识主体，但这并不意味着它与传统意识哲学的彻底决裂。在他把传统哲学的意识放回到身体中的同

① ［法］梅洛－庞蒂：《知觉现象学》，姜志辉译，商务印书馆 2003 年版，第 225 页。
② ［法］梅洛－庞蒂：《知觉现象学》，姜志辉译，商务印书馆 2003 年版，第 223 页。

时，他保留了其主体的概念，由此形成了他的身体主体。"关于意识，我们不应该把它设想为一个有构成能力的意识和一个纯粹的自为的存在，而应该把它设想为一个知觉的意识，行为的主体，在世界上存在或生存。"① 他认为，现象的身体不再只是处于某个独立的精神视野之内的一个在世界之中的客体，而是处于主体一边，是我们在世的视点，是精神借以呈现出某种自然和历史处境的地方。

具体地说，梅洛－庞蒂的身体主体是作为投身世界的主体，作为前人格的主体，以及作为能表达的身体。投身世界即在世界中，与世界融为一体，此时，身体是在世存在的立足点、视点、零点、出发点和锚定点。身体本身包含着自然和精神两个因素，自然作为一切精神存在和文化存在基底的土壤，在这个主体中起着一种底层构架的作用，因此规定了身体主体的前人格特征：非反思的、感知的我。前人格主体的动作行为、知觉行为乃至情感欲望虽未表现为智性的语言符号，但它是在世界中存在的身体的表达；它是一种意义的原初操作。"作为我的身体的感觉外观直接以形象相互表示，因为我的身体正是由一个感觉间的相等和转换构成的系统。感官不需要一位译员就能相互表达，不必通过观念就能相互理解。……我的身体是所有物体的共通结构，至少对被感知的世界而言，我的身体就是我的'理解力'的一般工具。"②

在身体与世界之间，存在着一种原初的关联，一方面，身体以其运动、知觉和表达朝向事物和世界，并赋予其相应的意义；另一方面，物体和世界在一种活生生的联系中呈现给身体。胡塞尔已经把躯体的这种运动称为"新型的意向性"："对于物在其中成为知觉所与者的意向性研究来说，不能不配合以对（在其知觉功能中的）自身躯体之相应的意向性研究。……躯体是物但同时也是功能和特殊的躯体，因此现在问题相关于一种有关彼此在双侧上相关的意向性之富有成效的科学发展。因此只是需要一种新型的意向性分析，即那样一种分析，在

---

① ［法］梅洛－庞蒂：《知觉现象学》，姜志辉译，商务印书馆2003年版，第442页。
② ［法］梅洛－庞蒂：《知觉现象学》，姜志辉译，商务印书馆2003年版，第299—300页。

其中手运动、头运动、行走运动等的运动觉系统是意向性地被构成的，并结合成为一种完整系统。"① 梅洛－庞蒂则把身体的运动机能这种"最初的意向性"称为"身体意向性"。根据现象学意向性的基本原理，我们把知觉、行为（包括身体运动、实践活动）、身体的表达这样一些在世存在的身体主体的基本活动统称为"身体意向性"。国内学者杨大春说："身体意向性代表的是一种全面意向性，它是由意向活动的主体（身体）、意向活动（运动机能和投射活动的展开）和意向对象（被知觉的世界：客体和自然世界，他人和文化世界）构成的一个系统。"②

（一）知觉

身体的理论已经是一种知觉理论，身体主体就是感觉的主体，感觉的主体既不是一个理性思想者，也不是一个被动的感性接受者，而是一个有感觉能力者。感觉能力是与某种生存环境同源或同时发生的一种能力。

1. 知觉的原初性

知觉意识是最原初的意识，知觉经验是最原初的经验。与人的一切行为、观念、理性、科学相比，知觉具有首要地位。也就是说，人的行为、观念、理性、科学及其相应价值都建立在知觉的基础之上。"说知觉占据着首要地位的时候，……我们借此表达的是，知觉的经验使我们重临物、真、善为我们构建的时刻，它为我们提供了一个初生状态的'逻各斯'，它摆脱一切教条主义，教导我们什么是客观性的真正条件，它提醒我们什么是认识和行动的任务。这并不是说要将人类知识减约为知觉，而是要亲临这一知识的诞生，使之同感性一样感性，并重新获得理性意识。"③

2. 知觉的规定

实际上，梅洛－庞蒂从未给知觉下过定义，以至于有的研究者怀

---

① ［德］胡塞尔：《现象学心理学》，李幼蒸译，中国人民大学出版社 2015 年版，第 155 页。
② 杨大春：《感性的诗学》，人民出版社 2005 年版，第 207 页。
③ ［法］梅洛－庞蒂：《知觉的首要地位及其哲学结论》，王东亮译，生活·读书·新知三联书店 2002 年版，第 31—32 页。

疑在他的哲学中是否存在着一种知觉理论。梅洛－庞蒂对知觉的阐述是通过对经验主义和理智主义知觉观的批判而展开的。经验主义用感觉来说明知觉，认为知觉就是感觉的总和。对此，梅洛－庞蒂的观点是，必须放弃把知觉分解为一些感觉的做法，抛弃为了补救它而构想出来的"联想力""记忆的投射"等假设，并把对自在的外部世界的信仰悬搁起来，从而回到主客观之前的现象领域。理智主义通过"注意"和"判断"来探讨知觉。所谓"注意"，就是知觉意识的苏醒，而无注意是知觉意识的一种半睡半醒状态。注意本身具有一种理性解释，因此被感知物体就包含由注意所显示的可理解性结构。而"判断通常是作为感觉所缺少的为使一种知觉成为可能的东西引入的"①。梅洛－庞蒂认为，理智主义没有正确理解注意的作用，实际上，我们对于对象的最初知觉既不是完全混沌一团也不是绝对清楚，而是处于一种不确定的状态并显示为一种模棱两可的意义。我们通过注意逐渐使对于对象的知觉变得清楚一些并使其意义更明确一些，但最终也不会变得完全清楚。而理智主义所引入的"判断"则直接取消了知觉或使知觉变成了理智的一个变种。

梅洛－庞蒂指出："经验主义所缺少的是对象和由对象引起的活动之间的内在联系。理智主义所缺少的是思维原因的偶然性。在第一种情况下，意识过于贫乏，在第二种情况下，意识又过于丰富，以至于任何现象都不能引起意识。经验主义没有意识到我们需要知道我们所寻找的东西，否则，我们就不会去寻找，理智主义则没有认识到我们需要不知道我们所寻找的东西，如果我们了解的话，我们也不会去寻找。"② 这就是说，经验主义所缺少的是事物和由事物引起的意识活动之间的内在关系，导致不能说明关于事物的现实知觉是如何可能的。而理智主义所缺少的是思维原因的偶然性，导致不能说明关于知觉的现实事物是如何可能的。可见，理智主义和经验主义一样，都是通过反省分析构造我们的知觉（尽管二者构造知觉的方式不一样），而不

---

① ［法］梅洛－庞蒂：《知觉现象学》，姜志辉译，商务印书馆2003年版，第58页。
② ［法］梅洛－庞蒂：《知觉现象学》，姜志辉译，商务印书馆2003年版，第53—54页。

是回到知觉体验。梅洛－庞蒂对经验主义和理智主义知觉观的批判，实质上是在为知觉划界，即知觉既不是经验主义的"感觉"，也不是理智主义的"观念"。相对于理智主义的观念，知觉意识才是最原初的意识，所以我们"要像返回一种原初经验——实在世界正是在这种原初经验的特殊性中被构成——那样返回知觉"①。返回知觉正是梅洛－庞蒂所理解的现象学还原。

3. 知觉意向

知觉就是知觉主体与知觉物以及整体的世界之间的生命联系，从知觉主体的角度看，这种联系是一种知觉意向。一方面，世界是一切知觉活动得以发生和进行的"场"——界域、背景、环境；另一方面，知觉指向并显现着事物和世界，或者说事物和世界向我的知觉呈现。在这个总体原则下，我们可以看到知觉"意向着"感性事物的种种具体含义：倾听，注视，交流，相通，陷入其中，属于物体，与物体结合在一起。我注视天空的蓝色，不是在观念中拥有天空的蓝色，而是我的目光支撑着天空的蓝色，我的目光和颜色结合在一起，"我陷入其中，我深入这个秘密，它'在我心中被沉思'，我是集中、聚集和开始自为存在的天空本身，我的意识被这种无限的蓝色堵塞。"②当我的手支撑着物体，不是去计算物体的体积和重量，而是把我的手与坚硬和柔软结合在一起，我属于这个物体。我观看一个有六个面的立方体，不是去构造能解释这些透视的几何图的概念，而是一个接一个地根据知觉显现观看它们；立方体则在与我的身体运动的活生生的联系中，呈现给我的目光。"感觉是意向的，因为我在感性事物中发现了某种生存节律的建议——外展和内收，因为为了回答这个建议，深入以这种方式向我建议的生存形式时，我要依靠一个外部的存在，不管这个存在向我开放还是关闭。之所以性质向四周扩散某种生存方式，之所以性质有一种迷惑力和我们刚才称之为圣事意义的东西，是因为有感觉能力的主体不把性

---

① 张尧均：《隐喻的身体》，中国美术学院出版社 2006 年版，第 19 页。
② ［法］梅洛－庞蒂：《知觉现象学》，姜志辉译，商务印书馆 2003 年版，第 275 页。

质当作物体，而是与性质一致，把性质占为己有，发现在性质中的暂时规律。"① 确切地说，知觉意向就是感性主体与感性事物之间的一种"相通"。

4. 知觉的发生与综合

相对于经验主义的分散的感觉，知觉是不可分解的整体；当然不是对各种感觉进行拼合构成的整体，而是在某一视域并最终在世界这个知觉场中发生，并通过"过渡的综合"或"视域的综合"而形成的整体。综合包含着知觉本身的综合和被感觉物的综合，知觉自身的综合依靠身体图式的前逻辑统一性，即我的身体不是并列器官的总和，而是一个协同作用的系统，依靠现象的身体，各种感官的感觉形成"联觉"或"通觉"。身体的"各个部分"协同作用以及各种感官的联觉使关于物体的知觉成为可能，使物体的统一性成为可能。

譬如，在知觉中，如何描述这些不在场的对象的存在或者那些在场对象的不可见的那些面呢？梅洛－庞蒂回答说："看不见的那面作为存在被我把握，但我没有肯定灯的背面在我所说的意义上存在着。问题可以这样解决：掩住的那面以它的方式存在，就在我的毗邻。因而，我既不能说物体看不见的那面只是可能的知觉，也不能说它是某种几何学分析或推理的必然结论。使我从物体的可见面达到其不可见面、从已知达到目前尚未知的综合，不是一种可自由假定整个物体的智性综合，更像是一种实践综合：我可以触摸这盏灯，不仅可依其转向我的一面触摸它，也可伸手到另一面去，我只需伸出手来就可把握它。"② 这是一个如胡塞尔所说的"过渡的综合"，或是一个"视野的综合"："看不见的那面作为'在别处看得见'显示于我面前，不仅存在着，并且伸手可及。"③ 知觉的综合其实是当下知觉和潜在知觉的统一，而进行这种综合者不是纯粹意识或者说意识主体，而是身体或者

---

① ［法］梅洛－庞蒂：《知觉现象学》，姜志辉译，商务印书馆 2003 年版，第 274 页。
② ［法］梅洛－庞蒂：《知觉的首要地位及其哲学结论》，王东亮译，生活·读书·新知三联书店 2002 年版，第 8—9 页。
③ ［法］梅洛－庞蒂：《知觉的首要地位及其哲学结论》，王东亮译，生活·读书·新知三联书店 2002 年版，第 11 页。

说身体主体。其特点是，它既能够确定事物的某些透视方面，又能够超越它们。也就是说，知觉主体必定有其处境，但它并非完全受制于处境。由于知觉是在世界这个背景上发生的，所以知觉和被知觉物本身都是一个悖论。这个悖论被称为"内在性与超验性的悖论"。"内在性"说的是被知觉物不可外在于知觉者；"超验性"说的是被知觉物总含有一些超出目前已知范围的东西。知觉的综合是时间的综合，物体的统一性是通过时间表现出来的。

（二）表达

我的身体是表达现象的场所。表达作为身体意向性的表现，有三个层面或角度：身体本身，最初的言语，概念语言的转化。身体本身的表达是根本性的，而言语的表达则是身体本身表达的扩张和延伸。

1. 身体本身的表达

动作、表情、姿势就是身体在世界之中存在的一种原初的、根本的"表达"，因为，无论是从发生学还是从比较学的意义上，身体都是"一种自然表达的能力"[①]。既然是"表达"，总要表达一点什么，这就是意义。从何处寻找动作所表达的意义呢？身体本身表达的一个显著特征就是动作与动作的意义的同一。动作的意义不是一个现成的什么等待动作来提取，动作本身也不是身体的固有程序等待身体主体的运行。意义产生于动作本身，动作本身蕴涵着意义，意义与动作本身一道展开。"我不把愤怒或威胁感知为藏在动作后面的一个心理事实，我在动作中看出愤怒，动作并没有使我想到愤怒，动作就是愤怒本身。"[②] 梅洛－庞蒂把这种同一阐释为两者所具有的共同的东西：微笑，放松的脸，动作的轻快，就是情绪和情绪的表达所具有的共同的东西。这种作为快乐本身的行为节律和在世界上的存在的方式，也就是动作的意义的存在形态和存在方式。

表达是一种交流，问题的关键在于我与他人之间如何相互沟通和

---

① ［法］梅洛－庞蒂：《知觉现象学》，姜志辉译，商务印书馆2003年版，第237页。
② ［法］梅洛－庞蒂：《知觉现象学》，姜志辉译，商务印书馆2003年版，第240页。

理解对方的动作。在这里存在着一个相互的意向关系，即他人的动作和在我身上显现的意向、我的动作和在他人行为中显现的意向。"所发生的一切像是他人的意向寓于我的身体中，或我的意向寓于他人的身体中。"① 这也就是说，我通过我的身体理解他人，他人通过他的身体理解我。但这仅仅是一个基础，动作和动作的意义都是感性地呈现的，但动作的意义还需要被理解。一个儿童目睹了一个性交场面，但他不能理解这个场面的意义，因为他没有性欲的体验和表示性欲的身体姿势的体验。共同的身体体验产生于身体主体的共在，即我与他人有一个共同的世界。当然，对动作意义的"理解"不是认识，而是"感知"。"当我感知一样东西，比如说壁炉，并不是它的各种各样外观的一致性使我得出作为几何图和作为所有这些透视的共同意义的壁炉存在的结论，恰恰相反，我在物体固有的明证中感知物体，是这个事实保证我通过知觉体验的展开获得物体的一系列相互协调的面貌。通过知觉体验的物体的统一性只不过是在探索运动过程中身体本身的统一性的另一个方面，因此，物体的统一性是这样的：作为身体图式的壁炉不是建立在对某个规律的认识基础上、而是建立在对身体呈现的体验基础上的一个等值系统。我带着我的身体置身于物体之中，物体与作为具体化主体的我共存。"② 与物体共存能感知并获得物体的一系列相互协调的面貌，同样，与他人共在就能感知并"理解"他人的动作和意义，这就是梅洛－庞蒂所谓的"他人体验的真相"。

这种"理解"还需要得到进一步展开，"动作如同一个问题呈现在我的前面，它向我指出世界的某些感性点，它要求我把世界和这些感性点连接起来。当我的行为在这条道路上发现了自己的道路时，沟通就实现了"③。首先，面对呈现在我面前的动作所提出的"问题"，我要对之作出回答；其次，动作是一个整体，某些感性点构成了整体性动作的结构；我要在世界视域的背景上通过这些感性点把握动作的整体；最后，设身处地地把动作体验为我的动作，即"我的行为在这

① ［法］梅洛－庞蒂：《知觉现象学》，姜志辉译，商务印书馆 2003 年版，第 241 页。
② ［法］梅洛－庞蒂：《知觉现象学》，姜志辉译，商务印书馆 2003 年版，第 241—242 页。
③ ［法］梅洛－庞蒂：《知觉现象学》，姜志辉译，商务印书馆 2003 年版，第 241 页。

条道路上发现了自己的道路"。此时，沟通得以实现，理解得以完成。总之，身体，情绪，欲望，体验，感知，共在，世界，这就是身体本身的表达以及理解之所以可能的根据之所在。

2. 言语作为有声的表达

言语是我们的生存超过自然存在的部分，言语是身体表达功能的延伸。"如果没有带着发音或发声器官和呼吸器官，或至少带着一个身体和运动能力的人，那么就不可能有言语，也没有概念。"① 从口头语言的角度看，言语就是一种真正的动作，身体把某种运动本质转变为声音，把一个词语的发音方式展开在有声现象中。"语言动作和所有其他动作一样，自己勾画出自己的意义。"② 而这个意义则是通过对内在于言语的一种动作意义的提取形成的。

词语与我们的关系，就像动作与身体的关系。当我们运动的时候，"我不需要回想外部空间和我自己的身体，就能使我的身体在外部空间里运动。只需它们为我存在，只需它们在我周围形成某种紧张的活动场就行了。"③ 同样，当我们说话的时候，"我也不需要回想词语，就能认出它和读出它。只需我掌握词语的发音和声音本质，就像掌握一种变化，我的身体的一种可能运用就行了。我回想词语，就像我的手伸向被触摸的我的身体部位，词语在我的语言世界的某处，词语是我的配备的一部分，我只有一种回想词语的方式，就是把它读出来"④。读和说的能力当然可以看作一种运动的机能。

把语言看作一种动作，也就是把语言和它的意义看作一体的，意义不仅由语言表达，而且寓于言语中，与语言不可分离。最能显示两者同一的是言语的第一次表达、成功的表达和美感的表达。第一次表达的言语等同于思想，因为思想不是既成的，而是在表达中实现的。成功的表达就是使被表达的得到充分的表达，例如，奏鸣曲的音乐意义与它的声音不可分离，它通过声音存在，并且深入声音；同样，女

---

① ［法］梅洛-庞蒂：《知觉现象学》，姜志辉译，商务印书馆 2003 年版，第 490 页。
② ［法］梅洛-庞蒂：《知觉现象学》，姜志辉译，商务印书馆 2003 年版，第 242 页。
③ ［法］梅洛-庞蒂：《知觉现象学》，姜志辉译，商务印书馆 2003 年版，第 235 页。
④ ［法］梅洛-庞蒂：《知觉现象学》，姜志辉译，商务印书馆 2003 年版，第 235—236 页。

演员是看不见的，出现的是菲德拉。意义吞没了符号，菲德拉占有了拉贝尔玛。美感的表达同成功的表达一样，表达活动实现或完成了意义。其实现的具体方式，或是"把自在存在给了它所表达的东西，把自在存在作为人人都能理解的被感知物体置于自然之中"，或是"夺走其经验存在的符号本身——喜剧演员的身体，绘画的颜色和画布，把它们带到另一个世界"①。前一种方式，通过把"所表达的东西"（意义）与"自在存在"（表达）结合为新的表达，并对这新的表达（自在存在）作感性的强化——"把自在存在作为人人都能理解的被感知物体置于自然之中"，以此使意义感性化。后一种方式，通过悬置经验性的符号（即梅洛－庞蒂所区分出的第二次表达的言语），然后回到了戏剧人物比如说菲德拉而不是演员拉贝尔玛，回到了绘画而不是颜色和画布。在这个艺术的世界里，意义在人物或绘画身上得到实现和完成。

语言与意义的关系，其实也就是语言与思维和思想的关系。在作为动作的言语中，思想、思维与语言是同一的。既没有现成的思想等待言语的表达，也没有现成的言语等待思维的运用。语言与思想和思维之间不是一种外部关系，而是一种相互具有的内在关系。艺术家在写作的时候，并不能确切地知道将要写些什么，要表达的意思是随着写作活动的展开而逐渐成形的；演说家不在演说之前，甚至在演说的时候进行思维，他的言语就是他的思想。把语言看作工具和手段的理智主义想象不到也理解不了，在听或读的人、说或写的人的心目中，有一种在言语中的思想。

由于言语含有自己的意义，由于"我首先不是与表象或一种思想建立联系，而是与会说话的主体，与某种存在方式，与会说话的主体指向的'世界'建立关系"，所以言语使主体间的沟通成为可能，理解言语的意义就像理解动作的意义一样。

3. 概念语言回归身体

梅洛－庞蒂区分了两种言语，能表达的言语和被表达的言语。能

---

① ［法］梅洛－庞蒂：《知觉现象学》，姜志辉译，商务印书馆2003年版，第238页。

表达的言语是意义意向处在初始状态的言语，被表达的言语则是像拥有获得的财富那样有可支配意义的言语。与两种言语相应，有两种意义，存在的意义和概念意义。这两种言语体现了语言的产生和发展演变的历史：从感性的发生叫喊到抽象的规范概念，从与身体的同一到与身体的分离。概念语言一经产生，便成为我们必须面对的语言现实，也就是说，我们必须使用这种经验的语言。如果说能表达的言语是第一次表达，那么被表达的言语则是第二次表达。

现在的问题是，当使用被表达的言语的时候，我们如何才能让概念与我们的身体连接起来，成为身体的表达？梅洛－庞蒂认为，要做到这一点，就要改变词语的普通意义，在词语的概念意义下重新发现存在的意义，把约定的言语放回约定之前的沟通过程中。这种种表述，说的无非是，"当我们解释语词的意义时，我们侵入到它的存在之中，在它连续的意义生活中留下我们的贡献。我们把握已经存在于语词之中的意义，并且给语词附加上或创造出我们自己的意义"[①]。作家、艺术家的表达活动就是在这些获得的东西——既有意义的基础上，通过回归身体发现并创造了新的意义——存在的意义。

第三节　属人的思的主体

一　思的维度

杜夫海纳把审美知觉再现阶段的主体规定为"非属人的主体"。从消极的方面看，它是不准确的，同时也是极为片面的。所谓"非属人的主体"也就是意识主体或思维主体，这就是他为什么总是把非属人的主体与康德联系在一起的原因。审美知觉当然需要并包含思考，但它不是概念思考。如果从现象学还原的角度看，在审美知觉中，概念思考已经被悬置。在这里，思考表现为不同的层次以及相互交织的更为复杂的情况。从积极的方面看，"非属人的主体"开启了审美知

----

① ［美］丹尼尔·托马斯·普里莫兹克：《梅洛－庞蒂》，关德群译，中华书局2003年版，第28页。

觉中思的维度，但需要补充的是，它是属人的。

（一）再现与主题

审美是感性活动，但为什么要在感性活动中谈论思维、认识和智力活动？因为作品和创造作品的艺术家都与主题存在着密切而深刻的关联。

构成审美对象的第一个要素是材料，音乐的材料是声音，绘画的材料是颜色，建筑的材料是大理石、砖瓦、混凝土等，诗歌的材料是发出声音的词句，舞蹈的材料是人的身体，如此等等。作品的材料需要一个与之相配合的主题，例如，梵·高《白色的花园》中的桃花树，《星月夜》中的星月夜，高更《塔希提少女》中的少女，雷诺阿《伊蕾娜肖像》中的伊蕾娜。杜夫海纳所谓"主题"首先指的是作品的题材，即再现对象。现在我们面临的一个问题是，艺术是否总有再现对象？对再现性艺术而言，这一点是可以肯定的。一幅现实主义的绘画可以再现一座神庙，小说、戏剧可以讲述一个故事，如杜夫海纳所言："我们想象不出一部小说或一个剧本可以什么都不说，可以禁止人们去寻求书写的或口说的句子的意义。甚至在造型艺术中，主题的重要性也只是在上面所说的美学革命之后才发生争议。"[①] 对非再现性艺术——最显著的是建筑和音乐——而言，譬如说，一座神庙、一件陶器再现什么呢？对这个问题的理解涉及作为意义的主题。材料的感性不仅作为物质手段的属性，当它转变为艺术的符号时，作品便具有一种意指作用。因为感性可以自给自足，自身可以带有自己本身的意义，而不必求助于任何其他东西。这时，感性转化而成的符号的所指就是意义。"如果我们想给予再现一词它的全部引申意义，那么我们说，每当审美对象要求我们离开感性的即时的东西并向我们提出一种意义——对这种意义来说，感性只是一种手段，而且实际上是一种无关紧要的手段——这时，就有再现。"[②] 从意义的角度看，神庙的主

---

① ［法］杜夫海纳：《审美经验现象学》，韩树站译，文化艺术出版社 1996 年版，第 350 页。
② ［法］杜夫海纳：《审美经验现象学》，韩树站译，文化艺术出版社 1996 年版，第 349 页。

题是神庙自身，宫殿的主题是宫殿，音乐的主题就是融贯在旋律中的思想。一句话，作品本身就是自己的主题。

从艺术家的角度看，之所以选择某个主题是因为这个主题是与他共存的；是因为这个主题在他身上唤起某种激情，带有某种问号；更根本的说，主题就是与艺术家的生命息息相关的世界。所谓再现，绝不是对这个世界的机械地模仿和照搬，"而是通过主题作出一个相当于主题对他所具有的情感意义和理智意义的感性对等物：鲁奥画的不是基督，而是通过基督画像画出了基督对他所具有的意义的绘画对等物"①。这就是说，再现对象并不是作品的重心，而是这个对象所显示的对于主体而言的情感意义和理智意义。

总之，无论是作为再现对象还是作为意义，作品总有一个主题。这个作品必然有的主题就是作品让人去辨认和理解的东西。"标志再现的特征并以后使之与感觉形成对立的不完全是被再现之物的现实性，而是这种对概念的召唤。因为再现对象是一个可以辨认的对象，它要求被认出来并期待思考给予无限定的注释。"② 就是在这个地方，我们才能理解构成审美对象的意义方面，"当它进行再现时，它具有观念的本质"这句话的意思。而艺术家选择某个主题则期待欣赏者与之进行深层的交流和对话。

（二）主题的功能

由于"再现"处在知觉和表现之间，所以主题的功能就表现在再现与知觉、再现与表现的关系上。

1. 再现与知觉

知觉既是指我们受外界对象感性影响的能力，也是指把这些对象归属于概念的能力。前一方面体现的是知觉的感性能力，后一方面体现的是知觉的理性能力。而这两个方面又总是连接在一起的，体现出一种知觉由感性到理性的运动趋向。主题的第一个作用，"恰恰是满

---

① ［法］杜夫海纳：《审美经验现象学》，韩树站译，文化艺术出版社1996年版，第353页。
② ［法］杜夫海纳：《审美经验现象学》，韩树站译，文化艺术出版社1996年版，第349页。

足知觉的一种不可逆转的倾向，那就是把感性作为某种东西的感性来认识，即发现事物而不是发现杂乱无章的感性，并把感性同这些事物联系起来。质料的呈现不像是质料，而像是带有活力的东西（这种活力是由构成对象的那些意向给予的）"①。"把感性作为某种东西的感性来认识"指的是知觉的整体性特征，"发现事物"也就是去发现"把感性同这些事物联系起来"的意义，发现意义显示了知觉的理性特征。

然而，主题之所以能够满足知觉的运动倾向，其前提是再现对象对感性的激发，以及它赋予感性以意指作用的统一性。一部小说，一首诗歌，一座雕像，一幅绘画，之所以为"一"，就在于其本身的"统一"。这种使审美对象具有整体性的统一性，可称之为意义的统一，概念的统一，逻辑可靠性的统一。"审美对象的意义就是感性的组织、感性的统一原则。没有组织，没有统一原则，被知觉者就会分散成无数无意义的感觉，就像旋律可以化成一阵杂乱的声音一样。"② 笔者曾对杜夫海纳诸多散乱的表述，作了较为系统的命题式的表述：意义投入感性之中，意义内在于感性，意义组织并统一感性，意义与感性统一。

2. 再现与表现

意义与感性的统一，如果停留在再现阶段，那就会给作品带来一种危险，即沦为再现服务的一种手段。这样，再现对象把我们的全部注意力吸引过去，从而遮挡住了审美经验。"这是什么意思呀？在画的这一角的那个人在干什么呀？舞蹈演员的这个动作是不是一种爱的表示呀？小说的主人公后来怎样呢？这时，艺术像一种普通语言，不断要我们去理解它的意义：它不完全是为静观而是为理解而存在的了。"③ 对这种危险的避免和克服，不是抛弃主题，而是由主题走向表现。正如主题离不开感性，而表现也离不开主题。一方面，再现对象构成了表现的基础；另一方面，再现对象是表现世界的见证。表现之所以需要主题，还因为主题对于作品的创作和感知通常是不可缺少的，

---

① ［法］杜夫海纳：《审美经验现象学》，韩树站译，文化艺术出版社1996年版，第351页。
② ［法］杜夫海纳：《美学与哲学》，孙非译，中国社会科学出版社1985年版，第64页。
③ ［法］杜夫海纳：《审美经验现象学》，韩树站译，文化艺术出版社1996年版，第350页。

虽然说主题不过是一个"机会"和"托词",但"这里所说的托词不是随便什么托词,而是艺术家从千百个托词中挑选出来的一个托词,因而艺术家对某些主题的爱好成为鲜明的、有时可以用来识别他的作品的特点。"①

(三) 思的形态

毫无疑问,审美对象的主题诉诸欣赏者的思考。但诚如前文所言,思考表现为不同的层次以及相互交织而形成的更为复杂的情况。大体来说,审美知觉涉及三种思,或者说思在审美知觉中有三种表现形式:其一,作为自我意识的我思("思考的我思");其二,身体的我思("肉体的我思");其三,诗思(存在的我思)。

1. 思考的我思

杜夫海纳明确地把"思考的我思"与康德联系起来:"在再现阶段,通过那些决定对客观世界的客观认识的可能性的先验。在这里我们又和康德相会了。"② 笛卡尔通过怀疑,清除了心灵中一切传统的偏见和一切可疑的知识——包括身体之后,剩下的是那个正在怀疑着的"我"。所以我的本质就在于它只是一个思想的东西,一个理智或一个理性。我思就是理性之思。康德承接着笛卡尔,认为我思是先验统觉,所谓统觉,指把形形色色的直观材料统一为一个概念的综合能力。知识的来源有两个条件,一个是感性直观提供杂多的表象,一个是知性运用先天范畴对被给予的杂多进行综合。"所以,直观的一切杂多,在它们被发现于其中的那同一个主体里,与'我思'有一种必然的关系。但这个表象是一个自发性的行动,即它不能被看作属于感性的。我把它称为纯粹统觉,以便将它与经验性的统觉区别开来,或者也称之为本源的统觉,因为它就是那个自我意识,这个自我意识由于产生出'我思'表象,而这表象必然能够伴随所有其他的表象、并且在一切意识中都是同一个表象,所以决不能被任何其他表象所伴随。我也

---

① [法] 杜夫海纳:《审美经验现象学》,韩树站译,文化艺术出版社1996年版,第353页。
② [法] 杜夫海纳:《审美经验现象学》,韩树站译,文化艺术出版社1996年版,第484页。

把这种统一叫作自我意识的先验的统一，以表明从中产生出先天知识来的可能性。"① 在这里，康德把"我思"与"纯粹统觉""本源的统觉""自我意识"看作同一个东西。

受康德的影响，杜夫海纳把再现阶段的"思考"看作意识主体的认识、思维等智力活动，并在康德所谓的先验构成经验可能性的条件的意义上，把思考看作"对客观世界的客观认识的可能性的先验""智力先验""认识的先验""再现的先验""思维先验"，并进一步说，知性的先验具有理性性质。

2. 肉体的我思

杜夫海纳把身体的我思称为"肉体的我思"，它比"思考的我思"更原初，它"对世界的关系不再是一种构成意识的行为，而是一种存在的过程，如果我们终于承认'意识可以生活在不经思考而存在的事物之中，可以完全信赖这些事物的尚未转变成可表达的意义的具体结构'"②。这个肉体有智力，载有精神。海德格尔的"此在的领会"，萨特的"前反思的我思"，梅洛－庞蒂的"沉默的我思"都属于这一种思的形态。由于杜夫海纳没有对"肉体的我思"展开必要的论述，我们特在下文中对上述三家有关这种思的形态作一专题论述，以补杜夫海纳理论之不足。

3. 存在的我思

表现阶段的审美对象不论证，它显示。所谓"不论证"，就是"审美对象并不同我谈论它的主题，是主题而且是以主题被处理的方式在向我说话。如果说，主题是作品的一个不可避免的成分，那也不是就其本身而是就其被赋予的形式来说的。主题通过形式变成表现性的：真正有表现性的不是神学书籍中讲的'最后的审判'，而是吉斯勒贝尔雕刻的'最后的审判'；不是病理学教科书中描述的疾病，而是一种原始舞蹈模拟表演的疾病。"③ 主题的表现性不是诉诸思考，而

① ［德］康德：《纯粹理性批判》，邓晓芒译，人民出版社2004年版，第89页。
② ［法］杜夫海纳：《审美经验现象学》，韩树站译，文化艺术出版社1996年版，第374页。
③ ［法］杜夫海纳：《审美经验现象学》，韩树站译，文化艺术出版社1996年版，第155—156页。

是诉诸感觉，或者更确切地说诉诸思考性的深度感觉。

在简要说明了三种思考之后，需要阐明一下三者的关系。存在的我思，是"思考的我思"还原到"肉体的我思"之后出现的，在这个还原的过程中，"思考的我思"沉潜成为思考的背景，也就是说，在审美知觉中，理性的思考只能是间接的。从发生学的角度看，"肉体的我思"在"思考的我思"之前，但从现象学的角度看，它又在"思考的我思"之后，因为在这一种形态中还包含着我思的沉淀和回返所形成的"身体的我思"，正如被知觉的世界既是自然的世界也是文化的世界一样。在"肉体的我思"与"存在的我思"之间，隔着一个"审美态度"的距离，在三种形态或三个层次的我思中，"肉体的我思"处在枢纽的位置，同时也可见出三者相互交织的状况。

二 此在的领会

（一）领会——此在在"此"

在德语中，领会（Verstehen）有"理解、明白、懂得、掌握、通晓、精通"之意，海德格尔把这样一个具有认识论含义的概念转化为一个生存论概念来使用，它指的是此在存在的基本样式和基本的生存论环节（现身情态、领会、话语）之一，它源始地构成此之在。此在在"此"就蕴含着领会，反之，领会是"此"的生存论建构。因此，理解"领会"的关键在于弄明白"此"的生存论含义。

1. 此在在世的展开

此在生存着就是它的此，此在从来就携带着它的此，此在为之存在的那个存在就是去是它的此，此在就是它的展开状态。"'此'这个词意指着这种本质性的展开状态。通过这一展开状态，这种存在者（此在）就会同世界的在此一道，为它自己而在'此'。"① 在"此"，也就是此在与世界一道展开，海德格尔把这种存在整体的展开状态称

---

① ［德］海德格尔：《存在与时间》，陈嘉映、王庆节译，生活·读书·新知三联书店1987年版，第154页。

为领会。

按照一般的理解，此指"这里"和"那里"，有物理层面上的"处所"和"空间"的含义，但海德格尔对"此"的运用，远远超出了物理空间而进入生存性的意义空间，并把它扩展到时间、关系等方面。"一个'我这里'的'这里'总是从一个上到手头的'那里'来领会自身的；这个'那里'的意义则是有所去远、有所定向、有所操劳地向这个'那里'存在。此在的生存论空间性以这种方式规定着此在的'处所'；而这种空间性本身则基于在世。"① 其中"上到手头""去远""定向""操劳"主要是在生存性意义层面对"这里"和"那里"的规定。张祥龙把"此在"译为"缘在"，即是强调并突出了"此在"之"此"的意义之因缘关联，针对海德格尔的上述一段话，他作了如下的阐发：

> 这段话以一种"生存空间"的方式讨论了缘在之缘。"缘"在德文中有空间（"那里""这里"）、时间（"那时""于是"）、关系（"但是""因为""虽然"）、连带（"那个""这个"）等意思。稍稍观察一下它的实际运用就可发现，它所意味的空、时、关系等比概念思维所能把握的要原本和境域化得多，介于虚实之间，依上下文和说话情境而成义。海德格尔在这段话中也就顺势利用了这个词的缘性，强调它不只是"这里"或"那里"，而是在"这里"和"那里"之间的不可避免地活转，即通过朝向（zu）"那里"来理解"这里"或"自身"。由此活转而构成的"生存着的空间"是缘在本性中具有的回旋空间或"间隙"，比物理空间要原本的多，与佛家讲的"能含万法"的"世人空性"之"空"倒确有些相似之处。②

这样一个活转于"这里"（我、自身）和"那里"（世界、

---

① ［德］海德格尔：《存在与时间》，陈嘉映、王庆节译，生活·读书·新知三联书店1987年版，第154页。

② 张祥龙：《海德格尔传》，河北人民出版社1998年版，第165—166页。

他人）之间的、并且是它们的源头的存在空间就是"缘"（Da）。人这种存在者从本性上无非就是缘，也因此总是"携带着"一个开启的、不能被封死的空间（"能在""可能""处境"乃至"历史维度"）。缘在的超越并非形而上学的概念超越，而只能被理解为对自身的超越和对世界、对生存境遇的（先行）打开。①

"此在"之"此"，就是根据、凭借意义的姻缘关联，在"这里"和"那里""这时"和"那时"、自身和世界之间的动态生成——"活转"。按这种观点来理解的"此在"之"此"，就具有"解蔽"（解除封闭）、"澄明"（敞亮）、"展开"（敞开、打开）、"显露"（显现）等意思。此就是"是"此，就是以"是"它的此的方式存在。在这个"是"此的"是"中，此在本身就是敞亮的，而不是由其他存在者来照亮，因为此在从来就携带着它的此。在这里，"此"的展开首先是而且原本地是意义的展开，领悟之所以能"源始地构成此之在"，其根据在于此在的展开与此在的领悟本是纠缠并融为一体的。如果把领会看作一种认识方式，那么它就是构成此之在的源始的领会在生存论上的衍生物。

2. 此在是可能之在

此在不是现成的存在者，而是正在存在的存在者，"此"的含义已经表明此在正在以"此"的方式展开它自身的存在，所以此在原是可能之在。诚如萨特就自为的超越性所言：它是其所不是且不是其所是。此在的可能性，不是逻辑上的可能性，不是现成事物因其他事情偶或发生的可能性，不是此在会做某事、胜任某事、能做某事之能在，也不是为所欲为意义上的漂游无据的能在；而是此在最源始最积极的作为生存论环节的存在的可能性。

此在作为可能之在，首先是指被抛的可能性。此在存在着，但这个存在着是"它在且不得不在"，这个"它存在着"是这一存在者被抛入它的此的被抛境况。所谓"被抛境况"指的是，作为在世存在的

①　张祥龙：《海德格尔传》，河北人民出版社 1998 年版，第 166 页。

此在就是它的此，"被抛"就是说这个此不是此在所能决定的，它被交付给了这个"此"。约瑟夫·科克尔曼斯就此评论说："人不是要去存在，也不是已经自由地选择了去存在，而是人存在。对于人来说，他的存在似乎是一种'被抛的'存在；人似乎是被抛到事物之中的。"① 被抛于"此"，表明此在向来已经陷入某些可能性。其次是指此在是委托给它自身的可能之在，作为委托给自身的可能之在，指的是此在在它的能在中就委托给了在它的种种可能性中重又发现自身的那种可能性，并展开它的那种可能性。抓住、放弃、滑过、弄错等都是展开它的可能性的不同方式。合上述两个方面来说，此在是自由地为最本己的能在而自由存在的可能性。

此在在自身的可能之在中，一方面，已经蕴含着对这样去存在或那样去存在总已有所领会或无所领会，也就是说领会随此在的能在一道存在，或者更直接地说，这个此之在本质上就是领会；另一方面，"领会是此在本身的本己能在的生存论意义上的存在，其情形是：这个于其本身的存在开展着随它本身一道存在的何所在"②。这就是说，在此在的可能之在中，领会也是存在，而且是此在存在的生存论意义上的存在，这个随此在本身一道存在的"何所在"就是此在存在的生存论意义上的存在境域。因此，"领会以这种方式开展本己的能在：此在有所领会地向来就这样那样地知道它于何处共它自己存在。这个'知'却不是已然揭示了某件事实，而是处身于某种生存可能性中。与此相应，'不知'也不在于领会的某种缺断，而必须被当作能在的被筹划状态的残缺样式"③。因为领会，此在的展开才可能"处在问题中"；同样由于领会，此在的生存是能够询问的，并"知道"它自己存在的意义——于何处共它自己存在。

---

① ［美］约瑟夫·科克尔曼斯：《海德格尔的〈存在与时间〉》，陈小文、李超杰、刘宗坤译，商务印书馆1996年版，第169页。

② ［德］海德格尔：《存在与时间》，陈嘉映、王庆节译，生活·读书·新知三联书店1987年版，第168页。

③ ［德］海德格尔：《存在与时间》，陈嘉映、王庆节译，生活·读书·新知三联书店1987年版，第383页。

（二）领会的筹划结构

1. 作为筹划的领会

领会具有整体性，即它始终关涉到"在世界之中存在"的整个基本建构，因此领会总是突入对于"为何之故""在之中""世界""世内存在者""上手事物"，乃至现成事物的"统一"即自然等诸因素及其诸种可能性之中。这里的问题在于，作为"知"的领会如何"突入"此在的诸种可能性之中？领会领会了此在被抛的可能性，并重又发现了自身的那种可能性，"突入"就是在这个领会和发现的基础上"展开"这种可能性，展开需要筹划。S. 马尔霍尔说："此在必须向这种或那种生存可能性筹划自己。这种筹划是海德格尔用'领会'这个术语所指的东西当中最核心的东西。"①

所谓"筹划"（Entwurf），在日常德文中有"计划""草图""草稿""草案"等意思，因此筹划比领会更具体，但它又不是"此在拟想出一个计划，依这个计划安排自己的存在"②。因此，同领会一样，必须在此在可能性的层次上和范围内理解"筹划"。国内学者张汝伦注意到了这一点，利用对 Entwurf 的动词形式 entwerfen 的词源学解释，把筹划（Entwurf）阐释为"投开"："在海德格尔的语境中，无论是 Entwurf 还是 entwerfen，都根本不是人的主观作为，而是一种生存论要素，一种存在方式。它在《存在与时间》中的基本意思恰恰是指此在之'此'被投出开放，而在海德格尔中后期的著作中，它指存在真理域的投出开放。海德格尔在这里之所以要利用 werf 这个词干的基本语义'投掷'，恰恰是要表明此在可能性的非主观性。故这里将 Entwurf 姑且译为'投开'，'开'字作'开放'或'开启'解。"③

在可能性的层次上，三者的次序应该是：领会—筹划—展开，但

---

① ［美］S. 马尔霍尔：《海德格尔与〈存在与时间〉》，亓校盛译，广西师范大学出版社 2007年版，第 95 页。

② ［德］海德格尔：《存在与时间》，陈嘉映、王庆节译，生活·读书·新知三联书店 1987年版，第 169 页。

③ 张汝伦：《〈存在与时间〉释义》，上海人民出版社 2012 年版，第 412—413 页。

又必须在一体的意义上来理解这个次序。有的学者认为海德格尔就是用筹划解释领会："海德格尔用筹划来释领会，首先就是要从'规划''实施''设计''抛出东西'这样的非认识论层面来定义'领会'。'沿用'通常语义的同时，海德格尔对筹划作了生存论的解释，去掉了'筹划'通常语义中与生存论的理解对立的成分，具体来说，就是去掉了其中所包含的实体性思维。在海德格尔看来，筹划是关乎 Being 的，不是关乎实体的；是关乎存在的，不是关乎存在者的。担当筹划的不是作为实体的主体，而是向着 Being 有所作为的此在；所筹划的'东西'不是具体的事物，而是 Being 本身。'筹划'不是理性的行动，不是按照头脑中的计划去实施某事，而是去存在。"① 用筹划释领会，就是在作为"知"的领会中注入"行"的因素，让领会本身具有"筹划"的那种生存论结构。唯如此，领会才能突入诸种可能性之中，把此在之在向着此在的"为何之故"加以筹划，把此在之在向着那个使此在的当下世界成为世界的意蕴加以筹划，并把自己抛入"为何之故"中，置身于世界的展开状态中。

领会的筹划具有这样的性质，它并不把它所筹划的东西——可能性——作为专题来把握，它让可能性仅仅作为可能性来存在。反之，如果把可能性作为专题来把握的话，就会使此在失去可能性，最终沦为一个现成的存在者。"领会作为筹划是这样一种存在方式——在这种方式中此在恰恰就是它的种种可能性之为可能性。"② 作为此在种种可能性之根据的可能性，就是绝对的可能性。当此在在作为筹划的领会这种存在方式中是这种可能性的时候，"此在不断地比它事实上所是的更多。但它从不比它实际上所是的更多，因为此在的实际性本质上包含有能在。然而此在作为可能之在也从不更少，这是说：此在在生存论上就是它在其能在中尚不是的东西。"③ 真正说来，领会、能在

---

① 张文初：《追寻最后一道青烟》，广东人民出版社 2011 年版，第 357 页。

② ［德］海德格尔：《存在与时间》，陈嘉映、王庆节译，生活·读书·新知三联书店 1987 年版，第 169 页。

③ ［德］海德格尔：《存在与时间》，陈嘉映、王庆节译，生活·读书·新知三联书店 1987 年版，第 170 页。

与筹划三者之间的关系是难以分解的，这是因为它们都是此在之"此"的蕴涵，同时又作为存在方式对此在之"此"进行着生存论的建构。

2. 领会构成此在的视

在原初的领会中，"人向着他自己的存在开放自身和解放自身，同时，他也向着世界敞开和解放自身，因此，原初的领会从本质上包含着一定的观点"①，这个观点被称为此在的"视"。视（Sicht）是与此在的展开对应着的，如果说此在的展开状态是"敞亮"，那么"视"就是对应于着敞亮的境界，它与展开一道存在。"视"或"看"不是指肉眼的感知，也不是指对现成事物的现成状态的知觉。在本质上，它指的是通达存在者和存在的方式和途径。所谓视，就是带着视域（领会）的形式化了的看，因此说"视"首先植根于领会。

"视"有三种类型，操劳活动的寻视（Umsicht），操持的顾视（Ruecksicht），对存在本身的透视（Durchsichtigkeit）。"寻视属于操劳这种对上手事物的揭示方式。"② 在先行领会自身存在和世界现象的基础上，此在与世内存在者打交道必定服从目的相关系统，海德格尔把这种适应事物的看作"寻视"（统观）。"寻视"所看到的首先是作为关联整体的意蕴，而意蕴就是构成了世界的结构的东西，是构成了此在之为此在向来已在其中的所在的结构的东西。在这个基础上，寻视揭示了事物的"何所用"。操持是此在与他人的共在样式，操持是由顾视（Ruecksicht）与顾惜（Nachsicht）来指引的。作为此在的一种存在建构：操持既与此在的向着操劳所及的世界的存在相关联，同样也与向着此在本身的本真存在相关联。与此在的向着操劳所及的世界的存在相关联，操持所表现出的积极的极端可能性模式是"代庖"。代庖由顾视（顾及）所指引，揭示出他人此在和共同从事的东西，为他人而

---

① ［美］约瑟夫·科克尔曼斯：《海德格尔的〈存在与时间〉》，陈小文、李超杰、刘宗坤译，商务印书馆1996年版，第172页。

② ［德］海德格尔：《存在与时间》，陈嘉映、王庆节译，生活·读书·新知三联书店1987年版，第142页。

把有待操劳之事揽过来。与此在的本真存在相关联，操持所表现出的又一积极的极端可能性模式是"表率"。表率由顾惜（宽容）所指引，把操心真正作为操心给回他人。在涉及他人生存而不涉及他人所操劳的什么的这种操持中，揭示出他人的本真生存。从上述两种操持样式中可以看出，顾视、顾惜都是对这种共在关系的领会和理解。透视（Durchsichtigkeit）是对存在本身——此在一向为这个存在如其所是地存在——的视。海德格尔把此在对自我存在的理解称为领会的恰当的"自我认识"，这当然不是传统西方哲学所说的理性的"自我意识"，而是贯透在世的所有本质环节来领会掌握在世的整个展开状态的透视。

视的三种类型，实际上所表明的不过是对用具、同类的人、他本身或作为整体的世界的不同样式的理解和领会。如果说视与领会的区别，则视首先植根于领会，因为领会是这样组建着此之在："一个此在能够生存着根据领会使视、四下寻视、仅仅观看等等诸种不同的可能性成形。"①

领会不是认识，领会是此在的展开状态。"'直观'和'思维'是领会的两种远离源头的衍生物。连现象学的'本质直观'也植根于存在论的领会。"②

三　反思前的我思

萨特把意识作为中心议题，并不是回到了传统的意识哲学，而是以"意识"来理解海德格尔的此在。他说："海德格尔赋予人的实在一种对自我的领会，并把自我规定为人的实在固有的可能性的'出神的谋划'。他并不赞同我们要否认这个谋划的存在的意图，但是，如果一种领会不是（对）正在领会（的）意识，那又会是什么呢？人的实在的这种出神性质，如果不是从出神状态的意识中产生，那它就要堕入物

---

① ［德］海德格尔：《存在与时间》，陈嘉映、王庆节译，生活·读书·新知三联书店1987年版，第383页。

② ［德］海德格尔：《存在与时间》，陈嘉映、王庆节译，生活·读书·新知三联书店1987年版，第172页。

化了的浑浑噩噩的自在之中。"① 问题不在于意识概念的运用，而在于萨特探讨的问题是意识与存在的关系。这正如叶秀山所评价的："按照现象学的理论，我们可以说，'意识'不是指知识性的、主体性的，而是主客体分化之前的，在知识以前的本源性意识，即可以说'意识'是'存在性'的'意识'，而'存在'也是'意识性'的'存在'。"②

（一）意识的等级

萨特区分了意识的三个等级：第一等级是未被反思的意识（反思前的我思），第二等级是反思的意识（我思），第三等级是反思的反思的意识。

未被反思的意识纯粹是作为对象意识的意识，但同时也是对自我的非位置性意识。"所有对对象的位置性意识同时又是对自身的非位置性意识。"③ 以数香烟为例，香烟是意识指向的对象，但我对数香烟的活动也有一种非正题的意识。"为什么对意识的原初意识不是位置性的：因为它与它意识到的那个意识是同一个东西。它同时规定自己是对知觉的意识和知觉。"④ 快乐就是自我的快乐意识，区分快乐和对快乐的意识是不可能的也是没有必要的，因为原初意识是作为存在而非作为被认识的进行认识的存在。情感意识、欲望性意识和目的性意识属于非反思的意识，比如喜欢某物，害怕某物，憎恨某物，欲求某物，等等。在这种活动中，一方面意向着某物，另一方面感知着自我的喜欢、害怕、憎恨和欲求。"意识自身的这种超越，人们称之为'意向性'的这种超越，就又处在恐惧、憎恨、爱之中。"⑤

反思的意识指向被反思的意识，这种意识把意识视作对象。根据

---

① ［法］萨特：《存在与虚无》，陈宣良等译，生活·读书·新知三联书店 1987 年版，第111—112 页。

② 叶秀山：《思诗史》，人民出版社 1988 年版，第 266 页。

③ ［法］萨特：《存在与虚无》，陈宣良等译，生活·读书·新知三联书店 1987 年版，第10 页。

④ ［法］萨特：《存在与虚无》，陈宣良等译，生活·读书·新知三联书店 1987 年版，第11 页。

⑤ ［法］萨特：《自我的超越性》，杜小真译，商务印书馆 2001 年版，第 98 页。

萨特位置性意识的观点，在第二等级的意识中，"反思着的意识对自身是非位置性的，但对被反思的意识是位置性的"①。笛卡尔的"我思故我在"中的"我思"属于反思的意识，这是一种认识意识。

在第二等级的意识中，反思意识本身并没有成为对象，所以，萨特明确地说："任何反思的意识实际上在自身中都是未被反思的，要提出它必须有一个新的行为和第三个等级。"②《自我的超越性》的编者对此作了这样的注释："第三等级，是在第二等级上的正题活动，通过这种活动，反思的意识对自我变成位置性的。"③ 按萨特和编者的表述，可把第三等级的意识称为"反思的反思的意识"。

克里斯汀·达伊格尔（Christine Daigle）称萨特的三重意识理论为"意识的拓扑学"，并对其作了如下的阐释。第一等级意识是"前反思"，它"意识到"，它是"生（Raw）"的意识，是意向的（即朝向外面并且进入世界）。第二等级的意识是"反思"，它"意识到"客体，是"对×有意识"，表示我"理解"这个客体。第三等级的意识是"自我反思"，它"意识到'意识到客体'"，是"意识到对×有意识"（比如知道我是在阅读这本书）。

萨特三个意识等级划分的问题在于，在反思的意识之上再提出一个以其为对象的反思意识，这就会造成反思意识的无限倒退。尽管萨特明确讲到在此不存在对无限的回归，他的理由是："因为一个意识全然不需要反思的意识以意识到自身。只不过它并不对自身表现为对象。"④ 按他的这种理由，我们就无法理解作为第二等级的反思意识。克里斯汀·达伊格尔对萨特的这个问题作了分解处理，第二等级的意识是对意识对象的反思，而对意识本身的反思则是构成第三等级的"自我反思意识"。但这样做同样没有也不可能解决反思意识无限倒退的问题。实际上，反思意识，既是对意识对象的反思，同时也是对意识本身的反思。正如萨特自己所言："使认识意识成为对它的对象的认识的充分

① ［法］萨特：《自我的超越性》，杜小真译，商务印书馆2001年版，第51页。
② ［法］萨特：《自我的超越性》，杜小真译，商务印书馆2001年版，第11页。
③ ［法］萨特：《自我的超越性》，杜小真译，商务印书馆2001年版，第51页。
④ ［法］萨特：《自我的超越性》，杜小真译，商务印书馆2001年版，第11页。

必要条件是：它意识到自身是这个认识。"① 这样我们就可以把萨特的三个等级的意识合并为两个，即前反思的意识和反思的意识。两者的关系表现为，非反思的意识是奠基性的，它使反思成为可能。这样，胡塞尔"一切意识都是对某物的意识"就可以理解为，在反思前的我思层次上，它是原初意识意向性；在我思的层次上，它是认知意向性。

（二）意识与身体

探讨意识，必定要论及身体以及意识与身体的关系。萨特明确讲到，不能以纯粹意识为出发点，而应该从我们与自在的原始关系出发，从我们在世的存在出发。如果从纯粹意识出发，就把身体变成了一个为他的认识的对象，这样，身体"与其说它是我的存在，还不如说是我的属性"②。立足于这一点，萨特对身体的存在方式作了两个规定："或者它是被世界的工具性对象空洞地指示的归属中心，或者它是自为使之存在的偶然性"，而身体"存在的这两种样式是互相补充的"③。前一个规定涉及身体和事物的关系，后一个规定涉及意识和身体的关系。

1. 心身的统一问题

萨特对身体的定义有两段文字："在这个意义下，人们能够把身体定义为我的偶然性的必然性所获得的偶然形式。它不是别的，就是自为。在自为中并没有一个自在，因为那样的话，自为将会使一切都变得僵化。"④ 此其一；"我们现在尽其可能明晰地把握了我们在前面提到的'为我们的存在'中的身体的定义：身体是我们的偶然性的必然性采取的偶然形式。"⑤ 此其二。这两段文字对身体的定义极为抽

---

① ［法］萨特：《存在与虚无》，陈宣良等译，生活·读书·新知三联书店 1987 年版，第9 页。

② ［法］萨特：《存在与虚无》，陈宣良等译，生活·读书·新知三联书店 1987 年版，第389 页。

③ ［法］萨特：《存在与虚无》，陈宣良等译，生活·读书·新知三联书店 1987 年版，第430 页。

④ ［法］萨特：《存在与虚无》，陈宣良等译，生活·读书·新知三联书店 1987 年版，第395 页。

⑤ ［法］萨特：《存在与虚无》，陈宣良等译，生活·读书·新知三联书店 1987 年版，第418 页。

象，需要作一点解释。

首先来看身体定义的前提。"在这个意义下"的"意义"指的是"处在自为层次上的身体"；"为我们的存在"指的是存在层次上的为我所非正题地意识到的身体，这个身体，"就我所是而言，我是我的身体；就我不是我所是而言我又不是我的身体"①。前提的两种表述虽不一样，但其实质是相同的，即在自为的层面或意义上来谈身体。但这个表述有明显的不足，即没有区分自为的两个层次：反思前的我思和反思的我思。严格的表述应该是，在"反思前的我思"意义上的身体，如此，反思前的我思也就是身体的我思。

其次来看身体定义本身。这个定义涉及"必然性"和"紧围着必然性的双重偶然性"，对人的实在来说，存在就是在此之在，这是身体所具有的"一种本体论的必然性"。如何理解"在此之在"的"此"？如果说纯粹的认识是没有观点的认识，那么身体的存在必定据有一个空间原点。胡塞尔认为，身体的特征是作为零点在每个知觉经验里都在场，作为一个对象都朝向的索引性的（indexical）"这里"。海德格尔也把此在之此解释为此在领会自身的"何所在"，"'此'可以解作'这里'与'那里'。一个'我这里'的'这里'总是从一个上到手头的'那里'来领会自身的"②。受胡塞尔和海德格尔的影响，萨特把此在之此称为"观点"：

> 如果我们把身体定义为对世界的偶然观点，就应该承认观点的概念假设了双重的关系：与事物的关系，它是对这些事物的观点，以及与观察者的关系，它是对观察者来说的观点。③

在自为的每一谋划中，在每一个感知中，身体都在那里，它

---

① ［法］萨特：《存在与虚无》，陈宣良等译，生活·读书·新知三联书店 1987 年版，第415 页。

② ［德］海德格尔：《存在与时间》，陈嘉映、王庆节译，生活·读书·新知三联书店 1987年版，第 154 页。

③ ［法］萨特：《存在与虚无》，陈宣良等译，生活·读书·新知三联书店 1987 年版，第418 页。

是与逃避它的"现在"还处在同一水平上的刚刚过去的东西。这
意味着它同时是观点又是出发点：我所是的并且我同时向着我应
该是的东西超越的观点和出发点。①

萨特把这种同时是"观点"又是"出发点"的此在之"此"直接称为
"是我的偶然性的必然性"。这种必然性既体现为此在在"此"的"观
点"，也体现为此在的"介入"和"选择"，萨特由此说："我介入这
样那样的视点是必然的"②，"这个不能把握的身体，它恰恰就是有一
种选择的必然性，就是说，我同时不存在的必然性"③。综合上述，我
们可以说，作为身体存在样式之部分表现的"必然性"其实质指的是
自为的存在特性：不存在（虚无），否定性（非自在），超越性（是其
所不是又不是其所是）。

"紧围着必然性的双重偶然性"之前一个偶然性，指的是我的存
在的偶然性，这有点类似于海德格尔的被抛的可能性。此在存在着，
但这个存在着是"它在且不得不在"，这个"它存在着"是这一存在
者被抛入它的此的被抛境况。所谓"被抛境况"指的是，作为在世存
在的此在就是它的此，"被抛"就是说这个此不是此在所能决定的，
它被交付给了这个"此"。我的存在之所以具有偶然性，在萨特看来，
是因为我不是我存在的基础，身体正好表露了我的存在的偶然性，它
甚至只是这偶然性。与我不是我之存在的基础密切相关的甚至就是同
一回事情的是自在的偶然性。自在的存在没有理由、没有原因、没有
必然性，自在的存在完全是偶然的、无缘无故的。但作为原始的偶然
性，自在的存在支撑着意识，不断地纠缠着自为，并保留在自为的内
部。从自为的角度看，它承担这种自在的偶然性并且与之同化，但却
永远不能把握、认识和消除这种偶然性，以至自为本身就是这种由它

---

① ［法］萨特：《存在与虚无》，陈宣良等译，生活·读书·新知三联书店 1987 年版，第
415 页。

② ［法］萨特：《存在与虚无》，陈宣良等译，生活·读书·新知三联书店 1987 年版，第
394 页。

③ ［法］萨特：《存在与虚无》，陈宣良等译，生活·读书·新知三联书店 1987 年版，第
418 页。

自己使之复活并与之同化而又永远不能消除的永恒偶然性。"自为不是它自己的基础，这是事实，这个事实被存在的必然性表达为介入诸偶然存在间的偶然存在。"①"紧围着必然性的双重偶然性"之后一个偶然性，指的是作为身体的我实际上介入某种观点和事物向我实际显现的偶然性。因为身体就是观点，也就必然介入观点，但我恰恰是在这样的观点中而不是在任何别的观点中，这一事实就是偶然的。这本书向我显现是必然的，但它恰恰在左边向我显现则是偶然的。在这里，相对于身体的存在，必然与偶然的区别在于介入、显现与具体介入和具体显现的不同。克里斯汀·达伊格尔把上述区别表述为："我一定会有一个身体，但是我有这样一个特定的身体是偶然的。"②

最后来看身体与自为、自在、世界的关系。（1）自为与身体：一方面，在前反思的我思层面上，自为就是身体，"自为的存在完全应该是身体，并且完全应该是意识。"表达的就是两者的同一；另一方面，在反思意识的层面上，自为与身体分离，所以说"它不可能与身体统一"③。（2）自为、身体与世界：自为本身就是与世界的关系。在反思意识的层面上，观念世界是自为所认识和把握的一个对象，"意识目的地掠过这多样性并且无观点地凝视着它"④。在反思前的我思层面上，自为是一个情景化和肉身化的存在，意识通过身体和生活世界互动。在这种情况下，身体是自为的处境，世界是自为的整个处境。三者的关系表现为"自为—身体—世界"。一方面，身体必然来自作为身体的自为的本性，即身体凭借自为以个性化的形式介入世界，或者说身体表现了我对介入世界的个体化；另一方面，只有在一个世界中才可能有一个身体。综合上述两个方面而言之，则可以说我的身体

---

① ［法］萨特：《存在与虚无》，陈宣良等译，生活·读书·新知三联书店 1987 年版，第395 页。

② ［加］克里斯汀·达伊格尔：《导读萨特》，傅俊宁译，重庆大学出版社 2015 年版，第47 页。

③ ［法］萨特：《存在与虚无》，陈宣良等译，生活·读书·新知三联书店 1987 年版，第391 页。

④ ［法］萨特：《存在与虚无》，陈宣良等译，生活·读书·新知三联书店 1987 年版，第392 页。

是与世界同一外延的，说我进入了世界，来到世界或者说有一个世界或我有一个身体，那都是同一回事。"在一个意义下，身体就是我直接所是的；在另一个意义下，我与它之间隔着世界的无限度，它通过从世界向我的人为性的倒流向我表现出来并且这永恒倒流的条件是永恒的超越。"① （3）自在与身体：一方面，人的实在有其自在的一面，而身体就体现了我们与自在的原始关系，正是它构成了我所是的并且我同时向着我应该是的东西超越的观点和出发点；另一方面，身体就是自我虚无化的东西，"它是被虚无化着的自为超越的自在，这自在在这超越本身中重新把握了自为"②。（4）自在、自为与身体：在自在与自为的关系上，一方面，自在具有本体论上的优先地位。自在的存在是自在的，正是因为它不需要自为的存在它才可能是自在的，并且能够以是其所是的方式存在；另一方面，如果没有自为，自在便是没有意义的东西。自在与自为的综合联系不是别的，就是自为本身，自为恰恰是这个自在的虚无。综合两个方面而言之，自在和自为是一种没有先后的结构，作为结构中的项，独立地看就是抽象，是不实在的，它们只是在被称为存在的意义下才是统一的，而这个存在就是作为身体存在的人的实在。意识与身体能够达到统一吗？在前反思的层次上，两者是同一的；在反思的层次上，两者是分裂的；在反思意识向前反思回返的意义上才存在着一个两者是否统一的问题。身体同时是观点（自为）又是出发点（自在），我是我的身体（自在），我又不是我的身体（自为）。根据萨特的这种观点，心身的统一是一个理想的存在状态，但它是一个永远处于追求中的存在状态。艺术活动所具有的理想性和自由性恰恰说明，自在与自为的统一，意识与身体的统一，就是这种活动中的统一，更直接地说，统一就是活动本身。

2. 身体的工具性问题

世界通过我的身体向我显现，而身体则是通过工具介入世界。从

---

① ［法］萨特：《存在与虚无》，陈宣良等译，生活·读书·新知三联书店1987年版，第414—415页。

② ［法］萨特：《存在与虚无》，陈宣良等译，生活·读书·新知三联书店1987年版，第395页。

这个意义上说，身体也是我行动的工具，或者说，"世界的结构意味着我们只能因我们本身是工具而使我们进入工具性领域，我们不可能不被作用而起作用"①。说身体是我们行动的工具，绝不是在古典心灵与身体二分的基础上，把身体看作心灵所使用的工具。因为这种理论是从认识别人的感官出发，并且随后把严格相同于我在他人那里感知到的感觉器官的感官赋予我。这样，我的身体、我的感官就被对象化了。实际上，我的身体是整个行动的出发点和目的。

我的行动所使用的工具，比如说，钉钉子的行为，就会涉及一系列的工具，如锤子、木板、房屋，如此等等，每一个工具都被推向或指引到别的工具，这些工具构成了一个工具系统或工具复合体。而我的活动，"从我的自为刚一涌现起，世界就被揭示为指示着应该进行的活动"，则沿着路径学的空间，从一个活动到另一个活动，而别的活动又推及到另外别的一些活动，以至无穷。这一系列的活动构成了与工具系统平行的活动系统，两者共同构成了"显现为我的所有可能行动的巨大蓝图"，这就是我的身体所处的生活世界。如果我们沿着工具系统和活动系统回溯，按萨特的表述就是"推回"，房屋推回到木板，木板推回到钉子，钉子推回到锤子，最终就会发现作为它们全体的关键的工具，即这个系列中的第一项，锤子推回到使用它们的手和胳膊。手、胳膊、身体是这整个系列的意义和定向。在使用工具往前"推向"其他工具的时候，身体因为是我的行动的途径而表现为工具。但在"推回"的时候，"我的身体是诸事物指示着的整个归属中心"，我们并不运用这种工具，我们就是它。

在身体与事物打交道的过程中，工具作为上手事物指示着并扩展着身体。在威胁性的工具上我体验到身体是在危险之中，毁灭了我的房屋的炸弹同样伤及了我的身体，因为房屋已经指示着我的身体。同时，"我的身体总是通过它使用的工具扩展：它在我依持的挂着地的棍子的端点；在向我指出星体的天文望远镜后边；在椅子上，在整个

---

① ［法］萨特：《存在与虚无》，陈宣良等译，生活·读书·新知三联书店 1987 年版，第412 页。

房屋中，因为它就是我对这些工具的适应"①。

与工具性事物的关系，使我们得出如下的结论：我们的身体是为我们的。感官及感觉器官就是我们在没于世界的形式下应该是的我们的在世的存在，行动是我们在没于世界的工具性存在的形式下应该是的我们的在世的存在，身体就是我们在没于世界的形式下应该是的以超越存在走向我本身而使世界存在的我们的在世的存在。"身体是我不能以别的工具为中介使用的工具，我不能获得对它的观点的观点。"② 超越一切观点之上的那个观点，就是我的身体。

（三）情感与身体

真正说来，反思前的我思是一种情感意识、欲望意识，身体是与这种原始情感、原始欲望混在一起的。一切意识都是对某物的意识的命题，在情感意识这里就表现为，仇恨是对某个人的仇恨，愤怒是对作为可憎的、不公正的、错误的某人的体会，对某人有好感正是感到这个人是可亲的，如此等等。萨特在反思前的我思这里把"意向活动—意向对象"中的意向对象排除在活动之外，而只强调意向活动本身，因此他说："情感正是意向本身，意向是纯粹的活动并且已经是谋划，是对某种事物的纯粹意识。能被认作（对）身体（的）意识的只能是它。"③ 所谓"对"，所谓"纯粹意识"就是对意向活动本身的强调，但他意识到了排除意向对象所带来的结果，即这意向不可能是情感的全部。问题不在于意向对象是超越的，而在于这种意向性结构本身是一体的，正如他以肉体痛苦所作的例证：读书的时候我的眼睛疼痛。

如果我的行为是读书，那么意识的对象是书，眼睛本身没有被把握，它是观点和出发点。但眼睛疼痛本身能被世界的对象所昭示，就

---

① ［法］萨特：《存在与虚无》，陈宣良等译，生活·读书·新知三联书店1987年版，第414页。

② ［法］萨特：《存在与虚无》，陈宣良等译，生活·读书·新知三联书店1987年版，第419页。

③ ［法］萨特：《存在与虚无》，陈宣良等译，生活·读书·新知三联书店1987年版，第420页。

是说被我读的书所昭示：单词颤抖，发花，其意义很拙劣地表现出来，句子难以被理解，需要再三重读，如此等等。在此，痛苦恰恰是意识使之存在的眼睛，它是"痛苦－眼睛"或"痛苦－视觉"，它与我把握这些超越的单词的方式并无区别，因为眼睛的痛苦恰恰是我的阅读，它就是这种活动本身，并且我读的单词无时无刻不把我推回到那里。克里斯汀·达伊格尔就此评论说："萨特用眼睛疼的例子来强调他的肉身化理论。如果我在阅读的同时感觉到眼睛疼，我对世界和自己的意识是被眼睛的疼痛所中介的。我成为了一个疼痛的意识。尽管我可以把注意力集中在阅读的行动或者我的身体上，我疼痛的双眼、我身体的疼痛是被经历着的——这是我被经历的意识。"[1] 在反思前的我思层次上，疼痛的意识就是眼睛、视觉和身体。由此推论出我的身体就是有感情的存在的整体："我的身体，就它是我的意识的整个偶然性而言，总是完全地被存在的。它同时是作为基础的世界整体指出的东西和我在与对世界的客观体会的联系中有感情的存在的整体。"[2]

四　沉默的我思

1. 说出的我思与沉默的我思

梅洛－庞蒂早期区分了两种我思：说出的我思和沉默的我思。说出的我思，指的是脱离了身体的纯粹意识活动，它指向的对象是概念。概念表达的是事物的本质性意义，所以又称之为本质的我思、概念的我思或意义的我思。笛卡尔的我思以及我们在阅读笛卡尔著作时得到的我思就属于这种类型，这是一种说出的、处在词语中的、根据词语被理解的我思。沉默的我思，指的是身体主体的我思，如果有意识，那也是身体意识或知觉意识，它指向的对象是具体的感性事物。"在说出的我思之外，在变为陈述和本质真理的我思之外，还有一种沉默的我思，一种通过我对我的体验。但是，这种无性、数、格变化的主

---

① ［加］克里斯汀·达伊格尔：《导读萨特》，傅俊宁译，重庆大学出版社 2015 年版，第48 页。

② ［法］萨特：《存在与虚无》，陈宣良等译，生活·读书·新知三联书店 1987 年版，第425 页。

体性只能不可靠地把握本身和把握世界；它不构成世界，它把周围的世界设想为不是它产生的一个场；它不构成词语，它说话如同人们在高兴时唱歌；它不构成词语的意义，在它看来，词语的意义在它与世界和居住在世界的其他人的联系中涌现，处在多种行为的相互作用中，一旦被'获得'，就如同动作的意义一样确切和一样不可确定。……人们认为是思想的思想，如纯粹的自我情感，还没有被想到，需要被揭示。"① 沉默的我思，是身体主体在世界中意向着对象时所产生的身体的体验，它尚未形成抽象表达的语言或概念，如果有表达，那也是感性的表达。

在沉默的我思中，身体主体是被存在所定义的，我的存在首先是一种行为、一种知觉、一种欲望、一种情感，然后才是对行为、知觉、欲望和情感的概念式的确信和知道。这就是说，前者是奠基性的，后者只有在前者的基础上才是可能的。"不是'我思'完全地包含'我在'，不是我的存在归结为我对我的存在的意识，恰恰相反，而是'我思'被纳入'我在'的超验性的运动，而是意识被纳入存在。"② 我知道我在思，因为首先我在思。笛卡尔"我思故我在"这个命题的不合理之处，恰恰就在于颠倒了两者之间的关系。笛卡尔的我思只是把我的反省当作主题，所以他没有看到本质的我思、意义的我思下面的沉默的我思。

2. 我思：身体与世界

要真正弄清楚沉默的我思的含义，就需要理解身体、世界以及二者之间的关系。身体是意识与躯体的统一，沉默的我思之我就是身体主体；因此，"我不是一系列心理行为，也不是把心理行为汇集在一种综合的统一性中的一个中心的我（Je），而是与本身不分离的一种唯一的体验，一种唯一的'生命联系'，一种唯一的时间性，这种时间性通过其出生得到解释，在每一刻现在中证实其出生。我思重新发现的，就是这种到来或这个先验事件"③。世界不是身体主体的一个对

① ［法］梅洛-庞蒂：《知觉现象学》，姜志辉译，商务印书馆 2003 年版，第 506 页。
② ［法］梅洛-庞蒂：《知觉现象学》，姜志辉译，商务印书馆 2003 年版，第 481 页。
③ ［法］梅洛-庞蒂：《知觉现象学》，姜志辉译，商务印书馆 2003 年版，第 510 页。

象，而是身体主体所在的一系列处境的始终在活动着的总体，世界是我体验的场，而我同样是一个生命场。我与世界的关系就是统一的一体化的关系，"之所以主体在处境中，之所以主体只不过是处境的一种可能性，是因为只有当主体实际上是身体，并通过这个身体进入世界，才能实现其自我性。之所以我反省主体性的本质，发现主体性的本质联系于身体的本质及世界的本质，是因为作为主体性的我的存在就是作为身体的我的存在和世界的存在，是因为被具体看待的作为我之所是的主体最终与这个身体和这个世界不可分离。我们在主体性的中心重新发现的本体论世界和身体，不是观念上的世界和观念上的身体，而是在一种整体把握中的世界本身，而是作为有认识能力的身体的身体本身"①。在这一整体中，身体与世界的关系就是自身与自身的关系。就这个整体中的世界方面说，世界是由我的身体投射的世界，是在我的身体的超越性运动中显现出其结构与关联的世界；就这个整体中的身体方面说，我的身体是世界的一个视点，一种能力或一种计划。就两者的"一体化"而言，世界在我的身体中实现了它自己，我就是世界本身的表达。世界通过我的身体而看、而听、而思想，我就是世界的眼睛、耳朵和意识。总而言之，我与世界是原始的共属一体的。内部世界和外部世界是不可分离的，世界就在里面，我就在我的外面。我在同一种关系下理解世界，而世界也在同一种关系下理解我。

站在身体主体的角度看这种"认识""理解"和"思想"，它指的是一种前知，一种沉默的知，这是一种原初精神和实践精神。它所知的是一种前意义，它所构成的是一种最初的知识。所谓"知觉"，就是在感觉的时候"知"，同样也是在知的时候"感觉"，所以"知觉"也就是"觉知"。这种"知觉－觉知"的典型体现就是"看的思维"，当然我们也可以说"听的思维"，"运动的思维"，如此等等。

3. 看的思维

看就是看某东西，看红色的东西，就是看在现实中存在的红色的东西。胡塞尔"一切意识都是对某物的意识"的命题，在这里体现为

---

① ［法］梅洛－庞蒂：《知觉现象学》，姜志辉译，商务印书馆2003年版，第511—512页。

视觉意向性结构：看—可见物，视觉与被看到的东西相连接，而且，知觉和被感知物必然是同一种存在方式。因此，不存在没有可见物的"看"，也不存在没有看的"可见物"。在这个最朴素的意义上，我们可以说，"作为对一个个别物体默默出神的我对树木的视觉已经包含了某种看的思维和某种对树木的思维"①。

有三种情况不应被看作"看的思维"：第一，割裂了感知与被感知物，如癔症患者的感知，要么他能感知，但不知道他感知的东西；要么他能感知到外部物体，却没有体验到知觉本身。这种情况是对知觉意向性结构的破坏，其结果是既没有感知体验，也不知道感知的东西。第二，看也可能是看一个现成的东西，这个现成的东西仿佛是一个可见的东西，但实际上是一个概念。这个现成的东西的存在方式也就影响到了看的存在方式，我仿佛是在"看"，实际上是在"想"，梅洛－庞蒂把这种看称为"观念中的视觉"。在这里，"看"已经不存在了，剩下的只有"思维"，所以"视觉意识到本身处在一种绝对的透明中，并且作为它本身在可见世界中的呈现的创造者"②。意识作用方式的改变导致"我只能有一种世界的抽象结构，而不是对世界的具体意识"③。第三，视觉固然是视觉，但明显缺乏必要的"意向"，梅洛－庞蒂认为，"任何视觉最终都必须以经验知觉决定的、但不是经验知觉产生的一种关于世界的整体计划或推理方式为前提"④。"关于世界的整体计划或推理方式"就是视觉"意向"的含义，这类似于海德格尔的此在"在世界之中存在"中的"为何之故"所造成的意蕴整体。缺少这个意蕴整体，视觉便漫无所归，世界也漫无所止。在此，显示出情感、欲望对于知觉意向的决定性作用。

那么，究竟什么是"看的思维"？或者像梅洛－庞蒂所问的那样，"不思考的东西（笔者注：视觉）如何能开始思考？"首先，最基本的规定是，我有一种情感或欲望，这就是构成沉默的我思和世界的最初

---

① ［法］梅洛－庞蒂：《知觉现象学》，姜志辉译，商务印书馆 2003 年版，第 464 页。
② ［法］梅洛－庞蒂：《知觉现象学》，姜志辉译，商务印书馆 2003 年版，第 507 页。
③ ［法］梅洛－庞蒂：《知觉现象学》，姜志辉译，商务印书馆 2003 年版，第 472 页。
④ ［法］梅洛－庞蒂：《知觉现象学》，姜志辉译，商务印书馆 2003 年版，第 507 页。

计划的那个"场"和生命"体验";其次的规定是,作为"一个场"和"一种体验"身体主体在世界中存在(整体)并与世界产生种种联系(意义)。"如果人们以为视觉不仅是如同消化或呼吸那样的一种功能,脱离有一种意义的整体的一系列过程,而且也以为视觉本身就是这个整体和这种意义,这种将来先于现在、整体先于部分的事实,那么我的视觉就是一种'看的思维'。"① 最后,视觉必须具有两个参照,按照梅洛 - 庞蒂的说法,一个是"所谓的可见物",一个是"目前被看到的存在"。其实更严密的表达应该是,"看"与"可见物"的存在。存在是时间性的,"看"与"可见物"也是在时间中显现的。这也是梅洛 - 庞蒂所表达的意思:"我通过我思发现和认识到的东西,不是心理的内在性,不是所有现象内在于'个人意识状态'的特性,不是感觉与感觉本身的盲目联系,甚至也不是先验的内在性,不是所有现象属于一种有构成能力的意识,不是明显的思维通过本身的拥有,而是作为我的存在本身的超验性的内部运动,与我的存在和与世界的存在的同时联系。"② 所以,应该把时间的深度还给我思。

4. 我思与词语

如前所述,我思所面对的是身体主体与世界之间的种种关联,但这种关联不是直接的,而是有中介的,这个中介就是言语和语言。对象和世界在人的意识之外,但对象和世界在人的语言之中。语言是人的世界的消极的界限,也是人的世界的积极的界限。

与说出的我思和沉默的我思相对应的,是两种词语,两种意义,两种表达。一种是概念式语言,具有确定的抽象的意义,梅洛 - 庞蒂称之为"先验的或真正的言语,一个概念得以开始存在的言语"③,"一种已经获得的思想的第二言语"④。说出的我思所使用的就是这种语言。"根据词语的意义和概念的联系,我得出这个结论:事实上,因为我思,所以我在,但这是一种凭言语的我思,我只有通过语言的

① [法]梅洛 - 庞蒂:《知觉现象学》,姜志辉译,商务印书馆 2003 年版,第 507 页。
② [法]梅洛 - 庞蒂:《知觉现象学》,姜志辉译,商务印书馆 2003 年版,第 473 页。
③ [法]梅洛 - 庞蒂:《知觉现象学》,姜志辉译,商务印书馆 2003 年版,第 490 页。
④ [法]梅洛 - 庞蒂:《知觉现象学》,姜志辉译,商务印书馆 2003 年版,第 488 页。

中介才能理解我的思想和我的存在，这个我思的真正表达式应该是：'人们思，人们在'。"① 在这种语言的表达中，表达行为（能指）在被表达的东西（所指）面前消失了，能指与所指的分裂表明这是一种工具式的语言。

另一种语言的词语和词语的意义与对象、与身体以及身体的动作和行为融为一体，乃至我们可以说对象本身、身体本身、行为本身就是言语。"在画家或说话的主体那里，绘画和言语不是对一种既成思想的阐明，而是这种思想的占有。"② 梅洛－庞蒂称之为"最初语言"。在沉默的我思所对应的这种最初语言中，表达与被表达的东西的高度统一，使得表达本身成了最主要的东西。沉默的我思不需要表达，因为它本身就是表达。

在两种语言之间存在着相互转化的辩证关系。当沉默的我思自我表达的时候，它就转化为说出的我思，梅洛－庞蒂把这种转化表述为"从知觉的意义向语言的意义过渡"，或"从行为向主题化的过渡"③。而当语言向沉默的我思回返的时候，词语以及词语的意义有了明显的变化。词语不能归结为它的一种具体表现，比如，词语"雪子"不是写在纸上的符号，不是念诵它时穿过空气的这种声音。词语的意义不是由物体的一定数量物理性质构成的，即它不是表示事物属性的抽象意义。抽象的词语在我的身体及其知觉和实践场的最初体验所把握和接受下，转化为一种感性词语；而词语的意义则是"在一种人的体验中，比如说，我对从天上落下来就成形的这些坚硬的、易碎的、可熔化的颗粒表现出的惊讶中，呈现的外观"④。在第二语言中，"雪子"是一个抽象的词语，它具有概念的概括性；在原初语言中，它是事物本身的感性显现，如果说它也具有概括性的话，则是作为类型的世界的概括性。尽管语词在呈现于我们的时候已经带有历史地形成的既定的意义，但是当我们接受并体验它时，我们就会创造出我们自己的意

① ［法］梅洛－庞蒂：《知觉现象学》，姜志辉译，商务印书馆2003年版，第502页。
② ［法］梅洛－庞蒂：《知觉现象学》，姜志辉译，商务印书馆2003年版，第488页。
③ ［法］梅洛－庞蒂：《可见的与不可见的》，罗国祥译，商务印书馆2008年版，第219页。
④ ［法］梅洛－庞蒂：《知觉现象学》，姜志辉译，商务印书馆2003年版，第506页。

义。梅洛－庞蒂把这种转化表述为"沉默继续包裹语言；绝对语言的、思考的语言的沉默"①。

沉默的我思具有一种将来先于现在的时间性，而作为其表达的词语也同样具这种时间性。所以，"表达，不是用确定的思想联系在一起的一种固定符号系统代替新的思想，而是通过运用经常使用的词语，确保新的意向能继承过去，而是一下子把过去放入现在，把这个现在与一个将来连接起来，打开'获得的'思想将作为维度出现在其中的一种时间周期，我们今后不需要把获得的思想回忆或再现出来"②。这即是说，在现在，并借助于现在打开一个融过去和将来为一体的时间视域，所谓运用词语，就是让词语以及词语的意义在这个时间域中创造性地生成和显现。

第四节　具体主体

在审美活动中，具体主体是在非属人的主体向身体主体回返时实现的。具体主体当然还是一个身体，但一方面，它比身体主体更感性，它比此在更此－在；它是一个作为真正的"这个"的我；另一方面，它听从、应和存在的召唤，与"存在之肉"作更深的交织，成为一个复数的我。思想与存在、个别与一般、个性与共性，这些二元因素在具体主体身上达到了高度的统一。杜夫海纳的具体主体是一个与现实世界打交道的感觉或情感的主体，一个深层的我，但由于缺少更深入的展开，我们在此用海德格尔的"此－在"和梅洛－庞蒂的"可感的感觉者"加以补充和深化。

一　此－在 （Da-sein）

《哲学论稿》的译者对"此－在"作了如下的解释："'此－在'（Da-sein）是'此在'（Dasein）的分写，其义区别于'此在'又联系

---

① ［法］梅洛－庞蒂：《可见的与不可见的》，罗国祥译，商务印书馆 2008 年版，第 219 页。
② ［法］梅洛－庞蒂：《知觉现象学》，姜志辉译，商务印书馆 2003 年版，第 492 页。

于'此在',不再单纯指人的存在,而是意指人(此在)进入其中而得以展开的那个状态(境界)。"① 英译有二,一是"being-there",二是"openness"。《存在的急迫》的作者赞成前者而反对后者,其理由是:"'there'这个词提供了某种急需的'特殊性'和'有限性'的含义,而且我并不认为将'-sein'翻译成某种抽象的'-ness(-性)'是对的。"② 孙周兴的解释涉及关于"此-在"的两个基本问题:一是与"此在"(Dasein)的关系,二是与人的关系。波尔特的解释涉及对"Da-sein"之"Da"和"sein"的理解。

(一)从"此在"(Dasein)到"此-在"(Da-sein)

对海德格尔追问"存在"思想道路的变化,无论其本人还是学界有一个似乎已经形成定论的表述:前期从"此在"到"一般存在",后期直接着眼于"存在"本身。究其实,这种表述显然过于笼统模糊,容易误导对海德格尔思想的实质性理解。依笔者的看法,海德格尔追问存在的思路始终包含着三个要素,即"此在—存在者—存在",前后之不同,表现在每一个环节中。在前期,"此在"(Dasein)是追问存在的人,"存在者"是上手之物,"存在"(德:sein,英:being)是此在生存的意义;在后期,"此-在"(德:Da-sein,英:being-there)是人之基础,是人的一种可能性,而且是至高的可能性,即成为真理本身的奠基者和葆真者;"存在者"是物化之物;存在(德:seyn,英:be-ing,汉:存有)指对存在自身的给予以及对存在者之存在的给予。③

与其他存在者不同的地方在于,此在(Dasein)领悟着存在。因此,在《存在与时间》中,此在(Dasein)构成了存在问题的出发点和基础,海德格尔意图由此在(Dasein)追问一般存在的意义。此在与上手之物(存在者)以及存在的关系,表现为"此在在世界中存

---

① [德]海德格尔:《哲学论稿》,孙周兴译,商务印书馆 2012 年版,第 2 页,注④。
② [美]波尔特:《存在的急迫》,张志和译,上海书店出版社 2009 年版,第 15 页。
③ 张云鹏:《从艺术作品感性结构的"生发-显现"看海德格尔的"凡·高阐释"》,《文艺理论研究》2018 年第 1 期。

在"，这就是此在对存在及其存在者的意向性。基础存在论的本意是批判传统形而上学的"世界观"和主体形而上学的"唯我论"，使人从主客分离的关系，回到此在与世界的更根本的一体关系上来，但是，这样做潜藏着一个危险，即如德里达所指出的，海德格尔从存在论的根基上把人的主体性巩固起来了。其具体表现就是，此在的意向性构成了此在主体性的表现，存在者成为此在的上手之物，世界成为此在为其自身的"为何之故"的意蕴整体，时间成为此在生存的视域。更具体地说，"在《存在与时间》中，海德格尔的确避免了传统意识哲学的主体主义，但并没有彻底摆脱主体主义，而是把意识哲学的主体主义变成了生存哲学的主体主义。他强调此在的筹划和决断，强调此在总是我的此在（Jemeinigkeit），都表明了这一点"①。而海德格尔本人也承认《存在与时间》所走的道路和所做的努力，只是重新增强了主体性。这就是《存在与时间》只是完成了对此在的生存论分析，而一般存在则付之阙如的根本原因。这正如波尔特在他那本专论《哲学论稿》的著作中所说："我们必须追问的是，存在者之存在是如何开始具有在场的含义，存在又是如何首先被给予的？《存在与时间》走在通往这些问题的路上，但它只是在设法描绘此在，而没有达到存在（be-ing）的发生。"②

于是，便有了思想道路的"转向"，这就是所谓由此在转向作为存在的存在。转向存在本身，首先意味着对此在主体性的克服，即不再突出此在的别具一格地位，不再把人的此在（humen Dasein）立为起点，不再坚持此在对存在的优先性。其次意味着不以形而上学的方式来思存在，即海德格尔所说的"不顾存在者而思存在"。以形而上学的方式思存在，就是将"存在本身"思考为存在者的一般本质，或"存在状态"，或先天，诸如理念、单子、绝对精神、权力意志等等都是把存在实体化的结果，这样就用存在者的存在性代替了存在，由此造成了存在的遗忘。最后，存在（be-ing）自身的发生也仍然相关于

---

① 张汝伦：《二十世纪德国哲学》，人民出版社 2008 年版，第 323—324 页。
② ［美］波尔特：《存在的急迫》，张志和译，上海书店出版社 2009 年版，第 214—215 页。

"此在"，这表现为，此在被存在所需要，而且此在的被抛性是它对存在的归属的一部分，而且必须为了成为其本身而承认这种被抛性，这种归属于存在的此在因此转变为"此－在"。海德格尔把存在（Seyn）对"此－在"的需要、呼唤并把此－在带向自身称为"本有中的转向"，转向乃是反转，即从此在意向性转到了存在意向性。按波尔特的解读，本有中的转向包含着两个方面，一方面是存在（be-ing）自身的开启，即存在被给予，这是一种原初的开启；另一方面是存在（be-ing）对此在的依赖性。"对存在的给予不可能在没有我们的情况下在某地发生，因为对这样一个地方的创立需要我们。只有当给予事件对我们变成一个主题时，这事件才真正发生。转向的这个方面也帮助我们避免了将存在（be-ing）视作某种准—神圣的最高存在体。"①从存在追问结构的第一个要素看，所谓转向，就是从"此在"（Dasein）到"此－在"（Da-sein）。

（二）"此－在"（Da-sein）与人

在《存在与时间》中，"此在"（Dasein）是我们自己，是我们每一个人；但在《哲学论稿》中，"此－在"（Da-sein）虽然本身意指一个存在者，但这个存在者并不是这个"人"，即作为现成存在者和具有主体性的人。或者从我们的角度说，"'我们'的含义已经变得成问题了。'我们'指一般意义上的人吗？但依据海德格尔的看法，没有任何'人的本性'，没有任何'在其自身的大写的人'，而只有历史性的人。"②根据海德格尔的这种表述，理查德断言："此－在不是人本身"，John Sallis断言："此－在不能被等同于人；它的名称不能被当作只是以前被叫做人的存在者最新的名称。此－在不是在现成的人那里可以找得到的什么东西，也不是一种内在的结构，不是一个突然出现的形式，一种内在的能力。"③

否认"此－在"与人的等同，并不意味着"此－在"与人没有关

① ［美］波尔特：《存在的急迫》，张志和译，上海书店出版社2009年版，第227—228页。
② ［美］波尔特：《存在的急迫》，张志和译，上海书店出版社2009年版，第230页。
③ 张汝伦：《二十世纪德国哲学》，人民出版社2008年版，第369页。

系，其关系整体是：人归属于此－在。其具体表现则有种种：从此－在方面看，此－在是人的存在的本源、基础，此－在标识着人的存在的最高可能性，此－在占有人和人被让进入或被放入此－在，此－在使人能自由地从事他的一切实际活动；从人这方面看，在变得更具存在性之际，人为此－在建基，并同时以回置入此－在之中的方式参与存有之真理的建基。简言之，人寓居于这个"此"。

海德格尔说："此－在——同时把人降低又提高的东西。"① 所谓"把人降低"，指的是尚未进入这个"此"的人，这包括把人设定为或精神、灵魂，或身体、感性，或"身体—灵魂—精神"的统一体。这些隐蔽的形而上学的预设，其实都是把人看作现成的东西或具有主体性的东西，都只是涉及人的存在性，而不是人的存在。即便《存在与时间》中的此在，其本质被规定为"在于它的生存"，但因其未能摆脱主体主义，实质上又回到了形而上学。所谓"把人提高"，指的是跳跃进入"此－在"之"此"的人。"跳跃"是日常生活观点的垂直中断，是对存在的认同和回归。向此－在之中跳跃，就是将其自身开放性地抛入此－在之中。在这种"跳跃"中，人凭借"此－在"敞开自身，达到"自身－存在"。被"此－在"提高的人，清除了附着在我们身上的东西和我们植根于其中的东西，让人具有其本己性和自身性。海德格尔用"此－在—本己性—自身性"这样一个公式表达了三者所具有的关系。在海德格尔看来，自身性既不能从"主体"出发来得到把握，甚至也不能从"自我"或者"人格性"出发来得到把握，"人之自身性——作为民族之自身性的历史性的人之自身性——乃是一个发生领域，在其中，只有当人自身进入一种居有过程（Eignung）得以发生的开放的时间－空间时，人才被归本于自身。因此，人最本己的'存在'植根于一种与存在本身之真理的归属性中，而且这又是因为存在本身的本质现身——而不是人的本质——于自身中包含着对人的呼唤，那种使人定调于历史的呼唤。"② 如此理解的自身性比每一

① ［德］海德格尔：《哲学论稿》，孙周兴译，商务印书馆2012年版，第317页。
② ［德］海德格尔：《哲学论稿》，孙周兴译，商务印书馆2012年版，第56—57页。

个我、你和我们都更原始。而人的本己性，则是把自身建基于此－在中，作存在的守护者，并以之作为自己的本己性。在人回归存在成为具有自身性的自己时，人与此－在同一，人成为此－在中的人，而此－在则是人的此－在。

波尔特在《存在的急迫》中就此－在与人的关系提出了如下的问题：（一）我们为什么应该追求此在的可能性？（二）为什么我们应该跳跃到此在之中去？（三）此在是人的某种成就（过去的或现在的）——可以说是最佳状态的人类——吗？（四）此在是否在任何意义是人呢？（五）此在是否等同于"在本真意义上成为人"呢？这些问题的答案实际已蕴含在上面的论述里。人本身就是一种可能性，此－在是人实现自身可能性的方式，诚如他自己所言："此在将构成一种新人类的基础。然而人也被认为给此在奠基了。可以说，在此在和人之间有一种转向，一种相互的奠基。人们必须创造性地超越他们迄今为止之所是，为的是追求最高的属人的，甚或超人的可能性——为了存在（be-ing）而成为'那里'这种可能性——，然后这种可能性将提供一种新的基础，一种新的'那里'，在其中我们可以学会如何以一种新的方式成为人。"① 这就是人跳跃到此－在中的理由，正是在进入此－在并回到自身存在这种意义上，此－在是人，而且是在本真意义上成为人。其实，海德格尔在《哲学论稿》中已经表述得很清楚："人是谁？是那个为存有所用者，被用于经受存有之真理的本现。但作为如此这般被使用者，人却只是就他建基于此－在之中，也即本身在创造之际成为此－在的建基者时才'是'（ist）人。"② 《海德格尔〈哲学献文〉导论》的作者瓦莱加－诺伊则把此－在式被理解的人与本真生存联系起来作了如下的断言："同《存在与时间》中此在的情形一样，海德格尔在《献文》中所谈的人是在他们的存在——事实上，是在他们本真的存在样式——中源初地被思想的人。这个存在样式就是此－在（being-t/here［Da-sein］）的存在。人通过抑止被调校，

---

① ［美］波尔特：《存在的急迫》，张志和译，上海书店出版社2009年版，第233—234页。
② ［德］海德格尔：《哲学论稿》，孙周兴译，商务印书馆2012年版，第337页。

他们寓居于这个'此'（t∕here）。他们是（are［-sein］）此－在（beinng-t∕here［Da-sein］）的这'此'（t∕here［Da-］）。"①

（三）"此－在"（Da-sein）与存在（Seyn）

1. 几个相关概念

"此－在"不仅相关于人，同样相关于存在（seyn）。严格地说，"此－在"是人与存在之间的"之间情形"。为了更好地理解这个"之间情形"，需要首先在此对如下几个概念作出最基本的当然也是粗线条的区分：存在（Sein），存有（Seyn），本有（Ereignis），诸神（Gods）。

存在（Sein）是传统形而上学所思考的"存在"范畴，本意指存在者的存在，但由于其表象性的思维方式，以及"这是什么"的追问方式，把存在者的存在类型化了和实体化了，以至演变成为存在者的存在性。传统形而上学对存在问题的追问具有双重形态：一方面在"存在学"名目下，追问存在者一般地作为存在者是什么，即寻求存在者的共相，诸如理念、单子、绝对精神、权力意志等；另一方面在神学名目下，追问何者是以及如何是最高意义上的存在者，即寻求神性的东西和上帝。

存有（Seyn）这个词是18世纪德语正字法的Sein的写法，两者词义相同，海德格尔用Seyn的目的在于与存在者的存在性划清界限，回到存在本身。英语把Seyn译为Be-ing，借以区别于being（sein）。波尔特指出："存在（being）与存在（be-ing）是相同的，然而又是根本不同的。……存在（being）指它们那被类型化了的被给予性。存在（Be-ing）将用来指对存在者之存在的给予。"②

本有（Ereignis）与存有（Seyn）既相同又有差异。一方面，存有作为本－有，本－有过程本身就是存有；另一方面，本有是存有之真理，是存有本身的本现。本现意味着存有本身的存在方式，"本质（Wesen）只是被表－象，即ιδέα［相、理念］。而本现（Wesung）不

---

① ［美］瓦莱加－诺伊：《海德格尔〈哲学献文〉导论》，李强译，华东师范大学出版社2010年版，第55页。

② ［美］波尔特：《存在的急迫》，张志和译，上海书店出版社2009年版，第81—83页。

光是'什么〈存在〉'与'如何存在'的结合，因而是一种更丰富的表象；而不如说，〈本现〉乃是这两者的更原始的统一体"①。这就是说，本现是存有（Seyn）的本质性发生。如何看待这种差异？如果立足于本有（Ereignis），本有是存有的根据，是给出存有（Seyn）的"它"；如果立足于存有（Seyn），本有只是存有敞开的一面（即真理）。也可能是在这种意义上，波尔特才把"征用"（本有）看作存在（be-ing）的"最内在之物"。"在这里，征用和存在（be-ing）并不完全等同（如果存在［be-ing］有一种'最内在之物'，那么它大概有一些并不是征用的外在之物）。征用依然不是不同于存在（be-ing）的，而是它的真正核心。"② 存有和本有的这种不完全等同，应该看作存在自身的差异，绝不能把存有和本有看作两种存在，如果这样，无论何者更根本，都会导致存在追问的无穷后退。

关于诸神（Gods），海德格尔常用的概念有："神"（the god），"最后之神"（the final god），"诸神"（the gods）。传统形而上学在神学名目下追问存在，导致神性的东西的实体化，上帝成为最高意义上的存在者。回到存在本身，意味着无论单一的神还是诸神都不是存在者。但又不能把神与存在混为一谈，神不是存在。那么应如何理解神或诸神呢？应该在诸神与存有（Seyn）、此－在（Da-sein）以及存在者的相互关系中来理解。神不是存在，但对此－在而言，它是存在的一个神性的维度（神性化之颤动），是一种临到（adent），是存在的意义和存在者之重要性的不可或缺的来源。神是人借以度量自己的尺度。由此来看，存在、此在需要诸神，反过来说，诸神也需要存在和此－在。如海德格尔所言："本－有及其在时间－空间之离基状态中的接合（Erfügung）乃是一张网，最后之神把自身悬于这张网中，为的是不把它撕毁并且让自己终结于它的唯一性中，那神性的和罕有的，以及在一切存在者中最奇异者。"③ 彭富春从语言的角度解释诸神："诸神在此是语言的存在。于是海德格尔关于神的言谈既非古希腊的诸神，

① ［德］海德格尔：《哲学论稿》，孙周兴译，商务印书馆 2012 年版，第 307 页。
② ［美］波尔特：《存在的急迫》，张志和译，上海书店出版社 2009 年版，第 99 页。
③ ［德］海德格尔：《哲学论稿》，孙周兴译，商务印书馆 2012 年版，第 277 页。

亦非基督教的上帝，而是这样一种诸神，它们显现于语言之中。"① 说诸神显现于语言中，其实也就是存在的神性的意义显现于语言中。

2. 之间情形

此－在与存在（Seyn）的关系可表述为相互归属、相互依赖、相互需要。一方面，存有居有此－在，需要此－在，因为存有根本就不"存在"（ist），而是本现（wesen）。存在的发生需要此－在，"存在之真理，因而也包括存在本身，唯在有此－在的地方和时候才本质性地现身"②。或反过来说，对存在的给予不可能在没有我们的情况下在某地某时发生。另一方面，人归属于存有，人也只有立身于存有的展现之中时才是人，并以此完成其作为此－在的使命，此－在唯在有真理之存在的地方和时候才"存在"。波尔特就此写道："作为征用的存在（Be-ing）孕育着并'耸入'此在，而此在则发现并投设着存在者之存在，为存在（be-ing）之真理奠基。"③

由"此在"转向"此－在"，在克服"此在"主体性的同时，也就意味着"此－在"不仅仅是人的"此－在"，而且它同时也是存在（Seyn）的"此－在"，更进一步说，是人与存在（Seyn）共同的"此－在"。据此，海德格尔把"此－在"看作存有的有所居有的召唤（存在：Seyn）和被居有的对存有的归属（人）之间的本质性的"之间情形"。以人与存在（Seyn）的之间为根基，并将其扩展为：人和诸神的"之间"，在诸神之到达和逃遁与植根于这个"之间"的人之间，存在自身既澄明着又遮蔽着的敞开的"之间"——大地与世界的"之间"。居于人与存在、人与诸神、澄明与遮蔽、大地与世界之间的"此－在"之"此"乃是"本有之转向中的转折点，是呼声与归属的对立作用的自行开启出来的中心，是要像王侯领地一样来理解的本己性，是本－有过程（作为归－属于本有的归本过程）的主配中心，同时也归本于本有：自身生成"④。作为"本有之转向中的转折点"，此－

---

① 彭富春：《无之无化》，上海三联书店2000年版，第136页。
② ［德］海德格尔：《哲学论稿》，孙周兴译，商务印书馆2012年版，第275页。
③ ［美］波尔特：《存在的急迫》，张志和译，上海书店出版社2009年版，第226页。
④ ［德］海德格尔：《哲学论稿》，孙周兴译，商务印书馆2012年版，第329页。

在之"此"使得人与存在（Seyn）互相居有、互相依赖；作为"呼声与归属对立作用的自行开启出来的中心"，它使人响应存在的呼声，契合存在，成为存有之真理的"寻访者""葆真者"和"看护者"；作为"本－有过程的主配中心"，它像枢纽一样调谐着存在（Seyn）、存在者和此在的关系，使其在"此"的展开中生成自身，并各具其本己性——存在的本己性、此在的本己性、存在者的本己性。

瓦莱加－诺伊结合这种种"之间情形"，将"此－在"阐释为"无限定"的"此－在"："《献文》中此－在的连字结构标志着这个词的意义与《存在与时间》相比有了转变。从源始的意义上讲，它不再标志着人类存在者，而是存在之真理的历史性的无蔽状态、'本有转向的转折点'、人与诸神的'在之间'。这个连字符把读者的注意力引向在字面上共鸣于这个语词中的东西：这个'此'（Da）——它是开启，即存有之真理的此的标志，和这个'在'（－sein）——它是指'寓居于'，即人在这一开启中的那个存在（the bing），从这个存在中人发现了他们自身的本质（Wesung）。为了把《献文》的此－在和《存在与时间》中的此在（此－在与之保持密切关联）区分开，而且首先为了避免把此－在理解为某种存在者（Seiendes），我们始终把它译作'此－在'（being-t/here）。我们请求读者不要把'此－在'首先听成人的此－在，而是要听成'无限定的'此－在。当我们从与事物的日常交道中被卸脱出来，并且经验到存在之开端的开启，及其流逝性质的意义之时，这个无限定的此－在展露出来。"① 这个"无限定"首先是指不限定于"人"的此－在，而应扩展为存在（Seyn）的此－在和人之外的其他存在者的此－在；其次才是指人"本身"此－在的无限定。在《时间与存在》中，此在的限定性表现在，时间性是"此在时间性"，空间性是此在的"这里"，是此在的时间和空间。而《哲学论稿》中此－在的无限定性表现为存在（Seyn）的"瞬间场域"——"时间－空间"，作为时间是指"此"展开的当下性，作为空间是指

---

① ［美］瓦莱加－诺伊：《海德格尔〈哲学献文〉导论》，李强译，华东师范大学出版社2010年版，第105页。

"此"展开的"那里"。此－在之间的分写符号"－"虽非有意但却恰恰正好形象地显示出了此－在的无限定的开放性。

（四）存在与存在者

作为最稀罕者、最独一者，存在（Seyn）根本就不能独自存在，而总是与存在者一道存在。从存在（Seyn）自身的角度说，存有本现；从存在者的角度说，存在者的存在归属于存有之本现。在此，显然涉及存在与存在者之关系的理解。

1. 存在就是对存在者之存在的给出

存在就是对存在者之存在的给予，或者说是对如其本然的存在者的意义的赋予的发生。从这个意义上讲，存在是存在者得以被理解的境域。但这并不意味着存在是存在者的一种可能性条件，因为存在完全与对存在者本身的敞开一道发生。海德格尔认为，存在不是自在自为地持存着的早先之物或晚出之物，本有乃是对存在和存在者而言的时空上的同时性。从此－在的角度看，因为存在对存在者之存在的给出是对此在而言的，所以，"此－在乃是时间－空间与作为存在者的真实者的同时性，它作为具有建基作用的基础、作为存在者本身的'之间'和'中心'而本质性地现身"①。

同时性是避免一种无限倒退的关键，在这种倒退中，我们会追寻存在之存在。如此这般追问下去，目的就是获得一个更深更牢靠的基础。但是我们不是要追求一个比一个更深的基础的线性进展，而是要思考一种深渊性的奠基活动，而同时性作为"一个历史的瞬间存在"恰恰就是这种奠基活动之所在。在这个历史的瞬间，存在者与存在一道呈现出来，而不需要更进一步的基础。因此，同时性的概念不但避免了陷入先验论，也避免了陷入目的论。海德格尔"存在者存在，而存有则本现"，所指的正是存在对存在者之存在的给予的同时性。

2. 存在者显现存在

存在依赖并需要存在者。所谓"依赖"，即是说，若无存在者，

---

① ［德］海德格尔：《哲学论稿》，孙周兴译，商务印书馆 2012 年版，第 235 页。

就绝没有存在之在；退一步说，离开存在者的存在只是潜在的存在，但绝没有无存在的存在者。所谓"需要"，即是说，存在只能在存在者中显现自身，因此"存在总是如此坚定地邀请了存在者（进入存在之中）"①。此时，存在作为征用而发生。

存在显示为现实性，现实之物被视为存在者，这种现象恰恰显明了存在者对存在的显现。"'存在者是现实的'这个句子有双重含义。首先：存在者之存在包含在现实性中。其次：作为现实之物的存在者是'现实的'，也即真正是存在者。现实之物是一种作用的受作用者，而受作用者本身又是作用性的，具有作用能力的。现实之物的作用可能限于一种引发某种阻力的能力，它能够以向来不同的方式对着另一现实之物展开这种阻力。就存在者作为现实之物起作用而言，存在显示为现实性。长久以来，在'现实性'中显示出存在的真正本质。'现实性'也经常被叫作'此在'（Dasein）。"② 存在作为"本用"给出存在者之存在，存在者作为受作用者，同时又具有作用性，即显现存在。

存在者对存在的显现包含着两个方面。一方面，显现存在，这是狭义的显现；另一方面，遮蔽存在，但这种遮蔽是显现的遮蔽。狭义的显现与显现的遮蔽构成为广义的显现概念。存在与存在者的关系，实质上涉及的是此在（能够对存在进行发问的存在者）、存在者、存在三者的关系，那么如何对三者的关系作出新的描述？

（五）此－在的动态关联：人－存在者－存在

存在对存在者之存在的给出，存在者显现存在，这种关系都是相对于追问存在的人这个此在而言的，或者说，缺少了人这个追问存在的此在，无论存有的本现还是存在者的存在都是没有意义的。在此，我们看到了人、存在者、存在三者之间的动态关联，这种动态关联的枢机、关节点、之间情形的"之间"就是"此－在"。人之"此"、存

---

① ［德］海德格尔：《尼采》下卷，孙周兴译，商务印书馆 2002 年版，第 1033 页。

② ［德］海德格尔：《尼采》下卷，孙周兴译，商务印书馆 2002 年版，第 1033—1034 页。

在者之"此"、存有之"此"，是同一个此－在之"此"。三者的动态关联表现为：呼唤人追问存在的此－在是存在（Seyn），作为应答而追问存在的此－在是人，作为能使人"感觉－感应"存在的是存在者的此－在。

关于存在者之"此"，海德格尔说："由此，存在者之为存在者才被移置入'此'之中。这个'此'（das Da）乃是在本有过程中存在者之澄明的发生着的、被居－有的和内立性的转折时机之所。"① 相对于人和存在而言，存在者之"此－在"才真正构成了两者之间的真正的"之间情形"和"时机之所"。

从存在者的角度看，海德格尔对存在的追问，既不是从"此在"到"一般存在"（前期），也不是直接着眼于"存在"本身（后期），而是始终存在着一个三重结构模式：此在－存在者－存在。海德格尔在《现象学之基本问题》中表达过这种观点：

> 存在自身必定是以某种方式向着某物被筹划的，如果我们确实领会存在的话。这并不是说，在筹划中，存在必定以对象化的方式被把握了，或者必定被解释、被规定（亦即被概念化）为对象化的被把握者。存在向着某物被筹划，它由此得到领会，但却是以非对象的方式。②

> 在此在直接地、热切地把自己交给这个世界时，此在之本己吾身就由诸物反映出来了。③

其中，作为存在者的"某物""诸物"，一方面反映着此在，另一方面此在借以领会存在。由此可以看出存在者作为一个中介环节在存在追问三重结构模式中的重要性。前后期之不同，首先表现在作为中介环节的"存在者"这一要素上。前期的"存在者"是"上手之物"，即

---

① ［德］海德格尔：《哲学论稿》，孙周兴译，商务印书馆2012年版，第288—289页。
② ［德］海德格尔：《现象学之基本问题》，丁耘译，上海译文出版社2008年版，第384页。
③ ［德］海德格尔：《现象学之基本问题》，丁耘译，上海译文出版社2008年版，第212页。

器具；后期的"存在者"则是"物化之物"，即艺术作品。作为"艺术品"的存在者的作用在于充分显现存在。于是，我们看到，绘画、诗歌、语言、建筑等可作为艺术品的这一类"存在者"进入了后期诸多文本中。①

相对于直接探讨存在本身的思的道路而言，这显然是一条诗的道路。就后一条道路而言，海德格尔的思想明显地有了变化。乔治·斯坦纳就此评论说：

> 海德格尔所做的正是他绝望地要加以避免的事儿。因而他的语言、他关于其（存在）定义和翻译的可理解性的诉求，都在压力之下一次次破产。他对词源学的发掘达到了前所未有的也是高度随意的深度。正是在那深奥之处他再度发现了古代诸神。由此出现了向诗和艺术的转向。这个转向自身固然充满无穷的魅力，但也表明，海德格尔似乎意识到他不仅在政治上，而且在哲学上都遭到了决定性的失败。在追随谢林和哲学审美主义（这是受尼采的影响）而进行的思考中，海德格尔栖身于荷尔德林抒情诗和梵·高绘画所带来的"令人战栗的神秘"中。相对于绝对在场和存在论的自指，它们体现了一种"他者性"。海德格尔希望借此来避免获得神学的－形而上学的影响。还有，更神秘的是海德格尔后期作品中向"诸神"、向源于异教或原始宗教的所谓"四重结构"的转向。对后期海德格尔来说，存在就是在我们信赖的诗和艺术作品中体现出的"当下性"。②

在斯坦纳看来，在前一条道路上，海德格尔已经遭遇失败，于是才有了向诗和艺术的转向。显然，走纯思的道路，不管采用多少新的词汇和概念，既然是证明，那么其结局仍然是形而上学的，而诗的道路则

---

① 张云鹏：《从艺术作品感性结构的"生发－显现"看海德格尔的"凡·高阐释"》，《文艺理论研究》2018年第1期。

② ［美］乔治斯坦纳：《海德格尔》，李河、刘继译，浙江大学出版社2012年版，第19—20页。

在于显现存在。①

海德格尔的"物化之物"和"艺术作品"概念相等于我们所称的"审美对象"。在海德格尔的语境中，"对象"被看作与主体相对的认识层次上的客体。前期，在论证此在的基本建构——"在世界之中存在"时，他曾这样发问："这个进行认识的主体怎么从他的内在'范围'出来并进入'一个不同的外在的'范围，认识究竟怎么能有一个对象？必须怎样来设想这个对象才能使主体最终认识这个对象而且不必冒跃入另一个范围之险？"② 主体与对象（客体）之间的认识关系仅仅是在世的一种存在方式，而更为本源的则是在世界之中存在。存在论层次上的此在和世界同认识论层次上的主体和客体并不等同。把这一思路落实到审美活动领域，他反对传统的认识论美学观，他要"美"回归其存在特性，所以他不用"审美对象"的概念。后期，他所做的是在审美的领域里对"存在者"进行规定，例如《艺术作品的本源》中的"艺术作品"，《物》《筑·居·思》中的"物化"之"物"，《诗人何为？》中的"敞开者"与"锁闭者"，《物》中的"站出者"。此外，他有时偶尔用作为"事物本身"的"纯粹对象"一词，这个"事物本身""纯粹对象"在它之所"是"中，美"显现"。

不论是"艺术作品"还是"物"，作为存在者它是一个"站出者"。海德格尔就此写道："如若不说'对象'，我们可更准确地说：'站出者'（Herstand）。在站出者（Her-Stand）的全部本质中，起支配作用的是一种双重的站立（Her-Stehen）：一方面，是'源出于……'意义上的站出，无论这是一种自行生产还是一种被置造；另一方面，站出的意思是被生产者站出来而站入已然在场的东西的无蔽状态之中。"③ 如果可以用"对象"一词表述，这个"站出者"就是审美对象。④

————————

①　张云鹏：《海德格尔的思想转向与存在追问的结构》，《文艺理论研究》2016 年第 5 期。

②　［德］海德格尔：《存在与时间》，陈嘉映、王庆节译，生活·读书·新知三联书店 1987 年版，第 71 页。

③　［德］海德格尔：《演讲与论文集》，孙周兴译，生活·读书·新知三联书店 2005 年版，第 175—176 页。

④　张云鹏：《从艺术作品感性结构的"生发 - 显现"看海德格尔的"凡·高阐释"》，《文艺理论研究》2018 年第 1 期。

正是基于对艺术作品这种特殊存在者的理解，特里·伊格尔顿说："在《艺术作品的本源》中，正是艺术品本身成了存在驯顺的此或'彼'（Da or 'there'），即存在自我显现的圣地。"[①] 波尔特说："正如《形而上学导论》所指出的，艺术作品就是某个存在者之中的存在（das seined Sein）；通过它，'显现着的和我们在周围可以找到的任何别的事物，就首次作为一个存在者或无存在者（unbeing）被确认了，变成可通达的、可解释的和可理解的了'。在这里，存在者之被给予性的意义被安置于某个特定的存在者中了；然后这个存在者就给'什么可以算作一个存在者'设立了一些标准。艺术作品揭示了一种归属的秩序，揭示了一个整体，在这个整体中，所有事物都有了它的事件和地点。"[②]

（六）此－在：时间－游戏－空间

人、存在者、存在三者之间的存在性关系，在本真的时间－空间中得到了集中的体现。"此－在"既是时间又是空间，是本真时间与本真空间构成的瞬间场域，是"时间－游戏－空间"。

1. 存在（Seyn）的发生

①存在的发生

关于存在（Seyn）的发生，海德格尔最基本的表述是：存有作为本有而本现。"本现（Wesung）就意味着本有，只要本有在它所包含的东西即真理中居有自身。存有之真理的发生——这就是本现；因此本现绝不是一种重又添加到存有身上，甚或高于存有而自在地持存的存在方式。"[③] 本有作为一个存在的过程就是本现，本现就是本质性发生。本现是"什么存在"与"如何存在"这两者的结合所构成的更原始的统一体。但需要注意的是，一方面，本现并不属于每一个存在者，在根本上它只属于存在；另一方面，本现并不与存在者相分离，存在者立身于存有之中。此外，海德格尔也用"开裂""颤动"来表达存

---

① ［英］特里·伊格尔顿：《美学意识形态》，王杰、傅德根、麦永雄译，广西师范大学出版社1997年版，第299页。

② ［美］波尔特：《存在的急迫》，张志和译，上海书店出版社2009年版，第285页。

③ ［德］海德格尔：《哲学论稿》，孙周兴译，商务印书馆2012年版，第306页。

在的发生，"开裂"就是存有本身之亲密性在自身中的展开，"颤动"是对时间－游戏－空间的扩展，是存有的澄明。

波尔特把"存有作为本有而本现"（das Seyn west als das Ereignis）看作《对哲学的献文》的核心思想的公式，并按他自己的理解将其翻译为"存在（be-ing）在本质上乃是作为征用而发生的"。在把这个句子中的每一个词当作一个探究《献文》根基之处的主题的契机，并对其作了相应分析之后，他总结道："存在在本质上乃是作为征用事件而发生的（Das Seyn west als das Ereignis）：这个表达式指的是存在（be-ing）的切近发生，是存在者之存在的决定性的赠予事件。这种赠予将会作为一种危机而发生，在这种危机中，被给予者——包括我们自己——的被给予性将会对我们成为问题。这种发生将会创发一个场域和时代，这个场域和时代与神圣者有一种神圣的关系。它将会在一种相互的给予和拥有中，如我们要求它那般地要求我们；这种相互的给予和拥有永远不会成为完全的吞没，而会保持向疏离暴露的状态。这种急迫，这种'存在（be-ing）的风暴'，将会像一次突发的闪电般撕裂，打开开敞（clearing）。"① 所谓"本质现身""开裂""颤动""打开开敞"，表达虽有不同，但所表达的意思无非就是：存在（Seyn）自身的展开－敞开。

②存在之真理

存在的发生也就是存在之真理的发生，海德格尔因此说："〈本现与本质现身〉被把握为存有之真理的生发（Geschehnis）。"② 前期海德格尔所思的真理是此在的展开状态，存在的展开有待于此在的展开。转向的标志之一就是从存在出发思真理，把真理看作是存在自身的显现，看作是对于本现之为本现而言的敞开状态。"唯存在之被揭示状态才使存在者之可敞开状态成为可能。这种被揭示状态作为关于存在的真理，被称为存在学上的真理（ontologische Wahrheit）。"③

存在自身的展开状态就是解蔽，相对于存在者的解蔽，它是一种

---

① ［美］波尔特：《存在的急迫》，张志和译，上海书店出版社2009年版，第124页。
② ［德］海德格尔：《哲学论稿》，孙周兴译，商务印书馆2012年版，第305页。
③ ［德］海德格尔：《路标》，孙周兴译，商务印书馆2000年版，第153页。

更根本的解蔽。作为存在的无蔽，它是在存在者整体中间的一个敞开的处所——澄明。"从存在者方面来思考，此种澄明比存在者更具存在者特性。因此，这个敞开的中心并非由存在者包围着，不如说，这个光亮中心本身就像我们所不认识的无（Nichts）一样，围绕一切存在者而运行。唯当存在者进入和离开这种澄明的光亮领域之际，存在者才能作为存在者而存在。唯这种澄明才允诺并且保证我们人通达非人的存在者，走向我们本身所是的存在者。由于这种澄明，存在者才在确定的和不确定的程度上是无蔽的。就连存在者的遮蔽也只有在光亮的区间内才有可能。"①

存在的无蔽或存在的澄明，对于存在者来说，就是让存在者存在。作为这种让存在，一方面，它向存在者本身展开自身，并把一切行为置于敞开域中；另一方面，让存在者成其所是，参与到敞开域及其敞开状态中。合上述两方面则是，让存在，亦即自由。从存在者方面说，自由乃是绽出的、解蔽着的让存在者存在。从存在方面说，"自由乃是参与到存在者本身的解蔽过程中去。被解蔽状态本身被保存于绽出的参与之中，由于这种参与，敞开域的敞开状态，即这个'此'（Da），才是其所是。"② 如果存在的无蔽就是存在的意义，存在的意义就是存在的真理，那么，自由就是真理的本质。

如此规定存在的真理，真理与人的关系也发生了变化。"人并不把自由'占有'为特性，情形恰恰相反：是自由，即绽出的、解蔽着的此之在占有人，如此源始地占有着人，以至于唯有自由才允诺给人类那种与作为存在者的存在者整体的关联，而这种关联才首先创建并标志着一切历史。"③ 显然，此在绽出之生存，植根于作为自由的真理。

正是作为真理本质的自由，把人嵌入存在者整体并使之协调，因此而入于存在者整体的绽出的展开状态。但是，这个协调者，这个让存在，同时也是一种对存在者整体的遮蔽。自由自行遮蔽。遮蔽状态

---

① ［德］海德格尔：《林中路》，孙周兴译，上海译文出版社1997年版，第37页。
② ［德］海德格尔：《路标》，孙周兴译，商务印书馆2000年版，第218页。
③ ［德］海德格尔：《路标》，孙周兴译，商务印书馆2000年版，第219页。

就是非解蔽状态，从而就是对真理之本质来说最本己的和根本性的非真理。对此，海德格尔说过许多话，概括起来，其大意是：真理包含着不性，真理并非简单地是澄明，真理的本质现身乃是为自行遮蔽的澄明，澄明与遮蔽是真理本身的表现。真理的根本性的非本质乃是神秘，即作为被遮蔽者之遮蔽的神秘本身。海德格尔所说的"神秘""非真理"和"遮蔽状态"有"混沌未开"之意，这种原本有的遮蔽状态由于人的参与，或存在的让存在，才被去蔽而敞开。

至此，可以说，对"真理的本质"的探讨才算达到目标了。因为这里所说的"非本质"乃是先行成其本质的本质。真理的原初的非本质（非真理）中的"非"，指示着那尚未被经验的存在之真理（而不只是存在者之真理）的领域。前面所谈的"真理"还只是存在者之真理，即存在者之解蔽状态；"非真理"即"遮蔽状态"却引向"存在之真理"。存在本身就是神秘的，其神秘之处在于，存在既"隐"又"显"，这依"隐"而显的"显"，就是希腊无蔽意义上的"存在之真理"。如果从真理的角度说，则真理作为存在的根本特征就是进入澄明的同时又遮蔽。

③时间－空间：真理发生的瞬间场域

时间－空间是存在及其真理发生的时候和地方，这个时候和地方就是此－在。因此，海德格尔说："此－在为本有建基。"但同样，"本有于自身中为此－在建基。"[①] 就前一方面而言，此－在意味着在作为存有之本质现身的本有中的本－有过程，此－在之此就是存在（Seyn）的敞开状态，或存有的澄明，但同样是作为自行遮蔽的澄明。就后一方面而言，此－在起源于存有之本现，并为存有所居有。在这里，我们看到时间与存在难以分解的密切关系：其一，存在被时间规定。存在不是物，不是时间性的东西，但是通过时间流逝的持续不断性被规定为在场。其二，时间被存在规定。时间不是物，不是存在者，但是它永恒地处在它的流逝中，但是当时间一直在流逝的时候，时间仍然作为时间而留存，也就是说时间在场。其三，存在与时间交互规定。

---

① ［德］海德格尔：《哲学论稿》，孙周兴译，商务印书馆 2012 年版，第 275 页。

存在与时间以这样的方式相互进行规定：不是将前者——存在——称为时间性的东西，也不能将后者——时间——称为存在者。存在与时间相互规定对方为"在场"。

基于上述理解，波尔特说："如果存在（be-ing）发生了，它必定有它本己的地点和时间。但这个地点和时间都不仅仅是某张地图上的点和某台钟表上的刻度；它们是场域和瞬间，在这些场域和瞬间，家和开端在进行支配——［这两者］总是被它们的他者、疏离和可再生产性笼罩着。征用采取了时间（takes time）——这不仅仅是因为它持续了一会，也是因为它需要作为我们对过去和将来之归属的那种回忆和等待。征用也采取了地点（takes place）——它指派了属于我们自己的那个场域，一个诸存在者可以作为存在者被给予我们的'那里'（a there）。只有在某个地点，诸存在者才能对我们产生影响。只有在某个时间，我们才能为了某种可能性——培育和引出历史方面的重要性——而接受和解释某种遗产。"① 这个作为"瞬间场域"的时间和地点，是存在（Seyn）本身的"何时"和"何处"，既可以称为"此时""此地"，也可以称为"彼时""彼地"。因为它既不是作为钟表上的刻度和地图上的点而存在，也不是作为此在生存的周围环境的某个时段和某个地方而存在，它是存在（Seyn）的一个开端性发生的时间－空间。与前两者相比，时间－空间是更为原始的，它是敞开的而不是封闭的，它属于存在（Seyn）的"开放之境"和"自由之境"。

在时间－空间中发生了什么？"时间－空间"中的时间就是存在之真理发生的"瞬间"（Augenblick）。如何理解这个瞬间？在《存在与时间》中，瞬间指的是本真的当前："我们将保持在本己的时间性中，因而本身也是本己的当前（Gegenwart）称为 Augenblick（瞬间）。必须在作为出位样式（Ekstase）的积极意义上来理解这个术语。它的意思是此在果决地沉迷于在处境中所遇到的各种可操劳的可能性和环境，这种沉迷保持在果决中。瞬间的现象根本不能从现在来解释。现在是一个属于作为内在时间性的时间的时间现象：现在，'在其中'

---

① ［美］波尔特：《存在的急迫》，张志和译，上海书店出版社2009年版，第260—261页。

某事出现，消失，或是现成的。没什么能'在瞬间中'发生，而是作为本己的当–前（Gegen-wart）它让我们首先遇到能'在时间中'作为现在的东西或上手的东西。"① 此处的"瞬间"作为本己的当前，要在"此在的时间性"中来理解。首先，这个"当前"不同于客观时间中现成的"现在"，现成的现在是彼此没有分别、可无限重复的"点"。"而作为'瞬间'的'当前'却是有限的、不可重复的、独一无二的，只与个人在特殊的时间和地点的特殊情况下的有限存在有关。这个实践的、前理论的瞬间本质上是别人无法同样具有的。"② 其次，作为此在时间性的"当前"它具有绽出（Ekstase）的特性（出位结构），即当前向曾在和将来出离，以此构成此在生存的时间视域。冯·赫尔曼指出："此在存在的意义是出位的时间性。理解存在本质上属于此在的存在和它的存在构成。这种属于此在的存在理解出于此在存在的意义，出于时间性。作为被投的投开理解存在作为出位的时间性的时现发生。"③

在《哲学论稿》以及《时间与存在》中，"瞬间"是指进行奠基的那个瞬间的瞬间性，这个瞬间性第一次和最后一次发生。它当然还是指当前，但它指的是存在的时间意义上的当前，也就是在场状态意义上的当前。"作为在场状态上的当前与所有属于这一当前的东西就可以叫做本真的时间。"④ 这就是说，在本真的时间中，不仅当前，而且曾在和将来也属于这一当前的东西。说当前在场容易理解，而说曾在和将来也在场，则需要接受海德格尔"不在场"也是一种在场的思想。在场状态说的是与人相关涉，而不在场也同样始终与我们相关涉。我们固然从在当前意义上的在场中所认识的方式存在并活动着，我们也同样从不在现在的东西仍然在其不在场中直接地存在并活动着，"也就是说按照与我们相关涉的曾在（Gewesen）的方式活动着，这种

① ［德］海德格尔：《存在与时间》，陈嘉映、王庆节译，生活·读书·新知三联书店 1987 年版，第 385 页。译文参照张汝伦《二十世纪德国哲学》，人民出版社 2008 年版，第 362 页。
② 张汝伦：《二十世纪德国哲学》，人民出版社 2008 年版，第 361 页。
③ 转引自张汝伦《二十世纪德国哲学》，人民出版社 2008 年版，第 367 页。
④ ［德］海德格尔：《面向思的事情》，陈小文、孙周兴译，商务印书馆 1996 年版，第 12 页。

曾在并不像纯粹的过去（Vergangene）那样从以往的现在中消失了。毋宁说，曾在还存在并活动着，但却是以其本己的方式活动着。在场在曾在中被达到"①。将来也是如此，"只要不在场作为尚未当前的在场总是已经以某种方式与我们相关涉，也就是说就像曾在那样直接地存在并活动着，将来就绝不会才开始。在将－来（Zu-Kunft）中，在'走向我们'中，在场被达到了。"② 在场在当前、曾在、将来中被达到所构成的境域，就是存在的时间状态。作为存在（Seyn）的真理，存在的时间状态使此在的时间性成为可能，所以说：时间性系于时间状态。

当前、曾在和将来时间三维的绽出以及相互到达的在场的切近构成了本真时间的第四维，这就是海德格尔"'时间'应当可以被经验为存有之真理的'绽出的'（ekstatische）游戏空间"③ 所要表达的意思。所以，本真的时间就是"时间－空间"，其中的"空间"就是"瞬间之场域"（the site of moment）或者"瞬间性场域"（the momentous site)，就是"作为存有之真理的建基的时机之所"④，是此－在之"此"的最切近的含义。"此"就是作为地点的"那里"，"'地点'在这里被认为是某种像'世界'一样的事物——对种种被给予者和可能性的一种安排，一种秩序，我们发现我们自己在这种秩序中居处，也在这种秩序中有了种种机会。即使它是那抛弃的场域，它也不是一片无意义的荒地，而是一个我们必须站立和经受的真正的地点"⑤。

时间和空间虽然是根本不同的，但却具有共同的本源"时间—空间"，这就是说，时间与空间的统一体具有本源之统一性。海德格尔用 Entruckung（移离、绽出、出神、脱离、离开）和 Beruckung（迷移、入迷、迷住、诱惑）两个词语来分别表述时间和空间运动的方式。Entruckung 意指时间三维的相互绽出—敞开，使之构成小大由之

---

① ［德］海德格尔：《面向思的事情》，陈小文、孙周兴译，商务印书馆1996年版，第13页。
② ［德］海德格尔：《面向思的事情》，陈小文、孙周兴译，商务印书馆1996年版，第14页。
③ ［德］海德格尔：《哲学论稿》，孙周兴译，商务印书馆2012年版，第253页。
④ ［德］海德格尔：《哲学论稿》，孙周兴译，商务印书馆2012年版，第342页。
⑤ ［美］波尔特：《存在的急迫》，张志和译，上海书店出版社2009年版，第268页。

并伸缩自如的时间视域；Beruckung 意指由瞬间的绽出游戏而形成的具有有机整体性的空间视域对于被给予者的诱惑并诱其跳入其中。对于由这两种相互缠绕、相互交叉的运动方式所构成的神秘的离－基深渊（Abgrund）——时间－空间，确实难以用一般的词汇加以清晰的表述，让我们听一听海德格尔呓语般的表达："时间－空间乃是迷移着—移离着的有所聚集的环绕支撑，是如此这般被接合、并且相应地有所调谐的离－基深渊，这个离－基深渊的本现在'此'之建基中、通过此－在（它的真理之庇护的本质轨道）而变成历史性的。"[①] 这种表达虽然意蕴含混，但个中意思却也大体清楚："出神将过去和将来聚集到现在中；入迷在一个场域中持留着对存在的抛弃。这样看来，海德格尔在这些公式中所说的似乎就是，过去和将来需要一个地点，在那里它们可以被聚集起来，而反之，地点也需要充当过去和将来进行聚集的场域。说时间'进入空间'［räumt ein］和空间'进入时间'［zeitigt ein］，似乎就意味着时间和空间相互帮助，将我们引入到我们可以由以步入此在之中的那个场域和瞬间了。"[②]

2. 存在者的庇护

① 从存在者而来的道路

对于海德格尔而言，追问存在（Seyn）及其真理的发生有两条道路，一是从存在自身的时间－空间，二是从存在者的时间性和空间性。前一条道路探讨的是存在之真理的发生，后一条道路探讨的是对存在之真理的庇护。他并且断言，这两条道路一定会碰在一起的。其实，根据存在与存在者所具有的同时性关系，这两条道路实质上是同一条道路。如果仅仅走存在自身的道路，它就必定转化为纯理论的说明而遗忘了存在；而存在者的道路则能显现存在的发生及其相应的对存在真理的庇护。"从'存在者'出发找到通向真理之本现的道路，并且在此道路上揭示归属于真理的庇护，这必定是可能的——诚然是藉着相应的向存有的先行跳跃。但这条道路应当从哪里开始呢？"[③] 因为存

---

① ［德］海德格尔：《哲学论稿》，孙周兴译，商务印书馆 2012 年版，第 413 页。
② ［美］波尔特：《存在的急迫》，张志和译，上海书店出版社 2009 年版，第 269 页。
③ ［德］海德格尔：《哲学论稿》，孙周兴译，商务印书馆 2012 年版，第 416 页。

在者的存在归属于存有之本现，所以这条道路的起始点就在于，把存在者之"此"（时间性和空间性）移置入存在之"此"（时间－空间）中（即所谓"向存有的先行跳跃"），这时，"此－在"成为存在与存在者的共同"此－在"，这个共同此－在之"此"就成为"在本有过程中存在者之澄明的发生着的、被居－有的和内立性的转折时机之所（笔者注：即瞬间场域）。"① 以钟声为例可以说明存在者之"此"向存在之"此"的"移－置入"。钟声响起——"当……"，作为存在者，响起的钟声必定有其特定的时间和地点，但在一个怀着自由心境的人听来，这个响起的钟声的时间和地点是可以忽略的，重要的是在钟声响起的那一"瞬间"，他所进入其中而得以展开的那个容纳当前、曾在和将来于一个世界之中的那个状态和境界。响起的钟声的时间和地点，已经失去了它的实在性，被融汇入存在的自由之境——雄浑的，悲慨的，苍茫的，明朗的，沉重的，如此等等。钟声的"某时某地"转化为自由之境的"此时此地"。"当然，将诸存在者'献祭'（sacrifice）给存在（be-ing），并不是消灭它们。诸存在者必定会继续存在；但它们要指出存在（be-ing）事件。它们必定会指向它们在其中显现和有所归属的那个世界的呈现。只有当我们将围绕着我们的诸种事物体验为存在（be-ing）的出没之处时，征用才能发生。当存在（be-ing）居于存在者之中时，'那里'开启了。这就是原初的真理事件，因此真理在本质上只有'在它在某种存在中建立其自身的地方'才发生。"②

②世界与大地的争执——存在者之"此"的敞开

海德格尔在不同的地方列举了"从存在者而来的道路"中的诸多存在者，归纳起来大体有：物、器具、作品、语词、事功、谋制、诗歌、思想、行动、牺牲、建国、机巧、献祭。有时他又把这些存在者看作是庇护真理的方式，所以有：以思想的、诗歌的、建造的、领导的、牺牲的、受苦的、欢呼的方式。存在者众多，但既然是通向存在

---

① ［德］海德格尔：《哲学论稿》，孙周兴译，商务印书馆 2012 年版，第 289 页。
② ［美］波尔特：《存在的急迫》，张志和译，上海书店出版社 2009 年版，第 282—283 页。

之真理的道路，就需要对之作出基本的规定：一是感性的，是感性之物；二是物化的，是物化之物；合两个规定于一身，就是感性的物化之物。

存在（Seyn）本身既澄明又遮蔽，澄明与遮蔽之间发生的争执是一种"原始争执"。"真理之为真理，现身于澄明与双重遮蔽的对立中。真理是原始争执，在其中，敞开领域一向以某种方式被争得了，于是显示自身和退隐自身的一切存在者进入敞开领域之中或离开敞开领域而固守自身。无论何时何地发生这种争执，争执者，即澄明与遮蔽，由此而分道扬镳。因此就争得了争执领地的敞开领域。"① 时间－空间本身是一个具有争执性的争执区域，真理是澄明与遮蔽的对抗，但是真理并不是自在地现存着，澄明与遮蔽的对抗所敞开的领域，让存在者进入，于是澄明与遮蔽的争执在存在者身上表现为大地与世界的争执，既澄明着又遮蔽着的敞开的"之间"的这个存在之"此"，就成为大地与世界"之间"的存在者之"此"，或者说，大地与世界的争执，就是存在者之"此"的敞开。

综合《艺术作品的本源》《筑·居·思》《物》等文，海德格尔的"大地"概念包含着两个层面：一个层面是构成艺术作品的物质材料，作为物因素进入作品成为"作品的大地因素"；另一个层面是大地的敞开和涌现。仅仅是"大地因素"尚不能构成艺术作品的大地，大地之所以成为大地，则需要大地自身的敞开和涌现，并以此建立一个世界。基于前一层面，大地的本质是自行锁闭，它在其自身中充满了幽暗、混沌，是接纳者、承载者和包容者。"在本质上自行锁闭的大地那里，敞开领域的敞开性得到了它的最大的抵抗，并因此获得它的永久的立足之所，而形态必然被固定于其中。"② 因其自行锁闭，大地与世界产生争执和对抗。基于后一层面，"大地的自行锁闭并非单一的、僵固的遮盖，而是自行展开到其质朴的方式和形态的无限丰富性中。"③ 在作品创作中，大地因素本身被使用时，并不是把大地当作一

① ［德］海德格尔：《林中路》，孙周兴译，上海译文出版社1997年版，第44页。
② ［德］海德格尔：《林中路》，孙周兴译，上海译文出版社1997年版，第53页。
③ ［德］海德格尔：《林中路》，孙周兴译，上海译文出版社1997年版，第31页。

种材料加以消耗或肆意滥用，而是把大地解放出来，使之成为大地本身。这就是作为"物化之物"的"物化"之意。总之，由于建立一个世界，作品制造了大地，或者说作品让大地成为大地。作品显现大地，同时开启、建立一个世界，并且在运作中永远持守这个世界。"世界"就是由敞开和涌现的"大地"、由"天空""人"（终有一死者）以及"诸神"所共同构成的时间－空间领域。物物化，物化之际，物居留统一的四方（天、地、神、人），或者说四重整体的统一性，就构成了"世界"。

世界建基于大地，世界立身于大地，这是世界对于大地的依赖性。但是，世界也是自行公开的敞开状态。因此，在立身于大地的同时，世界不能容忍任何锁闭，世界力图超升于大地，世界自行公开。但大地是那永远自行锁闭者和如此这般的庇护者的无所迫促的涌现。作为庇护者，大地总是倾向于把世界摄入它自身并扣留在它自身之中。于是，世界与大地对立并发生争执。"在争执中，一方超出自身包含着另一方。争执于是愈演愈烈，愈来愈成为争执本身。争执愈强烈地独自夸张自身，争执者也就愈加不屈不挠地纵身于质朴的恰如其分的亲密性（Innigkeit）之中。大地离不开世界之敞开领域，因为大地本身是在其自行锁闭的被解放的涌动中显现的。而世界不能飘然飞离大地，因为世界是一切根本性命运的具有决定作用的境地和道路，它把自身建基于一个坚固的基础之上。"① 世界建立，大地显现，艺术作品在争执中完成争执，自持的作品达到统一，归于宁静。

③存在者的庇护

大地与世界的争执，也就是存在者对于存在之真理的庇护，海德格尔由此提出的命题是："庇护作为世界与大地之争执的开展。"② 存在者此－在之"此"的敞开与对真理的庇护是同一件事情，存在的澄明与遮蔽必定是在存在者的敞开中得以发生，因为"庇护归属

---

① ［德］海德格尔：《林中路》，孙周兴译，上海译文出版社1997年版，第33页。
② ［德］海德格尔：《哲学论稿》，孙周兴译，商务印书馆2012年版，第377页。

于真理之本现。而如果真理从未在庇护中本质性地现身，那它就不是本现了"①。从庇护的角度看，"庇护本身在此 – 在中并且作为此 – 在而实行自己。"② 现在需要问的是，什么是庇护？庇护什么？庇护中的存在之真理与存在者各自的情形又如何？美国学者瓦莱加 – 诺伊对此作了比较系统的阐释：

> 在形而上学中，存在之真理被遮蔽在存在者的显像"之后"。存在把存在者带入当前在场，它却退隐了。在算计和体验的统治下，在形而上学的终结处，当存在者被存在弃让，存在被遗忘，存在最决定性地退隐了。在另一开端——如果它发生的话——存在者庇藏着存在之真理。在德语中，"庇藏"，Bergung，含有"解救"和"把某物带向安全"进入某处安全可靠之地，同时也可能是被隐藏之地的意思。因此，存在者被认为给存有之真理，即为作为有所去蔽—有所遮蔽的存有之发生，提供了一个被庇藏的"地方"，因此，存有才可能在这些有所庇藏的存在者之中，并且通过它们而发生。这些存在者不仅庇藏着它们在其中达于显像的当前（Anwesen），而且首先庇藏着属于存有之真理的遮蔽。"庇藏以它自身被自身遮蔽（the self-concealment［Sichverbergen］）之廓清所贯穿的同样方式，有限地把自身遮蔽移入开启中"。通过存有之真理在存在中的庇藏，作为有所去蔽—有所庇藏的真理之发生贯穿于这些存在者，谐响在它们的存在中。同时，这一庇藏不是某种在真理被展露以后来到的东西。唯当它（真理）被庇藏在一个存在者中，真理才可以自行展露在此 – 在中。在这种庇藏中，真理发现了一个具体的历史场域。③

当存在（Seyn）让存在者敞开之际，存在本身却退隐——自行遮蔽了。

---

① ［德］海德格尔：《哲学论稿》，孙周兴译，商务印书馆 2012 年版，第 416 页。

② ［德］海德格尔：《哲学论稿》，孙周兴译，商务印书馆 2012 年版，第 78 页。

③ ［美］瓦莱加 – 诺伊：《海德格尔〈哲学献文〉导论》，李强译，华东师范大学出版社 2010 年版，第 118 页。

基于这一实情，猜测海德格尔用 Bergung（庇护、庇藏）一词的用意，可能在于说明自行遮蔽的存在（Seyn）并未消失不在，而是庇藏－庇护于存在者中。尽管存在退隐了，但通过存在者的庇护，它仍然"在－此"。所以，海德格尔更多的时候在说"对自行遮蔽的保存"："庇护同样确定地总是把自行遮蔽移置入敞开者中，一如它本身为自行遮蔽的澄明所贯通和支配一样。"① 当然，庇护也包含着去蔽，因为去蔽是存在的真理，为了让真理发生，它必须在诸存在者中被守护和保存。而存在者恰恰在对存在之真理的庇护中，才成为真正存在着的，并且是一个存在者。

3. 寓居于"此"的寻求者、葆真者、守护者

存在（Seyn）的发生，存在者的庇护，此－在敞开了。与此－在的敞开一道发生的是人跳入此－在并寓居于此，"凭借寓居于此－在和把存有之真理庇藏在存在者中，人才第一次开始是他们本质所是的东西：存有之真理的'寻访者''葆真者'和'看护者'"。②

①寓居于"此"——空间

从空间的角度看，"此在"之此与"此－在"之此不同。在《存在与时间》中，此在之此的空间是人生存的空间，"'此'可以解作'这里'与'那里'。一个'我这里'的'这里'总是从一个上到手头的'那里'来领会自身的；这个'那里'的意义则是有所去远、有所定向、有所操劳地向这个'那里'存在。……'那里'是世界之内来照面的东西的规定性"③。在"我这里"的"这里"与上手之物的"那里"之间，其重心点和中心点显然是"我这里"的"这里"，上手之物的"那里"通过自身的"何所用"，并进一步通过有所去远、有所定向、有所操劳而构成围绕着"我这里"的"这里"的周围世界。于此可以窥见此在所隐含的单向的生存主体性。

---

① ［德］海德格尔：《哲学论稿》，孙周兴译，商务印书馆 2012 年版，第 417 页。
② ［美］瓦莱加－诺伊：《海德格尔〈哲学献文〉导论》，李强译，华东师范大学出版社 2010 年版，第 56 页。
③ ［德］海德格尔：《存在与时间》，陈嘉映、王庆节译，生活·读书·新知三联书店 1987 年版，第 154 页。

在《哲学论稿》中，此－在之此的空间是存在（Seyn）的发生和存在者的庇护所共同敞开的空间，对于"我这里"的"这里"来说，这个此－在之此是存在和存在者的"那里"。但是，在人（我）、存在者、存在三者之间的存在性关系中，其重心点和中心点已经由"我这里"的"这里"转移到存在和存在者"那里"的"那里"。由此可以看出，此－在式被理解的人，不再把人设定为一个主体，相反，存在与相对于人（我）而言的其他作为物化之物的存在者则显现出具有主体性的存在意向性和对象意向性。

人跳进此－在，就是从作为此在的"这里"进入存在与物化之物的"那里"。在把德语"Da-sein"翻译成英语"being-there"作了一点说明之后，波尔特对人进入"那里"作了更为细致的语义分析："'那里'（there）并不必然在这里（here），而此在（being-there）也并不必然是人类。从'此在'那里，我们必定能听出好几种意思来。首先，此在正被置于某种'那里'（there）之中，居于某个地方或者世界那里。其次，它是一种是那里的方式——作为一个地点而生存。最后，它是那为了存在的'那里'——是一个地点，在那里，如其本然的存在者的意义可以被展示出来，被照料和被转化。简而言之：如果我们到达了此在那里，我们将以如下方式居于我们的世界之中——我们变成了一个竞技场，它的意思就是在这个竞技场里被规定了的。"[1]"此在正被置于某种'那里'之中"，表明的是此在被存在所居有；"它是一种是那里的方式"，表明的是此在的这里转化成为存在的那里——也就是对它自身此－在之此的开敞或者开启；"它是为了存在的'那里'"，表明的是存在者在此－在自身的开启中，如其本然的是一个存在者。这段话从存在、此在（人）、存在者三个方面阐述了进入"那里"的具体内涵，最终，我们变成了一个澄明与遮蔽、大地与世界之间的争执性的争执区域，一个争执的竞技场。

②寓居于"此"——时间

从时间的角度看，此－在就是烦忧（Sorge）。烦忧是对此在整体

---

① ［美］波尔特：《存在的急迫》，张志和译，上海书店出版社 2009 年版，第 15 页。

性存在的时间性规定：先行于自身的—已经在…中的—作为寓于…的存在。"成为寻求者、保存者、守护者——此即作为此在之基本特征的烦忧的意思。"① 人之本质的三个规定分别对应着将来、曾在和当前这三个时间性绽出环节。在另一个地方，海德格尔的表述是：

> 在此－在的这个基础上，人〈乃是〉：
> 1. 存有（本有）之寻求者
> 2. 存在之真理的保护者
> 3. 最后之神的掠过之寂静的守护者②

对于驶入本现之中但尚处在存有之自行遮蔽中的人而言，他是将来的存有（本有）之敞开的寻求者；对于进入此－在之中的人而言，他是已经发生（曾在）的存在之真理的保护者和正在发生（当前）的最后之神的掠过之寂静的守护者。

寻求与存有的自行遮蔽（有所踌躇的拒绝）相关联，"作为寻访者，人被曝露给存有在其中本现（sways）的自身遮蔽和自身弃绝。寻访并不表示与一个发现相对立，它本身就是一个发现，这个对'什么'——存有——的发现自行遮蔽着。通过寻访存有的自身遮蔽和被抑止所调校，人把这个遮蔽曝露在此－在中"③。保存与存在的澄明相关联，当存在者庇护存在之真理时，它需要人的参与来使庇护得到实行。"唯当人把存在之真理庇藏于存在者，他们才能够是它的葆真者。作为寻访者，人的这一本质规定指向先行进入存有的自身隐逸。作为葆真者，这一规定指向他们让存有的自身隐逸的廓清保持敞开。"④ 守护与存在之真理发生的在场状态意义上的当前（瞬间）相关，由于在本真的时间中，不仅当前，而且曾在和将来也属于这一当前的东西，

---

① ［德］海德格尔：《哲学论稿》，孙周兴译，商务印书馆 2012 年版，第 20 页。
② ［德］海德格尔：《哲学论稿》，孙周兴译，商务印书馆 2012 年版，第 310 页。
③ ［美］瓦莱加－诺伊：《海德格尔〈哲学献文〉导论》，李强译，华东师范大学出版社 2010 年版，第 111 页。
④ ［美］瓦莱加－诺伊：《海德格尔〈哲学献文〉导论》，李强译，华东师范大学出版社 2010 年版，第 111 页。

所以作为人的第三个本质规定的守护者，把前两个本质规定聚合到最后之神掠过的瞬间。所谓最后之神，也就是时间性的发生。最后之物不是终止，而是最深的开端，最终之物在本质上就是发生活动。因此存在的守护者同时也就是存在之真理的寻访者和保存者。"人被历史性地建基于此－在之中，被称为'最后之神的逝去的寂静的寻访者'，'葆真者'和'看护者'。这些规定指向绽出的时间性环节，它们在《存在与时间》中建构此在的操心（存在）。但是，我们应该小心不要简单地参照将来、过去和当前来解读它们，我们应该记住，在绽出的时间性中运转着的圆圈运动，在这个圆圈运动中每一个环节都交织在其他的环节中。"[1]

③寓居于"此"——时间－游戏－空间

存在（Seyn）之"此"的敞开是遮蔽着的澄明与澄明着的遮蔽，存在者之"此"的敞开是世界与大地的争执，人寓居于"此"，就是在时间－空间这永恒的瞬间纵身跃入世界与大地的争执性区域。席勒把审美活动看作游戏冲动，并把它看作人性圆满完成的标志："只有当人是完全意义上的人，他才游戏，只有当人游戏时，它才完全是人。"[2] 在这里，我们完全可以模仿席勒的话说，只有当人寓居于此－在时，他才完全是人；只有当人是完全意义上的人时，他才寓居于此－在。从存在（Seyn）的角度看，此－在本就是时间－游戏－空间；从作为物化之物的存在者的角度看，此－在是天、地、神、人四元之间的映射游戏；人跳入此－在，寓居于此－在，就是应合存在（Seyn）的召唤与存在者在"时间－空间"的自由之境里共同游戏。

二　可感的－感觉者

由意识向身体的还原，瓦解了纯粹意识的主体地位，颠覆了认识论层次上的主体－客体的思维模式。但是这种还原是不彻底的，这表现为，在身体与其他事物之间，在知觉与被知觉的世界之间，身体意

---

① ［美］瓦莱加－诺伊：《海德格尔〈哲学献文〉导论》，李强译，华东师范大学出版社2010年版，第110页。

② ［德］席勒：《审美教育书简》，冯至、范大灿译，上海人民出版社2003年版，第117页。

向性在生存论层次上同样地确立了身体的主体地位，这意味着尽管身体是感性的，但依然保留了主体性哲学的残余。为了彻底克服主体性，就需要将现象学还原进行到底，于是，在后期，梅洛－庞蒂由身体走向了对于存在的探讨，力图在身体和世界这两个相对的维度之外寻找一个作为第三维度的非相对项，他把这种作为使身体与世界相统一得以可能的条件或根基称为"肉"或"肉身"。

（一）作为存在象征的"肉"

现象学还原走的是一条从知性到感性的路，身体和被知觉的世界是感性的，为了强调原初存在的感性特征，梅洛－庞蒂把它称为"肉"，以此象征一般存在。"我们所谓的肉，这一内在的精心制作成的团块，在任何哲学中都没有其名。作为客体和主体的中间，它并不是存在的原子，不是处在某一独特地方和时刻的坚硬的自在：人们完全可以说我的身体不在别处，但不能在客体意义上说它在此地或此时，可是我的视觉不能够俯瞰它们，它并不是完全作为知识的存在，因为它有其惰性，有其各种关联。必须不是从实体、身体和精神出发思考肉，因为这样的话它就是矛盾的统一；我们要说，必须把它看做是元素，在某种方式上是一般存在的具体象征。"① 要说清楚什么是肉身并不是一件容易的事情，根据这一引文的思路，我们可以把梅洛－庞蒂分散的论述加以概括，从以下几个方面对其作一些规定，以期加深对这一感性存在概念的理解。

首先，肉身不是什么。肉身不是物质：不是存在的原子，不是坚硬的自在，不是混沌；肉身不是精神：不是意识，不是精神，也不是精神的表象；肉身不是实体：不是物质或精神事实之和，不是纯粹的观念（理智观念）。

其次，肉身是什么。肉身是一个终极的观念，因此不应从实体、身体和精神出发去思考肉身，而应反过来把它看作身体的基质、世

---

① ［法］梅洛－庞蒂：《可见的与不可见的》，罗国祥译，商务印书馆 2008 年版，第 182 页。译文参照杨大春《感性的诗学》，人民出版社 2005 年版，第 233 页。

界的基质乃至语言基质。作为最"一般之物"，它体现在所有的存在物中；作为一种具体化的原则，它是使事实成为事实的东西，也是使诸事实具有意义的东西，使零碎的事实处在某物周围的东西，即它是"事实性"。这种基质体现在身体、世界、语言上，就构成了身体之肉、世界之肉、语言之肉。同时它也是观念的基质，我们当然没有"看到"或"听到"观念，甚至没有用精神之眼或用第三只耳朵来"看到"或"听到"，但是"纯粹的观念性本身既不是无肉身的，也不是摆脱了视域的结构：尽管这里涉及的是另一种肉身和另一种视域，纯粹的观念性也都是与之生死与共的。这就好像是使可感的世界获得生命的可见性不是移到所有的身体外，而是移入一个较轻的、更透明的身体中，就好像可见性换了肉身，为了语言的肉身而放弃了身体的肉身，由此，它就不是摆脱而是超越所有的境遇"①。梅洛－庞蒂把存在之肉称为元素："这是用它被人们用来谈论水、空气、土和火时的意义，也就是说用它的普遍事物的意义，即它处在时－空个体和观念之中途，是一种具体化的原则，这种原则在有存在成分的所有地方给出存在的样式。肉身在这个意义上是存在的元素。"② 或者换用一个更为形象的表述，肉是一种基本的织料，它由此而展开了一幅开放的永不完结的织锦，一幅活生生的、始终处于开裂和构织状态中的多形态的织锦。它们不是对象，而是一些场，是柔软的存在，是自发的存在，是存在前的存在。"肉"作为原初的存在，就是"母体""自然""大地""母亲"，它原始、感性，生生不息，是一切可能性的孕育。

再次，肉的结构。肉自身中包含着凹陷和空洞，它不是坚硬致密、自身同一的原子，而是柔软的、多空隙的织料，它具有深度和各个不同的侧面。"维度""关联""层次""枢纽""枢轴""构型"等概念就是对肉的各个侧面的描述。意识的各种样式就是存在之肉的构成成分的表现："存在是这样一个'地点'，'意识的各种样式'就作为存

---

① ［法］梅洛－庞蒂：《可见的与不可见的》，罗国祥译，商务印书馆2008年版，第189页。
② ［法］梅洛－庞蒂：《可见的与不可见的》，罗国祥译，商务印书馆2008年版，第172—173页。

在的构成成分（一种蕴含一个社会的社会结构中的自我思考方式）而处于其中；在这里，存在的所有构成成分都是意识的样式。自在－自为的融合不是在绝对意识中形成的，而是在混杂的存在中形成的。对世界的知觉是在世界中形成的，真理的证明是在存在中进行的。"①存在的结构，"不存在同一，也不存在非同一，也没有非重合性，存在的是相互倒转的内和外"②。原初的存在是一个正在凹陷的可感的存在。

最后，肉的运动——存在的运作：开裂、交织、交错、可逆性。肉在自身中包含着一种动力性因素。它不是偶然性，不是混沌，而是重新回到自身和适应自身的结构。它是通过它的结构化或组织化的运动而构织出世界的。肉的运动也就是存在自身之运动的体现。肉能自身分化，产生裂隙，形成皱褶；它也可以折叠自身，反卷或缠绕自身，构成缠结，产生一个内面和外面，这两个面内在贯通，又是相互可逆的。所谓"开裂"，就是作为基质和母体的"肉"的爆发、生产、繁殖、自构成、差异化，由此产生了世界之肉、身体之肉、语言之肉，等等。所谓"交织""交错""可逆性"，用词虽异，其意相同。但其含义却是繁复的，大致有：交叉、循环、交换、侵蚀、转换、翻转、可逆等义。"肉身"的交织、可逆体现在几乎每一个方面，如：精神与肉体、知觉与反知觉、说与听、过去与现在、看与被看、知觉与被知觉、主动性与被动性、把握与被把握、内与外、自为与他为、自我与世界、自我与他人、触与被触、理解与言说、听与唱、自然与文化、思想与语言、可见与不可见、身体与事物等。

与肉同等的概念有"存在""自然""大地""世界"，不过，它们各自强调的重点还是不同的。"肉"这个概念更多的是强调存在的感性特征；"自然"强调的是存在的生成性特征，"大地"强调的是其奠基性，而原始的"世界"作为"沉默的世界"意指的是"非语言的涵义秩序"。至于"存在"本身，则是更加具有隐蔽性的，它"不能

---

① ［法］梅洛－庞蒂：《可见的与不可见的》，罗国祥译，商务印书馆 2008 年版，第 323—324 页。

② ［法］梅洛－庞蒂：《可见的与不可见的》，罗国祥译，商务印书馆 2008 年版，第 338 页。

被固定和注视，只能从远处被瞥见"①。总括上述，我们可以说，存在不可能是"什么"，如果它是"什么"，那它就成了一个存在者。梅洛－庞蒂把存在名之曰"肉身"，只不过是以象征的方式强调了存在的感性特征而已，这实际上是沿着从知性到感性的现象学还原之路对哲学史上把存在理性化这种形而上学的一个彻底的反动。

（二）垂直存在与感性显现

虽然我们不能说存在是什么，但是我们肯定可以说存在的发生，存在的运动。但就表达这种发生和运动的一系列词汇——开裂、交织、交错、可逆性、交叉、循环、交换、侵蚀、转换、翻转等——而言，这显然是由存在者对存在的反推而得出的（这是哲学的路径），或是由存在者显现出来的（这是文学艺术的路径）。这就意味着，交织、交错、可逆性等发生在存在和存在者两个层面上。在存在层面上，它不可说、不可见；而可说和可见的只是在存在者层面上，以"可逆性"为例："翻过来的手套——不需要能从两边看的观察者。我只需要从一面看与手套的正面相接的反面，我只需要通过另一面而触及这一面（一个点或者一个面的双重'呈现'）。交错就是这可逆性。"②再以"交换"为例："交织不仅仅是我他之间的交换（他收到的信息也传给我，我收到的信息也传给他），交织也是我与世界之间的交换，是现象身体和'客观'身体之间的交换，是知觉者与被知觉者之间的交换：以事物来开始的东西以事物的意识来结束，以'意识状态'来开始的东西以事物来结束。"③手套正面与反面的触及，我他之间、知觉者与被知觉者之间以及诸种事物之间的交织，无一例外的是都处在存在者层面上，因此需要探讨不可见的存在与可见的存在者之间的关系——垂直存在与感性显现。

1. 垂直存在

存在与存在者之间的关系，不是平行的而是垂直的。梅洛－庞蒂

---

① 张尧均：《隐喻的身体》，中国美术学院出版社 2006 年版，第 177 页。
② ［法］梅洛－庞蒂：《可见的与不可见的》，罗国祥译，商务印书馆 2008 年版，第 337 页。
③ ［法］梅洛－庞蒂：《可见的与不可见的》，罗国祥译，商务印书馆 2008 年版，第 272 页。

把存在称为"垂直的东西""垂直的存在",相对于事物,存在是"垂直"的场。此外,还有"垂直世界""垂直历史""垂直的时间""垂直的触摸""思想的垂直观念""精神的垂直观点"等诸多概念。

什么是垂直的存在呢?梅洛-庞蒂说:"我称之为垂直的东西,就是萨特称之为存在的那种东西,——不过它对他来说马上就变成了使世界出现的虚无的闪光(fulguration),成了自为的活动。"① 萨特的存在包含着两个方面:自在存在和自为存在。自在的存在是一种既无空间关系又无时间关系,既无内在关系又无外在关系,没有发展变化的孤立自存,充实而未分化的惰性实体,它是现象的存在。自为的存在是显现这种现象的存在(自在存在)的存在的现象,它具有虚无、否定性和超越性特征,按梅洛-庞蒂的说法就是它"使世界出现"。梅洛-庞蒂在此所强调的是自为存在的"显现"本身:"事实上,循环是存在的,而存在并不是人。当我不仅考虑循环-对象,而且考虑这种可见的循环,考虑这种任何理智的发生、任何物理的因果都无法解释,并且有我尚未认识的所有特性的循环时,循环就是存在的,但却是不可解释的。"② 梅洛-庞蒂不赞同萨特把自为看作人的意识的观点,他认为"存在并不是人",他区分了两种循环:作为存在者层面上的"循环-对象"和作为存在的"循环-本身",尽管循环是不可解释的,但却是存在的。

在垂直世界中,既有存在本身结构的两个方面:肯定和否定、可见的与不可见的,又有存在者所显示出来的上述两个方面。存在本身结构的两个方面,大体上相当于海德格尔所谓的存在自身的澄明与遮蔽,梅洛-庞蒂说:"可见的与不可见的之间的某种联系,在这种联系中,不可见的不仅仅是不-可见的(已被看见或将被看见的东西和没有被看见的东西,或者被我以外的他人而不是被我看见的东西),而且在这种联系中,不可见的缺席在世界中是最重要的〔它是在可见的、内在的或明显的可见性的'后面';它正是非呈现(Nichturpra-

---

① 〔法〕梅洛-庞蒂:《可见的与不可见的》,罗国祥译,商务印书馆2008年版,第348页。
② 〔法〕梅洛-庞蒂:《可见的与不可见的》,罗国祥译,商务印书馆2008年版,第348页。

sentiebar)，以及另一个维度的原呈现（Urprasentier），在这种联系中，空白是有其位置的，这种空白是'世界'转变的各个点中的一个点。"① 在这里，梅洛－庞蒂着重讲的是作为存在自身遮蔽的"不可见"，在存在的层面上，它是非呈现和另一维度上的原呈现。

海德格尔讲存在的时间境域性特征，即在场状态意义上的当前对于曾在和将来的蕴含，按胡塞尔的观点，这应该属于时间视域的横意向性。梅洛－庞蒂认为通过一条线上的各个点来表现现时的连续这种时间"流动现象的表达仍然是有缺陷的"②，他也不赞成萨特把未来看作虚无、把过去视为想象物的观点，他认为应该将时间理解为面对一个现在而在的包含一切的系统，"它是一种构设，一种等值系统"③。在这种作为系统的时间中，"过去和现在是交织的（Ineinander），每一个包含就是被包含，——这本身就是肉身"④。但这种交织，不是横向的连续的相连和并列，而是"同时地将时刻及过去置于自己之后，置于自己之中"⑤，也就是说，这是"垂直"的交织。这种突出纵意向性的时间视域，可称为"垂直的时间"。在这种垂直的时间中，"使'内容'对时间的影响成为可能，而这种时间是'或快'或'不那么快'地过去了，使时间材料（Zeitmaterie）对时间形式（Zeitform）的影响成为可能"⑥。如果说横意向性表达的是时间视域的表层结构，那么纵意向性表达的则是时间视域的深层结构。这个深层结构，一方面赋予时间视域的表层结构以意义，另一方面赋予前摄以我能和内涵的可能性。时间材料由此冲破时间形式，而使时间与人类的生命状况相适应而相应地变快或变慢。同样，垂直的时间使思想或精神的垂直成为可能。

梅洛－庞蒂论垂直存在，意在阐明存在是"垂直的场"，是存在者的"基质"和"母体"，这当然是对的，但由于局限于思想笔记而

① ［法］梅洛－庞蒂：《可见的与不可见的》，罗国祥译，商务印书馆2008年版，第289页。
② ［法］梅洛－庞蒂：《可见的与不可见的》，罗国祥译，商务印书馆2008年版，第244页。
③ ［法］梅洛－庞蒂：《可见的与不可见的》，罗国祥译，商务印书馆2008年版，第230页。
④ ［法］梅洛－庞蒂：《可见的与不可见的》，罗国祥译，商务印书馆2008年版，第343页。
⑤ ［法］梅洛－庞蒂：《可见的与不可见的》，罗国祥译，商务印书馆2008年版，第342页。
⑥ ［法］梅洛－庞蒂：《可见的与不可见的》，罗国祥译，商务印书馆2008年版，第230页。

未能系统阐述垂直存在的更丰富的含义，而在笔者看来，"垂直存在"的思想更为本质和更为重要的是阐明存在与存在者之间垂直的而非平行的关系——侵越，交织，蕴含。这也就是海德格尔所谓的"让存在""给出存在"之意，与之相比，垂直、交织、侵越、蕴含则更为感性，从而也更为可见。"应该说，存在是这样一种奇怪的侵越：尽管我的可见的和他者的可见的是不重叠的，但这种奇怪的侵越性仍然使我的可见的向他者开放，使两者都向同一个可感世界开放——正是同一个侵越、同一个有距离连接使我的器官的信息（单目视象）聚合成一个唯一纵向存在和唯一世界。"①

所以，首先应该把"垂直"理解为存在对存在者的侵越、交织、蕴含，其次把它理解为存在者对存在本身的感性显现，即把不可见的转化为可见的，前者是后者之所以可能的基础和条件。"肯定和否定是存在的两个'面'；在垂直世界中，一切存在都有这种结构（意识的模糊性，甚至意识的一种盲目性和知觉中的非知觉都是与这种结构相联系的——看，就是不看，——看他人，本质上就是将我的身体当对象来看，好让他人的对象身体能够有一个心理的一'方面'。我的身体和他人的身体的经验本身就是同一存在的两个方面：我说我在看他人之时，事实上我很可能是在将我自己的身体对象化，他人是这种经验的境遇或另一个方面——人们就是这样和他人说话的，尽管人们要做的事只是与自己相关）。"②

2. 感性显现

没有存在与存在者的垂直侵越、交织、蕴含，存在者对存在的感性显现是不可能的，但是否所有的存在者都能显现这种垂直的存在性关系呢？我们的回答是，显现与存在者的感性程度相关，抽象的存在者遮蔽了存在，感性的存在者显现着存在，在所有感性的存在者中，文学艺术是最感性的，所以梅洛－庞蒂把文学艺术看作是"存在的铭文"。这就可以解释，在梅洛－庞蒂的哲学工作中，为什么文学艺术

---

① ［法］梅洛－庞蒂：《可见的与不可见的》，罗国祥译，商务印书馆2008年版，第273页。
② ［法］梅洛－庞蒂：《可见的与不可见的》，罗国祥译，商务印书馆2008年版，第285—286页。

是他始终关注的对象。当然，这种关注，在其前后期是有不同侧重点的。前期，他把文学艺术看作身体现象学的绝佳例证；后期，文学艺术自身成了哲学的另一种形式，甚至可以说，文学艺术以自身的感性显现取代了哲学的逻辑论证，从而走向了感性存在论。这正如杨大春所评论的："在他看来，当胡塞尔的助手芬克把现象学还原界定为'在世界面前的惊奇'，当胡塞尔未刊稿认为'哲学家是一个永远的开始者'时，他们无不表明了现象学的文学艺术指向。梅洛－庞蒂本人也始终在重组自己的思考，以便最终达到存在论与美学的交错，达到'眼'与'心'的交织，达到自然与艺术的统一。"①

这里所谓文学艺术，是指作为存在者的具体的文学艺术作品，或者说是艺术形象。梅洛－庞蒂认为，艺术作品虽然是"一种派生力量的可见者"，但它却是"原初力量的可见者的肉体本质或图像"，因此，它"并不是一件弱化的复制品，一种假象，一个另外的事物"②。绘画所做的就是"把可见的实存（existence）赋予给世俗眼光认为不可见的东西，它让我们勿需'肌肉感觉'（sens musculaire）就能够拥有世界的浩瀚。这一毫不知足的视觉，越过'视觉与料'（donnée visuelle）向着存在的某一织体（texture）敞开，那些不引人注目的感官信息只不过是它的标点或顿挫，眼睛寓居于其中，就像人寓居于自己家中一样"③。艺术家所描绘的事物，是通过"透视变形"而表达的我们对于世界的知觉粘连。事物的变形是知觉的自然特征，是我们的身体与物体之间形成的一种自然结构。因此，画家绘画离不开变形这种手段。有三种变形：一是几何透视的变形；二是塞尚所追求的知觉体验变形，几何透视变形追求的是客观性，体验变形则回到了主观性；三是"一致的变形"，这种变形介于前两种变形之间。所谓"一致的变形"，指的是不同系统之间的一种结构转型。绘画就是在自然和艺术、直觉和表达这些不同的系统之间进行转型的过程。譬如，当雷诺

---

① ［法］梅洛－庞蒂：《眼与心》，杨大春译，商务印书馆2007年版，中译者序言，第9—10页。

② ［法］梅洛－庞蒂：《眼与心》，杨大春译，商务印书馆2007年版，第39页。

③ ［法］梅洛－庞蒂：《眼与心》，杨大春译，商务印书馆2007年版，第43页。

阿在大海边画一幅沐浴的裸体女人的绘画时，看到绘画的旅店老板的评价是：是一些在另一个地方沐浴的裸体女人。我不知道他注视哪里，他把大海变成了一个小角落。在这里明显存在着一种实际作画的大海边和画面显示出的小角落之间的转换。如何理解这种现象？马尔罗评论说："大海的蓝色已经成为拉万蒂埃尔河的蓝色……他的视觉与其说是注视大海的一种方式，还不如说是一个世界的秘密构思，他取自无限的这种蓝色深度就属于这个世界。"① 这就是在"一致的变形"中所包含的由个别（大海的蓝色）到一般（水的蓝色）的转换。这种创造性变形导致的是艺术知觉风格的出现，正如马尔罗所说："一个走过的女人在我看来首先不是一个有形体的轮廓，一个生动的模特儿，一个景象，而是'一种个人的、感情的和性的表达'，是某种完全显现在步态之中，甚至在脚跟撞击地面之中的身体方式，就像弓的张力存在于木料的每一根纤维中，——我拥有的走路、注视、触摸、说话标准的一种十分引人注目的变化，因为我是身体。如果我又是画家，那么以后出现在画布上的东西不再仅仅是一种生命或肉体价值，在绘画上不仅有'一个女人'，或'一个不幸的女人'，或'一个制作女帽的女工'，而且也有通过面孔和服装，通过动作的敏捷和身体的迟钝，总之，以某种与存在的关系居住在世界上，对待世界和解释世界的方式的象征。"② 非常明显，在知觉的风格中，个别的对象已经与存在产生了关联。所以，在把艺术作为知觉现象的例证时，梅洛－庞蒂已经行走在通往存在的道路上。

如果说艺术作品是具体的而存在是普遍的，那么恰恰在这个具体感性的艺术形象身上显现了存在的普遍性。梅洛－庞蒂就此写道：

> 音乐的观念、文学的观念、爱情的辩证法，还有光线的节奏、声音和触摸的展示方式，它们都在对我们说话，它们都有自己的逻辑、自己的一致、自己的交汇、自己的协调。③

---

① ［法］梅洛－庞蒂：《符号》，姜志辉译，商务印书馆 2005 年版，第 66—67 页。
② ［法］梅洛－庞蒂：《符号》，姜志辉译，商务印书馆 2005 年版，第 64—65 页。
③ ［法］梅洛－庞蒂：《可见的与不可见的》，罗国祥译，商务印书馆 2008 年版，第 185 页。

我们看不见，也听不见观念，即使我们用心之眼或第三只眼也看不见：可是，观念确实在那儿，在声音后面或在声音之间，在光的后面或在它们之间。①

观念就是这种层面，就是这种维度，因而它就不是像一个东西藏在另一个后面那样的事实的不可见的，也不是与可见的毫不相干的绝对的不可见的，而是这个世界的不可见的，是居于这个世界之中，支撑这个世界，使这个世界成为可见的不可见的，是世界内在的和自身的可能性，是这种存在着的存在的存在。②

作为抽象的观念，是不可能诉诸人的感官的，但是一当文学艺术以形象的方式对其加以感性的显现时，它就成为感性的观念了，它进入了存在之中并在感性的事物身上闪闪发光。"例如一种颜色，黄色；它从自身开始超越其自身：它一旦成为亮色时、田野的主色调时，它就停止成为这样的颜色，于是它就自然拥有了本体论的功能，它就有资格代表所有的事物。"③

垂直存在与感性显现所表明的是："人们不能构造直接的本体论。我的'间接'方法（存在者中的存在）是唯一与存在相符的——'否定性的哲学'就像'否定性神学'。"④ 这些笔记式的断言，虽然简短，但意思表达得非常明确：我们不能直接描述存在，只能通过间接的方式，在时间中、在语言中、在感性事物中来领悟存在；如果真的要描述存在，也只能用否定的方式说存在不是什么。在这个意义上，梅洛－庞蒂也把他的存在论称作"间接存在论"或"否定哲学"。在描述了梅洛－庞蒂一生的思想历程之后，丹尼尔·托马斯·普里莫兹克在《梅洛－庞蒂》一书的最后作了这样的结语："我们只应该通过间接的方式，通过故事、神话、类比、寓言、绘画、诗歌来朝向我们和原初

---

① ［法］梅洛－庞蒂：《可见的与不可见的》，罗国祥译，商务印书馆2008年版，第186页。
② ［法］梅洛－庞蒂：《可见的与不可见的》，罗国祥译，商务印书馆2008年版，第187页。
③ ［法］梅洛－庞蒂：《可见的与不可见的》，罗国祥译，商务印书馆2008年版，第275页。
④ ［法］梅洛－庞蒂：《可见的与不可见的》，罗国祥译，商务印书馆2008年版，第224页。

世界的前反思的关联",从而真正地、艺术地与世界的流动和生成相遇,"就像塞尚一样,我们必须学习从生活世界出发,在生活世界的画布上描绘我们的意义"。为了真正地说出我们的生活经验,"我们必须成为艺术家,成为歌唱我们生活和我们世界的艺术家"①。在我们看来,这个艺术家就是梅洛-庞蒂所说的"可感的-感觉者"(sentants-sensibles)。

(三) 可感的-感觉者

存在者对于存在的感性显现,是相对于感觉者而言的,没有感觉这一显现的人,所谓显现就是无。相对于身体主体,这一感觉存在显现的人被梅洛-庞蒂称为"可感的-感觉者"。因为感觉包含了五官感觉以及五官之间的通觉,所以"可感的-感觉者"可以看作"可见的-看者""可触的-触者""可听的-听者"的统称。在探索存在之肉的道路上,"可感的-感觉者"虽然是对"身体主体"的超越,但梅洛庞蒂并没有否定身体问题,而是把它提升到了存在论的地位。"可感的-感觉者"仍然立足于身体,只是它比"身体主体"更原初从而也更感性,它是"身体之肉"或"肉之身体",它消解了身体的主体性,而代之以身体与他人、他物,与世界,乃至与存在本身的"身体间性"。

1. 可感的-感觉者

可感的感觉者是基于身体的,而"我们的身体是一个两层的存在,一层是众事物中的一个事物,另一层是看见事物和触摸事物者"②。作为前者,它是可感(可见、可听、可触)的对象身体;作为后者,它是能知觉(能看、能听、能触)的现象身体。

①可感的

我的可感的身体属于万物中的一个,属于众事物之列,它与其他事物是由相同的材料做成的,与被知觉的世界有着同样的肉身。这意

---

① [美]丹尼尔·托马斯·普里莫兹克:《梅洛-庞蒂》,关德群译,中华书局2003年版,第89—90页。

② [法]梅洛-庞蒂:《可见的与不可见的》,罗国祥译,商务印书馆2008年版,第169页。

味着，其一，"我的身体的肉身也被世界所分享，世界反射我的身体的肉身，世界和我的身体的肉身相互僭越（感觉同时充满了主观性，充满了物质性），它们进入了一种互相对抗又互相融合的关系"①；其二，我的身体成为他者感觉的对象，我的身体是他人目光中可见的，是在他人触摸中可触的；当然它也是我自己可见可触的身体，在自我的触摸中，在镜子的反射中，我的身体成为我自身感觉的对象。但是，客观的身体并不是我的身体的全部，由于我同时就是一个正在进行看、触、听的感觉者，因此，可感的身体是人们感到的和正在进行感觉者（ce qui sent）双重意义上的可感的，是自为的可感的。

②感觉者

由于万物和我的身体是由相同的材料做成的，身体的视觉就必定以某种方式在万物中形成。在这里，一个可见者开始去看，变成为一个自为的、看所有事物意义上的可见者；在这里，被感觉者成为感觉者。于是，感觉者与事物就"进入了一种互相对抗又互相融合的关系——这还意味着：我的身体不仅仅是被知觉中的一个被知觉者，而且是一切的测量者，世界的所有维度的零度（Nullpunkt）"②。"它就让事物环绕在它的周围，它们成了它本身的一个附件或者一种延伸，它们镶嵌在它的肉中，它们构成为它的完满规定的一部分。"③ 正如塞尚所说："自然就在内部"。因为看者的出现，我的身体作为可见的被深度化了，"我之所是的看者第一次成为对我来说真正的可见的；我第一次在我自己的目光下进入自己的深层。也是第一次，我的动作不再趋向要看、要触之物，或者趋向正在看和触这些事物的我的身体，而是趋向普遍的身体，趋向为己的身体"④。由于看者和可见的是同一个，可感的身体与感觉的身体就构成了一种相互循环的关系：使自己成为其内部的外部和其外部的内部。

---

① ［法］梅洛－庞蒂：《可见的与不可见的》，罗国祥译，商务印书馆2008年版，第317页。
② ［法］梅洛－庞蒂：《可见的与不可见的》，罗国祥译，商务印书馆2008年版，第317页。
③ ［法］梅洛－庞蒂：《眼与心》，杨大春译，商务印书馆2007年版，第37页。
④ ［法］梅洛－庞蒂：《可见的与不可见的》，罗国祥译，商务印书馆2008年版，第177—178页。

③可感的－感觉者

我是一个感觉者，但我是作为"被感觉"的感觉者；我是可感的，但我是作为"感觉者"而被感觉的。我的身体同时具有两个方面：能看和可见的，能触和可触的，能感和可感的。"这是一种自我，但不是像思维那样的透明般的自我（对于无论什么东西，思维只是通过同化它，构造它，把它转变成思维，才能够思考它），而是从看者到它之所看，从触者到它之所触，从感觉者到被感觉者的相混、自恋、内在意义上的自我——因此是一个被容纳到万物之中的，有一个正面和一个背面、一个过去和一个将来的自我……"① 这两个方面相互插入、交织、循环，它是动态自反的，它具有一种根本的自恋。由此构成一个完整的存在，甚至可见者与"我能"二者中的每一个都是完整的，可见的世界与我的运动投射世界乃是同一存在的一些完整部分。基于自我的整体性，梅洛－庞蒂主张不应该说身体是由两层构成的："谈论层或层面，这仍然是在反思的目光下压平和并置活生生和站立着的身体中共存的东西。如果人们喜欢隐喻，就最好说被感觉的身体和正在感觉的身体就像反面和正面，或者像同一次环形行程的两段，在起点是从左到右，在终点是从右到左，但是同一运动的两个阶段。"② "可感的－感觉者"以"可感的"身体的被动性消解了"身体－主体"的主动性，同时以"感觉者"的主动性清除了客观的身体中的被动性。主体中的客体性与客体中的主体性，使人与自我、人与自然、人与社会、人与他人他物、人与世界之间的关系具有一种活生生的"身体间性"。

2. 交错与交织的自由实现

所谓"身体间性"就是肉身交织的自由实现。身体间性超越了身体知觉的单向意向性而成为人与世界交错与交织的可逆的双向意向性。于是，就出现了画家与对象之间角色的相互颠倒，不仅画家注视着事物，而且事物也在注视着画家，正如画家克勒和作家安德烈·马尔尚

---

① ［法］梅洛－庞蒂：《眼与心》，杨大春译，商务印书馆2007年版，中译者序言，第37页。
② ［法］梅洛－庞蒂：《可见的与不可见的》，罗国祥译，商务印书馆2008年版，第170页。

所谈到的自我创作体验："在一片森林中，我有好多次都觉得不是我在注视着森林。有些天，我觉得是那些树木在注视着我，在对我说话……而我，我在那里倾听着……我认为，画家应该被宇宙所穿透，而不能指望穿透宇宙……我期待着从内部被淹没、被掩埋。我或许是为了涌现出来才画画的。"在这里，主动与被动已经难以区分，"以至于我们不再知道谁在看，谁被看，谁在画，谁被画"①。这种情形所显示的还不仅仅是我们作为自然人置身于事物和他人之中，而且更深入一步的是，通过交织，通过身体间性，我们变成了他人，我们变成了世界。

这是如何可能的呢？从身体与事物和世界的关系层次来说，作为自身也是可见者的看者的身体并不把它所见的东西占为己有。在悬置了这种功利性的诉求之后，他仅仅通过注视而接近它，他面向世界开放。而从更深的基质的层面看，世界、万物与身体是由相同的材料构成的。它们镶嵌在它的肉中，它们构成为它的完满规定的一部分。因此，"身体的视觉就必定以某种方式在万物中形成，或者事物的公开可见性就必定在身体中产生一种秘密的可见性。塞尚说：'自然就在内部。'质量、光线、颜色、浓度，它们都当着我们的面在那儿，它们不可能不在那儿，因为它们在我们的身体里引起了共鸣，因为我们的身体欢迎它们。"② 在这里，有的是内部的目光，内部的眼睛和耳朵。梅洛－庞蒂把它称为第三只眼睛、第三只耳朵。这是一种超越了我的看和他的看的普遍的视，作为肉身的原初特性，这种"普遍的视"通过处于此时此地而向所有的地方永恒地散播，通过作为个体而成为个体中的普遍的。

当然，这并不是说，由相同的材料构成的人与万物以及世界已经现成地存在在那里了，然后在另一层次上发生交织。本来的情况是：人、身体、艺术形象都是在存在的运作中、在肉体的开裂中当下生成的。"当母体内的一个仅仅潜在的可见者让自己变得既能够为我们也能够为他自己所见时，我们就说一个人在这一时刻诞生了。"③ 人的诞

---

① ［法］梅洛－庞蒂：《眼与心》，杨大春译，商务印书馆2007年版，第46页。
② ［法］梅洛－庞蒂：《眼与心》，杨大春译，商务印书馆2007年版，第39页。
③ ［法］梅洛－庞蒂：《眼与心》，杨大春译，商务印书馆2007年版，第46页。

生就意味着身体的出现，"当一种交织在看与可见之间、在触摸和被触摸之间、在一只眼睛和另一只眼睛之间、在手与手之间形成时，当感觉者－可感者的火花擦亮时，当这一不会停止燃烧的火着起来，直至身体的如此偶然瓦解了任何偶然都不足以瓦解的东西时，人的身体就出现在那里……"①于是画家诞生了，画家的视觉诞生了，当然，这是一种持续的诞生。同时诞生的还有艺术形象，它是原初力量的可见者的肉体本质或图像。这种图像作为想象物既有一个外部的内部，又有一个内部的外部。作为"内部的外部"，艺术形象非常接近实际之物，"因为它是实际之物的生命在我身体里的图表，是实际之物第一次展露给那些注视的肉质（pulpe）或它的肉体内面（envers charnel）"。作为"外部的内部"，它又非常远离实际之物，"因为图画只有依据身体才是一种相似物；因为它没有向心灵提供一个去重新思考事物的各种构成关系的机会，而是向目光提供了内部视觉的各种印迹（以便目光能够贴合它们），向视觉提供了从内部覆盖视觉的东西，提供了实在的想象结构。"②

3. 进入存在

通过垂直的侵越和超越，通过横向的交织和交错，知觉为我打开了世界，可感之物把我引进了世界。在此，在这个"之间"—— 精神与肉体、内与外、说与听、看与被看、主动性与被动性、把握与被把握、自为与他为、自我与世界、自我与他人、触与被触、自然与文化、思想与语言、身体与事物、过去与现在、可见的与不可见的等等诸种之间，知觉已经不仅仅是人的知觉、事物的知觉，而且在根本上就是存在的"各种元素（水、空气……）的知觉。而是这样一些事物的知觉，这些事物就是各种维度，就是世界，我溜进这些'元素'中间，于是我就在世界中了，我从'主观性'溜进了存在"③。在世界中，在存在中，我是一个"可感的－感觉者"，我是一个回应存在而用身体进行吟唱的艺术家。

---

① ［法］梅洛－庞蒂：《眼与心》，杨大春译，商务印书馆2007年版，第38页。
② ［法］梅洛－庞蒂：《眼与心》，杨大春译，商务印书馆2007年版，第40—41页。
③ ［法］梅洛－庞蒂：《可见的与不可见的》，罗国祥译，商务印书馆2008年版，第276页。

第二章　审美态度

　　人及其世界的复杂多样性决定了人的生命活动和生活活动的复杂多样性，反之，人的活动的复杂多样性也同样地影响并建构着人及其世界的复杂多样性。审美活动作为人的活动的一种类型固然有其自足自律的一面，但这并不意味着它与其他活动是毫无关联的。美学史上"审美态度"这一概念的提出以及对其含义的种种阐发充分说明：一方面，它是人从其他领域向审美王国跨越的转折点；另一方面，无论是主体主动的"心在物先"式的内在情感需要，还是主体被动的"物在心先"式的对外在景象的际会感应，审美态度都是审美活动过程的起始点。当然，严格地说，它处在人类审美活动的准备阶段，恰如盖格尔所说："如果审美经验的动态过程要想从根本上发挥作用，那么，审美态度就是不可或缺的先决条件。"① 正是借助这个起跳点的"准备"和先决条件，审美活动得以展开，审美对象由此开始生成，美感得以"兴"起。

　　现象学美学理所当然地包含了这一论题，而其对审美经验的侧重研究又进一步深化了这一论题。但对现象学美学的深入研究，促使我们就其关于审美态度的既有理论提出如下问题：（一）它有何特色？（二）它存在着何种局限和不足？（三）如何进一步深化其理论空间？

　　杜夫海纳区分了对美的态度与对真的态度和对可爱者的态度的不同。这种区分的实质在于求真、求善和求美的区别。按胡塞尔意向性，

---

　　① ［德］莫里茨·盖格尔：《艺术的意味》，艾彦译，华夏出版社 1999 年版，第 234 页。

审美态度就是"审美意向"，它立足于一定的观点、立场、姿态、情感、兴趣、心境等，并以此"意向"着对象，但是尚未实行；审美态度的生成意味着观点的转变，在悬置了自然世界及其事物存在的"纯粹的那一瞬间"，审美态度具有"专注""直观"和"静观"三种意向方式，并且层次性地渐次深化。按海德格尔转化了的"意向性"含义，可将审美态度阐释为对于存在召唤的应合——聆听、守护、虚怀敞开、泰然任之以及诗意的栖居。如果进一步结合马克思的学说，那么可以说审美态度的实质乃是一种由人本主义回归自然主义同时也就是完成了的人本主义和完成了的自然主义的"自然"态度，它类似于中国道家自然无为的态度和胸襟。

第一节　对人生不同态度的区分

一　盖格尔：审美态度和非审美态度

现象美学的奠基者盖格尔所作的基本区分是审美态度和非审美态度。非审美态度包含两种类型，一种是审美之外的态度，另一种是伪审美态度。伦理态度、科学态度、经济态度、日常生活的行为态度等属于审美之外的态度。日常生活的行为态度注重的是对象的使用价值，而不是通过对其外表的直观去领会审美价值。盖格尔举语词运用的例子来说明两者的区别：由于重在语词的交流功能上，于是便把语音作为媒介，通过它去把握其背后的意义，语音的感性特征在这里便无足轻重了，这就是对待语言的一种日常生活态度。相反，从单纯的交流价值上收回来，在语词的语音面前止步，忽略其所指意义，把感觉的中心放在语词的感性特征上，这则是一种审美的态度了。科学态度是从概念的角度去认识艺术作品，它侧重的是纯粹理智上的理解，它取的方法是演绎，而演绎在审美领域中并没有合适的一席之地。科学认识是一个概念归属的过程，它与审美毫不相干。总括他的论述，可以看出，非审美态度的显著标志是注重对象的使用价值（如经济态度等）和认识价值（如科学态度）。

伪审美态度是指在业余艺术爱好者那里存在的一种融审美态度和

非审美态度于一体的对待艺术作品的态度。它具有两个特征：（1）审美态度的非纯粹化，即把审美之外的态度融进了审美态度之中；（2）业余艺术爱好者对审美态度和非审美态度缺少一种自觉、清醒的意识。伪审美态度必然导致伪审美经验。这具体表现为，当人们面对一个艺术作品时或者是对其主题价值感兴趣，或者是对其题材价值感兴趣，或者是对其技巧价值感兴趣。例如，一个具有党派偏见的人对涉及他的国家的历史、涉及战争和胜利的那些戏剧和小说，宗教界人士对那些宗教绘画和宗教小说，会表现出极大的热情；一个从抗日战争走过来的人也会对一部以打鬼子为题材的小说感兴趣；有时对艺术技巧的过分赞美会代替人们的审美欣赏。总之，由于审美之外的态度介入到了审美态度之中，这就使得人们失去了对审美态度的自觉意识，伪审美经验便乘虚而入。伪审美态度的实质是，由于非审美态度的介入，导致审美态度的偏离。

讲清楚了什么是非审美态度，审美态度就不证自明了。"关于审美态度，我们可以说的最不证自明的话就是：它是一种审美态度，而不是一种伦理态度，科学态度，或者经济态度。它必须是一种审美态度，而不是一种审美之外的态度。"[①] 联系到前面论述非审美态度的话，可以断言，盖格尔所以为的审美态度，其实质是注重对象的审美价值。

二　英加登：对待对象的三种态度——实践的、研究的、审美的

在生活中面对不同的对象人们会采取不同的态度，这是一件很自然的事情。但英加登在这里着重强调的是"我们可以对一个并且是同一个对象"采取不同的态度，而且这个对象本就是一件艺术作品。以绘画作品为例，"如果某人买了一副古典大师的画，他就是以'实践'的态度来从事这笔交易的。同样，当他把这幅画挂在书房的墙上时，他的态度也是'实践'的。但是当他要研究自己是否被卖主欺骗，买了一个赝品的时候，他就采取了认识的'研究的'态度，并力图获得

① ［德］莫里茨·盖格尔：《艺术的意味》，艾彦译，华夏出版社1999年版，第234页。

关于他买的这幅画一系列特点和特征的知识。最后当他躺在沙发上，陷入观照之中，并试图在其艺术形式中观看作品的整体，只有在这时他才采取'审美'的态度，并且在'审美体验'过程中发现作品的全部个性以及呈现出来的价值。"①

英加登进一步认为，对绘画作品所采取的三种不同态度会导致不同的结果。由实践的态度所引起的实践的行为，会在现实的物理或心理世界中产生一种"新事态"，"买画"创造一个新的法律事态；"把画挂在墙上"则创造一个新的物理事态。所谓产生一种新事态，就是改变了这个对象，如所有权的归属，或存在的空间位置，如此等等。由研究的态度所引起的认知行为，虽然并未改变对象，但我们获得了关于这幅画的知识；如果这个对象由于它的认识活动，由于它的认识经验的完成而有任何改变，我们就会确信没有成功地"认识"这幅画。由审美态度所引起的审美活动，在对象作为"特殊的刺激物"的外观刺激下，在我们身上产生令人愉快和快乐的经验。

三　杜夫海纳：对真的态度、对可爱者的态度、对美的态度

杜夫海纳在他的著作中提到多种态度：对审美对象的态度、对使用对象的态度、对愉悦对象的态度、对可爱者的态度、对美的态度、对真的态度、静观态度、实践态度，如此等等。但他真正展开论述并加以区分的只是三种态度，即对真的态度、对可爱者的态度、对美的态度。

杜夫海纳认为对真的态度和对美的态度有三点不同：首先，我不给真和美以同样的价值。对真的追求是一种占有，具有贪婪的性质，我通过努力占有真，从中得到的是一种征服的愉快。而在审美经验中，给予我的东西丝毫不取决于我的探求与热情，所有思考性的论据都不足以在欣赏者身上产生不可抗拒的美，它需要的是艺术家的灵感和美的奇迹般的呈现。其次，我不是以同样的方式对待真和美。我把获得

---

① ［波］罗曼·英加登：《对文学的艺术作品的认识》，陈燕谷、晓未译，中国文联出版公司1988年版，第181页。

并占有的这个真当作所有物来对待：它变成资本，被继承下来，换成语言，好像货币符号一样。而审美经验不能像真一样变成资本，与占有真相反，我是被美占有的。最后，面对真和面对美，我不是同一个人。获得知识、储存知识的这个我不是具体的我。我只有在放弃构成我的深度的一切，把我还原为一个准时的"我思"时才能达到真。而审美对象则由于我整个地走向它而深深地感动我，唤起一种比真更能震撼我的感情。"所以审美对象也比真更加使我深深地受到约束：我不是一个对我来说二加二等于四的人，如同我是一个爱好德彪西的作品的人一样。"① 这就是说，面对真我是一个抽象的我思，而面对审美对象我成了一个具体的有个性的人。

对杜夫海纳来说，"可爱者"这个我所爱的人，是一个集审美对象、欲求对象和认识对象于一身的复合对象。当"可爱者"作为审美对象时，"我在审美对象——它的一切我都要学习，都要接受——面前同我在所爱之人面前一样，都是被解除武装的。我不想修改审美对象，也不想改变所爱的人；既不能使用这一个，也不想滥用那一个"②。这意味着，此时我是一个欣赏者。但当"可爱者"作为认识和欲求对象时，对可爱者的态度和对美的态度便存在着如下差别。首先，在认识方面，由于审美对象全部存在于外观之中，它毫无保留地把自己交付于我，因此对它的认识在每个时刻和对每个人来说都像是已经完成了的。与此相反，对一个人的认识却是永远无止境的；况且一个人永远可以逃避、伪装或撒谎，这就增加了认识的阻碍和困难。其次，在欲求方面，爱要求结合，而审美对象却完全无此要求；爱是一个要求回答的问题，爱期待的第一个回答是所爱之人的在场，他要求尊重、善意和帮助。而审美对象在我身上起作用的同时又和我保持距离，"美是无懈可击的，同时也可以说是永恒的，它不需要我向它表示敬意。它给予我的东西，我一点都不能还给它，因为它是完美无缺地完成的，任何改动都会是一种暗害"③。最后，在由其所唤起的情感体验

① ［法］杜夫海纳：《审美经验现象学》，韩树站译，文化艺术出版社1996年版，第470页。
② ［法］杜夫海纳：《审美经验现象学》，韩树站译，文化艺术出版社1996年版，第470页。
③ ［法］杜夫海纳：《审美经验现象学》，韩树站译，文化艺术出版社1996年版，第472页。

方面，爱的愉快是暴躁的、暴风雨般的、激烈的；而审美的愉快则是隐蔽的、平静的、细弱的，它使人安静、陶醉。最后，爱具有不安全性和不可靠性，因为他人是自由的；而审美对象的情况则迥然不同，因为它并不唤起占有的欲望。

四 分析、综合、比较

盖格尔、英加登、杜夫海纳三位现象学美学家对人生态度的区分，尽管表面上所列态度类型、所用概念和术语存在着不同，但细加分析就可看出，其实都沿袭了近代以来西方哲学知、情、意三种心理机能的划分，于是便有了对三种对象（科学对象、欲望对象、审美对象）的三种态度——认知态度、功利态度、审美态度。

其实，对上述三种态度的差异，其他人也都从不同角度作过论述，如勃兰兑斯所说的观察事物的三种方式——实际的、理论的和审美的。"一个人若从实际的观点来看一座森林，他就要问这森林是否有益于这地区的健康，或是森林主人怎样计算薪材的价值；一个植物学者从理论的观点来看，便要进行有关植物生命的科学研究；一个人若是除了森林的外观没有别的思想，从唯美的或艺术的观点来看，就要问它作为风景的一部分其效果如何。"①

再如卢卡奇对人类日常生活、科学活动和艺术活动三种方式的区分："如果把日常生活看作是一条长河，那么由这条长河中分流出了科学和艺术这样两种对现实更高的感受形式和再现形式。它们互相区别并相应地构成了它们特定的目标，取得了具有纯粹形式的——源于社会生活需要的——特性，通过它们对人们生活的作用和影响而重新注入日常生活的长河。这条长河不断地用人类精神的最高成果丰富着，并使这些成果适应于人的日常需要，再由这种需要出发作为问题和要求形成了更高的对象化形式的新分枝。"② 比较它们的论述，仅就三种态度、观察方式、生活方式的区分而言，并无实质性不同。如果一定

---

① ［丹］勃兰兑斯：《十九世纪文学主流》第一卷，侍桁译，人民文学出版社 1958 年版，第 161 页。

② ［匈］卢卡奇：《审美特性》上卷，徐恒醇译，社会科学文献出版社 2015 年版，第 1 页。

要找出现象学美学的独特性来，就需要把"态度"与"意向性"联系起来进行考察。

"态度"含义：斯宾塞和贝因认为态度是一种先有主见，是把判断和思考引导到一定方向的先有观念和倾向，即心理准备。美国心理学家巴克认为态度是对任何人、观念或事物的一种心理倾向。迈尔斯指出，态度的机构涉及三个维度：情感、行为意向和认知。把上述几位心理学家的论述综合起来并做进一步补充，可对"态度"作如下心理学角度的规定：它是具有心理倾向性的观念、观点、立场、姿态、情感、兴趣、心境等，它具有指向性，它表现在认知、情感和行为方面，由此形成认知态度、情感态度、实践态度。但它仅仅是一种心理准备和一种心理状态，它蓄势待发，尚未实行。

"意向性"含义：意向性一词来源于拉丁文 Intendere，意思是"指向"。胡塞尔继承了布伦塔诺指向性的见解，把意向性定义为：意识总是"关涉于某物的意识"，它总是意指着某物，以不同方式与被设想的对象发生联系。意向性的另一种表达是"思"，而"思"总是有它的"所思"，即以经验、思维、情感、意愿等方式"意识地拥有某物"。胡塞尔写道："我们把意向性理解作一个体验的特性，即'作为对某物的意识'。我们首先在明确的我思中遇到这个令人惊异的特性，一切理性理论的和形而上学的迷团都归因于此特性：一个知觉是对某物的、比如说对一个物体的知觉；一个判断是对某事态的判断；一个评价是对某一价值事态的评价；一个愿望是对某一愿望事态的愿望，如此等等。行为动作与行为有关，做事与举动有关，爱与被爱者有关，高兴与令人高兴之物有关，如此等等。在每一活动的我思中，一种从纯粹自我放射出的目光指向该意识相关物的'对象'，指向物体，指向事态等等，而且实行着极其不同的对它的意识。"①

胡塞尔虽然接受了布伦塔诺关于意识具有指向性的观点，但他不是根据意识所指向的对象，或伴随意识指向动作的实际精神观念说明意识的意向性，而是根据意识所指经的抽象的内涵结构来说明意识的

---

① ［德］胡塞尔：《纯粹现象学通论》，李幼蒸译，商务艺术馆1996年版，第210—211页。

意向性。如果说布伦塔诺的意向性是一种心理的意向性，那么胡塞尔的意向性则是一种意义的意向性。也就是说，意向性不是在实际的意义上指明作为心理事件的体验与作为事实存在的对象之间的关系，那被指向的对象既非实在地存在于意识之外，而意识只需被动地去加以占有就可以了，亦非真实地存在于意识之内，如同装在一个容器里面。毋宁说，意识是自己建构其对象的，而这个对象只是依赖于意识的建构行为的"意向客体""意向对象""意识的充分相关物"。这便意味着意识当它和实在没有关系时仍然是自身完整的，因此，意识能够拥有纯粹的意向性和纯粹的活动。在胡塞尔看来，意向性就是意识的纯粹本质，是那种先天地、无条件必然地被包含在本质中的东西，它实际上就是纯粹意识的先验结构。

现象学美学"审美态度"含义的独特性，就在于它所具有的"意向性"；作为人们在审美活动进行之初所具有的心理状态，它指向并建构着自己的对象。因此，在直接的字面意义上，可把审美态度解释为"审美意向"。从时间的维度看，它立足于一定的观点、立场、姿态、情感、兴趣、心境等，并以此"意向"着对象，但是尚未实行，它处在如杜夫海纳所说的"纯粹的那一瞬间"。

第二节　观点的转变

马丁·布伯认为，人不可能永驻于圣殿，他不得不一次次重返人世。其实，世俗生活与精神信仰的这种关系，也可以反过来表述，即就是因为久留人世，人常常需要"走进－驻于"圣殿。日常生活与审美活动的关系，也同样可作如此解。卢卡奇说："审美态度在人的全部活动中和对外部世界的各种反应中处于什么地位，由此而产生的审美产物及其范畴组成（与结构形式等）与对客观现实的其他反应方式之间有什么关系，这些都是必须搞清的问题。"① 他经过考察得出的结论是：人在日常生活中的态度是第一性的。按此观点，审美态度的生

① ［匈］卢卡奇：《审美特性》上卷，徐恒醇译，社会科学文献出版社2015年版，第1页。

成，依赖于人从生活世界向审美世界的转变。英加登也持有同样的观点："如果一个审美事件始于纯粹的感性知觉，那么，弄清楚一个实在对象（事物）的知觉在哪一点过渡到审美经验，从实际生活的自然态度或研究态度到审美态度的特殊变化，就是一个极有趣同时也极困难的任务。是什么造成了这种态度的变化？由于什么缘故我们摆脱了日常实践生活或理论生活种种牵挂，打断了它的'正常'过程（常常是非常突然和出人意料的），开始投身于某种特别的东西，它似乎不属于我们的生活，然而又以一种无可怀疑的方式丰富了它，并且给予它新的常常是深刻的意义。"①

　　假如把"态度"看作一种具有意向性的观点，那么我们就可以将审美态度的生成名之曰"观点的转变"。按胡塞尔，"意向性"所具有的结构是：意向作用—意向对象。按此"结构"考察审美态度，就会发现有两种情况，一是偏重于"意向作用"一极，即基于人的审美需求而生成审美态度，二是偏重于"意向对象"一极，即基于审美对象对人的"感动－感召"而生成审美态度。前者为主体意向性，后者为对象意向性。用中国古典美学的术语来表述，前者为"心在物先"，是"感物"；后者为"物在心先"，是"物感"。但无论是主体主动的"心在物先"式的内在情感需要，还是主体被动的"物在心先"式的对外在景象的际会感应，观点的转变最终都要落实到人本身。

　　从西方美学史发展演变的大框架看，现象学美学侧重于审美经验的研究，属于审美接受的范围。盖格尔的美学可以称为价值论美学，英加登和杜夫海纳的美学体系都包含着两个基本方面：审美对象与审美主体，所以，英加登有《论文学的艺术作品》和《对文学的艺术作品的认识》；杜夫海纳有《审美对象的现象学》和《审美知觉的现象学》。正是因为对审美接受研究点的侧重，造成了他们对主体审美需求研究的空白。由现实的审美需求而生成审美态度研究的空白是现象学美学理论的缺陷和不足，但基于审美对象对人的"感动－感召"而

---

　　① 〔波〕罗曼·英加登：《对文学的艺术作品的认识》，陈燕谷、晓未译，中国文联出版公司1988年版，第196—197页。

生成审美态度恰恰成了它的理论特点。

盖格尔曾就审美价值与主客体的关系说过这样的话："价值是某种事物所具有的特性，是因为它对于一个主体来说具有意味。价值是在客体方面的一种客观投射，主体则认识到，这种客观投射的意味是由于主体才存在的。某个事物之所以具有价值，是因为它对于一个主体（或者对于一些主体）来说具有意味；某个事物是一种价值，则是因为它已经完全获得了这种意味。"① 此处所论，虽未明确涉及审美态度，但客体对审美价值的投射，首先包含主体审美态这种"意味"在，或者更准确一点说，主体"开始""意－味"。

英加登认为，首先，感知对象具有一种特殊性质——格式塔性质（例如一种色彩或色彩的和谐，一种旋律或节奏的性质，等等）；其次，这种特殊性质吸引并影响我们，由此产生一种特殊的情感——原始情感；最后，原始情感催生审美态度。他说："原始情感使我们在态度上发生了根本的变化，即从现实生活的自然态度到特殊的审美态度。这是它最主要的功能。它的结果是人们原先注视着现实世界的事实（要么存在着要么将要实现）的态度转移到直观的质的构成的态度，并且同它们建立了直接联系。"② 英加登对"原始情感"所处位置的看法有一些矛盾：一方面，原始情感在审美态度之前；另一方面，他又说审美经验由原始情感过渡到第二个阶段，"在这个阶段中，对产生这种情感的性质的直观理解（知觉）占主导地位"③。这说明对审美态度"瞬间"产生的时间性把握所具有的难度。

杜夫海纳认为审美对象不仅是自在的，而且是自为的。"自为"意味着审美对象是一个准主体，它具有主体性的意识。这表现为：审美对象期待知觉、引发知觉、强加于知觉、操纵知觉。他就此写道："在把审美对象结合到我并使我服从于我所采取的审美态度的这

① ［德］莫里茨·盖格尔：《艺术的意味》，艾彦译，华夏出版社1999年版，第217页。
② ［波］罗曼·英加登：《对文学的艺术作品的认识》，陈燕谷、晓未译，中国文联出版公司1988年版，第203—204页。
③ ［波］罗曼·英加登：《对文学的艺术作品的认识》，陈燕谷、晓未译，中国文联出版公司1988年版，第206页。

种关系中，毕竟是审美对象采取主动。我只是情感逻各斯借以释放的时机，它在我身上陈述自己。一切经过都仿佛对象需要我以便感性得以实现并获得自己的意义。但我只是感性实现的工具。发号施令的是对象。"①"审美对象显示出一种要求，这种要求可以说是表示它的一种如同自己存在的保证的愿在。它首先在知觉上显示出这一要求。它不但不等待被知觉之后才存在，甚而还引发知觉，操纵知觉。这也说明审美对象需要知觉才能充分存在。审美对象不但像康拉德明确指出的那样向自己未来的见证人提出某个位置和某种行为，它还要求下文将设法描述的某种精神状态以便见证人向它贡献出自己内心的全部力量。在这个意义上说，审美对象远非为我们而存在，而是我们为审美对象而存在。"②杜夫海纳在此提出"我们为对象而存在"这一命题，这是对审美对象作为准主体所表现出的主动性的集中概括。这个被杜夫海纳称为"修改了的意向性"就是本章所说的对象意向性。

综括三家所论，至此可归结到一点，就是在审美对象的"投射"（盖格尔）、"吸引"并"影响"（英加登）、"发号施令"（杜夫海纳）之下，人便从现实生活的自然态度或研究态度转向了审美态度。对这个观点"转变"的表述，他们都深受胡塞尔的影响。

胡塞尔的现象学方法有二，即本质直观和先验还原。所谓本质直观，也就是通过反省自己的主观意识获得事物本质的方法，在运用中它有着具体的步骤。先验还原和本质还原不同，它不是一种具体的操作方法，而仅仅意味着一种观点——即从自然的思想态度向现象学的思想态度——的转变。对此胡塞尔所用的术语是："中止判断""加括号""悬置""排除""判为无效""还原"等。在现象学的范围内，这些术语的意思在本质上是一致的，大体上说，"加括号""悬置""排除""中止判断""判为无效"是指把某些东西放在一边不予考虑、不下判断；"还原"则是指回到起源，在现象学的意义上说就是

---

① ［法］杜夫海纳：《审美经验现象学》，韩树站译，文化艺术出版社1996年版，第267页。
② ［法］杜夫海纳：《审美经验现象学》，韩树站译，文化艺术出版社1996年版，第260页。

回到知识的源头，回到纯粹意识。

胡塞尔先验还原对现象学美学关于审美态度生成的影响，既是方法上的，又是术语上的。英加登把这种转变称为日常经验的"停顿""消失""排除"，其具体内涵，或是主体对之前的事情由"热衷"转变为"兴味索然"，这个"主要"的事情立即变得无关紧要了；或是我们关于世界存在的信念在某种程度上转移到意识的边缘域或丧失其影响和力量了；或是它（指原始情感）和我们日常生活直接的过去和未来的任何明确联系都丧失了。"于是它构成了一个自足的生活单元，它从现实生活中划分出来，并且只是在审美经验过去之后才重新插入生活的过程。"①

杜夫海纳则称其为"现象学还原"或"中立化"。他的"现象学还原"表现在意向活动方面，就是停止任何实践的或智力的兴趣，返回知觉；表现在意向对象方面则是搁置对现实世界的存在信仰，而回返属于审美对象的世界。在审美知觉中，他把这种对外部世界的悬置称为"中立化"。以戏剧演出为例，当我坐在剧场里，现实——演员、布景、大厅——对我不再是真正现实的东西。演员已经被中性化了，他不是作为演员。而是作为他演出的作品被人感知。他和歌剧的关系多少有点像画布和画的关系，画布可以由于某种原因如上胶的好坏使色彩失真或给色彩增添光彩，但不是色彩本身。至于审美知觉所瞄准的对象——非现实或说非实在——表演出来的对象、在我面前演出的故事——同样也被"中立化"了，这就说，我不再把它看作是真正非现实的东西。"那个非现实的东西，那个'使我感受'的东西，正是现象学的还原所想达到的'现象'，即在呈现中被给予的和被还原为感性的审美对象。"② 在这里，就现实、实在的"中立化"来说，是"中止判断"，是"悬置"，是"加括号"；就非现实、非实在的"中立化"来说，是"还原"。

---

① ［波］罗曼·英加登：《对文学的艺术作品的认识》，陈燕谷、晓未译，中国文联出版公司 1988 年版，第 203 页。

② ［法］杜夫海纳：《美学与哲学》，孙非译，中国社会科学出版社 1985 年版，第 54 页。

第三节　审美态度的意向方式

作为"观点的转变"，作为"纯粹的那一瞬间"，审美态度涉及之前和之后，之前如康德所说是对事物的存在纯然淡漠；之后则是对审美对象的专注、直观和静观。前述"停顿""消失""排除""中立化"就是对事物存在"纯然淡漠"的表现，故不赘论。下面着重谈一下"专注""直观""静观"这三种意向方式。

一　专注

盖格尔区分了两种专注，内在的专注与外在的专注。内在的专注是指人们在面对艺术作品的时候，把注意力放在了由艺术作品所激发出来的主体的情感和体验上，这时，艺术作品的存在被忽略了，被推向前台的是情感，我们享受的是这种情感，"人们就生活在对这种情感的内在的专注之中"①。内在的专注所引起的不是审美的经验，而是对日常心理生活事件的经验。英加登也同样认为，应当避免歪曲艺术作品客观性的情感反应。内在专注的实质在于，它是一种自然主义的观点，这正是审美态度所要求排除和悬置的。按康德的观点，内在的专注所享受的情感是一种欲望满足的功利性快感，它与审美的快感完全不同。

与内在的专注相反，外在的专注是对审美对象本身的注意，比如在欣赏一幅风景画的时候，人们的注意方向针对的是构成这幅风景画的结构成分——上面的原野、房屋、树丛等外观细节。这时，风景画处在人们的兴趣的中心，"而且人们也向从它那里汹涌而来的东西开放自身"。当然，在此它会唤起人们的情感，但主体的情感反应不会干扰这种外向的态度，"他们就生活在外在的专注之中"。只有在外在的专注中，艺术作品才真正获得了属于它自己的地位——作为审美对象而存在。在盖格尔看来，毋庸置疑的"只有外在的专注才特别是审

① ［德］莫里茨·盖格尔：《艺术的意味》，艾彦译，华夏出版社1999年版，第102页。

美态度"①，"对于每一种艺术来说，外在的专注都是合适的态度"②。具有了这样一种外在的专注，然后我们才有可能引发审美的经验，才有可能体味艺术作品的价值。英加登曾以欣赏米罗的维纳斯雕像为例说明，在审美态度中，我们会忽略雕像上的缺陷而专注于"塑像具有的一个特殊的形体形式"。当然，在这种态度中也会产生情感反应，但这种"意向性情感"不会歪曲审美对象。

李泽厚认为审美注意把审美态度具体化了，其显著特点在于它"并不直接联结也不很快过渡到逻辑思考、概念意义，而是更为长久地停留在对象的形式结构本身，并从而发展其他心理功能如情感、想象的渗入活动"③。

在此需特别注意，在审美态度与情感之间存在着一条界限——"唤起"（盖格尔）、"发展"（李泽厚），这条界限既区分二者又关联二者；即便是一种情感，也仅仅是"意向性情感"（英加登），即我们所讲的"情感意向"。

二 直观

对审美对象本身的注意，或对其形体形式的专注，或在对象的结构形式上的停留，已经是一种直观，而且是感性直观。胡塞尔虽然未能建构美学理论体系，但作为哲学大家，自然会有他的美学思考。他曾提出"纯粹美学的艺术作品的直观"问题，其思想要点有二：一是审美直观和现象学直观一样，都是对自然观点的排除或对存在判断的存而不论。"艺术家为了从世界中获得有关自然和人的'知识'而'观察'世界，他对待世界的态度与现象学家对待世界的态度是相似的。……当他观察世界时，世界对他来说成为现象，世界的存在对他来说无关紧要。"④ 二是审美直观和现象学直观有所不同："前者的目的不是为了论证和在概念中把握这个世界现象的'意义'，而是在于直觉地占有

① ［德］莫里茨·盖格尔：《艺术的意味》，艾彦译，华夏出版社1999年版，第102页。
② ［德］莫里茨·盖格尔：《艺术的意味》，艾彦译，华夏出版社1999年版，第106页。
③ 李泽厚：《美学三书》，安徽文艺出版社1999年版，第519页。
④ ［德］胡塞尔：《胡塞尔选集》（下），倪梁康选编，上海三联书店1997年版，第1203页。

这个对象，以便从中为美学的创造性刻画收集丰富的形象和材料。"①
前一个要点所强调的是审美直观对自然态度存在性执态的排除，此谓
"观点的转变"；后一个要点强调的是现象学直观是通过论证和并在概
念中把握世界现象的意义，而审美直观则是以直觉的方式把握世界现
象的意义。前者是范畴直观，后者是个体直观或感性直观。

对审美直观讲得最充分的是盖格尔，他说："从审美态度领会艺
术作品的直接特征这种意义上来说，审美态度必然是直观性的。直观
是这样一种态度，人们通过这种态度就可以领会艺术作品那些以直接
联系的形式存在的价值。"② "直观即根据审美价值的感性特征对这些
价值的领会。"③ "直观要求人们从感官角度直接领会那些价值和价值
模式，而不是从概念的角度去认识它们。"④ 综括上述说法，审美直观
涉及主客体两个方面，客体方面是指艺术作品的感性形式特征即形象
性，主体方面是指对于感官而非概念的运用即直觉性。综合起来说，
作为一种审美态度的直观是人以感官专注对象的感性形式并领会其
价值。

英加登在以维纳斯为例论述审美态度专注于"塑像具有的一个特
殊的形体形式"时，特别强调"我们以直观的方式理解'维纳斯'"。
他所谓"直观"的方式，就是我们"看到"的是"一个特殊的女性形
体"（个别），而不仅仅是"一个形体"（共相）。所以，"一个审美事
件始于纯粹的感性知觉⑤。所谓"看到"，所谓"感性知觉"，就是感
性直观；所谓"一个特殊的女性形体"就是与直观相对应的感性对象。

杜夫海纳没有专论直观的文字，但他对于"纯粹知觉"意向性和
作为"辉煌感性"的审美对象的论述，无疑包含着更为丰富和更为深
刻的直观思想，但这需要对其作创造性的阐释乃至引申发挥才能观其
面目。

---

① ［德］胡塞尔：《胡塞尔选集》（下），倪梁康选编，上海三联书店1997年版，第1204页。
② ［德］莫里茨·盖格尔：《艺术的意味》，艾彦译，华夏出版社1999年版，第244页。
③ ［德］莫里茨·盖格尔：《艺术的意味》，艾彦译，华夏出版社1999年版，第258页。
④ ［德］莫里茨·盖格尔：《艺术的意味》，艾彦译，华夏出版社1999年版，第245页。
⑤ ［波］罗曼·英加登：《对文学的艺术作品的认识》，陈燕谷、晓未译，中国文联出版公
司1988年版，第196页。

三 静观

我们区分审美态度的"之前"和"之后",并进一步把"专注""直观""静观"作为审美态度的三种意向方式,其目的就是要对审美态度作出结构层次的划分,以加深我们对它的理解。如果说胡塞尔对自然态度的排除和悬置、康德对事物的存在纯然淡漠标志着"观点 - 立场"意向的转变,那么,我们就可以说,"专注"标志着"兴趣"意向的转变,"直观"标志着"感知"意向的转变,而"静观"则标志着"心境 - 心灵"意向的转变。显然,"观点 - 立场""兴趣""感知""心境 - 心灵"之间具有层次性且渐次深化。

盖格尔已经意识到"静观"的层次深度,由此他才这样说:"静观所指的只是:人们以某种形式(或者另一种形式)在心灵深处接近艺术作品(或者美的客观对象)的感官方面的特征。……如果说人们通过直观可以领会艺术作品的感官方面的特征,那么,人们就必须通过静观来面对艺术作品。"① 这就是说,"直观"是主体以感官面对审美对象之谓,"静观"是主体以心灵面对审美对象之谓。显然,静观比直观在层次上深化了。

但盖格尔这种"意识到"又是不自觉的,因此,他时常把与日常生活态度的"分离"和把被观赏者享受的东西所具有的感觉方面的特征孤立出来看作静观的特征加以论述。就"分离"而言,他认为,我们在实际生活中并不静观,我们行动,我们制订计划并且把它们付诸实现。我们对来自外界的东西作出反应,但是我们却不静观它。正因为如此,在日常生活中,无论语词、人们,还是各种事物(譬如宫殿、居住场所、公园、巴洛克教堂、竞技场,等等),都与审美毫不相干。因为,"人们在使用这些东西的过程中却没有对它们进行静观"②。盖格尔要求人们在进入审美之际要把日常生活抛在一边,排斥任何与日常生活有联系的东西。就"孤立"而言,他说:"静观所指

---

① 〔德〕莫里茨·盖格尔:《艺术的意味》,艾彦译,华夏出版社 1999 年版,第 250—251 页。
② 〔德〕莫里茨·盖格尔:《艺术的意味》,艾彦译,华夏出版社 1999 年版,第 251 页。

的只是把被观赏者享受的东西所具有的感觉方面的特征孤立出来，并且领会这些特性。"① 这种审美对象"孤立"说，启发后来的杜弗海纳提出了审美对象行使"自治权"的观点——即审美对象从日常生活的背景上突现出来并划定了我们注意力的界限。这些论述诚然是对的，问题在于：他把本应是"观点－立场"意向转变的"分离"，把本应是"兴趣"意向转变的"孤立"，放在了"心境－心灵"意向的层次上对待，把上述两者看作"静观"之特征，由此导致关于审美态度理论本身呈现出混沌状态。

审美静观的实质在于超越，即在悬置功利性的基础上对另一世界和自由的"意向"。陈望衡说："超越是审美态度的最高层次。超越，最为突出的特点是让审美向精神层面提升，它不仅实现了对功利的悬置，而且将审美中诸多对立关系实现了化除。审美主体与审美客体在主体精神层面上实现了统一，主体内部感性与理性在观照形式下实现了统一，认识与体验在创造意义上实现了统一，真善美在境界层次上实现了统一。"② 说超越是审美态度的最高层次是对的，说各种统一也是对的，但这种种统一在"静观"中尚未实现，而仅仅是"意向"。

当然也可以用审美"无利害说"和"距离说"来说明静观的特征，像康德、叔本华和布洛所做的那样，但需要作出进一步的阐明。就审美中的"距离"来说，有感官距离、心理距离、精神距离之分。布洛的"距离说"主要指的是心理距离，即心理层面上的超功利；其次才是指感官距离（如过远的距离、过近的距离、适中的距离）。盖格尔所说的是感官距离："视觉和听觉方面的印象（它们与这些感觉没有关系，而且也不是断言性的）以一种截然不同的方式使某种距离有可能存在，这种距离对于我们区别色彩和声音的价值来说是不可或缺的。"③ 盖格尔把视听觉看作比触觉、味觉、嗅觉特别充分地适应审美经验的更高级的感觉："因为它们以这样一种方式（就这种方式而言，它们是作为'为我而存在'的东西被给定的）促成了审美态度，

---

① ［德］莫里茨·盖格尔：《艺术的意味》，艾彦译，华夏出版社1999年版，第252页。
② 陈望衡：《当代美学原理》，人民出版社2003年版，第60页。
③ ［德］莫里茨·盖格尔：《艺术的意味》，艾彦译，华夏出版社1999年版，第258页。

因为它们使客观对象的外表、使对客观对象的表现有可能通过一种艺术方式而形成。"① 真正可以作为静观特征的应是精神距离，即在心灵层面上的超功利。就审美"无利害"而言，它也同样表现在所有层面：悬置、专注、直观、静观，但静观层次上的"无利害"是最根本的。如果缺少心灵的超越，那么其他层次上的"无利害"是无根的。更根本地说，没有心灵的超越，其他层面上的超越都是不可能真正"实行"的。

用中国古典美学中的"玄鉴"（老子）、"心斋"（庄子）、"虚静"（老子、刘勰等）等理论作出阐释，可能更合"审美静观"之本义。"玄鉴"乃内心本有之光明，"涤除玄鉴"就是通过洗涤杂念、摒除妄见而回返内心的光明。"虚者，心斋也"（庄子），虚则静，静则明。虽表述有别，然其意相同。"明"就是"观"，既照察万物，又观其虚无。

第四节　意向性的转变与审美态度的深化拓展

胡塞尔的意识现象学把意向性理解为"关于什么的意识"，与此不同，海德格尔的存在现象学则把意向性理解为比纯粹意识更为本源的生命体验本身的结构。他说："当我们把所有认识论的成见搁置一边后，就能清楚地看到，行为本身——它已然摆脱了它正确还是不正确的问题——就其结构而言就是自身—指向。并不是说，一开始只有一种作为状态的心理过程以非意向性的方式运行着（感觉、记忆联系、表象和思想过程的复合体，借此出现一幅图像，由此图像出发，我们始可提出这样的问题：是否有某种东西与之相对应？）在此之后，它才在某些特定的情况下变成意向性的。与此相反，行为之所是本身就是一种自身－指向。意向性不是加派于诸体验之上的一种与非体验式对象的关系——这种关系有时会随着这些体验一同出现，毋宁说，体验本身就是意向性的。"② 海德格尔把不同于意识体验的生命体验称

① ［德］莫里茨·盖格尔：《艺术的意味》，艾彦译，华夏出版社1999年版，第256页。
② ［德］海德格尔：《时间概念史导论》，欧东明译，商务印书馆2009年版，第36—37页。

为"原初意向"。由此可以看出，海德格尔对胡塞尔意向性理论的批判，不在于拒绝意向性，而在于否认意识意向性是第一性的存在基本结构。

海德格尔既反对对"意向性"的颠倒妄想地客观化解释，又反对对"意向性"的颠倒妄想地主观化解释。客观化解释的错误在于，把意向性看作两个现成者——主体与客体——之间的现成关系；主观化解释的错误在于，把意向性看作内在于主体体验领域而后需要加以超越的东西。他说："意向性既不是客观之物，如同客体那样现成，也不是内在于所谓主体这个意义上的主观之物。"① 他认为，在更为本源的意义上，意向性既是客观的又是主观的。"我们以后不再谈论主体、主观领域，我们把意向行为所归属的存在者领会为此在，以便我们尝试借助于被正确领会的意向施为来贴切地描述此在之存在之特性。"② 在《存在与时间》中，他把此在存在之意向性特征经典地表述为：此在在世界中存在。

根据海德格尔此在能够这样或那样地与之发生交涉的那个存在是生存的意思，我们可把"此在在世界中存在"所体现的意向性称为"生存意向性"。生存意向性的结构是："此在—应手之物—周围世界"。在这个结构中，此在在与事物打交道的过程中，以"赋予含义"的方式，通过应手之物的"何所用"相互指引并组建着具有意蕴的周围世界。但首要的"何所用"乃是此在的"为何之故"，这个"为何之故"其实质就是此在目的性之所在，因此有"为介入之故，为居持之故，为发展之故，这些都是此在的切近和常住的可能性"③。显然，此在具有目的性的生存意向性恰恰是审美态度所要排出和悬置的。

对于思想转向，海德格尔自称是由此在转向存在本身。根据对他后期文本的深入研究和分析，我们得出的结论是由"生存意向性"转向了"存在意向性"，其意向性结构是："此﹣在—物化之物—存在"。

---

① ［德］海德格尔：《现象学之基本问题》，丁耘译，上海译文出版社 2008 年版，第 80 页。
② ［德］海德格尔：《现象学之基本问题》，丁耘译，上海译文出版社 2008 年版，第 78 页。
③ ［德］海德格尔：《存在与时间》，陈嘉映、王庆节译，生活·读书·新知三联书店 1999 年版，第 339 页。

此结构中的"存在",不是指作为存在者的存在,而是指作为存在的存在,即作为"事情本身"的存有。此结构中的"物化之物"不是指具有"何所用"性质的应手之物,而是指聚集天、地、神、人于一身的艺术作品。此结构中的"此－在"不同于"此在",按海德格尔的说法:"这就等于人的一种本质转变,即从'理性动物'(animal rationale)向此－在的转变。"① "'此－在'(Da-sein)是此在(Dasein)的分写,其义区别于'此在'又联系于'此在',不再单纯指人的存在,而是意指人(此在)进入其中而得以展开的那个状态(境界)。"② 瓦莱尔－诺伊对此作了深入而细致的分析:"《献文》中此－在的连字结构标志着这个词的意义与《存在与时间》相比有了转变。从源始的意义上讲,它不再标志着人类存在者,而是存在之真理的历史性的无蔽状态、'本有转向的转折点'、人与诸神的'在之间'。这个连字符把读者的注意力引向在字面上共鸣于这个词语中的东西:这个'此'(Da)——它是开启,即存有之真理的此的标志,和这个'在'(—sein)——它是指'寓居于',即人在这一开启中的那个存在(the bing),从这个存在中人发现了他们自身的本质(Wesung)。为了把《献文》的此－在和《存在与时间》中的此在(此－在与之保持密切关联)区分开,而且首先为了避免把此－在理解为某种存在者(Seiendes),我们始终把它译作'此－在'(being-t/here)。我们请求读者不要把'此－在'首先听成人的此－在,而是要听成'无限定的'此－在。当我们从与事物的日常交道中被卸脱出来,并且经验到存在之开端的开启,及其流逝性质的意义之时,这个无限定的此－在展露出来。"③ 此－在与此在的差异,从"为何之故"这一点也可以清楚地显示出来,《存在与时间》中的"为何之故"是此在对自己的筹划,而《哲学论稿》中的"为何之故"则是"为存有的缘故"。存有"为何之故"从其自身而来,并且属于存有的本质现身。在此,存在

---

① [德]海德格尔:《哲学论稿》,孙周兴译,商务印书馆 2012 年版,第 2 页。
② [德]海德格尔:《哲学论稿》,孙周兴译,商务印书馆 2012 年版,第 2 页。
③ [美]瓦莱加－诺伊:《海德格尔〈哲学献文〉导论》,李强译,华东师范大学出版社 2010 年版,第 105 页。

自身显现、敞开。作为大道，存在说。说是一种召唤，而人应合存在的道说。

"应合存在"就是人进入其中而得以展开的那个"状态－境界"，就是"此－在"之"此"，就是无限定地自由地"在"。把这层意思落实到"态度"上，应合存在具体地表现为"聆听存在""守护存在""泰然任之""虚怀敞开""诗意的栖居"，如此等等。这就是海德格尔存在现象学为我们——人类所提供的在一个黑暗的时代、忘在的时代、贫困的时代所应当持有的存在的态度。显然，这既是对传统美学也是对现象学美学既有审美态度理论的深化和拓展。

按海德格尔的考察，自然（Nature）就是希腊人所理解的存在，其意有生长（自身的出场和涌现）、让他物出现显示自身并保持在场、返回自身并自行锁闭。把存在就是这种意义上的"自然"与马克思"作为完成了的自然主义等于人本主义，而作为完成了的人本主义等于自然主义"的学说结合起来作现象学思考，我们会得出这样的看法——即超越科学的认知态度和日常实践的功利态度而回归到了本源的审美态度，其实质乃是一种由人本主义回归自然主义同时也就是完成了的人本主义和完成了的自然主义的"自然"态度。当然它绝不是胡塞尔所指的自然主义态度，而是类似于中国道家自然无为的态度和胸襟。

杜夫海纳说："归根结底，意向性就是意味着自我揭示的'存在'的意向——这种意向，就是揭示'存在'——它刺激主体和客体去自我揭示。主体和客体仅存在于使这二者结合的中介之中，因此它们就是产生意义的条件，一种逻各斯的工具。"① 很明显，这段话其意并不在讲审美态度。但是，从海德格尔存在学的思想深度，从马克思"人的实现了的自然主义和自然界的实现了的人本主义"学说的历史高度，从道家自然无为的灵魂广度，对其加以开掘、引申、发挥，最终把它落实到美学上，尤其是落实到"人生态度"的角度上，我们也可以把他在此所讲的"意向性"阐释为审美态度。

---

① ［法］杜夫海纳：《美学与哲学》，孙非译，中国社会科学出版社 1985 年版，第 52 页。

从胡塞尔的"意识意向性"到前期海德格尔的"生存意向性"，再到后期海德格尔的"存在意向性"，"意向性"这一概念含义的发展演变是一个漫长的学术思想探索的过程。如果从审美态的角度对其加以考察，我们发现，在审美态度生成的"纯粹的那一瞬间"，此－在就已完成了对"意识意向性"（认识态度）和"生存意向性"（功利态度）的悬置与排除，而还原到了自身——"存在意向性"。

第三章 审美知觉

　　杜夫海纳称审美知觉为典型的、纯粹的、极端的知觉，是那种只愿意作为知觉的知觉，以此区别于非典型、非纯粹、非极端且不愿意作为知觉的普通知觉；并进一步提出了"知觉三阶段"的审美过程理论：显现、再现与思考（另一种表述则是：呈现、再现和想象、思考和感觉）。对此，需要深入思考的问题有四：第一，这个审美知觉的过程从何而来？第二，确定审美知觉三阶段的根据是什么？第三，审美知觉三阶段固然是一个过程，但更是一个垂直的结构整体，如何理解这个结构及其构成？第四，如何理解审美知觉的当下性（时间性）？

　　审美知觉的发生起自现象学的还原。还原意味着感觉的回归。人的生命活动可分为：感性阶段（生存），理性阶段（认识），纯粹感性阶段（存在）。所谓回归，就是从纯粹意识（理性阶段）返回作为生命的基层的感觉（感性阶段）。但这种返回不是简单地回到知觉的原初状态，而是在超越中回返，由此产生了超越理性阶段和感性阶段而又把这两个阶段融会于自身的纯粹感性阶段。回返了的感觉是纯粹感觉或纯粹感性，纯粹感性是人的实现了的感性和自然，是感性和自然的真正复活。

　　审美知觉"显现、再现与思考"这三个阶段，分别与审美对象中的三个方面——感性、再现对象和表现的世界相对应，这是客体方面的根据；同时也与知觉主体的肉体、非属人的主体、深层的我相对应，这是主体方面的根据。据此，我们把杜夫海纳的三个阶段作了如下重新表述。第一，呈现与感知：在形式与"肉体"之间。第二，再现与想象：在对象与"精神"之间。第三，表现与感觉：在世界与"情感"之间。总之，审美知觉就是在两个意向性之间，主体与对象进行的身体与精神合一的对话。

审美知觉三阶段是意识还原所形成的倒置结构，因此，对知觉、想象、理解、情感等要素的理解要置于审美知觉的结构中。就侧重于感性的"肉体·知觉·想象"诸因素看，知觉是基础性的，想象不能作为知觉的根源（在此，我们否定海德格尔关于超越论的想象力使得感性和知性成为可能的观点）；想象和知觉不是对立的而是结合着的（在此，我们反对萨特重想象而贬低知觉的做法）。审美知觉需要先验性想象力拉开肉体与对象的距离，以形成审美对象的世界视域；但对杜夫海纳审美知觉压抑经验想象的观点，需要做一点补充，即审美知觉只是为想象确立了一个凌空飞翔的起飞点和回归线，而不是为想象划定活动的范围。就体现理性与感性交融的"思考·情感·感觉"诸因素看，参与审美活动的理解力，不是知性的判断力和对审美对象所作的客观思考，而是反思性判断力和交感思考。因此，理解是情感性的，情感是思想性的。理解不是抽象的概念和判断，情感不是情绪。思考丰富感知，促进感知，从而培养感觉；同时也认可感觉，听命于感觉。思考控制想象、校正想象，以防止想象胡思乱想；但它也需要想象力的配合，最终与情感一起承担审美活动中综合和统一的功能。理解、情感、想象最终统一于感觉。

审美知觉的时间性呈现为一个当下瞬间。胡塞尔的包含着横、纵双重意向性的知觉意识时间视域为我们的论题提供了一个立论的基础。从基本的心理机能看，知觉会因不同趋向分化为认知性知觉、意愿性知觉和自由性知觉。与此对应，在纯粹知觉时间视域的基础上，分化产生出了意识时间性、生存时间性和存在时间性。其时间视域体现为认知当下性、生存当下性和审美当下性。审美知觉当下性具有超越性、自由性和象征性特征。超越性使其回到了本源的时间并上升到了最高层次。自由性让天、地、神、人四重整体在情意的意向范围和不同时间维度的绽出中进行着相互指引的映射游戏。象征性则使再现意义上的现实时间确指，同时隐喻为表现意义上的审美时间的泛指。

第一节　感觉的回归

对于第一个问题，我们的回答是：审美知觉的发生起源于现象学的还原。杜夫海纳就是这样看待这个问题的："审美经验在它是纯粹的那一瞬间，完成了现象学的还原。"① 此处的"还原"指的是感觉的"回复－回归"。因此，对这句话可作如下理解，在感觉回归的那一瞬间，纯粹的审美经验"是"——显现。

显然，与感觉的回归一体相关的是人的精神发展历程。简要地说，人的精神发展历程是：从肉体到精神，从感性到理性，从无意识到意识，从自然到文化（自然的人化）。因此，所谓"回归"，就是精神回到肉体，理性回归感性，意识回到无意识，文化回归自然（人的自然化）。李泽厚说："传统哲学经常是从感性到理性，人类学历史本体论则以理性（人类、历史、必然）始，以感性（个体、偶然、心理）终。'春且住，见说得天涯芳草无归路。'既然归已无路，那就停留、执着、眷恋在这情感中，并以此为终极关怀吧。这就是归路、归依、归宿。因为已经没有在此情感之外的'道体''心体'，Bieng 或上帝了。"②

一　精神发展过程的经典表述

康德从认识论的角度把知识获得的过程表述为：感性—知性—理性。他说："我们的一切知识都开始于感官，由此前进到知性，而终止于理性。"③ 在感性阶段，对象作为现象被给予我们，并由此而产生直观；在知性阶段，对象被我们思维，并由此而产生概念；在理性阶段，对象被我们玄想，并由此而产生理念。理论理性运用于现象界可以形成科学知识，但一旦进入本体界，其所产生的理念（灵魂、宇宙、上帝）只是先验的幻象，并不能构成知识。在理论理性止步的地

---

① ［法］杜夫海纳：《美学与哲学》，孙非译，中国社会科学出版社 1985 年版，第 53 页。
② 李泽厚：《人类学历史本体论》，天津社会科学出版社 2010 年版，第 24 页。
③ ［德］康德：《纯粹理性批判》，邓晓芒译，人民出版社 2004 年版，第 261 页。

方，实践理性运用于本体界形成实践的知识——纯粹的实践能力和实践法则。康德就此写道："理性的理论应用关注的是纯然认识能力的对象，而关于这种应用的理性批判真正说来所涉及的只是纯粹的认识能力，因为这种能力激发了以后也得以证实的怀疑，即它很容易越过自己的界限，迷失在无法达到的对象，或者甚至是相互冲突的概念中间。理性的实践应用则已经是另外一种情况。在这种应用中，理性关注的是意志的规定根据。"① 理论理性关涉人的认识能力和知识的构成，实践理性关涉的是人的欲望能力和道德实践。前者属于自然的领地，后者属于自由的领地。但"在作为感官之物的自然概念领地和作为超感官之物的自由概念领地之间固定下来了一道不可估量的鸿沟"②，这就需要过渡。而作为关涉人的情感能力的反思判断力就成为从知性过渡到理性的中介环节或桥梁。

所谓判断力，"是把特殊思考为包含在普遍之下的能力"③，就是说，是把普遍和特殊连接起来的能力。它包含规定性的判断力和反思性的判断力两类。规定性的判断力，是指"如果普遍的东西（规则、原则、规律）被给予了，那么把特殊归摄于它们之下的那个判断力"④。在这种情况下，在认识活动中，规定性判断力是从普遍到特殊进行判断。需要特别注意的是，这里的"普遍"是指知性的规则、原则、规律、概念、范畴，这里的"特殊"是指个别物的客观内容。反思性的判断力，是指"如果只有特殊被给予了，判断力必须为此去寻求普遍"⑤ 的那种能力。在这种情况下，在审美活动中，反思性的判断力是从特殊到普遍进行判断。但与规定性的判断力的"普遍"所不同的是，这里的"普遍"是指理性的观念，而这里的"特殊"是指具体物的合目的性的形式。所以，区分规定性判断力和反思性判断力，不能笼统地讲从一般到特殊和从特殊到一般，而应严格区分两种"一

①〔德〕康德：《康德三大批判合集》下卷，李秋零译，中国人民大学出版社 2016 年版，第 540 页。

②〔德〕康德：《判断力批判》，邓晓芒译，人民出版社 2002 年版，第 10 页。

③〔德〕康德：《判断力批判》，邓晓芒译，人民出版社 2002 年版，第 13 页。

④〔德〕康德：《判断力批判》，邓晓芒译，人民出版社 2002 年版，第 13—14 页。

⑤〔德〕康德：《判断力批判》，邓晓芒译，人民出版社 2002 年版，第 14 页。

般"和两种"特殊"。叶秀山对此作了一个初步的区分:"规定性"的"判断力"是将一个经验事物的"概念""归摄"于"普遍性""规律"之下的"能力",而"反思性""判断力"则是对于"特殊的事物"进行"反思",来"寻求"一个在"知性"是"不确定"的"普遍规律","知性"不能"规定"它"是什么"。规定性的判断力使"事物"在"理论"上有一个"秩序",反思性的判断力则更使"千差万别"的"无限复杂"的"特殊"的世界,也有一个"可以理解"的"秩序"。① 规定性判断力的一般和特殊分别是作为理论秩序的"普遍性规律"和"事物的概念",反思性判断力的一般和特殊分别是"可理解的秩序"和"特殊的事物"。对规定性判断力而言,他说的是对的,也符合康德的本意;但对反思性判断力而言,作为"一般"的"可以理解的秩序"与作为"特殊"的"特殊的事物"则需要进一步阐发。其实,康德自然形式的合目的性原则已经对此作出阐明了。至此,我们看到,康德所描述的人的精神发展过程的环节应是这样:感性—知性—反思性判断力—理性。

黑格尔的精神哲学包括主观精神、客观精神和绝对精神三个部分,其中主观精神的发展,基本上是一个由感性认识到理性认识的发展过程。主观精神分为灵魂、意识和精神三个阶段。

灵魂"是自然界的普遍的非物质性,是自然界的简单的、观念的生命"②。作为自然精神,它是精神的最原始状态,是一种低级的、模糊的、尚未达到清醒的意识,在这里,精神和自然浑然一体。灵魂自身的变化和进展分为三个阶段:自然灵魂、感觉灵魂和现实灵魂,而每个阶段又包含诸多环节。这些环节和由这些环节构成的阶段,展示的是作为自然精神的灵魂的发展过程,最终灵魂超出了自然的存在之上,把自然存在看成是客观的和异己的,这样就形成了外在于主体的客体,灵魂因此过渡到意识。从黑格尔的论述看,灵魂相当于现代心理学所讲的无意识阶段或状态。

---

① 叶秀山:《启蒙与自由》,江苏人民出版社 2013 年版,第 15 页。
② [德] 黑格尔:《精神哲学》,杨祖陶译,人民出版社 2006 年版,第 39 页。

在意识阶段，精神摆脱了自然的束缚，觉醒起来。所谓意识，就是自我对于独立的对象的意识，它包括意识本身、自我意识和理性三个阶段。意识本身包含着三个环节：感性意识、知觉和知性。自我意识包含着三个环节：欲望的自我意识、承认的自我意识和普遍的自我意识。理性是意识发展的最后阶段，它是意识和自我意识的统一。

精神是"灵魂与意识的真理"①，它超越于自然和自然规定性（灵魂），同样超越于对外部对象的纠缠（意识），"精神只从它自己的存在开始并只与它自己的种种规定保持关系"②。精神的发展分为三个阶段：理论精神、实践精神和自由精神。理论精神就是认识，它包含三个小阶段：直观、表象和思想。实践精神是从思想到意志的过渡，它包含三个环节：实践的感觉、冲动和任意、幸福。自由精神作为现实的自由意志，是理论精神和实践精神的统一。

在对康德和黑格尔的精神发展理论作了简略的叙述之后，有待于进一步澄清的问题有：其一，出发点及其根据；其二，阶段划分；其三，各阶段之间的关系（浓缩、内化）；其四，回归。

二　出发点和根据

我们探讨的是现实的人的精神发展，因此，确定其精神发展的起始点，无论是从逻辑的角度还是从时间的角度看，都应该是人本身。正如马克思所言："我们的出发点是从事实际活动的人，而且从他们的现实生活过程中还可以描绘出这一生活过程在意识形态上的反射和反响的发展。"③

人的生命包含着两个基本方面：肉体与意识，身体与心灵，感性存在体与理性存在体。基于前者，人的生命活动体现为感觉、感知、感性冲动、感性活动、感性生存等；基于后者，人的生命活动体现为理性冲动、思维、思想等。忽略哲学史上对这两个方面及其活动论述的种种差异，我们在此将其概称为感性（活动）和理性（活动）。

---

① ［德］黑格尔：《精神哲学》，杨祖陶译，人民出版社 2006 年版，第 237 页。
② ［德］黑格尔：《精神哲学》，杨祖陶译，人民出版社 2006 年版，第 237 页。
③ 《马克思恩格斯选集》第一卷，人民出版社 1995 年版，第 73 页。

与理性因素相比，感性因素在人的生命中更具基础性。用结构主义的观点看，感性是人的生命及其活动的经济基础，而理性则是其上层建筑。席勒正确地看到了这一点，提出"感性冲动先行"的命题："人始于单纯的生活，终于形式，他作为个人比作为人格时间更早，他是从限制出发而走向无限。因此，感性冲动发生作用比理性冲动早，因为感觉先于意识。感性冲动先行这一特点，是我们了解人的自由的全部历史的钥匙。"① "人先是处于感性规定的状态，然后才过渡到理性规定的状态。"②

人不是一个封闭孤立的存在者，人在其生命活动中与世界产生种种关联。所以，人与世界会产生种种不同关系：前主客关系，主客关系，超主客关系。这种种关系就构成了划分人的精神发展的不同阶段的根据。

康德的认识过程起点在感性，这一点他自己讲得非常清楚："我们的一切知识都从经验开始。"③ 经验（Erfahrung）指感觉和知觉，而包含有感觉和知觉的知识被称为"经验性知识"。这就是说，感觉经验构成了知识的起点。"凭着对象以某种方式刺激我们心灵这一方式，我们取得种种表象的那种能力（感受性），叫作感性。于是可以说，对象是凭借感性而被提供给我们的，而且唯有感性才给我们提供直观；但直观又被知性所思维，从而由知性中产生出概念。然而一切思维，不论径直地（直接地），还是迂回地（间接地），亦即借助某些标志，最终必定关联着直观，就我们而言，也就必定关联着感性，因为除经由感性之外，对象不能通过任何别的途径被提供给我们。"④

感性所提供给我们的直观是经验性直观，它的未被规定的对象叫作现象。在现象中，同感觉相应的东西被称为"现象的质料"，如不可入性、硬度、颜色等。所谓感觉，就是对象在刺激我们时对我们的表象能力所产生的效果或作用。现象的质料是庞杂的，能把这种庞杂

---

①　［德］席勒：《审美教育书简》，冯至、范大灿译，上海人民出版社 2003 年版，第 160 页。
②　［德］席勒：《审美教育书简》，冯至、范大灿译，上海人民出版社 2003 年版，第 158 页。
③　［德］康德：《纯粹理性批判》，邓晓芒译，人民出版社 2004 年版，第 1 页。
④　［德］康德：《纯粹理性批判》，王玖兴主译，商务印书馆 2018 年版，第 70 页。

内容安排整理出一定关系的被称为"现象的形式",如形状、大小、同时、相继等。感性的这种纯粹形式本身也叫纯粹的直观,感性的纯粹直观有两种形式,这就是空间和时间。康德认识过程中的感性阶段,起自对象(物自体)刺激我们的心灵,产生感性直观,止于直观被知性所思维产生出概念。

与康德相比,黑格尔主观精神感性起点的确定就要复杂一些。根据国内黑格尔专家张世英的研究,这个起点的确定可分四种情况:第一,"如果以人超出自然存在、达到自我作为认识的起点,那么,从'人类学'的高级阶段开始出现自我起到'精神现象学'的第一个阶段——'感性意识'止,便是感性认识,因为只有到这里才有了自我及其对外部世界的认识"①。按此划分,感性阶段就包含以下两个环节:灵魂中的"实在灵魂"和意识中的"感性意识。"

第二,"如果把人尚未超出自然存在、达到自我以前的心理状态都看作是人的认识的起点,那么,整个'人类学'所讲的'灵魂'也便属于感性认识。但无论如何,理性认识的阶段是从'精神现象学'的'知觉'阶段才开始的:在'知觉'阶段以前,'感性意识'所把握的还只是单纯的个别的直接的'这一个','知觉'的对象则进而达到有关系的、有普遍性的、有间接性的东西。看来,在黑格尔那里,从'感性意识'到'知觉'的过渡,就意味着从感性认识到理性认识的飞跃,这个飞跃的关键就在于把混沌的'这一个'能分析为一些普遍的规定,从而能用言词加以表述"②。按此划分,感性阶段包含着如下环节:灵魂中的"自然灵魂""感觉灵魂""现实灵魂",意识中的"感性意识"。

第三,张世英把黑格尔在《小逻辑》中所讲的认识真理的三种方式与主观精神的发展阶段联系起来进行考察,认为两者之间存在着一种呼应。黑格尔所讲的认识真理的三种方式是:经验,反思,思维的纯粹形式。经验是直接知识,反思的方式用思想的关系来规定真理,

---

① 张世英:《论黑格尔的精神哲学》,上海人民出版社1986年版,第76页。
② 张世英:《论黑格尔的精神哲学》,上海人民出版社1986年版,第76页。

思维的纯粹形式就是哲学的认识，它是认识真理最完美的方式。张世英说："黑格尔关于第一种方式'经验'或'直接知识'的界说和解释不是十分清楚的，按其主要意思来看，似乎是指人'超出它的自然存在'以前的心理状态，指'自然素朴的状态'，就此而言，'人类学'所讲的'灵魂'阶段大体上属于第一种方式，'精神现象学'所讲的'意识'阶段大体上属于第二种方式'反思'即分离对立的认识方式，'心理学'所讲的'精神'阶段大体上属于第三种方式'哲学的认识'即主客对立统一的方式。这样我们就可以说，第一种方式相当于感性认识，第二和第三种方式相当于理性认识。"① 按此划分，感性阶段与灵魂完全对应，包含三个环节："自然灵魂""感觉灵魂""现实灵魂"，"意识"中的"感性意识"就被排除在外了。

第四，以上三种情况，无论是从"感性意识"还是从"灵魂"开始，都属于广义认识论，而"狭义认识论则可以说是从'精神'阶段的'直观'开始"②，因为直观是混沌的东西。按此处狭义认识论的表述，"精神"阶段的"直观"属于感性阶段，但他又把三种认识方式与"理论精神"的三个阶段对应起来否定了这种观点："如果按照这样的解释，那就不能说黑格尔所讲的第一种认识方式是感性认识；反之，我们倒是更有理由认为，'经验''反思''哲学的认识'这三种认识方式，颇与'直观''表象''思想'三阶段相应：在'直观'中，主客只有'直接的自在的统一性'，在'表象'中，'主客双方对立'，在'思想'中，主客双方达到了'自在自为的、丰富了的统一体'。"③

以上四点对黑格尔感性认识起点的判断，尽管有所不同，但承认感性是整个精神发展的起始阶段则是没有异议的。康德和黑格尔的最大问题在于，他们谈的是感性认识的起点，而不是感性生命或感性活动整体的起点。感性首先是感性身体，当然这个身体恰如梅洛－庞蒂所说的现象的身体，它既是肉体又是精神，它是立足于肉体的肉体与

---

① 张世英：《论黑格尔的精神哲学》，上海人民出版社1986年版，第78页。
② 张世英：《论黑格尔的精神哲学》，上海人民出版社1986年版，第74页。
③ 张世英：《论黑格尔的精神哲学》，上海人民出版社1986年版，第78—79页。

精神的统一体。作为生存论意义上的身体，它与它所置身其中的世界整体地（知、情、意）发生关系，或者说发生整体的关系。因而这个世界也不仅仅是被认识的客体，而是生活世界（胡塞尔）、周围世界（海德格尔）、被感知的世界（梅洛－庞蒂）、现实世界（杜夫海纳）。感性起点以及感性整个阶段的基本规定恰恰在于：身体"在世界之中存在"。

三　生命活动的三个阶段

为避免仅仅从认识论的角度谈论人的精神发展所带来的局限，我们意在从整体上探讨人的生命活动的过程及其阶段划分，而这种生命活动及其不同阶段既是人类漫长的历史进程，也是个体当下不同层次的共时结构性体验。根据人与世界所产生的不同关系：前主客关系，主客关系，超主客关系，我们把人的生命活动划分为三个阶段：其一，感性阶段（生存）；其二，理性阶段（认识）；其三，纯粹感性阶段（存在）。按照上述三个阶段的划分，就需要对康德和黑格尔关于人的精神发展过程作相应调整。

康德关于人的精神发展过程或认识过程是：感性—知性—理论理性—反思性判断力—实践理性。在康德的这个认识论体系中，感性、知性和理性是人类的灵魂（心灵）所拥有的三种基本的知识（或认识）能力。"感性"作为一种认识能力，表现方式为"直观"，它所获取的是与对象直接相关的单一知识。基于认识论的立场，康德显然排除或忽略了感性中的"情"和"意"的因素。"知性"是心灵的一种思维能力，其认识形式是概念，并据此进行判断。理性是最高的认识能力，"如果说知性的功能是借助于纯粹知性概念（范畴）给感性直观以'综合统一'，那么理性的功能就是借助于理念给知性规则或纯粹知性概念（范畴）以'无条件的综合统一'或'绝对统一。'"[1] 理念是理性对对象（本体）玄想（对纯粹知性概念或原理的超验的使用）的产物，它超越一切经验的界限，没有任何经验对象同它相适合，结

---

① 郭立田：《康德〈纯粹理性批判〉文本解读》，黑龙江大学出版社 2010 年版，第 27 页。

果造成了"幻象"。因此，理论理性就转向了实践理性，认识论转向了伦理学。这个认识的过程，如果从物自体和感性、知性、理性三者的关系来看，恰如李泽厚所言："康德的'物自体'，由感性的来源到知性的界限，到作为'范导'原理的理性理念，经历了复杂变化的过程，最后便迈出认识论的范围，而到达道德实体，进入所谓实践理性的领域。……康德认为，这才真正是'物自体'的'本体'自身。自由、灵魂、上帝等理性理念，只有在实践理性领域，才是其本来面目的实体。"① 显然，在理论理性与实践理性之间，在自然的感性领域与自由的超越性领域之间，在现象和物自体之间，在科学与道德之间，存在着一道巨大的鸿沟。而反思性判断力"通过自然的合目的性概念而提供了自然概念和自由概念之间的中介性概念，这概念使得从纯粹理论的理性向纯粹实践的理性、从遵照前者的合规律性向遵照后者的终极目的之过渡成为可能"。②

康德在《判断力批判》导言最后借三分所开列的先验哲学体系表表明，知性、判断力和理性都是一种认识能力，"尽管康德把'实践理性'置于'理论理性'之上，他整个哲学仍然是理性主义的，是从认识论的基地出发的"③。因此，他在《逻辑学讲义》中从认识的范围内把三个人类学的问题表述为："人能够知道什么？他可以知道什么？他应该知道什么？"④ 这和《未来形而上学导论》中的表述是不一样的。⑤如果把判断力和实践理性看作认识能力，那么康德"感性—知性—理论理性—反思性判断力—实践理性"这样一种线性过程，都只是对应着生命活动的前两个阶段，"知性—理论理性—反思性判断力—实践理性"属于理性阶段，"感性"当然属于"感性阶段"。但康德所讲的

---

① 李泽厚：《李泽厚哲学文存》上编，安徽文艺出版社 1999 年版，第 281—282 页。
② ［德］康德：《判断力批判》，邓晓芒译，人民出版社 2002 年版，第 31—32 页。
③ 邓晓芒：《冥河的摆渡者》，云南人民出版社 1997 年版，第 36 页。
④ ［德］康德：《逻辑学讲义》，许景行译，商务印书馆 2010 年版，第 32 页。
⑤ 在纯粹哲学的领域中，我对自己提出的长期工作计划，就是要解决以下三个问题：1. 我能知道什么？（形而上学）2. 我应做什么？（道德学）3. 我可以（darf）希望什么？（宗教学），接着是第四个，最后一个问题：人是什么？（人类学，二十多年来我每年都要讲一遍）——见《未来形而上学导论》附录，苗力田译，商务印书馆 1978 年版，第 204—205 页。

"感性"属于"感性阶段"中的一个层面——"知"。造成这种局面的根本原因，在于从认识论的基地出发，而忽略了人的生命活动的整体性。由此导致的问题有：其一，缩减了精神发展各个阶段的丰富性；其二，现象与本体二分，导致理论理性与实践理性之间产生鸿沟；其三，反思性判断力作为自然与自由之间的过渡只是一个中间环节，致使人类生命活动的超理性阶段出现空缺。如果我们按照康德人类学的意向，将人类各种领域里的活动通过其先天原理最终归结到人的知、情、意上来，并且从生存论或存在论的基地出发，那么原先的精神发展过程就可以作出一些相应的调整。

从心理学的角度看，意识可分为三个方面：首先是意识层次，其次是意识领域，最后是意识水平。意识层次，包含无意识、非自觉意识（前反思意识）和自觉意识（反思意识）三个层次。其中无意识是深层结构，自觉意识是表层结构，非自觉意识是中层结构。如果非自觉意识和无意识可以合称为身体意识，那么自觉意识就是纯粹意识。意识领域，指的是知、情、意三种心理能力及其活动范围。其中认知活动侧重于对象极，具有客观性；情与意侧重于自我极，具有主观性。意识水平，按康德的观点，分为感性、知性和理性三种。按国内学者杨春时的看法，"理性是一个含混的概念，它不仅用于意识水平的划分，如与感性相对的用法；也是意识层次的划分，有理智、自觉意识的含义，如与非理性主义相对的理性主义等用法"①。因此，他主张以超越性来代替作为意识水平的理性概念。按此，意识水平可分为感性、知性和超越性三种。作为具有形上高度的自由意识，理性的超越是前进式的超越，而审美则是回归式的超越。前进式的超越，超越感性和知性，进入超感性的世界；而回归式的超越，则既超越感性和知性又超越理性，进入纯粹感性的世界。从这个意义上说，审美的超越高于理性的超越。按此，意识水平可分为感性、理性（含知性和理性）、纯粹感性三种。就意识结构、意识领域、意识水平三者的关系看，意识层次是纵向的意识结构，意识水平是横向发展的意识阶段，而意识

---

① 杨春时：《作为第一哲学的美学》，人民出版社2015年版，第350页。

领域则既是纵向的，又是横向的；"纵向"意味着它在意识的每一层次上都有其特定的表现；"横向"意味着它随意识的发展而具有不同的水平。这就构成了三者交叉纠缠的复杂关系。

康德注意到了意识水平，所以有感性、知性、理性之分；康德没注意到意识层次，他所关注的只是重在认识的自觉意识，所以他把感性、知性和理性都看作认识能力；康德虽然注意到了意识领域中的知、情、意，但它只是从自觉意识的层次去看它，并对它作了不合理的划分，所以有知、情、意与现象界、判断力、本体界的对应。

感性作为低级认识能力，知性作为高级认识能力，理性作为玄思之知，这是康德在纯粹意识层次上所作的认知水平划分。意，作为欲求能力，在感性阶段表现为意欲，在知性阶段表现为意愿，在理性阶段表现为意志。意欲指本能欲望，与身体密切相关；意愿奠基于意欲之上，置身于知性活动层面，具有明确的目的指向性；意志在实践理性层面，排除了意欲和意愿这些感性因素，成为自由意志，意志能力就是纯粹实践理性。康德在欲求能力方面所做的，就是排除了感性和知性阶段的这个一般的实践理性，包括日常行为和技术的实践理性，而致力于为纯粹的实践理性——自由意志——立法。情感能力，在感性阶段表现为情绪，在知性阶段表现为情感，在超越了理性和知性而回归感性的纯粹感性阶段表现为审美鉴赏（情思）。康德没有关注感性阶段的情绪和知性阶段的情感，而为了弥补为自然立法的理论理性和为自由立法的实践理性之间的鸿沟而在理性阶段致力于架起一座桥梁——反思性判断力。从逻辑上说，如果确实存在一条鸿沟的话，那么通过自然的合目的性确实能够实现自然与自由之间的过渡。问题恰恰在于，反思性的判断力所架起的这座桥梁仍然归结到情感上："现在，在认识能力和欲求能力之间所包含的是愉快的情感，正如在知性和理性之间包含判断力一样。"[1] 既然如此，就应在感性阶段不仅仅关注"知"，而且要关注"意"和"情"，这样就可避免因为仅仅关注"知"所造成的现象与本体的分裂，自然与自由之间也不会存在鸿沟。

① ［德］康德：《判断力批判》，邓晓芒译，人民出版社2002年版，第13页。

因为自然一开始就是合"情"合"意"的自然，当然，这个合"情"合"意"有程度之分。海德格尔认为，自然不是在自然产物的现成存在中，而是在此在的生存中作为遭遇到的自然、作为周围世界的自然被揭示的："在被使用的用具中，'自然'通过使用被共同揭示着，这是处在自然产品的光照中的'自然'。……随着被揭示的周围世界来照面的乃是这样被揭示的'自然'。"① 这个被揭示的就是"汹涌澎湃"的自然，就是向我们袭来，又作为景象摄获我们的自然。作为这样的自然，植物是"田畔花丛"，河流的发源处是"幽谷源头"。

而且，知、情、意三种心理能力之间并不是并列关系，而是纵向的层次结构关系。"情"处于底层，"意"在中层，"知"处于上层。在其现实性上，在其侧重点上，"知"大体对应于自觉意识，"意"大体对应于非自觉意识，"情"大体对应于无意识。当然严格地说，在每一意识层次上都存在着知、情、意的活动，如在无意识层次，就有认知无意识（皮亚杰）、本能无意识（弗洛伊德），情感无意识（杜夫海纳）；而每一意识层次的知、情、意也是纵向垂直排列的。如舍勒就认为性情比认知和意愿更根本："与认知和意愿相比，性情更堪称作为精神生物的人的核心。它是一种在隐秘中滋润的泉源，孕育人身上涌现出来的一切的精神形态。尤有进者，性情规定着这个人最基本的决定要素：在空间，他的道德处境；在时间，他的命运，即可能而且只能发生在他身上的一切东西的缩影。"②

情感在意识领域中的基础性地位是由人的生存决定的。此在存在着，但它是以情绪的源始方式存在着。海德格尔把此在去是它的此的情绪状况称为"现身情态"："我们在存在论上用现身情态这个名称所指的东西，在存在者层次上乃是最熟知和最日常的东西：情绪；有情绪。"③ 但需注意的是，这里所谓"情绪"是指作为一种基本生存论现

① ［德］海德格尔：《存在与时间》，陈嘉映、王庆节译，生活·读书·新知三联书店1999年版，第83页。

② ［德］舍勒：《舍勒选集》（下），刘小枫选编，上海三联书店1999年版，第741页。

③ ［德］海德格尔：《存在与时间》，陈嘉映、王庆节译，生活·读书·新知三联书店1999年版，第156页。

象的情绪，而不是作为心理现象的情绪。作为生存论－存在论现象，情绪是此在的结构要素；而作为心理现象的情绪，它是心理学研究的对象。"这当然不是说在海德格尔眼里有两种情绪，而是我们可以用不同的方式来看待情绪，既可以用生存论－存在论方式，也可以用心理学方式。情绪首先是作为生存论的现象，而不是心理学的对象出现的。……情绪是此在之此的结构，此在因情绪而有它的此，有它揭示世界和事物的可能性。……此在之此，就是事物得以揭示的领域。事物和世界首先是在情绪中向我们揭示的。"① 情绪首先是此在的存在条件，此在总是在情绪中，而不是情绪是此在中的一种流动经验。情绪作为此在的源始存在方式先于一切认识和意志，且超出二者的展开程度而对它自己展开了。

通过对康德认识论的批判，我们恢复了知、情、意在所有意识层次上的地位。以此，一方面丰富了人的生命活动的整体性，另一方面避免了现象与本体的分裂。这样在意识水平由感性的起点，经过知性的中间环节，最终推进到如康德所说的"理性"时，我们就把反思性判断力从作为理论理性和实践理性的中间环节中解放了出来，使其居有了与理论理性和实践理性同样的"超越性"水平。在这个具有超越性的位置上，理论理性以其僭越现象界的玄思，把物自体变成了单纯的思想物；实践理性以其自由意志进入本体界，但也仅仅是把理论理性的先验理念变成了超验理念，如康德所言："纯粹理性在其思辨运用中的某种需要只是导致假设，但纯粹实践理性的需要则导向悬设。"② 先验理念与超验理念，都是超感性的，假设提供一种可能性，悬设提供一种实在性。而审美活动由于回到了现实的经验世界，它提供了一种现实性，理念在纯粹感性中得以显现。虽然同属于超越性水平，审美的超越高于理论理性和实践理性的超越，审美高于认识和道德。由此可以说，审美意识是精神发展的最高阶段。

黑格尔的主观精神，其运动过程"灵魂—意识—精神"也大体显

---

① 张汝伦：《〈存在与时间〉释义》，上海人民出版社 2012 年版，第 393 页。
② ［德］康德：《实践理性批判》，邓晓芒译，人民出版社 2003 年版，第 194 页。

示为感性、知性和理性三阶段，但两者又不是严格对应的。其感性阶段的划定，如张世英所说表现为四种情况：其一，灵魂（自然灵魂—感觉灵魂—实在灵魂）中的"实在灵魂"和意识（意识本身—自我意识—理性）中的意识本身（感性意识—知觉—知性）中的"感性意识"。其二，灵魂中的"自然灵魂"到意识中的意识本身的"感性意识"。其三，把"灵魂—意识—精神"与《小逻辑》中所说的认识真理的三种方式"经验、反思、思维的纯粹形式"相对应，这样一来"灵魂"阶段就相当于"经验"（感性认识）了。其四，把"精神"（理论精神—实践精神—自由精神）阶段的"理论精神"（直观—表象—思维）中的"直观"看作与"经验"相对应的感性认识阶段。显然，这四种观点之间差异性很大，感性的起点与终点都不一致。究其原因在于，首先，"从现代心理科学的观点来看，'主观精神'部分的确有很多想象的、非科学的、牵强附会的东西"①。这尤其表现在小的发展阶段方面，这一方面与当时心理科学的发展水平有关，另一方面是黑格尔追求其正反合的理论体系所致。其次，主观精神的发展并不是直线式的提升，实际的情形常常是回环往复叠加交叉的。这从"感性""知性"在不同的阶段都有所表现可以看出，如"意识"阶段的"意识本身"中的"感性意识"，"精神"阶段的"理论精神"中的"直观"；如"意识"阶段的"意识本身"中的"知性"，"精神"阶段的"理论精神"中的"思维"。一方面，在由低级阶段提升到高级阶段时，高级阶段不是抛弃而是包含低级阶段作为自己的必要成分。黑格尔说："精神现在必须做的只是实现它的这个自由概念这件事，就是说只是扬弃它重新由以开始的那个直接性的形式。那被提高为种种直观的内容的是它的种种感受，同样被改变为种种表象的是它的种种直观，进而被改变为种种思想的是种种表象，等等。"②另一方面，在回环的时候，高级阶段的内容又被浓缩在低级阶段的环节里。如黑格尔自己所说："整个理性，即精神的全部材料都存在于感受中。我们关

---

① 张世英：《论黑格尔的精神哲学》，上海人民出版社 1986 年版，第 65 页。
② ［德］黑格尔：《精神哲学》，杨祖陶译，人民出版社 2006 年版，第 237 页。

于外部自然、法、伦理和宗教的内容的一切表象、思想和概念都是从感受着的理智发展出来的；正如倒过来，它们在得到自己的充分解释后，也都被浓缩在感受的简单形式中一样。所以一位古人有理由说，人从他们的感受和激情中形成了他们的神。"① 这就是说，"直观"虽以最低级的"感受的简单形式"出现，但它"浓缩"了我们对于外部自然、法权、伦理和宗教内容的表象、思想和概念于自身之内。再次，主观精神的运动，既是一个认识的过程，同时又是欲望和情感的发展过程，黑格尔虽主要在谈认识，但也加缠了一些欲望和情感的成分，如灵魂阶段的"感受""感觉"，意识阶段的"欲望"，精神阶段的"实践精神"等。"我们曾经说，人是有思想的。但同时我们又说，人是有直观、有意志的。"② "在'我'里面就具有各式各样内的和外的内容，由于这种内容的性质不同，我也因而成为能感觉的我，能表象的我，有意志的我，等等。"③ 认识、欲望和情感的交叉，被压在认识的平面上，势必会造成不同阶段的相互纠缠。

　　但上述问题还是属于主观精神内部的问题，如果要把"灵魂—意识—精神"纳入"感性—知性—理性"的框架中，就需要把绝对理念自身运动的整体过程做一个颠倒式的调整。绝对理念作为逻辑上先于自然界和人类社会永恒存在着的实体，它不是现成的、被给予的存在，也不是永恒不变的本质。实体是辩证运动的主体，它的特征在于能动性：它自己设定自身，并在克服矛盾对立面的辩证发展过程中实现自身，完善自身。绝对理念自我发展经历了三大阶段：逻辑阶段、自然阶段、精神阶段。逻辑阶段，是绝对理念处在纯思想的阶段，它通过纯粹思维和纯粹理论的形式展开自身，其具体表现就是按照"正—反—合"的逻辑序列从一个概念或范畴向另一个概念或范畴的过渡和演化。黑格尔的逻辑学就是研究纯粹理念及其自身运动的科学。逻辑阶段的纯粹概念所处的是一个"阴影的王国"，纯思想的领域是理念的幽灵。所以它要否定自身，将自己外化为感性的自然。理念在这个阶

① ［德］黑格尔：《精神哲学》，杨祖陶译，人民出版社 2006 年版，第 256 页。
② ［德］黑格尔：《小逻辑》，贺麟译，商务印书馆 1980 年版，第 81 页。
③ ［德］黑格尔：《小逻辑》，贺麟译，商务印书馆 1980 年版，第 82 页。

段的运动过程也就是自然界的生成和发展过程。黑格尔的自然哲学，就是研究理念的异在或外在化的科学。理念的本性是精神性的，所以它要逐步克服自己在自然阶段中所处的无意识的冥顽化的状态，回到自身。理念由此进入精神阶段。理念在这个阶段的运动经历了主观精神（个人意识）和客观精神（社会制度和社会意识），最后达到绝对精神。绝对精神是主观精神和客观精神、个人与社会的统一，是理念发展的最高阶段。精神哲学就是研究理念由它的异在性返回到它自身的科学。黑格尔的哲学体系是与理念的运动过程相一致的，文德尔班说："他的体系的外部总体模式的粗略轮廓如下：就精神的绝对内容而言，'自在的精神'是范畴的领域；《逻辑学》将此领域发展为存在论，本质论和概念论。就精神的异在和外在化而言，'自为的精神'是自然：自然的种种形式分为力学，物理学，有机体学来阐述。第三个主要部分是精神哲学，自在自为的精神，即精神的自觉生活由外在回复到它本身。在此区分了三个阶段，即主观（个人的）精神；作为法、道德、国家和历史的客观精神；最后是作为艺术中的直观、宗教中的表象、哲学史中的概念的绝对精神。"①

　　由于黑格尔把理念看作是独立于个人之外，在自然界和人类出现之前就已存在并将永恒存在下去的"客观的思想"，这种思想构成了整个世界的内在的本质和本原；因此，这个理念的运动过程以及描述这个过程的理论必然是"头足倒置"的。如同前述，我们的出发点是现实的人，现实的人是自然性与社会性的统一。基于这种认识，我们可以说，人的主观精神的发展便与自然和社会产生必然的关联。这种关联体现为：在感性身体这个自然的基础上，产生出人的自我意识，人的自我意识创造出自身之外的法律、道德、伦理等具有现实性形式的客观精神。在此，自然既是人的有机的身体，也是人的生存环境和生命活动所指向的对象；客观精神既是主观精神的客观化，更是人周围的社会文化世界。而绝对精神不过是主观精神超越既定的社会文化而对自然的一种回归。正是由于这种复归，自然实现了自己的理念。

---

① ［德］文德尔班：《哲学史教程》下卷，罗达仁译，商务印书馆1993年版，第387页。

按此，我们就需要调整黑格尔主观精神发展的一些环节，将"灵魂—意识—精神"纳入"感性—知性—理性"的框架中。

感性阶段，包含"灵魂"（自然灵魂—感觉灵魂—自身感觉），"意识"中"意识本身"的"感性意识"和"知觉"，"自我意识"中的"欲望"，"精神"中"理论精神"的"直观"和"表象"，"实践精神"的"实践感觉"。知性阶段，包含"意识"中的"意识本身"的"知性"，"自我意识"的"承认的自我意识"与"普遍的自我意识"，"精神"中的"理论精神"的"思维"，"实践精神"的"冲动和任意"和"幸福"。理性阶段，包含"意识"中的"理性"和"精神"中的"自由精神"，"绝对精神"中的"哲学"。哲学、宗教、艺术虽然都属于绝对精神，但艺术以直观的形式来表现它的本质或真理，宗教以表象或想象来表现，哲学以概念的形式或纯粹逻辑思维来表现。直观和表象属于感性，表象是感性的自觉意识活动形式，直观是感性的非自觉意识活动形式，而概念或逻辑思维属于理性。所以，哲学属于理性阶段，而艺术和宗教则属于由理性回返感性的纯粹感性阶段了。

四 感觉的回归

1. 感觉作为生命的基层

处在生命基层的感觉，是一个主体在感知中唤起的心的状态，一种心的存在的原初层次。黑格尔认为感觉是灵魂的一种实存方式；胡塞尔把感觉看作是意识的原始状态或最原始的感知，在这里不存在主客体的分裂；现代心理学把它看作是最初始、最简单的心理活动。这种心理活动一方面向外形成五官感觉，感应外在感性事物；另一方面向内产生心理感觉，感应内在感性事情，即"感–情"体验。杜夫海纳说："感觉就是感到一种情感。"① 外在感性事物，是个别的具体的"这一个"，黑格尔就此而说得完全对："首先一般地是（存在），其次是一个与我对立的独立的他物，一个自内映现了的东西，一个与作为

———————

① ［法］杜夫海纳：《审美经验现象学》，韩树站译，文化艺术出版社 1996 年版，第 481 页。

个别的东西、直接东西的我对立的个别的东西。感性东西的特殊内容，例如，气味、味道、颜色等等，……都归感受所有。"① "这一个"是个别与普遍的统一，当我们侧重于普遍而去把握其本质时，感觉（感性意识）就发展成为知觉意识。知觉具有两面性：主观的知觉或感知，客观的知觉或认识。就前者而言，知觉就是感觉，就后者而言，知觉就是感性认识。知觉是一个横跨自觉意识与非自觉意识层次的具有毗连性的跨界概念。日常语言中所说的"感觉"，文艺家们说的"艺术感觉"，往往包含了心理学中所讲的感觉和知觉在内。具体个别的"这一个"事物，"它存在着"，这种感性确定性使得它是最丰富的甚至是一种无限丰富的知识，而且是最真实的知识，而不是像黑格尔所谓的"显得好像是"。内在感性事情，指的是身体意识层面上的情绪、欲望等生命本能，马尔库塞说："感性这个中介的概念所指的是作为认识的源泉和器官的感觉，但感觉不仅仅是，甚至主要不是认识器官。它们的认识功能与其欲求功能（肉欲）浑然一体，它们是满足爱欲的，受快乐原则支配的。"② 排除了认识功能，所剩余的"欲求－肉欲－爱欲"就是内在感性事情。胡塞尔认为感觉是"对一个感性内容的纯粹内在意识"，这就是处在非客体化行为领域的喜爱、厌恶、快乐、愉悦、爱、恨等"感受"。如果从时间的角度看，"在感觉中并不含有任何空间的当下，但却本质地含有时间的当下（虽然不是点状的时间当下），因为感觉无非就是原初的内在时间意识。"③

感觉虽然处在生命的基层，但它绝不是一个纯形式的概念，在它身上浓缩了生活的具体内涵，因此，它并不仅仅是五官感觉、情绪感觉、欲望感觉，而且也是实践感觉、理论感觉，乃至精神感觉。诚如马克思所言："因为不仅五官感觉，而且所谓的精神感觉、实践感觉（意志、爱，等等）——总之，人的感觉、感觉的人类性——都只是由于相应的对象的存在，由于存在着人化了的自然界，才产生出来的。

---

① ［德］黑格尔：《精神哲学》，杨祖陶译，人民出版社2006年版，第213页。
② ［美］赫伯特·马尔库塞：《爱欲与文明》，黄勇、薛民译，上海译文出版社2005年版，第141页。
③ 倪梁康：《胡塞尔现象学概念通释》，生活·读书·新知三联书店1999年版，第123页。

五官感觉的形成是以往全部世界史的产物。"①

2. 回归的动因与道路

人活着且不得不活着，这是一个摆在人面前的生存实情，用海德格尔的话说，就是此在"在且不得不在"②。海德格尔称"此"为此在的"被抛境况"，"被抛"就是说这个此不是此在所能决定的，它被交付给了这个"此"。约瑟夫·科克尔曼斯就此评论说："人不是要去存在，也不是已经自由地选择了去存在，而是人存在。对于人来说，他的存在似乎是一种'被抛的'存在；人似乎是被抛到事物之中的。"③总而言之，此在被托付给了自己的存在，这就是海德格尔所说的被抛状况指的是"托付的实际情形"的意思。此在被托付给了自己的存在，就是说存在是此在不得不承受的负担。既然活着，就难免去询问为什么活着，即活着有什么意义？把这个问题"想到头""问到底"，作为终极目的人应该怎样活着这层意思就显露出来了，这就是海德格尔前期所说的"本真的整体能在"，后期所说的"诗意地栖居"，我们把它表述为"自由生存""理想生存"。

人在他的现实生存中，与自己，与他人，与社会，与自然必然会产生种种关联，人是一种关系性的存在，说的恰恰是此在"在世界中存在"。在不同的关联中，人的生存各有具体情况。在感性意识主导的生存中，其状况是"感性冲动"：感性冲动"来自人的物质存在（physisches Dasein）或人的感性天性（sinnliche Natur）"；感性冲动所指向的对象，是一切物质存在以及一切直接呈现于感官的东西；感性冲动使人感到自然要求的强制，它是从作为物质的必然排斥自由的角度对人心的强制。其结果是"把人当作个人放在时间之中，要求变化和实在性。它扬弃了人的人格，把人局限在某种事物和某个瞬间，存在受到最大程度的限制，人不可能达到完善的程度"④。黑格尔认

---

① ［德］马克思：《1844年经济学—哲学手稿》，刘丕坤译，人民出版社1979年版，第79页。

② ［德］海德格尔：《存在与时间》，陈嘉映、王庆节译，生活·读书·新知三联书店1999年版，第157页。

③ ［美］约瑟夫·科克尔曼斯：《海德格尔的〈存在与时间〉》，陈小文、李超杰、刘宗坤译，商务印书馆1996年版，第169页。

④ ［德］席勒：《审美教育书简》，冯至、范大灿译，上海人民出版社2003年版，第95页。

为，吃饱睡足之类的感性满足和自由对于主体自我来说，显然还是很有限的。

在理性（包括知性和理性）意识主导的生存中，其状况是"理性冲动"（形式冲动）："形式冲动来自人的绝对存在（absolutes Dasein）或人的理性天性（vernunftige Natur），把人当作类属（Gattung），超越一切感性世界的限制而达到人格的自由，在认识中要求真理，在行为中要求合理。它扬弃时间和变化，把个别事件当作一切事件的规律，把一个瞬间看作永恒，存在可以得到最大限度的扩展。"[1] 理性冲动所指向的对象，是事物的一切形式特性以及事物对思维的一切关系。理性冲动使人感到理性的强制，它是从作为精神的必然排斥受动的角度对人心的强制。尽管席勒在这里说"存在可以得到最大程度的扩展"，但这是在两种冲动各自坚守自己的界限且互不侵犯的情况下的状况。当理性冲动占主导地位的时候，理性对感性的压抑就产生了。马尔库塞对此评论说："正是在这一点上，席勒思想的破坏性质昭然若揭了。他认为文明的弊病是人的两种基本冲动（感性冲动和形式冲动）之间的冲突，或者毋宁说，是这个冲突的暴力解决，即理性对感性施以压抑性暴政。"[2] 理性的暴戾使感性变得枯竭和芜杂，而如果感性想重新表明自己的权利，只能以破坏性的残酷的形式来表现。

在现实生存中，无论是感性活动，还是理性活动，只要两者没有得到结合，人的生存就是片面的，或"成为与整体没有多大关系的、残缺不全的、孤零零的碎片"（席勒），或成为"单向度的人"（马尔库塞），或"异化"成为"异类"（马克思），或是此在异化着的"沉沦在世"（海德格尔）。如此生存境况，必然孕育着人的超越性需求。在自由匮乏的地方寻求自由，在绝望的时候唤醒希望，在黑暗的时刻寻觅光明。于是，在理性结束的地方，感性的回归出现了。马克思说自我异化的扬弃跟自我异化走着同一条道路，但这条道路是在更高层

---

① ［德］席勒：《审美教育书简》，冯至、范大灿译，上海人民出版社 2003 年版，第 95—96 页。

② ［美］赫伯特·马尔库塞：《爱欲与文明》，黄勇、薛民译，上海译文出版社 2005 年版，第 146 页。

次上对于感性的回归。李泽厚曾从思想史的角度对这条道路作了简略的叙述："从思想史看，自 Kant 把（人类的）理性—精神提到最高地位和最后主宰后，引起了强力反弹，开始把现代性推向后现代。继 Kant、Hegel 之后，各种不同的思潮、学派都在走向现实的、具体的人的生活。Karl Marx 是一支，它走向感性的物质生产。John Dewey 是一支，它走向感性具体的日常经验。Freud 走向性欲和无意识。Nietzsche、Heidegger 是一支，它或以富于生物性生命的超人，或以存在的当下把握，走向感性的人生。Husserl 晚年的'生活世界'也如此。总之，都可以说是回到 Kant 认为不可知的'物自体'又再向前。'物自体'不再采取 Fichet、Hegel 的纯灵方向，而共同采取了现实生活的感性人生方向。这也正是由理性、逻辑普遍性的现代走向感性、人生偶然性的后现代之路。如果以'宏大叙事'来说的话，这可说是同一脉搏，不同音响；同一趋向，不同分支。现实人生（即日常生活、食衣住行，亦即人与内外自然的历史结构及前景）并非幻象，也非戏拟（simulation）。它不是文本，不是语言。它不是语言所能解构（一切归于能指），相反，它才是真正的'最终所指'。"[1] 如果把这条回归的道路标志得更细致些，那么应该是：从理性（实践理性与理论理性）到知性，从知性到感性，从感性认识到感性欲望，从感性欲望到感性情感，感性情感的最充分体现就是感觉。阎国忠说："回返感性，实际就是回返生命的根底部，回返感性与理性未被分割的原初状态，从而为超越有限生命，实现感性与理性、人与自然的彻底统一提供一个坚实的基础。"[2]

如果说，作为自在（自然）存在的感性是正题，而作为自为（自觉）存在的理性是反题，那么作为既自在又自为、既自然又自觉的纯粹感性存在则是合题。

3. 感性回归的含义：还原、超越、解放

感性回归具有极为丰富的含义。首先是还原，对于杜夫海纳来说，

---

① 李泽厚：《人类学历史本体论》，天津社会科学出版社 2010 年版，第 67—68 页。
② 阎国忠：《攀援集》，中国社会科学出版社 2014 年版，第 490 页。

还原不是回到胡塞尔的先验的纯粹意识，而是回到海德格尔的存在。但又不是直接回到存在，实际上也不可能直接回到存在，而是借助于梅洛－庞蒂的知觉意识，并再前进一步进入纯粹知觉意识去体验领悟存在；或者也可以说，存在借助于感性主体及其感官去自我揭示。从感性主体角度看，还原就是从纯粹意识（或理性）返回纯粹知觉，其具体表现或是从认识活动重返知觉；或是在普通知觉的基地上，截住知觉朝着认识活动的走向。杜夫海纳把意识活动回返到纯粹知觉的状态称之为"异化"，异化就是否定。审美知觉首先否定了智性意识和杂有智性意识的普通知觉，其次否定了知觉主体的单向意向性，而外化为知觉对象。从意向对象的角度看，还原首先是悬置了抽象的概念和超感性的世界，其次悬置了一般感性的对象及其外部世界，最后显现了具有主体意向性的纯粹感性的对象及其意象世界。杜夫海纳把对意向对象的悬置称为"中立化"，"中立化"表明的正是胡塞尔意义上的存而不论。

其次是超越。杜夫海纳的还原，诚然是从智性意识回到知觉意识，但绝不是也不可能是回到已发生的智性意识之前的知觉意识的原初状态。梅洛－庞蒂早已表明了这一点："最重要的关于还原的说明是完全的还原的不可能性。"① 杜夫海纳自己也说得很清楚："还原的高峰不再是发现一种构成意识，而是发现它自己的不可能性；竭力把世界的正题悬置起来，竭力放弃自然态度及其本能的现实主义，这就是感到不可能、谁也不可能脱离他所在的世界，感到像知觉按非思考的方式体验到的那种与世界的关系总是既定的；意向性是意识的那种周而复始的投射，通过这种投射，意识在任何思考之前便与对象配合一致。"② 这说明，还原走的是一条上升的路，即超越的路；所谓还原，是在超越中还原。但这也是一条下降的路，即还原的路；所谓超越，是在还原中超越。"超越"（Transcendence），本义指跨越两个区域的界限，譬如此岸与彼岸、现实与理想、有限与无限之间。按照我们对人类生命活动所作的三个阶段的划分，作为传统形而上学根本问题的

---

① ［法］莫里斯·梅洛－庞蒂：《知觉现象学》，姜志辉译，商务印书馆2003年版，第10页。
② ［法］杜夫海纳：《审美经验现象学》，韩树站译，文化艺术出版社1996年版，第256页。

"超越"体现在感性阶段与理性阶段之间，即从感性的、具体的、个别的事物跨越到超感性的理念世界。这种超越体现了理性意识对感性意识的彻底否定。而还原中的超越则发生在感性阶段、理性阶段与纯粹感性阶段之间，即从感性阶段、理性阶段向纯粹感性阶段的跨越，这种超越体现了超越的全部复杂性和深度奥秘性。如果说前一种超越是直线式的纵向超越，那么后一种超越则既是纵向的又是横向的超越。一方面，它直接地超越了理性阶段，具有自由意识对智性意识抽象性的彻底的否定性；另一方面在回归感性阶段并对其感性意识感性对象肯定的同时，它又间接地否定了感性意识的情欲功利性。马尔库塞对席勒形式冲动与感性冲动都要受到限制所说的话完全适应于这种还原中的超越："理性规律必须与感性的重要性相一致。占支配地位的形式冲动必须受到限制：'感性必须成功地维持其领地，并抵御精神借其扩张活动很可能要对它施加的暴力。'确实，如果自由要成为文明的主导原则，那么不仅理性，而且'感性冲动'都需要有一种限制性的转变。感性冲动的额外释放必须与自由的普遍秩序相一致。但是，对感性冲动规定的任何秩序本身都必须是'自由的活动'。自由的个体本身必须造成个体满足与普遍满足之间的和谐。"① "在一种自由文化出现的时期，理性的被贬斥与感性的自我升华是同等重要的过程。"② 感性的自我升华是还原式"超越"的肯定性体现，而理性的被贬斥和被限制以及感性冲动的限制性转变，则是还原式"超越"的否定性体现。

最后是解放。在论及人的"肉体的和精神的感觉"异化时，马克思直接把解放与感觉相联系，明确提出了"感觉解放"的命题："对私有财产的扬弃，是人的一切感觉和特性的彻底解放；但这种扬弃之所以是这种解放，正是因为这些感觉和特性无论在主体上还是在客体上都成为人的。眼睛成为人的眼睛，正像眼睛的对象成为社会的、人的、由人并为了人创造出来的对象一样。因此，感觉在自己的实践中

---

① ［美］赫伯特·马尔库塞：《爱欲与文明》，黄勇、薛民译，上海译文出版社 2005 年版，第 147 页。

② ［美］赫伯特·马尔库塞：《爱欲与文明》，黄勇、薛民译，上海译文出版社 2005 年版，第 151 页。

直接成为理论家。感觉为了物而同物发生关系，但物本身是对自身和对人的一种对象性的、人的关系，反过来也是这样。当物按人的方式同人发生关系时，我才能在实践上按人的方式同物发生关系。因此，需要和享受失去了自己的利己主义性质，而自然界失去了自己的纯粹的有用性，因为效应成了人的效应。"① 显然，私有财产的扬弃，是人的感觉的解放，也就是人的身体同自然的身体的共同解放，它意味着人的整个存在重新回到与世界的原初关联上来。当然，作为一个强调感性实践活动的理论家，马克思的"感觉解放"的命题更多的是在人类社会物质生产的历史变革的视域中加以阐述的——这就是"对私有财产的扬弃"。马尔库塞由马克思社会物质生产方面的变革转向了心理观念方面的变革，因此，解放的真正含义，就是要把人对自由的文化和政治要求变成人的本能需要，形成一种与现存社会完全不同的，更适合人类生存的本能结构和人类存在必不可少的"生物学的"需要。这种人类存在的"生物学维度"中的"感性解放"或"感觉解放"的具体表现，就是"加强感性，反抗理性的暴戾，并最终唤起感性使之摆脱理性的压抑性统治"②。加强感性，恢复感性的权利，消除文明对感性的压抑性控制，其结果就是性欲转变为、成长为爱欲。"爱欲驱使人们从对某个美的事物的欲望发展成对另一个美的事物的欲望，并最后发展成对所有美的事物的欲望。"③ 这就是性欲的自我升华。在感性回归的过程中，理性的被贬斥与感性的自我升华是同等重要的过程。"随着性欲转变为爱欲，生命本能也发展了自己的感性秩序，而理性就其为保护和丰富生命本能而理解和组织必然性而言，也变得感性化了。"④ 由此可见，感性，既是单向度的人解放的途径，也

---

① ［德］马克思：《1844 年经济学哲学手稿》，中共中央编译局译，人民出版社 2000 年版，第 85—86 页。

② ［美］赫伯特·马尔库塞：《爱欲与文明》，黄勇、薛民译，上海译文出版社 2005 年版，第 138 页。

③ ［美］赫伯特·马尔库塞：《爱欲与文明》，黄勇、薛民译，上海译文出版社 2005 年版，第 162 页。

④ ［美］赫伯特·马尔库塞：《爱欲与文明》，黄勇、薛民译，上海译文出版社 2005 年版，第 172—173 页。

是自由的个体进行自由活动的家园。

总之，回归感觉，从意识向原初状态回返说就是还原，从生命活动不同阶段的关系说就是超越，从意识或生命活动被压抑的解除说就是解放。角度不同，但回归感性的内涵是相同的。

4. 感性回归的新状态——纯粹感觉、纯粹感性

关于审美主体的存在状态，学术界不同的理论家以不同的视点立论，遂有不同的称谓："纯粹知觉"（杜夫海纳），"新感性"（马尔库塞），"新感性"（李泽厚），"超感性"与"即感性"（杨春时）。我们的观点是，经过了还原、超越与解放，一个既不同于感性阶段又不同于理性阶段的纯粹感性阶段出现了，我们把这种存在性的感性称为"纯粹感性"或"纯粹感觉"。

为什么是"纯粹感性"或"纯粹感觉"？"纯粹感性"或"纯粹感觉"具有什么样的规定性？纯粹感性的诞生或建立，是超越中的还原和还原中的超越，这种具有不同向度却又统一的运动，在感性和理性两个环节上均有其不同的表现与功能。

在超越的向度上，就单纯的感性环节而言，感性作为自在的存在，它所具有的是如弗洛伊德所说的本能欲望，是如席勒所说的"感性冲动"。理性环节作为自为的存在，以其特有的观念范铸、改造感性，这是"自然的人化"。自然人化的肯定方面，表现为扬弃了自然感性的功利性，渗透融入了自为理性的社会性（文化性），感官人化使眼睛成为人的眼睛，耳朵变成人的耳朵；情欲人化使生理性欲望升华为包含着具体社会性内容的爱情和意志；单一的生存性感觉提升并丰富为认识的感觉、道德的感觉、实践的感觉、精神的感觉等。自然人化的否定方面，表现为理性对感性的专制性压抑，这就是席勒所说的"理性冲动"。通过抽象理性在自然感性上刻上秩序的印记，把自然感性的功利性转换成了社会理性的功利性。因此，人的"一切肉体的和精神的感觉都被这一切感觉的单纯异化即拥有的感觉所代替"[①]。

---

① ［德］马克思：《1844 年经济学哲学手稿》，中共中央编译局译，人民出版社 2000 年版，第 85 页。

在还原的向度上，就理性环节而言，就是解除理性对感性的压抑；但它对自然人化的肯定方面并不否定，而是把它作为自己的必要的成分包含在自身里面，这固然可以看作现象学的悬置，但悬置不是否定。就感性环节而言，就是回到了感性，把感性推向前台，强化感性的力量和权利；但这是在自由活动的普遍秩序下的强化，是感性本能的自我升华。与理性阶段自然人化中的升华相比，这是升华基础之上的升华。

超越与还原的两个运动向度，感性与理性在往返运动中构成的四个环节，自然与社会两个方面，这一切因素、层次和方面在相互交叉、相互纠缠的极为复杂的综合运动中，最终所显示出来的感性自然就是新感性——"纯粹感性"或"纯粹知觉"。整体性的审美知觉或审美知觉的结构整体，可称为"感觉"，因为"审美知觉采用的形式便是我们所谓的感觉，即感知表现的世界的一种特殊方式"①。之所以称为"纯粹感性"或"纯粹知觉"，是因为在这个还原与超越的运动中，一方面悬置理性意识的抽象性，另一方面悬置了感性意识的功利性，建构了审美意识的自由性。因此，新的感性一方面比感性更感性，比自然更自然；另一方面比理性更理性，比人化更人化。从一般的意义上，我们也可以像马尔库塞一样说："在这种文明中，理性是感性的，而感性则是理性的。"② 在这里，也只有在这里，马克思的下述论断才找到了它的位置，才显示出了作者的本意："共产主义是私有财产即人的自我异化的积极扬弃，因而也是通过人并且为了人而对人的本质的真正占有；因此，它是人向作为社会的人即合乎人的本性的人的自身的复归，这种复归是彻底的、自觉的、保存了以往发展的全部丰富成果的。这种共产主义，作为完成了的自然主义，等于人本主义，而作为完成了的人本主义，等于自然主义；它是人和自然界之间、人和人之间的矛盾的真正解决，是存在和本质、对象化和自我确立、自由和必然、个体和类之间的抗争的真正解决。它是历史之谜的解答，而且

---

① ［法］杜夫海纳：《审美经验现象学》，韩树站译，文化艺术出版社 1996 年版，第 234 页。
② ［美］赫伯特·马尔库塞：《爱欲与文明》，黄勇、薛民译，上海译文出版社 2005 年版，第 138 页。

它知道它就是这种解答。"① "因此，社会是人同自然界的完成了的、本质的统一，是自然界的真正复活，是人的实现了的自然主义和自然界的实现了的人本主义。"② 套用马克思的话，我们说，纯粹感性是人的实现了的感性和自然，是感性和自然的真正复活。

第二节 审美知觉三阶段

关于"知觉三阶段"的审美过程理论，杜夫海纳的表述并不一致。正文中的表述是：显现、再现与思考，而目录中的表述则是：呈现、再现和想象、思考和感觉。为了更准确、更深入地把握审美知觉，需要从以下三个方面加以审视：一是意识还原，二是客体构成，三是主体层次。感觉的回归就是意识还原的过程，审美知觉属于意识还原的纯粹感性阶段，经过还原之后的纯粹感性首先是一个结构整体，其次才是知觉过程。杜夫海纳显然意识到了这一点："知觉本身也是一个整体和统一者。……这些阶段不是发生的先后，它们只表明知觉可能得到的深化。正因为如此，知觉才变成审美知觉。"③ 意识还原是知觉三阶段的结构性根据。"感性—理性—纯粹感性"的超越性经过还原成为审美知觉的倒置结构，"知觉三阶段"就分别构成了这个倒置结构的表层、中层和深层。审美知觉与审美对象之间的意向性关系，意味着审美对象的构成要素与审美知觉的层次结构是相对应的，显现、再现与思考的区分，"显然与我们在审美对象中区分的三个方面——感性、再现对象和表现的世界——相吻合"④，这是"知觉三阶段"客体方面的根据。"在每个阶段，主体都呈现出一个新面貌：在呈现阶段，他是肉体；在再现阶段，他是非属人的主体；在感觉阶段，他是深层的我。主体就是这样先后承受着与体验的世界、再现的世界和感

---

① ［德］马克思：《1844 年经济学哲学手稿》，刘丕坤译，人民出版社 1979 年版，第 73 页。
② ［德］马克思：《1844 年经济学哲学手稿》，刘丕坤译，人民出版社 1979 年版，第 75 页。
③ ［法］杜夫海纳：《审美经验现象学》，韩树站译，文化艺术出版社 1996 年版，第 371 页。
④ ［法］杜夫海纳：《审美经验现象学》，韩树站译，文化艺术出版社 1996 年版，第 371 页。

觉的世界的关系。"① 这是主体方面的根据。以上述三个方面为基本参照,我们对知觉三阶段作一分析,进而确定统一的表述概念。

一 呈现与感知: 在形式与 "肉体" 之间

经过还原,意识回到了身体,与这个包含着精神的身体——"感性肉体"相对应的是审美对象的形式——感性形式。在审美对象的感性形式与审美主体的感性肉体之间,意向性显现为,在前者是"呈现",在后者是"感知"。

杜夫海纳此处所说的审美对象的"感性",不是指作为审美对象整体的感性,而是指作为审美对象构成因素之一的"材料方面"。"因为材料是付诸知觉的,它具有感性的本质"②,更准确地说,它指的是审美对象"材料方面"的"感性形式"。感性形式就是"外观",在呈现层次,外观直接把物显示出来。在审美活动中,与对象的"感性形式"属于同一类、处在同一层次的则是我们的感性"肉体":"物体首先不是为我的思维而存在,它们是为我的肉体而存在的。"③ "审美对象首先是感性的高度发展,它的全部意义是在感性中给定的。感性当然必须由肉体来接受。所以审美对象首先呈现于肉体,非常迫切地要求肉体立刻同它结合在一起。"④

杜夫海纳把审美对象的"感性"与我的"肉体"看作属于同一阶段,即梅洛-庞蒂所说的"前思考阶段",处于"自在的存在"这同一水平。如果它指的是在还原之前,这诚然是对的;如果指的是在还原之后,那么就需要补充说,在"前思考"和"自在"的外观下,已经潜在着"思考"和"自为"。所以,"材料"要向"感性形式"发展,"肉体"已经包含着"精神":"这个肉身不是一个可以接受知识的无名物体,而是我自己,是充满着能感受世界的心灵的肉身。"⑤ 因

---

① [法] 杜夫海纳:《审美经验现象学》,韩树站译,文化艺术出版社 1996 年版,第 484 页。
② [法] 杜夫海纳:《审美经验现象学》,韩树站译,文化艺术出版社 1996 年版,第 171 页。
③ [法] 杜夫海纳:《审美经验现象学》,韩树站译,文化艺术出版社 1996 年版,第 374 页。
④ [法] 杜夫海纳:《审美经验现象学》,韩树站译,文化艺术出版社 1996 年版,第 376 页。
⑤ [法] 杜夫海纳:《审美经验现象学》,韩树站译,文化艺术出版社 1996 年版,第 374 页。

此，二者都具有一种"意向性"，审美对象的"感性"的意向性就是
"呈现"，肉身主体的意向性就是"感知"。"感知"在这里是作为
"知觉的一个存在层次"、作为感觉的组成部分而存在的，严格地说，
此处所谓"感知"指的是感觉和主观的知觉，因此"感知"不是自觉
意识层次上的感性认识，而是非自觉意识层次上的直观活动。

　　知觉都是从呈现开始的。一方面，审美对象的"材料方面"向我
的肉体呈现；另一方面，我的肉体向审美对象开放，接受它们，承受
它们，感知它们，体验它们。所谓"呈现"，即非对象性的自我显示、
自我敞开之意。在存在性的意义上，它"给予"我的肉体。所谓"感
知"，即记录事物的呈现或不呈现，但并不明确辨认它们。"因为对象
本身便是能指，在展开和阐明构成意义的那种关系之前，它自身就带
有自己的意义。"① 所以，"感知"就是去感受一种意义，"被看到的对
象陈述某些东西，例如空气的某种重量告诉海员们要有暴风雨，或者
一种较激烈的声调表示愤怒。但是，一方面，对象是通过自身陈述这
些东西的，并不暗示再现其他什么东西；另一方面，它是向我的肉体
陈述的，还没有以某种再现唤醒肉体的智力之外的另一种智力。我们
就是这样通过构成一个主客体的整体存在于世界。"② 在这种自我"呈
现"中，对象并没有规定我去做任何事情；在这种"感知"中，我仅
仅是向感性开放，感知感性，但并不创造感性。

　　对象的"呈现"与肉体的"感知"使二者结合在一起，达到最初
的同一。审美对象呈现于肉体，但并不停留在自我显现上，而是进一
步"非常迫切地要求肉体立刻同它结合在一起"，它迎合肉体的欲望，
或唤起一个欲望，满足一个欲望，在这样持续地"呈现"过程中，审
美对象的物质材料，从隔膜、疏远、不透明向人的肉体敞开并进入澄
明之境，并在这种敞开中是其所是地完成自身，这就是"感性"，同
时它给肉体带来了纯真的愉快。我的肉体对事物意义的"感知"，并
不是消极地记录一些本身并无意义的外观，也不是勉强去适应它，而

―――――――――――――

① ［法］杜夫海纳：《审美经验现象学》，韩树站译，文化艺术出版社 1996 年版，第 373 页。
② ［法］杜夫海纳：《审美经验现象学》，韩树站译，文化艺术出版社 1996 年版，第 375 页。

是衡量对象的价值，并进行思考或者采取行动，力图对事物施加影响。这首先表现在为审美对象提供统一性；其次表现为让对象进入肉体，在协助对象完成"感性"的同时，使自身感性化；最后肉体自身变成了音乐或绘画。"呈现"和"感知"都是感性的活动，感性与肉体都是在呈现与感知中创造性地生成的，这是新的独立的感性和肉体。所以作为审美对象的感性进入肉体成为主体的新感性，作为审美主体的肉体进入对象成为客体的新感性。"重要的是，呈现不能是无动于衷的或空洞的：我要等同于对象，对象才能等同于对象自身。"①

在呈现和感知阶段，审美对象的"感性"与我的"肉体"达到了自在与自为统一，但在整个审美知觉过程中，呈现阶段仍然处在自在的层次上。杜夫海纳说："审美对象不仅仅是为肉体而存在的，否则最美的作品就是最讨人喜欢的作品了。……伟大的作品不那样去讨好肉体，或向肉体让步。"② 审美对象和肉体自身都存在着向更高阶段发展的可能性，就审美对象的"形式"作为能指而言，它还有自己的所指；就载有精神的肉体而言，精神可以反作用于肉体，肉体因此具有超越自身的要求。在呈现阶段，审美对象的"感性"只是作为什么的感性被把握的，它尚未超出自身；而肉体尽管能够直接达到对象的深处，但它所感知到的意义也只是对于肉体的意义，而对于更多意义的发现和把握则是肉体所不能胜任的。显然审美知觉不能停留在呈现层次，这就需要向再现阶段发展。

二 再现与想象：在对象与"精神"之间

审美对象的材料"感性"作为形式超出自身，走向所指——对象和意义，肉体作为感性主体（肉体主体、肉体的"我思"）超出自身，走向精神（非属人的主体、思考的"我思"）。在审美对象的感性内容和审美主体的感性精神之间，意向性显现为，在前者是"再现"，在

---

① ［法］杜夫海纳：《美学与哲学》，孙非译，中国社会科学出版社 1985 年版，第 63 页。
② ［法］杜夫海纳：《审美经验现象学》，韩树站译，文化艺术出版社 1996 年版，第 379 页。

后者是"想象"。

杜夫海纳的"再现"概念，既指再现对象，也指意义。"感性"的内容就是意义，它构成了审美对象的第二要素："意义方面，当它进行再现时，它具有观念的本质。"① 而"感性"的载体则是再现对象："感性必须依附于一个新的载体，这个新的载体恰恰就是再现对象。画布上的蓝色是圣母穿着长袍的蓝色或风景中远处高山上的蓝色。从而感性仍承担起它的提供信息的天然功能。感性表示和限定一个对象。"② 杜夫海纳又把再现称为"主题"的意指："艺术作品通常都要再现一些东西：它有一个'主题'。通过主题，作品才真正起意指作用，因为材料的感性不仅作为物质手段的属性——如乐器的声色、画布的颜色或石头的纹理——以气味是玫瑰花的气味，蓝色是天空的蓝色那种方式呈现出来，它变成了符号。"③ 当审美对象的材料感性转变成艺术的符号时，"感性"与"再现对象"的关系，就是符号与符号对象的表征关系。

在这个阶段，最难界定的是超越肉体的"精神"及其意向性概念。杜夫海纳承认"我们无法详细陈述精神是什么，如同我们无法详细陈述肉体是什么一样"④。但我们可以根据意识样式的类型，作一个大概的分析。精神是相对于肉体而言的，肉体的意识类型是"感知"，但精神的意识类型呢？"知觉不只限于前思考阶段"，"想象即作为自然之光的'我'承担的观看能力"，"从经验走向思维"，"从无思考到思考"，"思考的'我'思"，如此等等。杜夫海纳的这些分散的用语说明，精神的意识类型是多种类的，包括知觉（认识性知觉）、想象、思考（思维）。知觉与想象属于感性领域的直观行为，思维或思考则属于知性行为。我们固然可以认可杜夫海纳把认知性知觉、想象、思维划作精神领域的作法，但我们必须对此加以补充的是，这是还原之后的精神领域，它已经被感性化了，作为知性的抽象思维（思考）已

① ［法］杜夫海纳：《审美经验现象学》，韩树站译，文化艺术出版社1996年版，第171页。

② ［法］杜夫海纳：《审美经验现象学》，韩树站译，文化艺术出版社1996年版，第351页。

③ ［法］杜夫海纳：《审美经验现象学》，韩树站译，文化艺术出版社1996年版，第348页。

④ ［法］杜夫海纳：《审美经验现象学》，韩树站译，文化艺术出版社1996年版，第382页。

经融化在知觉和想象中，它并不独立地存在。

（一）作为自为精神意向性的"想象"

"从呈现走向再现的过渡是通过想象力进行的，想象力在真实中唤醒了可能。"① 想象是表征不可能存在、不存在或此时此地不存在的对象或事态的能力。杜夫海纳把想象看作是，使人们观看或使人们想到什么的能力。"想到什么"即是对于此时此地不存在之物的联想，"观看"则是一种直观，与知觉的感官直观不同的是，想象是心之感官的直观。想象可以区分出先验和经验两个方面

1. 先验方面

先验方面的想象，是一种观看的可能性。这种观看以"景象"为其关联物，这里所说的"景象"指的是与呈现阶段的作为感性材料的"对象"有别的"形象"，这个"形象"自身是"使对象被人们感受的原始呈现和使对象变成观念的思维这二者之间的一个中项"②。它不是存在于意识中的一种材料，而是意识把自身向对象开放并根据自己之所知从自身深处预示对象的某种方式，它的作用在于使对象作为再现物显现。现在，以"景象"作为意向关联物的想象所面临的问题是：呈现阶段主体与对象形成了一个整体，而意识的自为性在此却要求把这个整体拆开。也就是说必须要完成意识借以与对象对立的、带有一种自为特征并构成一种意向性的运动。这首先需要后退，使意识与对象脱钩，与对象保持距离。在这个意义上，后退就是一种开拓，先验想象力的这种运动是一种光，它使观看成为可能。

后退和开拓这种运动，只有通过时间和空间才有可能。退出现场，就是置身于过去，以便从过去感知未来。时间性的这个原理，体现在再现阶段就是："我只有脱离使我迷失于事物之中的现在才不再由于呈现而与对象合而为一。'再现'的'再'字表示这种内在化。"③ "集中注意力"和"静观"，就是回到过去以便在对象的未来中捕捉对象

---

① ［法］杜夫海纳：《美学与哲学》，孙非译，中国社会科学出版社 1985 年版，第 174 页。
② ［法］杜夫海纳：《审美经验现象学》，韩树站译，文化艺术出版社 1996 年版，第 382 页。
③ ［法］杜夫海纳：《审美经验现象学》，韩树站译，文化艺术出版社 1996 年版，第 384 页。

的心理表现。由于时间与空间的一体性，后退造成的开拓确定空间。空间是一种境域，在这种境域中，"景象"才能出现，观看才有可能。时间与空间的一体性就是这样："我是从过去的深处静观空间里的东西。同时，我之所以能从这一点出发，跟随时间的运动，窥伺未来，预测未来，那是因为空间可以说包含着这个未来。空间永远在那里，而它的这个'永远'就补偿了时间性的'不再'或'尚未'。"① 但空间的"永远在"是不完全给予的，在"那里"，就留有一个"别处"和一个"彼岸"。因此，由朝向过去的运动产生的空间求助于未来，以此走向"别处"和"彼岸"。在空间和时间的辩证关系中出现了客体和主体的辩证关系。

2. 经验方面

先验的想象表示再现的可能性，经验的想象把这种可能变为现实。再现对象因此具有了意义，而且被纳入再现的世界之中。这种由可能性向现实性的转变表现为：第一，调动知识。此处所谓"知识"不是概念性和推理性的知识，而是指形象的一种潜在状态，作为形象的意向关联物的可能事物。"想象力之调动知识，不是完全以它主动引起联想的方法而是顺着肉体本身在呈现方面首先获得的经验来调动的。"② 第二，把经验获得的东西转变成可见的东西，使之接近再现。想象的第一种作用，侧重于与肉体的连接能力；而第二种作用则是强调联想即"想到什么"的能力。"先验的想象打开了一个给定物可能出现的领域，经验的想象则充实这一领域，它不增殖给定物，而是引起一些形象。"③ "形象"这个令人困惑的概念，实际上，它指的就是再现的第二个方面——意义。呈现阶段的"形式"，与再现阶段的"再现对象"和"意义"，构成了符号的三元关系。"再现对象"与意义结合为一体，成为审美对象的构成要素之一。当通过联想把意义与对象结合在一起的时候，先验想象的可能性向经验想象的现实性的转变就完成了，先验想象与经验想象在此达到了统一。

---

① ［法］杜夫海纳：《审美经验现象学》，韩树站译，文化艺术出版社 1996 年版，第 384 页。
② ［法］杜夫海纳：《审美经验现象学》，韩树站译，文化艺术出版社 1996 年版，第 385 页。
③ ［法］杜夫海纳：《审美经验现象学》，韩树站译，文化艺术出版社 1996 年版，第 386 页。

3. 在自然与精神之间

先验想象与经验想象的统一，显示了想象的两面性：既是自然又是精神。"在作品经验的想象使从呈现的经验中继续下来的知识复活时，它属于肉体；"① 这是自然的显现。"在想象允许我们用感知之物代替体验之物的情况下，在它引进一种不完全是不呈现、而是在构成再现的存在之中的这种距离，即对象摆在我们面前，相隔一段距离，可以望见并随后可以加以判断的距离，从而打破呈现的直接性的情况下，开拓思考"②，这是精神的显现。自然的一面联结着感知，精神的一面联结着思考。亚里士多德认为，想象居于知觉与思维之间。杜夫海纳认为，想象植根于肉体，是精神与肉体之间的纽带。海德格尔认为，想象力是一种在某个特有的双重意义上的形象能力，一是直观能力，二是不依赖于可直观者的在场的能力。作为前者，它就是在图像（外观）获得之意义上的形象活动，具有接受性；作为后者，它实现自身，即创造和形象出图像，具有自发性。"如果接受性意味着感性，自发性意味着知性，那么，想象力就以某种特定的方式落入两者之间。"③

在知觉与思维、自然与精神之间，并不是说想象居于这样一个固定的位置上，而是说想象所具有的一种往返运动：肉体的精神化，精神的肉体化。想象产生的呈现层次和想象开拓的再现层次之间的彼此关联、互为补充、相互生成的关系，充分说明了这一点。在肉体精神化的过程中，呈现层次的经验（包括材料与感知）成为再现层次取之不竭的源泉，康德的知识论对此说得很清楚：我们的一切知识从感官开始。精神的肉体化过程包含两个方面，一方面，再现层次把呈现层次纳入自身，让它成为自身构成的一个环节。"因而在高级层次，肉体并没有不存在，因为再现承继着肉体所经验的东西。此外，肉体自身也为再现作准备。作为不确定性的中心，肉体已经自动地开始作这

---

① ［法］杜夫海纳：《审美经验现象学》，韩树站译，文化艺术出版社1996年版，第388页。
② ［法］杜夫海纳：《审美经验现象学》，韩树站译，文化艺术出版社1996年版，第388页。
③ ［德］海德格尔：《康德与形而上学疑难》，王庆节译，上海译文出版社2011年版，第123页。

种使我们达到再现的运动。"① 另一方面，精神回到肉体，让知识变成身体的习惯。文学家的"拿起笔来写"，画家的"只有当画笔在手的时候才谈得上思考"，说的就是精神回到肉体的事情。因此，可以说，"我们不是嫁接在肉体上的精神，也不是精神衰退的肉体，我们永远是变成精神的肉体和变成肉体的精神"②。从想象所处的这个地位来说，它"既是自然，又是精神，它带有人的地位的全部二律背反。因为它是自然，所以它使我们与自然协调一致；因为它是精神，所以我们能够超越自然、思考自然"③。

（二）想象使再现对象打开了一个自己的世界

通过材料感性，通过感知，我们走向了再现对象。但再现对象不会停留于对象自身，在感知的基础上，作为精神的想象借助于意义使对象超越自身打开了一个更为阔大的时空境域——世界："再现即使不是模仿，也倾向于使对象从它的圈子中突现出来，赋予对象以唤起自己可以存在的那个世界的能力。"④ "在主体中。想象力首先是统一感性的能力。……想象力在统一的同时，使对象无限发展，使它扩大到一个世界的全部范围。它不在真实的事物上增添想象的东西，而是把真实的东西扩大成为想象的东西，一个仍然是真实之物的想象之物。"⑤ 但在这个阶段，"唤起自己可以存在的那个世界"还仅仅是再现的世界。"再现的世界也以自己的方式拥有被感知世界的时空结构。时间和空间在这里担负着双重职能。它们不但用来展现一个世界，而且对这个世界进行客观的调派，使之成为人物和读者共有的世界。……它们具有足够的客观性，使再现的世界能够以自己仿照的现实世界那

---

① ［法］杜夫海纳：《审美经验现象学》，韩树站译，文化艺术出版社 1996 年版，第 382—383 页。
② ［法］杜夫海纳：《审美经验现象学》，韩树站译，文化艺术出版社 1996 年版，第 389 页。
③ ［法］杜夫海纳：《审美经验现象学》，韩树站译，文化艺术出版社 1996 年版，第 389—390 页。
④ ［法］杜夫海纳：《审美经验现象学》，韩树站译，文化艺术出版社 1996 年版，第 204 页。
⑤ ［法］杜夫海纳：《美学与哲学》，孙非译，中国社会科学出版社 1985 年版，第 67 页。

种方式被人们辨识并成为客观世界。"①

　　但再现的世界不是一个真正的世界，它不自足、不确定、不完整，而审美对象的世界却恰恰是作为一个自足、确定、完整统一的世界系统而存在的。审美对象的统一，既是所感知的外观统一（当外观严格构成时），又是所感觉到的、由外观再现的或确切地说来自外观的一个世界的统一；它既是再现之物的细节的统一，又是超越了再现之物细节统一之后的精神的统一、气氛的统一；一句话，这个审美对象的统一就是审美对象所展现的一个世界的统一。再现的世界显然没有做到这一点，而同时作为精神意向性的"想象"也还不具备审美主体所应当具有的精神的宽度和深度。所以，再现要走向表现，想象要走向感觉。从审美对象的角度看，"艺术从它再现的最低微事物中解放出一种奇异能力，因为再现超越自身，走向表现。或者如果愿意这样说的话，因为主题在艺术中变成了符号"②。在再现阶段，主题是现实符号的意指；而在表现阶段，主题则成了另一种意指的手段，即杜夫海纳所说的"在艺术中变成了符号"。从审美主体的角度看，"艺术家的任务不是模仿对象，而是表现对象，或者可以这样说，他应该解除客观认识加在对象身上的禁令，给对象以喉舌，让对象自己去表述"③。

三　表现与感觉：在世界与 "情感" 之间

　　"再现的世界"仅仅是审美对象的世界的躯体，它需要一个支撑身体的灵魂，这就是"表现的世界"；审美对象在表现中获得的既是自己的最大意指作用又是感性的最高度的统一。非属人的思维的主体超越自身走向打开深层的我的情感先验，感性肉体、思维主体与情感主体共同构成了作为审美主体的纯粹感性主体。在审美对象的有机统一的整体世界与作为审美主体的纯粹感性主体之间，意向性显现为，在前者是"表现"，在后者是"感觉"。这正如杜夫海纳所指出的："再现是表现的一个契机。被表现的是一个独特的世界，被再现的对

---

① ［法］杜夫海纳：《审美经验现象学》，韩树站译，文化艺术出版社 1996 年版，第 206 页。
② ［法］杜夫海纳：《审美经验现象学》，韩树站译，文化艺术出版社 1996 年版，第 355 页。
③ ［法］杜夫海纳：《审美经验现象学》，韩树站译，文化艺术出版社 1996 年版，第 354 页。

象只不过是这世界的一个居民和见证人而已。公正地对待作品，就是深入这个世界而不停止在显示它的确定的对象面前；而要做到这一点，就必须让自身受感性渗透，让自己被感性诱惑：当知觉升华为情感时，这种既解放想象力又解放悟性的魅力便在知觉中完成了。"①

审美对象是一个"自在－自为－为我们"的准主体，作为主体，它需要有一种表现自己和传达的意志，并具有发出符号和自我外化的能力，就是说主体具有表现性。而表现，就对象一极来说，就是超越自身，走向一种意义。就主体一极来说，表现主体就是揭示主体的世界，它使我们成为我们表现的东西，它在构成一个外部时创造了一个内部。因而才有一种内心生活的可能。所谓超越自身，就是对自在的升华，就是用意义之光照耀自己，把冷漠、不透明、自足的"自在"转化为一个透明的世界。所谓意义，不是给再现指定的显明意义（即非知性意义），而是投射一个世界的更为根本的意义。"而这种意义的光辉——气氛的特质——使对象产生出新的面貌。中世纪圣母领报瞻礼的百合花，在即刻出现的纯洁与信仰的世界中盛开时，散发出怎样的异香！古籍的彩色装饰字母被兰博在他特有的那个神秘和美好的世界里提出来时显示出怎样的色彩！"② 审美对象的整体表现就是感性表现。感性越显著，表现也越显著，感性的最高峰也就是表现的最高峰。

与审美对象的感性"表现"相对应的是审美主体的"感觉"："实现世界需要感觉，而感觉是在表现性对象面前产生的。"③ "我们感觉到这个世界只能显示于一个主体，这个主体不但是它辉煌呈现的见证人，还能够把自己结合到产生它的那个主观性的运动中去，简而言之，这个主体不是把自己变成一般意识去思考客观世界，而是用主观性来回答主观性。这时，审美知觉采用的形式便是我们所谓的感觉，即感知表现的世界的一种特殊方式。"④ 在这个阶段，表现的世界与主体的

① ［法］杜夫海纳：《美学与哲学》，孙非译，中国社会科学出版社1985年版，第129页。

② ［法］杜夫海纳：《审美经验现象学》，韩树站译，文化艺术出版社1996年版，第224—225页。

③ ［法］杜夫海纳：《审美经验现象学》，韩树站译，文化艺术出版社1996年版，第477页。

④ ［法］杜夫海纳：《审美经验现象学》，韩树站译，文化艺术出版社1996年版，第234页。

感觉存在着一种循环。一方面实现世界需要感觉、引起感觉，另一方面感觉使审美对象成为表现性感性。

（一）从理解到感觉

感觉是理解力回到知觉，即回到呈现，再经过想象到达感觉。感觉形成的过程，可用两个命题加以表述：从理解到感觉，从感知到感觉。前一个命题之所以成立，是因为"思维寓于存在之中，它的基础是存在的原始经验"[①]；后一个命题之所以可能，是因为"知觉经过理解力校正之后，可以走向另外一个方向，这正是审美知觉所要采取的方向"[②]。呈现仅仅是审美知觉的第一阶段，感觉不单单回到呈现，它还要继续前行。对此杜夫海纳给出了三点理由：

首先，对象不同。呈现阶段的对象是材料的外在方面，而感觉指向的是对象的内在方面。这种给定物的内在性，是我身上的、客体借以表示其亲密性的某种特质的关联物，是与客体的一种存在方式相对立的一种存在方式。在这里，感觉的对象是主体存在方式的外在化。客体的内在性，同时也就是主体内在性的对象化表现。作为客体和主体共同内在性的就是存在，"感觉不仅把存在作为现实而且也把存在作为深度来揭示，因为存在是作为与自己不同的、不可穷尽的东西而出现的"[③]，"不可穷尽性"恰恰是主客体共同的存在深度。

其次，态度不同。呈现的态度，杜夫海纳没有讲；而感觉的"新态度"，他也讲得不清楚。他所说的可以归结为两个要点：其一，感觉使我自己成为问题：我能还是不能有此感觉，这对我来说就是一种考验，或许还能衡量出我的真实可靠性；其二，用深度对付深度的办法使自己与感觉向我揭示的东西配合一致。联系到前后的论述，他所谓"新态度"，指的应该是，面对感性对象向我显现的存在，我如何进入存在、应合存在。因此，可用海德格尔关于存在的召唤与应合的观

---

① ［法］杜夫海纳：《审美经验现象学》，韩树站译，文化艺术出版社1996年版，第414页。
② ［法］杜夫海纳：《审美经验现象学》，韩树站译，文化艺术出版社1996年版，第414页。
③ ［法］杜夫海纳：《审美经验现象学》，韩树站译，文化艺术出版社1996年版，第415页。

点进行阐释。

最后，阶段不同。呈现寻求再现，而感觉则是达到再现又去寻求其他东西——即由再现过渡到感觉，这是经过理解力校正之后知觉进入的另一个新方向。但它的实现需要两个条件，一是想象必须受到理解力的抑制，正如再现阶段想象受到知觉的抑制一样；二是用一种应该称为本体论的运动把自己向一个应该是我们内心深处感受到的现实开放。"审美经验将向我们表明，最高形式的感觉是一种通过一个中介的间接物。这不仅因为它在再现层次起作用，还因为它对感觉也有一种思考（感觉通过思考得以完全实现）。这种思考与感觉的关系犹如再现与呈现的关系。与呈现的直接性虽然不相同，但相平行的感觉的直接性不是全部感觉。真正的感觉是一种新的直接性。"[①] 为了准确理解这段话，需要作一点必要的解释。"最高形式的感觉是一种通过一个中介的间接物"，是说感觉通过思考才得以完全实现。"思考与感觉的关系犹如再现与呈现的关系"所表明的是，感觉通过思考但却超越了思考。通过思考得以完全实现的感觉是精神感觉，作为真正的感觉，作为最高形式的感觉，它同呈现一样具有"直接性"，但它是"一种新的直接性"，在与对象的贯通中，它需要的不是中介，而是直觉。

（二）作为"存在－深度"的感觉

1. 人的深度

感觉的深度是对有深度的人而言的，因此，需要首先探讨人的深度。人的深度就是人的存在的深度，存在的深度表现为：超越自在的存在，而成为自为的存在。当我的过去、我的无意识、我的遗传性、我的种族等因素仅仅是现成地存在着，而"我只是偶然事件的会合场所，只是无穷无尽的片段事件的产物，只是自然史的一个时刻，那么任何深度都消失殆尽"[②]。但一当我超越自在的存在而进入自为的存

---

① ［法］杜夫海纳：《审美经验现象学》，韩树站译，文化艺术出版社1996年版，第416页。
② ［法］杜夫海纳：《审美经验现象学》，韩树站译，文化艺术出版社1996年版，第441页。

在，我就摆脱了外界偶然事件的影响，成为自我。这时世界的一个新侧面显示于我，我的个性的一个新方面就会发展起来。基于这种认识，杜夫海纳强调："真实的深度存在于我们之所为而不存在于我们之所是之中。"① "有深度，就是不愿成为物"，因为物是永远外在于自身的，被分散和肢解于时间的流逝之中；"有深度就是把自己放在某一方位，使自己的整个存在都有感觉，使自己集中起来并介入进去。……有深度，就是变得有一种内心生活，把自己聚集在自身，获得一种内心情感，亦即普拉蒂诺所说的'意识'一词所明确指出的东西：一个作为肯定能力而不是作为否定能力的自为的浮现。"②

存在的深度与时间紧密相关，但这个时间不是现实的客观时间或物理时间，而是作为内涵的时间，其表现就是"瞬时"。"瞬时"是一个活的敞开的时间域，它容纳了现在、过去与未来。现在、过去、未来，作为这个时间域的环节，相互蕴含，共同绽出。所以，过去成为孕育着未来、开创未来的机会，这样我们就可以有权在过去中寻找深度；现在同样可以包含未来，它指出我们未来的方向。"只有这个瞬时充满我自身，来自我所是的时间而非我所在的时间，深度才能同瞬时发生联系。就是说，深度参照的主要是我，是我的存在的充实性和真实性。它只有在时间是我的情况下，才存在于时间之中。"③ 其实，想一想海德格尔的"存在与时间"就会明白，此在整体存在的何所向的意义就是时间性。因此，我的存在的充实性和真实性，只是在"瞬时"的敞开中才有可能。

2. 对象的深度

对象的深度是感觉的深度的关联物，审美感觉的深度要用它在对象中揭示的东西来衡量。因此，不仅要探讨人的深度，也要探讨对象的深度。从外在时间的角度看，审美对象的深度不是因为它属于遥远的过去。历史久远，固然可以说明它所具有的声望，但是我们却不能用年代去衡量审美对象的固有价值。"就其自身而言，它倾向于逃脱

① ［法］杜夫海纳：《审美经验现象学》，韩树站译，文化艺术出版社1996年版，第441页。
② ［法］杜夫海纳：《审美经验现象学》，韩树站译，文化艺术出版社1996年版，第443页。
③ ［法］杜夫海纳：《审美经验现象学》，韩树站译，文化艺术出版社1996年版，第441页。

历史，倾向于成为它自身的世界和自身的历史的源泉。"① 也就是说，审美对象有它自己所是的内部时间和空间，并以此去同化外在的时间和空间。从形式与内容关系的角度看，审美对象的深度也不是外在形式仿佛作为容器而对内在意义的隐蔽，这涉及对支持和证实"隐蔽"观念的对象的奇异性和困难性的理解。审美对象作为生成着的感性事物，对我们来说，它永远应该是新颖的、陌生的，甚至是令人惊奇的东西。但是，如果惊奇本身仅仅是一个目的，那就偏离了我们对对象本身的感知。即使没有奇异性，"审美对象可以仅仅通过它据以向我们呈现自己的那种平静的必然性来感染我们，使我们转到审美态度上来"②。如果说奇异就是隐蔽，那我们可以说，"审美对象不隐藏任何东西：作品的全部意义都在那里，如果有什么神秘的话，那也是光天化日下的神秘"③。审美对象的晦涩难懂，只是对认识再现对象的理解力而言的，审美感知的最终目的不是对主题的辨识和理性的理解，而是以整个身体和灵魂去感觉对象的魅力。如果说，遥远只是审美对象深度的一种可有可无的符号，那么深度中的晦涩难懂对感觉来说就变成了透明的东西。

审美对象的深度表现在三个层面上，在自在的层次上，审美对象当然是一个物，它具有赖以成为自然的存在密度，这个存在密度就是物所具有的不透明性。在自为的层次上，审美对象在自己的存在密度中有一种自我与自我的关系；审美对象诉诸意识，从而具有意识；它表现自己的作者，从而表现自己。杜夫海纳认为，"审美对象的深度就是它具有的、显示自己为对象同时又作为一个世界的源泉使自身主体化的这种属性"④。自在和自为的统一，构成了审美对象的感性存在。一方面，自为的表现性使得自在层次上的物变成了一个世界的外观，具有了内在合目的性；另一方面，自在的感性特征把自为层次上的主体性表现转化成了存在的感性显现："大海用它的恬静和狂暴，

① ［法］杜夫海纳：《审美经验现象学》，韩树站译，文化艺术出版社1996年版，第447页。
② ［法］杜夫海纳：《审美经验现象学》，韩树站译，文化艺术出版社1996年版，第448页。
③ ［法］杜夫海纳：《审美经验现象学》，韩树站译，文化艺术出版社1996年版，第449页。
④ ［法］杜夫海纳：《审美经验现象学》，韩树站译，文化艺术出版社1996年版，第454页。

用它的波涛威力和它的斑斓色彩，用它的令人望而生畏的深度来感动我们，来向我们诉说。"① 这是审美对象感性存在的深度。

3. 感觉的深度

主体存在的深度属于感觉，当它与审美对象的存在深度相遇时，便成为审美感觉。"正是通过深度，感觉才有别于普通的印象，感觉而非印象才是对象中的表现的担保人。"② 审美感觉的深度标志是：

其一，主体向对象完全呈现，主体属于对象，主体成为对象。因此，对象达到所有那些构成我的东西。这个向对象呈现的主体，不是非个人的意识主体，而是感觉的主体，是深层的我。

其二，审美感觉的"瞬时"，虽然是短暂的当下，因为它消除了现实时间现在与过去和未来的分裂，所以又是永恒的当下。这个"瞬时"的时间场域，赋予我以存在的充实性、真实性和永久性。"我的过去内在于我进行静观的现在，它作为我之所是存在在那里：它不是使我成为因果秩序的终端的一部历史的结果，而是我同我自己联结的一个时间过程发生的场所；我所是的这个过去赋予我的存在以密度，赋予我的目光以敏锐性。如果我仅是一只瞬间性的耳朵，如果我的耳朵没有受过训练，进一步说，如果我不让声音在我呈现给声音的这个自我中回荡并得到反响，我如何能感觉到音乐呢？"③ 在"瞬时"的时间场域中，"我过去所有的这些事件都变成了自我，我在听旋律时，我同意成为这个自我，而不是生活在这个自我的表面"④。

其三，感觉使我向审美对象以及审美对象的世界开放，开放意味着参与对象并把自己结合到在这个展开的世界中。在这里，"意向性"不再指向什么目标，而是一种参与，感觉就是把自己整个存在带进这个世界的相通行为。开放既使我们的内心生活得以显示，而又能达到对象所表现的东西的内心。"问题不再是要把哈姆雷特假装成真的哈姆雷特我们才关心他的际遇，而是要使我们呈现于哈姆雷特的世界，

---

① ［法］杜夫海纳：《审美经验现象学》，韩树站译，文化艺术出版社1996年版，第451页。
② ［法］杜夫海纳：《审美经验现象学》，韩树站译，文化艺术出版社1996年版，第443页。
③ ［法］杜夫海纳：《审美经验现象学》，韩树站译，文化艺术出版社1996年版，第444页。
④ ［法］杜夫海纳：《审美经验现象学》，韩树站译，文化艺术出版社1996年版，第444页。

让我们被他感动，被他侵占。因此，通过这种慷慨，通过感觉加于对象的并非没有热情的这种信任，感觉是有深度的（因为有深度的人就是能够信任别人，在别人身上发现行为中的隐蔽方面的人：在貌似卑鄙的东西中发现尊贵、在貌似渺小的东西中发现伟大，……在貌似没有个性的东西中发现个性，在貌似限定的东西中发现自由）。"①

其四，感觉使我们能够读解审美对象的表现。由于理性向感觉的回归，感觉具有理智无法达到的那种理解力，这是感觉具有深度的最高保证。理性的感性化或者说感性的理性化的结果，就是对象对感觉来说是透明的。但这不是思想的透明性，"而是表现对象的意义的一个符号的透明性，如表现温情的一个微笑的透明性，表现怜悯的一个圣歌的透明性。"② 从纯粹知觉意向性的结构来看，感性化的意义是诉诸纯粹知觉的。这首先是感官，"我等待着：我听，我看，我就会获得意义。意义产生于感知物，感知物通过它被感知"③。尤其是审美的感知，它不可能是消极地被动地记录一些本身并无意义的外观，而是在外观本身之中去发现外观只向辨认它的人交付的一种意义。当然这个审美地看和听，不仅是感觉性的，而且是在感觉中包含了理解，正如叶秀山所言："'听'音乐也和'看'文学作品一样，具有'读'的性质。音乐作品就像绘画作品一样，其意义不在'娱目''悦耳'，而在'读'出它所蕴涵的'意义'。"④ 但是在此需对后一句话作一点纠正，审美中的"娱目"和"悦耳"就已经是在"读"意义。正是由于审美对象意义的充分感性化，或者说感性与意义的完全一致，才使得人在审美活动中达到了感性与理解力的自由协调。

概而言之，审美对象有多少种表现方式，主体的审美感觉就有多少种含义。就审美对象作为主体的言说而言，审美感觉就是用主观性回答主观性；就审美对象的意义是感性显现而言，感觉就是在审美对象的感性显现中通过五官感知并读解意义；就审美对象揭示了主体的

① ［法］杜夫海纳：《审美经验现象学》，韩树站译，文化艺术出版社 1996 年版，第 445 页。
② ［法］杜夫海纳：《审美经验现象学》，韩树站译，文化艺术出版社 1996 年版，第 446 页。
③ ［法］杜夫海纳：《审美经验现象学》，韩树站译，文化艺术出版社 1996 年版，第 37 页。
④ 叶秀山：《思·史·诗》，人民出版社 1988 年版，第 308 页。

世界而言，感觉就是对自己置身于这个世界的感觉，是对于感觉的感觉，是情感感觉；就审美对象能够显现感性观念而言，感觉就是超越对象之上，在天、地、神、人的世界里凌空飞翔的精神感觉。五官感觉、心理感觉、精神感觉构成了审美感觉的整体。

第三节　审美知觉结构要素分析

我们曾说过，审美知觉三阶段是意识还原所体现的倒置结构，但对这个结构的深入分析，还会使我们区分出两个层面：处在前台的是作为感性活动能力的感知、想象、感觉，处在背景的是肉体、思考、情感。"在每个阶段，主体都呈现出一个新面貌：在呈现阶段，他是肉体；在再现阶段，他是非属人的主体；在感觉阶段，它是深层的我。主体就是这样先后承受着与体验的世界、再现的世界和感觉的世界的关系。"① 杜夫海纳的这段话，就是从主体方面对这一结构背景层面的说明。图示如下：

背景	肉体（肉体先验）	理解（知性先验）	情感（情感先验）
前景	感知	想象	感觉

三个阶段，两个层面，当然不是严格对应的，图表所列，仅是一个大概的区分。首先是想象力，它既具有接受性又具有自发性，海德格尔就此指出："想象力不受拘束，在此基础上，康德将它视为比较、成型、联结、区别，及一般说联系（综合）的能力。'想象'指的就是所有那些在宽泛意义上不以感觉为依归的表象：思想、设想、臆想、考虑、遐想之类。因此，'想象力'与一般性的智慧力、分辨力、比较力一道而来。'感觉将物料给予我们的所有表象。其中第一有不依赖于对象的当下而形象出表象的能力，即形象力，imagination（想象）；第二是比较的能力，即智力与分辨力，iudicium discretum（辨别）；第三是不直接将表象和对象相连，而是通过代理进行这一联结的能力，

---

① ［法］杜夫海纳：《审美经验现象学》，韩树站译，文化艺术出版社1996年版，第484页。

即标志能力'。"① 其次是思考，思考属于知性和理性，它与想象力并不严格对应。在认知活动中，想象在感性与知性之间，意识能力的顺序是"知觉—想象—思考"；在审美活动中，思考退而成为背景，渗透、融化在感觉中；杜夫海纳把思考列在审美知觉的第三阶段与感觉对应——"思考与感觉"——是有道理的，但不足的地方在于，他把背景的思考和前景的感觉并列在一起，忽略了审美中理性向感性的回归问题。最后是情感，情感是审美的领域，情感贯穿于审美知觉活动的始终，但为了突出它与感觉的关系，所以把情感与感觉对应起来。但无论如何，这个图表显示出审美知觉的构成因素有：肉体、知觉、想象、思考、情感、感觉。以上因素相互之间在审美活动中构成了非常微妙、极为复杂的关系，对这种关系的详细说明有助于阐明真正的审美知觉。杜夫海纳对上述因素相互关系阐述的根本点在于：立足于肉体，以知觉为限。

一 肉体·知觉·想象

（一）知觉和想象

1. 想象不能作为知觉的根源

把想象作为知觉的根源，来自海德格尔对康德就直观和概念结合问题的阐释。康德认为，感性和知性是人类知识能力的两大主干，通过前者对象被给予我们，通过后者，对象被我们思维。而想象力作为概念和直观之间的第三种能力，承担了联结感性和知性的功能，这就是综合——把各种表象相互加在一起并把它们的杂多性在一个认识中加以把握的行动，而一般的综合只不过是想象力的结果，这是康德基于认识论的立场所看到的想象力的地位和作用。海德格尔基于存在论的立场，把先验想象力这一居间能力阐释为感性与知性两枝干之根柢。他说："将超越论的想象力阐释为根柢，这也就是去阐明纯粹综合如

---

① ［德］海德格尔：《康德与形而上学疑难》，王庆节译，上海译文出版社 2011 年版，第123 页。

何让这两个枝干从其自身中生长出来，保持住它，再从自身返回到这一根柢的扎根活动中去，即回到源初性的时间之中。首先，这个源初性的时间作为源初性的形象活动，将未来、过去和当前之一般合三为一，这样就使得纯粹综合的'能力'得以可能。"① 通过把康德感性直观的纯粹形式时间和空间阐释为源初的时间和空间，海德格尔就把先验想象力安放到了感性和知性共同根柢的位置上。源生性时间使得超越论想象力成为可能，超越论的想象力使得感性和知性成为可能，以此推论，想象就可作为经验性直观的知觉的根源了。

杜夫海纳明确反对海德格尔这个立场，不过他并没有展开正面论述，只是对把想象作为知觉的根源的观点提出的异议作了简略的引述，并表示我们接受这种异议——"强调想象在知觉中的作用，就把知觉首先变成一种表演；这样脱离实践（Praxis）和劳动的认识是虚无缥缈的认识，它不切合现实，必将沦为唯心主义的幻想。因为想象最多不过是一种模仿使用对象的方式，而不是完善对象的方式。想象总使我们处于想象物的威胁之下。"② 这个异议包含着两方面的意思：一是以想象为根源的认识是唯心主义的幻想，缺少真实性；二是把想象排除在知觉之外，就使知觉仅剩了对对象的参与——表演，而缺少了审美感知所首先需要的静观。

2. 想象和知觉不是对立的而是结合着的

萨特主张想象意识和知觉意识是对立的。知觉和想象的不同及其对立表现在：其一，知觉假定其对象是存在的，想象性意识假定其对象不存在；其二，知觉的对象只是以一系列的侧面或投影出现的，它不断地充实着意识；想象的对象则不过是人对它所具有的意识，一下子便表现出它是什么；其三，知觉意识表现为被动的意识，想象意识则具有一种产生并把握意象对象的自发性；其四，知觉瞄准的是现实，它把我们放置在时空对象面前；想象的活动是与现实的活动相反的，它的对象是非现实的。

---

① ［德］海德格尔：《康德与形而上学疑难》，王庆节译，上海译文出版社 2011 年版，第186—187 页。

② ［法］杜夫海纳：《审美经验现象学》，韩树站译，文化艺术出版社 1996 年版，第390 页。

杜夫海纳对萨特的主张进行了辩驳。首先，想象具有两种能力，一是否定现实而肯定非现实，二是超越现实以便回到现实。萨特强调前者而忽略了后者。其次，在想象中，现实与非现实之间并没有一条截然分明的界限，常常是相互隐含，相互转化。有一种非现实，是对现实的预感，可称为前现实。"如果没有这种预感，现实对我们来说就永远只是一种既无空间深度又无时间深度的场景。我只有自身永远承载着世界以便在我身外找到世界，才存在于世界。"① 这些由想象关联物——可能事物构成的前现实，通过知觉，不断转换为现实。预先构成现实，不仅使我们认出现实，而且还使我们参与现实。再次，想象瞄准和注释的经常是现实，梦想、梦境揭示的仍然是现实的一个方面或现实的一个成分。想象活动本身作为人的投射是现实的，它给予现实以意义。想象与现实紧密相连，同现实结成一个难解难分的混合体。最后，想象具有两副面孔，有一种体现非现实的想象和一种体现现实的想象。"体现现实的想象向我们保证隐蔽的和遥远的事物的存在，从而赋予现实以分量。体现非现实的想象是一种特别起劲的想象，它胡乱地体现现实，虚构一个将被经验否认的从未见闻过的世界。"② 想象力之所以能够预感现实，扩大现实的范围，展示可能事物，而且最终转向现实，最根本的原因在于人就生存于现实之中。正是出自这种原因，想象不断与现实会合，超越给定物，走向它的意义。

（二）审美知觉中的想象

知觉与想象的结合，在审美知觉中得到了充分的体现，这就是：想象是审美知觉中的想象。想象的双重性质在于："它存在于肉体，但又脱离肉体。"③ 存在于肉体，意味着它根源于肉体并受肉体的制约。脱离肉体，不是取消与肉体的关联，而是肉体本身模拟着这种脱离："构成对象并坚决要求肉体与对象联合的那些模式同时又是肉体

---

① ［法］杜夫海纳：《审美经验现象学》，韩树站译，文化艺术出版社 1996 年版，第 391 页。
② ［法］杜夫海纳：《审美经验现象学》，韩树站译，文化艺术出版社 1996 年版，第 393—394 页。
③ ［法］杜夫海纳：《审美经验现象学》，韩树站译，文化艺术出版社 1996 年版，第 395 页。

借以从对象向后退以扩大视野的手段。在调排空间时对时间进行测量、计数，加以限定等这些肉体体验的和审美对象唤醒的活动，都把我们与这一对象连接起来，使我们与它处于同步状态，同时，又使我们脱离对象，给予我们一种掌握对象的方式。"① 想象脱离肉体，在此构成了肉体扩大视野的手段和掌握对象的方式。基于想象的双重性质，审美知觉与想象的关系表现为：

1. 审美知觉需要先验想象拉开肉体与对象的距离

审美知觉的矛盾情况在于，一方面要参与，另一方面要静观。"参与"就是要成为对象并体验对象，使对象成为"为我们"的对象。这就是杜夫海纳所说的，"在呈现阶段，通过梅洛－庞蒂所说的肉体先验，这种先验勾画出肉体自身所体验的世界的结构"②。移情体验使我们设身处地，进入对象，达到物我一体。"静观"则是与对象保持距离，作为一个旁观者，在适当的距离去感知。布洛指出："距离是通过把客体及其吸引力与人的本身分离开来而取得的，也是通过使客体摆脱了人本身的实际需要与目的而取得的。"③ 前一句讲的是身体与对象的空间距离，后一句指的是精神与对象的心理距离。杜夫海纳在此立足于肉体，所以他所说的距离指的是空间距离。如何在审美知觉中投射出时间和空间的距离呢？这就需要先验想象力的后退和开拓能力。所以，杜夫海纳把想象在审美知觉中承担的功能定位在"先验"方面："审美知觉到处都需要肉体能体验的，感觉可能是手段的某种脱离，而这种脱离的本原无疑存在于作为拉开距离的先验能力的想象之中。"④

在杜夫海纳所举的"既静观又参与"的例子中，不可避免地涉及心理距离，如观众在剧院里的态度，相当于宗教仪式上介乎信徒与非信徒之间的一种态度；观众对表演的兴趣，"应该是以使他能看下去

---

① ［法］杜夫海纳：《审美经验现象学》，韩树站译，文化艺术出版社1996年版，第395页。
② ［法］杜夫海纳：《审美经验现象学》，韩树站译，文化艺术出版社1996年版，第484页。
③ ［瑞］布洛：《作为艺术因素与审美原则的"心理距离"说》，载《美学译文》第2辑，第96页。
④ ［法］杜夫海纳：《审美经验现象学》，韩树站译，文化艺术出版社1996年版，第396页。

而又不是以使他信以为真，应该是以使他同情剧中人而又不是以把自己与他们等同起来，应该是以紧跟情节的发展而又不是以参与其中，仿佛情节是真的一样"①。"应该是"强调的是肉体对于对象的参与、同情与体验，"又不是"强调的是肉体与对象在心理方面（态度、兴趣）所保持的距离，这也是想象作为精神的"自为"的应有之义。

2. 审美知觉压抑经验想象

审美知觉压抑而非激动经验想象，其原因在于，审美对象给予的景象本身即已自足，毋须再添枝加叶。审美对象给予的景象就是审美对象的世界，这个世界是知觉的世界，它固然需要想象，但却是在审美知觉所划定的界限内的想象。

首先，审美对象的首要意义来自它所再现的东西，也就是说来自一种非现实。作为非现实，也就不需要想象力去注释。普通知觉面对现实对象，要求我们采取行动，想象力勾勒出行动的可能路线；审美对象再现的对象是一个无利害的对象，它要求我们的不是行动，而是对外观的纯粹观照。普通知觉要了解对象，是把对象纳入一个开展行动的外部对象的世界，这就是现实世界；而审美对象在自身内部构成一个独立自足的世界，因此它并不要求我们参照任何外部的东西。想象是同把握这另一个世界相配合的。杜夫海纳此处隐含的逻辑是，想象力是指向非现实的，而审美对象的意义来自非现实的再现对象，因此不需要想象力作额外的注释。其次，想象只是更好地感知审美对象的外观而不是预感其他东西，作为观看的可能性的想象，只是在外观之中而不是在外观之外观看意义。

意义来自非现实的再现对象和在外观之中观看意义，绝对不是说，审美知觉不需要想象，而是说审美对象是某种东西的再现这个基本事实，促使想象力失去任何狂放无羁的性质，也就是说，经验的想象只能在审美知觉划定的界限内发挥其作用。"想象力当然应该活跃于外观直至再现对象获得某种确实性：绘画的线条当然应该为我们构成图形，小说的字句应该构成故事，舞蹈演员的蹦蹦跳跳应该构成一连串

---

① ［法］杜夫海纳：《审美经验现象学》，韩树站译，文化艺术出版社 1996 年版，第 396 页。

舞姿。构成这种具有意义的整体当然需要想象。"① 想象的界限被划定在，再现对象获得整体的确实性。任何超出这个界限而构想的"想象物"、阻塞知觉的"形象"，以及扩大意义的范围编造审美对象之外的另一个世界，都是审美知觉所不允许的。感知画布上阴云密布的天空，就只是感知"云"本身，而不是去虚构雨；听德彪西关于大海的交响诗，如果想到大海的波涛，听者就是一个不懂音乐的人；看绘画查理八世，如果不去感知绘画的外观而去想象再现的历史人物，观看者就阉割了绘画的意义。

就空间艺术而言，表面看，"在三维空间中展开的对象——雕塑对象或建筑对象——似乎都需要想象力根据未来的瞄准点去挖掘空间，并在永远是不完整的外观之外，去完满的把握对象"②。但在这里想象仍然是受到限制的。这表现在，进入纪念性建筑物或教堂不是为了使用，而仅仅是为了观看，"他的观看将是一系列断断续续的呈现时刻——每当他的目光落在整个对象身上或者从整个对象身上看到一个场景的时候就是一个呈现时刻。在这种探索中没有可以想象的未来。这不仅因为每个目光都揭示一个新景象，也因为每个目光都是自足的，并不由于动作的连续性而与其他目光连接在一起"③。普通知觉面对建筑物时，侧显的局限性需要想象力来补充建筑物侧面的或背面的存在。但审美知觉所把握的建筑物是作为一个再现对象而出现的，"在这里，这个再现对象是通过大教堂的外观出现的大教堂的观念。……大教堂作为整个对象，它的天职就是成为大教堂，这种各个部分或各个侧面都是大教堂的大教堂，就是使大教堂在每个目光中都得到再现"④（重点号为笔者所加）。大教堂作为物，我们永远看不到它的硕大总体，总是需要在感知它的部分时，借助想象力来补充。但作为观念，它却整个地呈现在每一个感知中，因而每一个感知都是自足的。

与空间艺术相比，时间艺术的显现需要一个时间过程，一首奏鸣

---

① ［法］杜夫海纳：《审美经验现象学》，韩树站译，文化艺术出版社 1996 年版，第 397 页。
② ［法］杜夫海纳：《审美经验现象学》，韩树站译，文化艺术出版社 1996 年版，第 400 页。
③ ［法］杜夫海纳：《审美经验现象学》，韩树站译，文化艺术出版社 1996 年版，第 400 页。
④ ［法］杜夫海纳：《审美经验现象学》，韩树站译，文化艺术出版社 1996 年版，第 401 页。

曲或一部小说是逐步呈现出来的，而我们的静观也必然有一个过去和未来。但艺术作品的时间与普通的现实时间不同，现实时间需要想象力的激活，使过去和未来活跃起来；而艺术作品的时间则被排斥在现实时间之外，"当我阅读的时候，我只有作品的时间，客观时间和客观世界都化为乌有了：我沉浸在作品之中"①。作为从现实时间中抽取的一个时间，它像是一个现在，一个静观的现在。问题在于，这个静观的现在有没有过去和未来？杜夫海纳说："如果有一个未来的话，那也是它自己的未来，即一个没有偶然性、严格内在于它的现在的未来。作品的统一性如此严密，它的结构如此紧凑，以致它的未来犹如一种意义的发展，这种意义的年代顺序仅仅表明它的逻辑性。……来到这里赋予现在以意义的过去不是从我们的经验深处臆造的或寻求的，而是在作品中直接给予的。"② 未来是现在的未来，过去是赋予现在以意义的过去，现在、过去、未来共属一体。按海德格尔的说法，现在作为时间域，它包含着过去和未来。英加登在论及文学作品再现时间时，表达了更清晰的看法："过去时间阶段（这是我们已经经验过的），以及即将来临的未来各阶段，都只是在围绕着现实的目前时刻的相对有限的范围内，在它们直观的质的确定性中显现。它们几乎总是同在它们之内发生的或将要发生的事件和过程紧密联系的，我们对这些事件和过程可以或多或少直接地感知，或仅仅是想象它们。"③

　　艺术作品中呈现的现在以及容纳在现在之中的过去和未来，它需要的是感知而不是想象。萨特说，在阅读一部小说的时候，我们很少想象。杜夫海纳说，想象不必预测。如果我们的想象力把作品的内容搬进一般的世界和时间，而不是忠实于作品特有的世界和时间，那我们就会错失了审美对象。因此，他的结论是，"真正的艺术作品免除我们想象的劳累，因为只需把作品呈现于精神和感官就足以

---

　　①　［法］杜夫海纳：《审美经验现象学》，韩树站译，文化艺术出版社 1996 年版，第 403 页。

　　②　［法］杜夫海纳：《审美经验现象学》，韩树站译，文化艺术出版社 1996 年版，第 403—404 页。

　　③　［波兰］罗曼·英加登：《对文学的艺术作品的认识》，陈燕谷、晓未译，中国文联出版公司 1988 年版，第 109 页。

理解和把握它，毋须像补充一种模糊的或模棱两可的知觉那样去加以补充"①。即使需要想象，那也仅仅是一种呈现的想象，隐含的记忆。

杜夫海纳上述关于审美知觉压抑经验想象的观点是有其片面性的。实际上，审美知觉只是为想象确立了一个凌空飞翔的起飞点和回归线，而不是为想象划定活动的范围。由此看，审美知觉不仅不压抑想象，甚至鼓动想象，激发想象。正是通过自由地想象，知觉才突破了自身以及知觉对象的时空限制，无限地发展为一个世界。用海德格尔的话说就是：物，物化世界。对于"物"，是知觉；而"物化世界"，则是基于知觉的想象。对此，在《美学与哲学》中，杜夫海纳有了新的表述："在审美知觉中起作用的、使审美感性更加敏锐的东西，就是想象。这丝毫不是永远不受知觉抑制的那种令人忘乎所以的和兴奋得发狂的想象，而是那种有支配能力和令人激动的想象。"② 对主体而言，想象力首先是统一感性的能力。正是想象，使审美对象的感性成为一种想象的感性。"想象力在统一的同时，使对象无限发展，使它扩大到一个世界的全部范围。它不在真实的事物上增添想象的东西，而是把真实的东西扩大成为想象的东西，一个仍然是真实之物的想象之物。"③ 叶秀山从时间转换的角度对想象在知觉中的作用作了富有启发性的阐释：

> 一般来说，所谓"知觉"作为"静观"只限于涉及"过去"和"未来"，对"既成事实"和"未来设想"之"事实"都可以产生"知觉"，但"眼下""当前"的"现时"，则我们只能有"行动"；但我们已经说过，艺术创作、艺术品正是要把"过去"中的那个永存的"现时"存留下来，所以审美知觉面对的"过去"，只是"类过去"（quasi-given），即不是实实在在的"既成事实"，而是通过"想象"，使其"复活了的""过去"，是活的历史，是要把"过去"中的那一点永恒的"现时"的"自由"呈现

---

① ［法］杜夫海纳：《审美经验现象学》，韩树站译，文化艺术出版社 1996 年版，第 404 页。
② ［法］杜夫海纳：《美学与哲学》，孙非译，中国社会科学出版社 1985 年版，第 65 页。
③ ［法］杜夫海纳：《美学与哲学》，孙非译，中国社会科学出版社 1985 年版，第 67 页。

出来，保存下来，而艺术品中的这种"自由"和"现时"又不是真的"现时"，而是通过"想象"的作用的"类现时"（quasi-present）。我们看到，审美知觉中的这种转换，都是通过"想象"来进行的。①

二　思考·情感·感觉

（一）理解与想象

1. 理解力

杜夫海纳对理解力作了如下的规定："理解力是统一统觉的工具，它给外观的涌现打上必然性的印记，把实际经验引起的各种联想的偶然统一转变成必然统一。理解力是意识到自身和加于联想的自发性的一种规则的想象力。理解力是再现对象借以成为一个'我思'对象的'规则能力'（pouvoir desrègles）。"② 这与康德对知性的规定相同。康德主张，知性的主要活动是判断，因此也称它为"判断的官能"。他认为，由于存在着相应于每类判断的先天概念（范畴）作为它的逻辑功能，所以知性由十二个范畴构成。因此，知性也是概念的官能，它按照范畴对现象给予综合统一。这样它把直观和概念结合在一起，并使经验成为可能，它是自然的立法者。通观杜夫海纳的论述，理解力就是指知性的判断力。这由他对理解与想象的关系的界定可以看出，"在产生再现的想象和进行判断的理解这二者之间的距离同我们在上文中应该看到的和争议的呈现和再现之间的距离是相等的"③。在知觉与想象和想象力与理解力（知性）之间，不仅距离相等，而且具有同样的模糊关系，低级的和高级的，自然的和精神的，在我们身上既相区别又相结合。

2. 理解与想象的关系

按照杜夫海纳的看法，如果说知觉压抑想象，那么理解力则控制

---

① 叶秀山：《思·史·诗》，人民出版社1988年版，第328页。
② ［法］杜夫海纳：《审美经验现象学》，韩树站译，文化艺术出版社1996年版，第410页。
③ ［法］杜夫海纳：《审美经验现象学》，韩树站译，文化艺术出版社1996年版，第409页。

想象。首先是校正想象，也就是在想象靠不住的时候，"把感知物和想象物这个混合体拆开。对一种知觉进行思考，就是保持镇静，更仔细地看，亦即恢复外观以发现新的意义"①。其次是抑制处于实际经验本原上的想象力，松弛想象力在世界与我之间织成的纽带，以此去发现一种逻辑的而不是经验的原始东西。想象感受的对象之间的关系带有偶然性，而理解则是去思考一种必然的联系。"只有理解力才能宣布一种揭示和排除幻想的必然性，从而承认一个自然的客观性：'这种联系不存在于对象之中，……而是存在于理解力的活动之中'。"②想象力引人围绕着眼前的对象胡思乱想，理解力则引人将眼前的对象纳入概念的确定性以便掌握它。"如果说，想象力给定物带来了丰富性，那么理解力就是给定物的严格性的保证，它还赋予给定物以客观性。"③ 这种客观性的特征在于：第一，我们与对象保持的距离；第二，我们据以在一个整一的世界中、把这个对象作为整一体来把握的那种必然性。

反过来，理解力也需要想象力，因为没有想象力和再现，理解力和认知也就完全无能为力。甚至两者之间需要一种配合，想象力"通过它的那种统一和连结所指事物于符号的能力推动一个世界"，而理解力则把自然理顺，"用同一性或因果性的逻辑关系来说明联想，从而给予联想以规律的地位"。④ 当然，想象力对感性的统一与理解力的统一是不同的，"为什么不把这种统一活动赋予理解力呢？如同康德在《判断力批判》的第二版中所提出的，理解力是'我思'的内阁大臣。因为这里的统一不是一种概念，而是作品在任何综合之前所传递的一种情感。当然，丝毫不是我们自己的状态、我们的欲望、我们的忧虑或我们的欢乐的暗示性的回声，它是一个世界的情感，一个难以用语言表达的、对情感启示的世界的呈现"⑤。在此，融会理解与想象

---

① ［法］杜夫海纳：《审美经验现象学》，韩树站译，文化艺术出版社 1996 年版，第 409 页。
② ［法］杜夫海纳：《审美经验现象学》，韩树站译，文化艺术出版社 1996 年版，第 409 页。
③ ［法］杜夫海纳：《审美经验现象学》，韩树站译，文化艺术出版社 1996 年版，第 411 页。
④ ［法］杜夫海纳：《审美经验现象学》，韩树站译，文化艺术出版社 1996 年版，第 410 页。
⑤ ［法］杜夫海纳：《美学与哲学》，孙非译，中国社会科学出版社 1985 年版，第 67 页。

的情感承担了综合和统一的功能。

3. 两种判断力

杜夫海纳完全接受了康德两种判断力的思想，他对规定性判断力的理解是："它是范畴在最普通的知觉中赖以承担其职能的那种智力活动"，这种职能就是把普通知觉中经验到的特殊归入作为普遍规律的一般，而这个规律是先验地规定的，"它毋须为了在自然中把特殊从属于一般而为自己想出一条规律"①。而反思性判断力则是对"一种自然和我们的认识能力之间的一致性的假定"。在规定性判断中，决定的能力是被忘掉的；而在反思性判断中，我却不能忘记我假设了多样性的统一性。康德说："判断力的原则就自然界从属于一般经验性规律的那些物的形式而言，就叫作在自然界的多样性中的自然的合目的性。这就是说，自然界通过这个概念被设想成好像有一个知性含有它那些经验性规律的多样统一性的根据似的。"② 杜夫海纳对自然形式的合目的性的解释是："我们提出了一个'仿佛'即一种客观性，对于这种客观性，我不能不知道它是打着主观性印记的。同时，我意识到一种绝对的主动性：我不再把对象当作当然的东西，我要求它交代，我期待它回答我提出的某个假说；我的立法只不过是一种愿望，但我知道我在发布这一愿望，期待自然去满足它。我不会不知道我提出的问题是我的问题，因为我也成了问题。我找到的东西就是因为我曾经找过它，也几乎因为我曾经要过它而找到的。"③ 这种通过我的主观性去理解自然的合目的性与康德思路是完全一致的。

同样，杜夫海纳对于两种判断力中的"一般"的解释也与康德一致。康德对规定性判断力中的"一般"的规定是："普遍先验规律"，"只是针对着某种（作为感官对象的）自然的一般可能性的"规律；而对反思性判断力中的"一般"的规定则是：在普遍先验规律中并未得到规定的作为普遍先验的自然概念的变相所必须有的一些规律，是特殊的经验性法则。这就给人一种印象，仿佛反思性判断力中的"一

---

① ［法］杜夫海纳：《审美经验现象学》，韩树站译，文化艺术出版社1996年版，第411页。
② ［德］康德：《判断力批判》，邓晓芒译，人民出版社2002年版，第15页。
③ ［法］杜夫海纳：《审美经验现象学》，韩树站译，文化艺术出版社1996年版，第413页。

般"是被规定性判断力中的"一般"所漏掉和忽略了的，或者说前者是对后者的补充和弥补。杜夫海纳的解释是："决定判断力中的一般就是仅仅与'一个自然的可能性'有关的纯粹理解力的先验根源，而在反思判断力中一般则是就较为特殊的规律而言的一种一般规律。但这种规律仍然是经验的，同时作为经验的东西，它'根据我们的理解，又是偶然的'，因为这时，问题不再是一个自然的可能性，而是经验地给予的一个自然的可理解性。"① 至此，可以说杜夫海纳在两种判断力问题上与康德是亦步亦趋的。但接下来，我们就看到了两者的区别。

对康德而言，贯穿于两种判断活动中的是理解力或思考；而对杜夫海纳而言，理解力的活动不是判断力的唯一表现，也不是知觉的最后高潮。因为，"在对象面前，我们可以比在使用决定判断力时更深地介入"，而这时，与对象的相通"就可能比我们在构成活动中更为深刻"②。因此，他提出我们不必遵循在康德思想中这种思考所走的道路，而是从理解通向感觉："自然与我之间的这种亲缘关系，不仅通过思考得到理解，而且——尤其审美经验中——在对象与我之间的一种相通中被感受到，而这种相通就是通向感觉的一条途径。"③ 如果杜夫海纳对此思考得更为彻底的话，他就会看到，其实，反思性判断已经不是理解而是一种感觉活动了。

从理解到感觉走的是一条还原之路，即理解力在从规定性判断走向反思性判断时，悬置了事物的概念而回到了对象之形式，这是原初知觉所在的地方。但因为是从理解回到知觉，理解沉淀为知觉的深层结构，原初知觉因此转化为感觉。只有立足于这个角度，我们才能真正理解杜夫海纳下述讲法：

> 感觉不单单回到呈现。④

---

① ［法］杜夫海纳：《审美经验现象学》，韩树站译，文化艺术出版社1996年版，第412页。
② ［法］杜夫海纳：《审美经验现象学》，韩树站译，文化艺术出版社1996年版，第413页。
③ ［法］杜夫海纳：《审美经验现象学》，韩树站译，文化艺术出版社1996年版，第414页。
④ ［法］杜夫海纳：《审美经验现象学》，韩树站译，文化艺术出版社1996年版，第415页。

知觉在其中得到完成的这种感觉不是情感，而是认识。①

感觉具有一种思维功能：它揭示一个世界。②

感觉是纯洁的，因为它是接受力，是对某个世界的感受，是感知这个世界的能力。③

感觉在超越外观行使思维功能时实际把握的是表现。④

由此可以看出，感觉既是对理性（知性和理性）的超越，同时也是对感性（原初知觉）的超越，它已成为纯粹感性。

（二）思考与感觉

1. 两种思考

对审美对象的思考分为两种，一是对审美对象的结构的思考，二是对再现对象的意义的思考。前者把审美对象作为一个认识对象，思考者首先与对象脱离，然后肢解对象，在此基础上对它作分析性和批判性考察。"我观看它是如何制作的，我对它进行某种检验，我设法揭示一些制作秘密。对象不再作为对象向我询问了，而是我通过自身的活动，把对象作为我可以重建其创作过程或至少可以鉴赏其结果的一种作为的产物去向它询问。因此，我脱离了作品，把整体的感知代之以分析性的感知。"⑤ 实质地说，这不是审美活动，但它会对审美活动产生一些帮助：其一，弄清对象的整体；其二，增进对作品意义的理解。后者是一种寻求阐释的思考，思考者依附于对象，把对象作为一个整体进行整体性的感知。他进入对象，不是为了分析对象，而是为了体验对象。他进入对象也就是进入对象所生发的世界。阐释就是揭示审美对象作为一个物的含义，"这个物的意义应在它的前后背景中寻找：云彩的意义存在于它的预兆的雨中，或者存在于

①　［法］杜夫海纳：《审美经验现象学》，韩树站译，文化艺术出版社1996年版，第416页。
②　［法］杜夫海纳：《审美经验现象学》，韩树站译，文化艺术出版社1996年版，第417页。
③　［法］杜夫海纳：《审美经验现象学》，韩树站译，文化艺术出版社1996年版，第418页。
④　［法］杜夫海纳：《审美经验现象学》，韩树站译，文化艺术出版社1996年版，第418页。
⑤　［法］杜夫海纳：《审美经验现象学》，韩树站译，文化艺术出版社1996年版，第427页。

先前的酝酿下雨的大气状态中，总之存在于对象所依据的和所包含的东西之中"①。在这种整体性的感知中，用"揭示""寻找"这样一些词语来表达对审美对象意义的阐释也是不准确的，因为它过多地强调和突出了人的主体性。实际上，所谓依附性思考，就是我服从作品，而不是作品服从我，"我听任作品把它的意义放置在我的身上。我不再把作品完全看成是一个应该通过外观去认识的物（因此根据批判性的思考，外观从来不为自身具有什么价值，也不为自身表示什么），而是相反，把它看成一个自发地和直接的具有意义的物（即使我不能说清楚这种意义），亦即把它看成一个准主体"②。因此，所谓阐释对象的意义，就是感知对象的意义。至此，我与对象构成为主体间性的关系，思考成为我与对象之间的"交感思考"。一方面，我们固然可以说，经过思考的考验之后才能真正进入感觉；但另一方面，我们更应该说，由于与对象同体，交感思考在感觉中达到顶峰。对于反思性判断，我们曾说它已经不是理解而是一种感觉；对于交感思考，我们也同样可以说它不是思考而是一种感觉。只不过，需要补充的是，它是理解和思考的感觉；或反过来说，它是感觉的理解和思考。

2. 感觉与思考

审美对象既要求感觉又要求思考，要求感觉是因为它是一个感性的整体；要求思考是因为它有建立了它的自律的结构和主题，希望得到客观的认识和理解。杜夫海纳因此说："没有被理解的呈现就没有被感觉的呈现。所以审美态度不是简单的态度，它不能只要感觉不要判断。它永远在可称为批判态度和感觉态度这二者之间徘徊。"③ 但单纯的思考和单纯的感觉都有其局限性。思考的局限性在于，它从外部来考察对象，把对象压低到客观现实的层次。而感觉的局限性则在于，感觉总有可能迷失在自己的对象之中，回到呈现的直接性，如同相通有可能和盲目的心醉神迷混为一谈，对表现的读解有可能与实际经验的自发回答混为一谈。实际上，感觉的两极是被双重思考——培育感

---

① ［法］杜夫海纳：《审美经验现象学》，韩树站译，文化艺术出版社1996年版，第430页。
② ［法］杜夫海纳：《审美经验现象学》，韩树站译，文化艺术出版社1996年版，第432页。
③ ［法］杜夫海纳：《审美经验现象学》，韩树站译，文化艺术出版社1996年版，第455页。

觉的思考和认可感觉的思考——包围的，因此，"感觉只有作为思考行为，一方面战胜前一个思考，另一方面向一个新的思考开放，才具有思维的功能和价值，否则就会重新跌到呈现的纯粹非思考状态，也就不成其为意识了"①。战胜前一个思考，就是悬置在前的思考；向一个新的思考开放，就是由于在前的思考的培育，感觉变成了思考。

　　表面地看，当审美对象被给予我们，或者说当审美对象作为符号与肉体协调一致，感觉是自发的和即时的。但它有一个前提，即我们有一种先于任何经验的辨识审美对象表现的能力；如果这些表现可以归入情感范畴的话，我们就还有一种对情感范畴的先验知识。作为一种事实上的即时性，感觉有一个开端，"但这种开端不是绝对的。我们是带着全部过去的经验即我们的文化走向对象。乐队指挥一读乐谱就立刻懂得一部音乐作品的结构和意义。音乐作品对他来说是新的，但他的目光却不是新的"②。如果对审美对象的感知是困惑的、混乱的，譬如初听一部音乐作品时得到的是杂乱的声音，初看一座建筑物时感觉仿佛是一座摸不着门径的迷宫。总之，对作品的韵律、结构、方向以及它所蕴含的无穷尽的意义，迟疑惶惑，缺少把握，不能肯定，那么这种感觉是肤浅的，它并不真正是感知。杜夫海纳在此区分了两种感觉：一是呈现的即时性的形式的感觉，二是敦促整个主体去发现整个对象的感觉。前者是表面的，后者则是深入到对象世界的根源的某种情感特质的感觉。

　　由于两者在审美活动中所具有的内在关联性，批判性思考与整体性感觉的关系表现为：首先，思考丰富感知，促进感知，从而培养感觉；同时也认可感觉，听命于感觉，因为"我们的任务不再是认识那些阐释作品创作的技巧和历史，而是了解作品是如何有表现力的"③。其次，感觉启示思考，指导思考，丰富思考，直至融化思考使其成为智性知觉。这时，思考与其说是思维，不如说是感觉。思考和感觉的交替构成审美对象愈益充分理解的、辩证的前进运动，但这种相互关系，这种交替运动，是垂直发生的，而不是平行发生的。总之，"审

①　［法］杜夫海纳：《审美经验现象学》，韩树站译，文化艺术出版社 1996 年版，第 456 页。
②　［法］杜夫海纳：《审美经验现象学》，韩树站译，文化艺术出版社 1996 年版，第 457 页。
③　［法］杜夫海纳：《审美经验现象学》，韩树站译，文化艺术出版社 1996 年版，第 462 页。

美经验在感觉中达到高峰，但又不能脱离考。它处于感觉和思考这二者的交接点上"①。但是怎样从其中一个过渡到另一个，从思考的和有条理的感知过渡到赞同的和狂喜的感知呢？杜夫海纳的回答是求助于意识的自发性和审美对象的召唤，但我们要补充的是，审美对象的召唤和意识的自发性产生于知性回归感性的过程中。

（三）感觉·思想·情感

感觉与思考的关系已经告诉我们，感觉含有智性，具有一种思维功能和认识能力，感觉是理解性的；而由于感觉的启发、指导、丰富和转化，思考则是感觉性的。情感与感觉之间也同样存在着一种相互转化的关系，这里所谓的"情感"，不是指生存主体的日常情绪，而是指经过还原之后具体主体的"情感先验"。情感是人的本源性的存在方式。"先验表示一个主体在万物面前所处的绝对地位，以及主体瞄准、体验与改造万物的方式和主体联系万物以创造自己的世界的方式。……先验就是一个具体主体借以构成自己的、萨特的精神分析应该找出的那种不可还原的东西。"② 对萨特来讲，这不可还原的东西就是作为最后的选择、并使自己成为这种选择的"情结"，它是对存在的选择。对杜夫海纳来说，情感先验不是主体的绝对自由的自我选择行为，而是表现了一个具体主体的存在性质，正是它使审美对象成为可能。当主体把情感先验运用于审美经验时，主体在审美对象身上感觉到了属于对象的情感特质。如果说，情感先验是主体的一种存在方式，那么也可以说，情感特质同样也是对象的一种存在方式。于是感觉成为联结主体与对象情感的根本的纽带。从与主体情感的联系来说，感觉是情感性的，所以它的特点就是认识情感。"我们之所以能够感觉拉辛的悲、贝多芬的哀婉或巴赫的开朗，那是因为在任何感觉之前，我们对悲、哀婉或开朗已有所认识，也就是说，对今后我们应该称为情感范畴的东西有所认识。"③ 从与对象的情感特质的联系来说，感觉

---

① ［法］杜夫海纳：《审美经验现象学》，韩树站译，文化艺术出版社 1996 年版，第 464 页。
② ［法］杜夫海纳：《审美经验现象学》，韩树站译，文化艺术出版社 1996 年版，第 487 页。
③ ［法］杜夫海纳：《审美经验现象学》，韩树站译，文化艺术出版社 1996 年版，第 504 页。

就是感到一种情感。"这种情感不是作为我的存在状态而是作为对象的属性来感受的。情感在我身上只是对对象身上的某种情感结构的反应。"① 在审美知觉中，思想与情感、与感觉，表面看起来似乎隔着一定的距离，但实际上却有着密切的关联和相互转化。以至于"理解和情感是不可分的，理解是情感性的，情感是思想性的，理解不是抽象的概念和判断，情感不是情绪，反思性的情感是一个世界，情感性的反思也是一个世界，它们是一个共同的世界"②。这意味着理解与情感统一于感觉。这就是说，感觉作为审美体验的表现形态，既是情感又是理解，是知与情的高度统一。

第四节　审美知觉的当下性

探讨审美知觉的时间性，需要回到胡塞尔的知觉意识现象学和时间意识现象学。相对于其他意识行为的时间现象，知觉意识的时间性无疑是最原初的。胡塞尔就此指出："感知是这种可以说亲身揪住一个当下的意识，它是原本的当下具有的意识。"③

一　感知的时间视域及其双重意向性

（一）时间视域

在完全排除了客观时间以及对于客观时间的设想、确定、信念之后，剩下的就是意识行进、显现、延续的内在时间。意识的重要特征是绵延，由此产生意识流。这就意味着无论是意识活动本身还是意识的内容都不可能是固定的现在或刀锋似的当下，因为靠一系列固定的"现在"的点的排列是不可能构成意识流的；同样，靠刀锋似的当下也不可能构成一段含有情感意义的旋律，而只能是一系列声音点的机械聚合。可把此原理运用于感知行为中，感知行为和感知的内容都不

---

① ［法］杜夫海纳:《审美经验现象学》，韩树站译，文化艺术出版社 1996 年版，第 481 页。
② 叶秀山:《思·史·诗》，人民出版社 1988 年版，第 331 页。
③ ［德］胡塞尔:《被动综合分析》，李云飞译，商务印书馆 2017 年版，第 345 页。

是一个固定的点，而是一个具有显现的宽度（width of presence）的"持续区段"（duration-block），即包含了当下、过去和将来这三个时态的时间场。我们把这个时间场称为"时间视域"。"每一现在体验，即使它也是一个新出现的体验的开始位相（Ansatzphase），必然有其在前边缘域（Horizont des Vorhin）。……然而每一现在体验也具有其必然的在后边缘域（Horizont des Nachher），而且它也不是一空的边缘域；每一现在体验，即使是一正在终止的体验绵延的终止位相，也必然变为一新的现在，而且它必然是一被充实的现在。"[①] 按照胡塞尔的解说，每一体验的现在都不是一个孤立的与其他瞬间相分离的瞬间，它必然地朝前后两个方向绵延。朝向过去的是滞留，朝向将来的是前摄。现在、滞留、前摄三者之间相互联系相互规定，现在并不仅由现在加以规定，它是在滞留基础上出现的指向将来的现在，所以指向过去的滞留与指向将来的前摄对现在具有规定性；滞留虽离开现在指向过去，但它不是一个空的在前，它仍然与现在相联系，是一个具有现在意义的过去或者说一个具有过去意义的现在；前摄虽指向将来，但因它与现在紧相连接，它已经具有了一种特殊的在场性。

以上论述，已经标明了时间视域的基本结构，原印象处在这个动态的场的核心，处在核心周围的是滞留和前摄。在原印象、滞留和前摄之间没有一条截然分明的界限，在它们之间有的是过渡，这样原印象不断过渡到滞留，前摄则不断过渡到原印象。原印象、滞留和前摄是构成意识运动的三个有机联系的环节，它被胡塞尔看作意识之流的基本单位。这个具有三重结构的基本单位作为一个统一的整体而同时在场，由此构成了意向行为以及意向相关项存在的当下性。

（二）横意向性

原印象、前摄、滞留这三种时刻形成的时间视域是一个连续体，"此知觉在每一相位上都在元印象的—持存的—预存的维度上有其原初时间域，但此相位不断进入一新相位，因此此知觉处于一不断的变

---

① ［德］胡塞尔：《纯粹现象学通论》，李幼蒸译，商务印书馆1996年版，第206页。

化中，处于一不断的流动中：一种新的现在连续地出现，并将在先的现在推向过去，或者，元印象连续地变为持存，变为被变样的持存，如此等等。元印象不断更新，成为一种'存在之实存'的源泉。这些永远新的现在是基本因素，可以说是时间构成之'马达'。"① 以原印象为零点，感知意识朝两个方向伸展，在向后的方向上，当下的知觉拥有一个滞留视域；而在向前的方向上，前瞻则构成了当下意识的敞开的将来视域。原印象、前摄、滞留三个时刻在同一层次上不同相位的移动变化，构成了时间视域的横意向性。

时间视域图表 I：

$$P \longleftarrow\!\!\!\!\longrightarrow U \longrightarrow R$$

U 表示原印象，R 表示滞留，P 表示前摄，←表示原印象对前摄的朝向，→表示意识时间环节的流动方向。

1. 原印象："我们把每一个感知的这种瞬间的纯粹的当下具有——在每一个瞬间都有一个新的当下具有——称为原印象。"② 它是时间意识的最原初样式。

在由"滞留""原印象"和"前摄"所构成的体现统一之内，"原印象"是一个被给予之物的最大现前期，同时也是这个延续客体之"生产"得以开始的"起源点"和绝对开端，是所有的其他的东西从中持续生产出来的原源泉。在这个意义上，它被胡塞尔称为"原制作""原创作""原创立"。从与意向相关项的关系看，"原印象"作为最大的现前期同时也是意识与被意识之物的原交遇期，因此它也被标识为"原感情"或"原感觉"。原印象作为意识零点，是饱和性的意识、本原意识、切身的自身在此的意识、直接拥有的意识和直观意识。

作为时间视域的一个环节，原印象的最大特征在于持续不断地运动变化，"时间构造的连续统是一条变异之变异的持续生产的河流。迭复意义上的各个变异从现时的现在出发，即从各个原印象 U 出发，但始终

---

① ［瑞士］鲁多夫·贝尔奈特、依索·肯恩、艾杜德·马尔巴赫：《胡塞尔思想概论》，李幼蒸译，中国人民大学出版社 2011 年版，第 98 页。

② ［德］胡塞尔：《被动综合分析》，李云飞译，商务印书馆 2017 年版，第 364 页。

向前而行，它们不再只是与 U 相关的变异，而且也是顺序的相互变异，这个顺序是指它们的流动的次序。这便是持续的生产的特征所在。变异不断地造就新的变异。"① 这种持续不断的变化体现在，一方面在朝向前摄的方向上，一再有新的原印象取代原有的原印象；另一方面在朝向滞留的方向上，切身的原印象—现在不断地变化为一个滞留—过去。前者是原印象的持续地增强，后者是原印象的持续地减弱乃至最终消失。

2. 滞留：与印象连续统相衔接的是滞留，滞留是刚刚过去者之回响或"迹象"，或者说是对刚过去者的意识。"一个滞留（retention），这一构成环节向我们提供了关于对象的刚刚流逝之时相的意识，换言之，它使我们觉知到了那个正在沉入过去的时相。"② 就滞留与原印象的关系而言，它是原印象之变异和过渡，"变异"表明它已经不是原印象，甚至也不是原印象的复制。虽然滞留仍然具有一种"印象性"，但它及其意向相关项在滞留意识中不是实项（reell）现存的。"滞留意识实项地含有关于声音、原生的声音—回忆的过去意识，……原生直观地被回忆的声音原则上不同于被感知的声音，或者说，对声音的原生回忆（滞留）不同于对声音的感觉。"③ 从这个角度讲，胡塞尔把滞留称为"原生的回忆"。"过渡"表明作为知觉意识不可分离的部分，它是一"将将过去"，在弱化的或变样的意义上仍然存在着。滞留连续统持续不断地并且一致地与瞬间的现在现实地和本真地被感知之物交织在一起。"如果我们把宽泛意义上的感知称作对在其时间样式中实在之物的本原意识，那么不仅当下感知是感知，而且滞留也是感知，是对在其过去样式中过去之物的感知。"④

滞留的横意向性表现为，它不间断地从一个滞留转变为另一个滞留，在沿着这条河流行进的同时，形成具有一个始终属于起始点的滞

---

① ［德］胡塞尔：《内时间意识现象学》，倪梁康译，商务印书馆 2009 年版，第 133 页。
② ［丹］丹·扎哈维：《主体性和自身性》，蔡文菁译，上海译文出版社 2008 年版，第 69 页。
③ ［德］胡塞尔：《内时间意识现象学》，倪梁康译，商务印书馆 2009 年版，第 65 页。
④ ［德］胡塞尔：《关于时间意识的贝尔瑙手稿》，肖德胜译，商务印书馆 2016 年版，第 466 页。

留系列——一个滞留的滞留的滞留。后面的滞留意向地蕴含所有以前的滞留，以前的滞留是后来滞留的充实，每一个后来的滞留在进展中脱实自身，这就是说，充满的滞留先行，接续的是比较空泛的滞留。作为在后的边缘域，它的终点是模糊而不确定的，但原则上它终止于"过去"。滞留－过去尚属于现在，而过去则是非现在。对应着滞留的是原生的回忆，对应着过去的则是次生的回忆。

3. 前摄：处于原印象之前而对即将到来之物的意识是前摄，前摄体现的是意识与一个被意识之物的本原性前指的意向性关系。前摄的根本特点在于，它既在将来，又属现在，既不在场，又非缺席。说它不在场，是因为它尚未到来；说它非缺席，是因为意识通过对尚未来临之点以先行摄取的方式把前摄之点带入现在。

由于前摄是滞留的"准确对应项"，所以作为在前边缘域（Horizont des Vorhin），"它在本质上不能是一个空的在前，一个无内容的空形式，一种无意义可言的东西。它必然具有一个已过去的现在的意义，后者在此形式中包含着一种过去的东西，一种过去的体验。每一种新开始的体验都必然有时间上在前的体验，体验的过去性是连续被充实的"。① 这种连续的被充实具体显现为，先行的是空泛或比较空泛的前摄，接续的是充实的前摄。前行的前摄意向地蕴含所有以前的前摄，后来的前摄是以前前摄的充实，每一个以前的前摄在进展中充实自身。与滞留同样，前摄性行为通过这种连续的运动自身构成为连续统一体。当这种连续的充实达到饱和度的时候，前摄转化为原印象。

作为在前的边缘域，它的边界线也是模糊而不确定的，但原则上它止于"将来"。前摄－将来属于现在，而将来尚未到来，对应着前摄的是原生的期待，对应着将来的则是次生的期待。

总之，围绕着原印象这个核心，滞留和前摄以意识特有的张力，通过"继后"和"待前"两个方向上的横意向性，生成了时间视域的表层结构。

---

① ［德］胡塞尔：《纯粹现象学通论》，李幼蒸译，商务印书馆1996年版，第206页。

（三）纵意向性

时间视域的三个环节不仅在横的方向上作水平式的持续不断地移动，而且随着这种水平式的运动，同时在纵的方向上垂直式地层层沉积，从而形成时间视域的深层结构。如果说前者是横意向性，那么后者则是纵意向性。

在时间视域双重意向性问题上，我们一方面接受了胡塞尔的概念，另一方面又与他的理解不尽相同。按胡塞尔，双重意向性指的是滞留意向性中所包含的双重性："一个是为内在客体的构造、为这个声音的构造服务的意向性，我们将它称作对（刚刚被感觉的）声音的'原生回忆'，或者更清楚地说就是这个声音的滞留。另一个意向性是对在河流中对这个原生回忆的统一而言构造性的意向性；就是说，滞留是与此相一致的：它是仍然—意识（Noch-BewuBtsein）、持留意识，也就是滞留，流逝的声音—滞留的滞留：它是在它与河流中持续地自身映射中的、关于持续先行了的相位的持续滞留。"① 按照这里的表述，滞留按照对象在时间中的展开而建立被经验对象的连续性就是横意向性，而滞留对意识自身连续的同一性的构造则是纵意向性。或者更简要地说，前者是对意向对象的持续意向，后者是对意向活动的持续意向。"因此，在这条唯一的河流中有两个不可分离地统一的、就像一个事物的两面一样相互要求的意向性彼此交织在一起。"②

在对时间意识"双重意向性"的理解上，我们与胡塞尔有如下的不同点：

第一，双重意向性，不仅仅是滞留意识的，而且是整个时间意识的。即是说，横意向性与纵意向性体现在内时间意识的所有环节。

第二，横意向性是双向的，不是单向的。向后的是前摄→原印象→滞留，朝前的是滞留→原印象→前摄。唯如此，才能保持内时间意识视域的张力。

---

① ［德］胡塞尔：《内时间意识现象学》，倪梁康译，商务印书馆2009年版，第115页。
② ［德］胡塞尔：《内时间意识现象学》，倪梁康译，商务印书馆2009年版，第117页。

第三，横意向性不仅建立被经验对象的连续性，同时也建立意识自身（意向活动）的连续性。基于对后者的此种理解，可把胡塞尔对纵意向性的描述挪移到意识自身的横向连续性上来。他说："有一个纵意向性贯穿在此河流中，它在河流的流程中持续地与自己本身处在相合统一之中。"①

第四，在横的水平方向上，滞留的脱实弱化一旦跨过在后的边缘域便成为过去，同样前摄的空泛一旦跨过在前的边缘域便成为将来。于此可以见出客观时间是如何奠基于内在时间上。

第五，在纵的方向上，时间视域的三个环节携带着意识河流两岸不可分离地交织在一起的意识自身和意向对象两个要素共时地作层层沉积。胡塞尔对滞留意识沉积的描述可以扩展到其他两个环节及其相关意向对象上来理解："这些滞留是关于这河流的各个连续先行的相位的总体瞬间连续性的滞留（在启动环节中，它是新的原感觉，在后继而来的持续的第一环节中、在第一映射相位中，它是先行的原感觉的直接滞留，在下一个瞬间相位中，它是先行的原感觉的滞留的滞留，如此等等）。"②

时间视域图表Ⅱ：

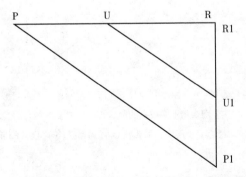

U 表示原印象，R 表示滞留，P 表示前摄，横线表示时间环节从 P 经 U 到 R 的流动。竖线表示时间三个环节的沉积，斜线表示沉积的宽度（此处要表达的是，不仅仅是滞留的沉积，而且是整个时间视域的沉积）。

---

① ［德］胡塞尔：《内时间意识现象学》，倪梁康译，商务印书馆 2009 年版，第 115 页。
② ［德］胡塞尔：《内时间意识现象学》，倪梁康译，商务印书馆 2009 年版，第 115 页。

第六，这种不同时间相位的沉积，不仅体现在一个知觉时间视域单位中，而且更重要的是体现在诸多知觉时间视域单位之间。也就是说，一个完整的意识活动作为整体，也会进入滞留的形态，诸多意识活动也会在滞留中形成一个时间性的层次——一阶、二阶……N 阶。回到胡塞尔对滞留纵意向性的描述："第一个原感觉在绝对的过渡中流动着的转变为它的滞留，这个滞留又转变为对此滞留的滞留，如此等等。但同时随着第一个滞留而有一个新的'现在'、一个新的原感觉在此，它与第一个滞留以连续—瞬间的方式相联结，以至于这河流的第二相位是这个新的现在的原感觉，并且是以前的现在的滞留，而第三个相位重又是一个带有第二个原感觉的滞留的原感觉，并且是第一个原感觉的滞留的滞留，如此等等。"① 我们在此把胡塞尔的滞留意识纵向意向性改变为时间视域意识共时垂直连续沉积。

时间视域图表Ⅲ：

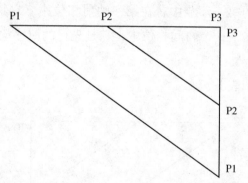

此表以 P（前摄）为例，U（原印象）与 R（滞留）同此，不再列出。横线表示不同前摄的流动，其中 P1、P2、P3 分别表示不同前摄的前后相继，但要注意它们实际上在同一个时间相位点上。竖线表示不同前摄的沉积层次，最先出现的 P1 沉积于底层，P2 沉积于中层，P3 沉积于上层。

第七，时间视域意识的连续沉积，形成当下活的知识与能力储备。它显示为个性化的经验、知识、习性、能力等因素的统一综合，成为时间视域的深层结构。这个深层结构，一方面赋予时间视域的表层结构以意义，另一方面向上赋予前摄以我能和内涵的可能性。正是在这样的意

---

① ［德］胡塞尔：《内时间意识现象学》，倪梁康译，商务印书馆 2009 年版，第 115—116 页。

义上，我们才说，前摄"在本质上不能是一个空的在前，一个无内容的空形式，一种无意义可言的东西。它必然具有一个已过去的现在的意义，后者在此形式中包含着一种过去的东西，一种过去的体验。每一种新开始的体验都必然有时间上在前的体验，体验的过去性是连续被充实的"①。胡塞尔的这段话必须首先放在时间视域的垂直层次上来理解，更进一步说，是垂直层次的基础部分对上层部分的决定与制约。其次，在横向层次上，这个纵向垂直结构使得回忆和期待成为可能，进一步使得我能够任意穿越客观时间对任一客观时间段的回忆和期待成为可能。

时间视域图表Ⅳ：

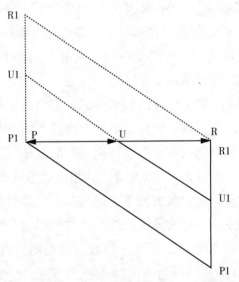

横线：U表示原印象，R表示滞留，P表示前摄，←表示原印象对前摄的朝向，→表示意识时间环节的流动方向。实竖线表示时间三个环节的沉积，实斜线表示沉积的宽度。虚竖线表示随整个时间视域连续沉积而形成的尚未实现出来的前摄可能性，正是它标志着前摄不是空的视域。虚斜线表示垂直层次的上层部分的宽度。

二　知觉行为的分化趋向

1. 知觉的规定

为了强化下面论述的针对性，在此需要对知觉行为作一些基本的

---

① ［德］胡塞尔：《纯粹现象学通论》，李幼蒸译，商务印书馆1996年版，第206页。

规定。首先是知觉行为与其他意识行为的区别，其根据在意向行为的两个构成物之一——"质性"。"质性"是指一种使某种行为能够成为这种行为的东西，例如，它使表象成为表象，它使意愿成为意愿。"如果我们将一个体验称为判断，那么，将它与愿望、希望和其他类型的行为区分开来的必定是它所具有的一个内部的规定性，而非它的外在附加标号。"① 据此，我们可以说，使知觉成为知觉的内部规定性是原初的直观行为。

其次是狭义知觉与广义知觉的区别，在胡塞尔的诸多论述中，涉及知觉或感知的诸多类型，如"感性感知""范畴感知""内感知""外感知""内在感知""外在感知""个体感知""普遍感知""本己感知""陌生感知"，等等。那么什么是原初的直观行为？这就需要用意向行为的另一构成物——"质料"来规定。"质料应当是在行为中赋予行为以特定对象关系的东西。"②

胡塞尔说："知觉是直观的原初样式；它以最原初的状态呈现出来，也就是说，以自身现前的样式呈现出来。"③ 根据以上所述，知觉之所以为知觉，从意向活动方面看，则是我的身体（它是作为唯一现实地在知觉上给予的身体），以及身体的相应的感觉器官及其功能看、触、听等活动；从意向对象方面看，则是具有物体性的感性事物。在知觉意向性活动中，具有物体性的感性事物"以自身现前的方式"向我的身体我的感官"呈现出来"。"以自身现前的方式"，即是说对象自身被给予，"在那儿"被给予，"躯体上"被给予，亲身被给予，在当下事件现前中被给予，在其自存中和"如是存在中"被给予。"呈现出来"，即是说在直观内容的充盈度方面，它都具有最大限度的范围、生动性和实在性。总之，作为对一被知觉物的知觉，它使知觉物呈现达到理想的程度。

---

① ［德］胡塞尔：《逻辑研究》第二卷第一部分，倪梁康译，上海译文出版社 1999 年版，第 476 页。

② ［德］胡塞尔：《逻辑研究》第二卷第一部分，倪梁康译，上海译文出版社 1999 年版，第 477 页。

③ ［德］胡塞尔：《欧洲科学的危机与超越论的现象学》，王炳文译，商务印书馆 2001 年版，第 128 页。

2. 知觉行为的分化趋向

对纯粹感知的规定，显然是一种理论的抽象。在实际感知中，作为知觉往往是混杂的，而且它会产生分化。但是这个规定使我们具有了一个立论的基础，我们可把这个纯粹知觉称为中性化的，这当然不是在胡塞尔不设定的意义上，而是在作为分化基础的意义上的运用。从基本的心理机能看，知觉的分化大约有三种趋向：认知趣向，意愿趋向，自由趋向（作为认知和意愿的超越性的融合）。于是有三种知觉：认知性知觉，意愿性知觉，自由性知觉。这样的知觉分类，也大体上与胡塞尔所划分的三类意向行为相对应：认知一类的理智行为，意欲行为，把握某物价值的感情行为。从质性角度看，认知性知觉是"知觉－思维"；意愿性知觉是"知觉－意愿"；自由性知觉是"知觉－情感"。从质料角度看，认知性知觉的意向相关项是"事物－概念"；意愿性知觉的意向相关项是"事物－价值"；自由性知觉的意向相关项是"意象－情感。"

当胡塞尔把知觉看作是客体化行为时，这个知觉就是认识性的，"知觉属于具有特殊认识论性质的直观自所与行为类别"①。对于胡塞尔的知觉行为而言，这个论断是准确的。认知性知觉的对象虽然是感性的个体之物，但是它已经走在通向抽象概念的路上，具有客观性。意愿性知觉非常近似于日常生活中的普通知觉，它是混杂的。一方面，在自觉意识的层面上，它表现为价值态度和价值观念，具有明确的目的性和功利性；另一方面，在非自觉意识的层面上，它表现为情绪欲望和情感意志活动，胡塞尔所谓的"前谓词经验""原意识"以及作为非客体化行为的情感、意愿、评价等属此。作为知觉，它的对象当然也是感性事物，但它侧重于对事物的需要、态度和感受的如何上，具有主观性。与认知性知觉的认知意向和意愿性知觉的功利意向不同的是，自由性知觉具有情态意向，作为对认知意向和功利意向的超越性的融合，情态意向对于知觉的感性对象取超功利的态度，它悬置了

① ［瑞士］鲁多夫·贝尔奈特、依索·肯恩、艾杜德·马尔巴赫：《胡塞尔思想概论》，李幼蒸译，中国人民大学出版社2011年版，第108页。

对象的内容而专注于其形式，在此基础上，它把现实的感性事物变成了超越事物本身的意象。

认知性、意愿性和自由性三种知觉具有层级关系，意愿性知觉处在底层，认知性知觉处在中层，自由性知觉处在上层，且由低到高逐层奠基。

三　不同知觉类型的时间性分析

如同纯粹知觉会产生分化，知觉的时间性也同样会产生变化和分化。究其原因，恰如罗伯特·索科拉夫斯基所说："对于时间意识的分析只是提供了时间的形式结构。计时并非一切，它只是对时间性对象来说的一个形式。依靠关于时间的'起源'的分析，我们说明不了树木、猫狗、官僚、旗帜、旋律、太阳系、疼痛感、知觉和范畴行为等等的起源。我们只是澄清了这些事物在其中实存并且表现自己的时间层次。"① 当这种时间的形式结构被不同的对象和行为充实的时候，知觉的时间性就会产生相应的变化乃至分化，其呈现形式截然不同于时间性的各种形式。现在我们要做的是，立足于胡塞尔所提供的时间视域的形式结构，对不同类型的知觉做出特定的时间性分析。

对应认知性、意愿性、自由性三种知觉，在纯粹知觉时间视域的基础上，分化产生出了意识时间性、生存时间性和存在时间性。其时间视域体现为认知当下性、生存当下性和审美当下性。对三种当下时间性的分析，仍然要从质性（意向活动）和质料（意向对象）入手。

（一）意向活动方面

1. 存在的设定或不设定

认知性知觉对于其意向相关项具有存在设定的特征，即把对象意指为存在的。意愿性知觉或具有存在设定（如指向现实的意志），或不具有存在设定（如指向理想的愿望）。当具有存在设定时，这两种

---

① ［美］罗伯特·索科拉夫斯基：《现象学导论》，高秉江、张建华译，武汉大学出版社2009年版，第138页。

知觉内涵了"感知"行为的第二个基本含义："感知是存在意识，是关于存在着的对象的意识，并且是关于现在存在着……这里存在着的对象的意识。"① 自由性知觉则经历了"质性变异"，成为不设定行为，即对存在问题的不关心不执态，保持中立。可以说，自由性知觉最典型地体现了现象学的"中止判断""悬置"或"排除"的思想态度。英加登称此为日常经验的停顿、消失，杜夫海纳把它看作"中立化"，也就是说停止任何实践的或智力的兴趣，返回知觉。

2. 知觉弱化或强化的过程性特征

三种知觉活动都具有过程性。"知觉→思维"表达的是认知性知觉的活动过程。由感性认识到理性认识，是一个思维逐步抽象、知觉不断弱化直至达到纯思维，此时，知觉意识转变为纯粹意识。但作为过程性，它显现为中间过渡状态，即在知觉和思维之间，在感性和理性之间。

"知觉→意志"表达的是意愿性知觉的运动过程。知觉在这个过程中同样地不断弱化，直至达到理性意志，此时知觉意识转变为纯粹意志意识。但作为过程性，它同样显现为一系列的中间状态。这个中间状态包含着如下的层级性：意欲、意愿、意志。意欲指本能欲望，它处在底层，与身体密切相关。胡塞尔"把意欲行为看作由自我被动经验的冲动、本能和性向的一种'基础'所促动的。意欲行为感受到倾向于某些有吸引力的、有价值的事物，等等"②。"知觉→意欲"是一个由客体化的感性认知行为向非客体化的感受行为的回复，在此过程中，知觉意识转变为感觉意识。从感性的角度看，这是一个知觉意识得以强化的过程。奠基于意欲之上，置身于知性活动层面的具有明确目的指向性的是意愿（愿望）意识，意愿期待、渴望、指向理想和可能性存在，但它是现实地期待、渴望和指向，并进一步做出决定，但尚未付诸行动。"知觉→意愿"是一个由具有客观性的感性认知行为向具有主观性的现实愿望行为的转变。合"知觉→意欲"与"知觉→

---

① 倪梁康：《胡塞尔现象学概念通释》，生活·读书·新知三联书店 2007 年版，第 503 页。

② ［爱尔兰］德尔默·莫兰、约瑟夫·科恩：《胡塞尔词典》，李幼蒸译，中国人民大学出版社 2015 年版，第 279 页。

意愿"为一体，大体相当于胡塞尔"生活世界"主体极、海德格尔"日常生活"中的此在以及梅洛－庞蒂的身体主体。建基于意欲与意愿之上的是意志，意志是一种实践意识和实践行为，它把意欲的对象和意愿的可能性付诸实行，它朝向的是真正实现的现实。康德把意志看作按照法则概念而活动的官能，它一般相连于自由、自律和自发性，并且与实践理性自身同一。所以说，意志处在理性的层面上，"知觉→意志"显然是知觉的弱化。括而言之，作为垂直的层级结构，意欲、意愿和意志相互交织共属"意愿性知觉"这"一体"。

"知觉→情感"表达的是自由性知觉的运动过程。当知觉运行到情感，或者说当情感融化于知觉，知觉意识转变为情感意识——以情感之、以情觉之——具有情态性的感觉。这是对知觉的最大限度的强化。由现象学的还原看，这是由理性向感性的复归，感性回归的高峰就是感觉。在由感性到理性发展的过程中，感觉是最初的从而也是最简单的；但在由理性到感性的复归中，它是最后的从而也就是最丰富的（马克思说："感觉通过自己的实践直接变成了理论家"）。由马克思的感性活动看，这是对于人的感觉异化的反抗和革命，是感觉的解放，是与"自然的人化"的历史进程相对应的"人的自然化"的历史进程，马克思因此说"历史是人的真正的自然史"。审美感觉具有如下的层次：五官感觉、心理感觉、精神感觉。

"知觉→情感"是一种以自身为目的的纯粹感性的自由活动。杜夫海纳说："审美知觉是极端性的知觉，是那种只愿意作为知觉的知觉，它既不受想象力的诱惑，也不受理解力的诱惑。……审美知觉寻求的是属于对象的真理、在感性中被直接给予的真理。全神贯注的观众毫无保留地专心于对象的突出表现，知觉的意向在某种异化中达到顶点。这种异化可以与完全献身于创作要求的创作者的异化相比较。我们敢说，审美经验在它是纯粹的那一瞬间，完成了现象学的还原。"①

---

① ［法］杜夫海纳：《美学与哲学》，孙非译，中国社会科学出版社1985年版，第53页。

（二）意向对象方面

如果说认知性知觉的认知意向侧重于追求事物对象的本质，意愿性知觉的意志意向侧重于对象事物之合用，那么，自由性知觉的审美意向则侧重于对象的形式和外观。

在意向活动和意向对象之间存在着普遍的平行关系，这也就意味着，在不同的层次中，不仅意向活动的性质是不同的，而且相应的意向对象的存在方式和存在形态也是不同的。在感性的层次上，与素朴的感知、想象这样一种感性直观相应的意向对象是感性的个体之物；在知性的层次上，与符号行为、陈述行为这样一种普遍直观相应的意向对象是抽象的普遍之物；在感受的层次上，与情感、意愿、评价等意向感受的价值论行为相应的意向对象是使人感到如何的感性的个体之物。以此为根据，可基本明确三类知觉所指向和建构的意向对象："知觉→思维"——感性"事物－事态"（个体之物）→抽象"概念－范畴"（普遍之物）；"知觉→情感"——纯粹感性意象。比较特殊的是"知觉→意愿"的意向相关项，因为它含有三个层次。"知觉→意欲"层次的意向相关项是被欲望的感性对象之价值属性；"知觉→意愿"层次的相关项是被期待的、被渴望的、被指向的可能性存在物之价值属性；"知觉→意志"层次的相关项是一种特殊种类的客体，意志本质上是一种实践意向性行为，它没有直观表象，因此，其意向相关项就是实践行为本身，胡塞尔称其为"决定"，即被意欲者（Ge-wollte）。

（三）意向活动与意向对象的时间性关系

意识的意向性，意味着意识总是关于某物的意识。这一命题当然也适用于两者之间的时间性关系。感知意识的时间性，一方面指向自身，另一方面指向对象。意识自身的时间性显现为原印象、滞留和前摄，对象的时间性显现为现在阶段、过去阶段和未来阶段。丹·扎哈维在《胡塞尔现象学》中对此做过特别的强调："原初印象（也被认为是原初表象）是胡塞尔表述我们对对象的现在－阶段的意识的术语，而不是表述现在－阶段本身的术语。实际上，区分对象的不同阶段和意识的以下结构：原初印象－滞留－前摄是非常重要的。滞留和前摄对于原初印象来说并非是过去的或者未来的，而是和它'同时'的。每个意识的现实阶段都包含原初印象，滞留，和前摄的结构。这种三合一的沉浸中心的（ecstatic-centered）结构的相关物，是对象的现在阶段，过去阶段，和未来阶段。对象的现在－阶段有一个视域，但是它不是由滞留和前摄组成的，而是由对象的过去和未来阶段所组成的。"① 区分两者是必要的，但是作为意向相关项，对象的时间视域与意识的时间视域是对应的，或者对于感知意识时间性来说，两者是一体的，胡塞尔把这种时间性的对应称为"相合"。"与一个钟声开始于其中的客体化了的时间点相符合的是相应感觉的时间点。这感觉在起始相位上具有这同一个时间，即是说，如果它以后补的方式成为对象，那么它必然保持着那个与钟声的相应时间点相一致的时间点。同样，感知的时间与被感知之物的时间是同一的一个东西。"②

当知觉产生分化的时候，知觉意识与意向对象的时间性在相合的程度上也随之发生变化。具体表现为三种情况：从逐渐分离到不相合，从有限相合到超越意识的生存性绽出，存在性的同一性相合。

1. "知觉→思维"与对象的时间性关系

随着知觉的逐渐弱化和思维抽象的深化，其初始对象——感性"事物－事态"（个体之物）的时间性与知觉意识的时间性开始不严格对应。当这个过程进展到抽象"概念－范畴"（普遍之物）阶段，两者彻底分离，不再相合。胡塞尔说过："普遍之物在真正意义上并不自身延伸到时间里面去，在真正意义上它不延续，它不增加，并不自身发展到时间里面去。……虽然它在一个时间中给予自身，但是对于是其所是的这个普遍之物，这一时间对此根本不作出任何贡献。尽管这个时间是一个必然形式，在其中这个普遍之物显现，但是它不属于

----

① ［丹］丹·扎哈维：《胡塞尔现象学》，李忠伟译，上海译文出版社 2007 年版，第 86 页。
② ［德］胡塞尔：《内时间意识现象学》，倪梁康译，商务印书馆 2009 年版，第 106 页。

这个普遍之物自身的本质。这个普遍之物循着时间延续是不可分的，它在所有时间部分与所有点中是同一的同一个，因此它也是不变的。"① 在《关于时间意识的贝尔瑙手稿》中，胡塞尔提出了如下的命题："普遍之物是超时间的。"② 概括胡塞尔的意思，普遍之物与意识时间性之间的关系有三：其一，它在一个意识延续的时间中给予自身，而且可以在每一个时间位置被给予；其二，它也随时间意识不同时间相位的接续而运动，但它仅仅是"一个单纯逐点的行为"；其三，它自身并不在时间中延展、扩展，它始终是同一个。总之，结论是绵延不属于它的本质规定。

2. "知觉→意愿"与对象的时间性关系

可从两个层面来考察。其一，在意识的层面上，由于它所意向的是现实的或可能的感性个体对象的价值合用性方面，这个对象在一个时间中给予自身，并随感知意识的时间相位而延续扩展自身，但这个延续扩展限于其合主体的欲求方面，而其他方面则不延续和扩展，它保持锁闭。这可以看作是意向对象与意识时间流的有限性相合。其二，在生存层面上，时间性冲破意识，进入"在世界之中存在"的此在（海德格尔）或身体主体（梅洛－庞蒂），纯粹意识时间性转化为此在的或身体的时间性。行为质性在行为质料中奠基这个命题在此得到了凸显，意向对象（时间质料）开始明显影响意向活动时间（时间形式），时间冲破形式的外壳成为具有特定内涵的时间，其具体形态随生存情况而各有不同。

①由生存的"情况－情势"所决定的时间单元

"在世界之中存在"是此在的生存结构，操心则体现了这个结构的整体性和时间性，生存结构的整体性与时间性是同一的。操心的结构是：先行于自身的——已经在（一世界）中的——作为寓于（世内照面的存在者）的存在。这个结构的源始统一在于时间性，其中三个

---

① ［德］胡塞尔：《关于时间意识的贝尔瑙手稿》，肖德胜译，商务印书馆 2016 年版，第 376—377 页。

② ［德］胡塞尔：《关于时间意识的贝尔瑙手稿》，肖德胜译，商务印书馆 2016 年版，第 388 页。

环节都在时间性中有其根源。先行于自身根源于将来,已经在……中表示曾在,寓于……而存在在当前化中成为可能。将来、曾在、当前构成了此在操心的时间性整体。对于梅洛－庞蒂来说,这个生存的时间视域表现为基于身体知觉场的带着最初的过去和将来双重界域的广义的"呈现场"。它同样包含着现在、过去和将来三个环节,但这是一个无限开放的"呈现场"。其时间视域宽度要视其具体生存的"情况－情势"而定。"在我看来,我不在时间本身,我在今天早晨和即将到来的夜晚,可以说,我的现在就是这个瞬间,但也是今日、今年、我的整个一生。不需要一种综合从外面把各个时刻(tempora)集中在一种唯一的时间里,因为每一时刻已经在本身之外包含了一系列开放的其他时刻,在里面与它们建立联系,因为'生命联系'是和时间的绽出一起出现的。"① 从这里可以明显地看出,时间视域及其每一个时刻(时间相位)都随"生命联系"而被拓宽了。

②时间环节关系的变化

胡塞尔的三个时间环节是前后相继有序地延续流动,海德格尔的三个时间环节则显现出一种相互蕴含的更为复杂的关系——时间性的绽出。其一,作为时间现象的将来、曾在与当前"出离自身"本身,"作为将来的东西,此在向着其曾是的存在能力出离;作为曾在的东西,此在向着其曾在性出离;作为行当前化的东西,此在向着另一个存在者出离"②。所以将来、曾在与当前被称为时间性之三重绽出。其二,这三重绽出在其自身之中以同源的方式相互归属,并在诸种绽出的统一中到时。"作为将来、曾在与当前的统一,时间性并不偶尔才使得此在出离;毋宁说它自身作为时间性便是本源的外于－自己,ekstatikon(希:出离、绽出)。我们在术语上把出离这个特性标为时间之绽出的特性。时间之出离并不是后起的、偶发的;毋宁说将来在其自身之中作为'向－去'就是出离的、绽出的。对于曾在与当前而言情况也是一样的。"③

---

① [法]梅洛－庞蒂:《知觉现象学》,姜志辉译,商务印书馆2001年版,第527页。

② [德]海德格尔:《现象学之基本问题》,丁耘译,上海译文出版社2008年版,第365页。

③ [德]海德格尔:《现象学之基本问题》,丁耘译,上海译文出版社2008年版,第365页。

此在时间性不是现成的存在者，而是它存在，其表现就是"到时候"。时间性如何到时？时间性在每一种绽出样式中整体地到时。"到时并不意味着诸绽出样式的'前后相随'。将来并不晚于曾在状态，而曾在状态并不早于当前，时间性作为曾在的当前化的将来到时。"①这是对诸时间样式绽出的总论，具体到此在生存的具体情况，不同的时间性则有种种不同的到时样式。此在的时间性表现有三：日常状态、持驻于自身的状态、时间内状态（日常的时间）。对以上三方面的时间性阐释，显示出日常性、历史性和内在时间性，这其实就是此在时间性的不同到时样式。

梅洛－庞蒂认为，在事物中没有时间，在意识状态中也没有时间，时间是一种存在关系。这种观点影响到了对时间三个维度之间关系的看法：第一，时序逆转。按胡塞尔，时间顺序是"过去－现在－未来"，梅洛－庞蒂对这个顺序做了一个逆转，即"将来－现在－过去"。"不是过去推动现在，也不是现在推动在存在中的将来；将来不是在观察者的后面形成的，而是在观察者的前面形成的，就像暴风雨是在地平线附近形成的。"②而且，过去、现在和将来不是在同一个方向上，按照前后顺序构成的一系列时间关系，不是时间本身，而是时间的最后记录。第二，与过去和将来相比，现在具有优先地位，因为它是其中的存在与意识一致的区域。所以"我们始终以现在为中心，我们的决定来自现在"③。而过去和将来只有通过现在的意义才能打开方向。第三，时间各个维度相互交织。这主要表现为过去与将来在现在中的交织，现在不是自我封闭的，它追赶着一个将来和一个过去；或者说，现在"只向我不可能再经历的一个过去开放，只向我还没有经历、也许我永远不可能经历的一个将来开放，所以它也能向我没有经历的时间性开放"④。

---

① ［德］海德格尔：《存在与时间》，陈嘉映、王庆节译，生活·读书·新知三联书店1999年版，第398页。

② ［法］梅洛－庞蒂：《知觉现象学》，姜志辉译，商务印书馆2001年版，第515页。

③ ［法］梅洛－庞蒂：《知觉现象学》，姜志辉译，商务印书馆2001年版，第535页。

④ ［法］梅洛－庞蒂：《知觉现象学》，姜志辉译，商务印书馆2001年版，第542页。

3. "知觉→情感"与意象的时间性关系

按胡塞尔，当知觉意向着感性的个体对象时，这个"合感知地向我显现个体对象的时间"与知觉的时间相合，因为对象恰恰是作为被充盈的时间绵延而一点一点地被构造出来的。"个体在时间中构造自身，它在时间中延续，它是一个事件的延续（固持）的基质，是一个被充实的时间片段的延续（固持）的基质。个体时态在原初构造中以个体的原初构造为前提。"① 现实感知与现实个体对象的时间性同时延续并对应性相合，但这是外在的统一性相合。当认知性知觉转化为情感性知觉，当感性个体对象转化为纯粹感性意象，时间性不仅冲破意识的理性限制，而且也冲破了此在生存的功利性限制，最终进入存在的层面。在这种双重的超越中，意识时间性和生存时间性转化为存在时间性。时间性在意识活动和意向对象两方面自由延续并高度相合，登山则情满于山，观海则意溢于海，"情"与"意"的时间性与"山"和"海"的时间性在"登"和"观"的过程中同时显现、共同"到时"，这是内在性的同一和存在性的相合。

①由存在所规定的时间性境域

时间性是此在存在的意义，而时态性则是存在的意义；此在的时间性具有绽出的特征，而存在的时间则具有境域性特征。但两者具有密切的关联，存在的意义使此在生存的意义成为可能，时间境域性特征使时间性的绽出特征成为可能。

与时间性的绽出密切相关，时态性的境域性特征表现为：其一，时间性的每一重绽出都有一个"绽出之何所至"，并构成一个具有"敞开幅员"的"敞开之所"。"每一绽出在其自身之中以某种方式向之敞开之所，我们称之为绽出之境域。境域乃是绽出本身向之外于自己的敞开幅员。出离敞开，且将此境域保持为敞开的。"② 所谓"幅员"，所谓"境域"，是一个划定了界限的"域"。绽出并不提供确定的可能性，但它提供一般可能性之境域，在此境域内一种确定的可能

---

① ［德］胡塞尔：《关于时间意识的贝尔瑙手稿》，肖德胜译，商务印书馆 2016 年版，第388 页。

② ［德］海德格尔：《现象学之基本问题》，丁耘译，上海译文出版社 2008 年版，第366 页。

性可以被期望。其二，作为将来、曾在与当前的本源统一，时间性在其自身之中便是绽出的－境域的。也可以这样说，时态性乃是顾及诸境域图型之统一（而言）的时间性（那些境域图型属于时间性）。显然，本源时间性的绽出特征不可分离于每一绽出所具有的境域特征，绽出时间性与境域时间性总是相伴而生。

时间性之绽出，作为"出离到……"拥有一个既在自己之中，同时又属于它对"出离至何所至"这个形式结构的预先确定，这被称为"绽出之境域"或"绽出之境域性图型"。

其一，时间性三维绽出对应着三种绽出境域图型。因此有作为时间性当前维度的绽出境域图型，作为时间性将来维度的绽出视域图型，作为时间性曾在维度的绽出视域图型。其二，正如三重绽出在其自身之内构成时间性的统一，也总有其境域性图型的这样一种统一在那里对应于时间性之绽出的统一。三种视域图型的综合统一为本源时间性，或者说逸出－境域统一的时间性乃是时间性本身的最本源的时间化，它是存在领会得以可能的最终基础。其三，诸境域时间图型之内在时态关联也总是随时间性之时间化方式而改变的，时间性一向在其绽出的统一之中把自己时间化，以至于一种绽出进程总是随同其他绽出进程一齐变样。

由于海德格尔的存在追问最终走向了审美现象，所以，我们有充分的理由将他的存在的时间性看作审美知觉的时间性，存在的时间境域也就等同于审美知觉的时间视域。

②突出时间三维的相互到达——"在场"

在存在的时间境域三个维度的绽出中，海德格尔突出了"在场"的作用，把"在场"规定为对当前、曾在与将来三个绽出性环节都有效。

首先，海德格尔区分了两种当前：在场状态意义上的当前和现在意义上的当前。现在意义上的当前，指的是作为时间内状态的现在，这样就把当前的现在与过去的不再现在和将来的尚未现在区别开来了。在场状态意义上的当前，则是指本真时间的在场状态。"作为在场状态上的当前与所有属于这一当前的东西就可以叫做本真的时间。"① 这

---

① ［德］海德格尔：《面向思的事情》，陈小文、孙周兴译，商务印书馆1996年版，第12页。

就是说，在本真的时间中，不仅当前，而且曾在和将来也属于这一当前的东西。或者按《现象学之基本问题》中的用语说，不仅当前的绽出境域图型是在场，而且曾在和将来的绽出境域图型也是在场。说当前在场容易理解，而说曾在和将来也在场，则需要接受海德格尔"不在场"也是一种在场的思想。在场状态说的是与人相关涉，而不在场也同样始终与我们相关涉。我们固然从在当前意义上的在场中所认识的方式存在并活动着，我们也同样从不在现在的东西仍然在其不在场中直接地存在并活动着，"也就是说按照与我们相关涉的曾在（Gewesen）的方式活动着，这种曾在并不像纯粹的过去（Vergangene）那样从以往的现在中消失了。毋宁说，曾在还存在并活动着，但却是以其本己的方式活动着。在场在曾在中被达到"①。将来也是如此，"只要不在场作为尚未当前的在场总是已经以某种方式与我们相关涉，也就是说就像曾在那样直接地存在并活动着，将来就绝不会才开始。在将－来（Zu-Kunft）中，在'走向我们'中，在场被达到了"②。

其次，海德格尔进一步把"在场"规定为当前、曾在和将来三个时间性绽出环节的到达。"到来（Ankommen），作为尚未当前，同时达到和产生不再当前，即曾在，反过来，曾在又把自己递给（zureichen）将来。曾在和将来二者的交替关系不仅达到同时也产生了当前。我们说'同时'，并以此把一种时间特征赋予给将来、曾在和当前的'相互达到'（Sich—einander-Reichen），即它们本己的统一性。"③ 它们所相互达到的就是它们本身——它里面的在场。正是这种当前、曾在和将来的相互达到，才使它们具有本己的统一性，进而构成综合统一的时间境域。

最后，本真的时间是四维的。当前、曾在和将来的绽出构成了时间的三维，而从当前、过去和将来而来的、统一着其三重澄明着到达的在场的切近则是第四维。"维度"其意有二：一方面被思为可能测量的区域，另一方面被思为通达和澄明着的到达。从后一层意思讲，在计数上被称为第四维的东西，按事情本身说来则是第一维的东西。

---

① ［德］海德格尔：《面向思的事情》，陈小文、孙周兴译，商务印书馆1996年版，第13页。
② ［德］海德格尔：《面向思的事情》，陈小文、孙周兴译，商务印书馆1996年版，第14页。
③ ［德］海德格尔：《面向思的事情》，陈小文、孙周兴译，商务印书馆1996年版，第14页。

因为三维时间的统一性存在于那种各维之间的相互传送之中，它在将来、曾在和当前中产生出它们当下所有的在场。作为"相互达到"的在场的前提是"使它们澄明着分开"，然后才是"把它们相互保持在切近处"。由此，海德格尔提出了一个命名第四维的含有空间意蕴的概念"近"。"'近'通过它们的去远（entfernen）而使将来、曾在和当前相互接近。因为'近'将曾在的将来作为当前加以拒绝，从而使曾在敞开。这种切近的接近在到来中把将来扣留，从而使来自将来的到来敞开。"① 这个由接近的切近所决定的三重达到的领域，是先于空间的地方。由是，本真的时间被命名为"时间－空间"。"时－空"不是指可以计算的时间的两个点之间的距离，而是指敞开，"这一敞开是在将来、曾在和当前的相互达到中自行澄明的。这种敞开且只有这种敞开，把它的可能的扩张安置到为我们所熟知的空间中。这种澄明着的将来、曾在和当前的相互达到本身就是前空间的（vor-raumlich）。所以它能够安置空间，也就是说它给出空间"②。美国学者波尔特对此作了切中其意的评述："时间－空间是一种时间和空间——更准确地说，是我们某天会在那里发现我们自己的那个瞬间场域。"③

论述至此，我们可以肯定地说，这个本源时间的瞬间场域就是审美知觉当下性的场域。它具有超越性、自由性、象征性。超越性，意谓着超越了意识时间性和此在时间性，回到了时间的最本源层次，同时达到了最高层次。自由性，意谓着解除了意识时间性和此在时间性的视域范围及其维度顺序的限制，走向了小大由之的情意性视域和随情意意向绽出的时间维度。在此，瞬间就是永恒，过去未来就是当下（例如春花秋月何时了？往事知多少！把不同的时间融于当下之问），这就是天、地、神、人四重整体间的映射游戏。象征性，意谓着在再现的意义上它既是现实时间的确指，同时在表现的意义上它又是审美时间的泛指。一天就是一生的隐喻，一个事件的过程就是一个时代的表征，一片树叶的坠落就是人生季节的轮换，如此等等。

---

① ［德］海德格尔：《面向思的事情》，陈小文、孙周兴译，商务印书馆1996年版，第16页。
② ［德］海德格尔：《面向思的事情》，陈小文、孙周兴译，商务印书馆1996年版，第15页。
③ ［美］波尔特：《存在的急迫》，张志和译，上海书店出版社2009年版，第276页。

第四章 感性语言

　　语言构成了知觉主体在审美活动中表达的一个维度。如何看待这种表达？在审美活动中，是谁在说话？是作品自身说话，还是艺术家通过其作品说话？抑或是作品让艺术家说话？它是一种语言吗？如果是，它是一种怎样的语言？

　　杜夫海纳通过对艺术与语言的比较，指出艺术虽不是语言，但它是艺术符号。艺术符号能指与所指之间的关联，不是规定的而是创造的，不是分离的而是同一的，其所指不是确指而是泛指。艺术符号能指与所指的同一，表明意义内在于形式；艺术符号的形式感性，表明形式内在于感性。在艺术活动中，不是艺术家在说话，而是他的作品在说话；如果一定要说是艺术家在说话，那也是作品让艺术家说话；与其说艺术家通过作品向公众说话，不如说作品通过艺术家向世界说话。因此，艺术语言是一种自然的语言、事物的语言，语言在此返回到了自己的根源——原始语言。

　　在批判工具性语言的基础上，海德格尔把语言转向了存在，语言从人的思想的工具最终转变成为存在的道说。存在的语言是聚合着的、无声的、沉默的寂静之音，是语言自身的"语言说"。所谓语言说，是存在自身的显示。与语言说相对的人之说，指的是人的有声的或文字的表达，它包括：理性语言，日常语言，感性语言。理性语言用于认识，日常语言用于此在的生存，感性语言用于人的自由存在。人之说与语言说的关系：一方面，人归属于语言，人之说是对语言之"道说"的回答和应合；另一方面，寂静之音需要人之说，语言说是对人的指令与召唤。人如何才能对道说作出应答，这就要采取"返回步伐"，回到开端，回到源始语言，回到思与诗。思与诗是道说的两种方式，思不是理性思维，而是存在之思；诗则是一个历史性民族的原语言。

梅洛－庞蒂立足于身体来区分两种语言：一种是"被表达的言语""被言说的语言""制度化的言语""第二语言""平庸的散文"，一种是"能表达的言语""能言说的语言""征服性的言语""原初语言""伟大的散文"。前者是科学语言，后者是生存语言。生存语言具有如下特性：身体性，生成性，多样性。语言的身体性表现为三个层次：一是语言基于身体，是身体表达的延伸；二是语言本身具有躯体性；三是语言回归身体回归事物，身体本身和事物本身成为语言。语言的生成性，指的是身体主体在具体情境中对语言的活的使用，活的使用意味着意义对于符号既定关系的消除，以及新的关系的建立。语言的多样性，意味着打破了单一的制度语言的限制，生长出更多的维度和领域，包括主体的多样性（不仅仅是意识主体，而且还有说话主体，文学艺术的主体等），意义与语词关联的多样性，主体与事物、他人关系的多样性，以及由此拓展的世界的多样性。经过语言的现象学还原，我们发现的是存在的语言，但它不是任何个人的声音，它是事物的声音本身，是水波的声音，是树林的声音。当梅洛－庞蒂把存在称为"存在之肉"的时候，存在的语言也就成了"语言之肉"，它是不可见的，但它是感性的。

杜夫海纳的"原始语言"、海德格尔的"寂静之音"和梅洛庞－蒂的"事物的声音"，是对存在语言的不同命名。作为存在的语言，它具有如下三个共同特点：感性，源始，自然。

第一节　原始语言

一个审美的人，一个艺术家，一个作家，是处在审美活动中和他的作品中的作为现象的人。他的活动本身，他的作品本身，毫无疑问是一种表达。如何看待这种表达？在审美活动中，是谁在说话？是作品自身说话，还是艺术家通过其作品说话？或者是作品让艺术家说话？它是一种语言吗？如果是，它是一种怎样的语言？如何理解艺术与语言的关系？杜夫海纳说："当人们把艺术看作语言时，总是想方设法通过语言去理解艺术。也许应该进行相反的动作，即通过艺术去理解语言。语言通过表现能力证实自己的语义功能并实现自己的存在。我们通过表现能力向世界开放并且被卷进了语言，因为每当语言出现于世界，世界就闯入了语言。这表现能力就像语言在语言艺术中找到了它的根源一样，在艺术中找到了它的最好说明。"①

一 艺术与语言

语言可以区分为语言系统（Langue）和言语（Parole）两种成分，言语指个人的实际语言行为，语言指具有普遍性的语法规则系统，它自身是一种抽象，语言只有在具体的言语中才能现实化。但对于艺术而言，则很难找到类似于语言的这样一种具有普遍性的统一的艺术规则系统，这从以下几个方面可以看出。

第一，艺术的历史性。艺术家的创造性实践总是个性化的，总是处在一种无政府状态；而艺术作品则是这种单独创造的结果，它具有艺术的独一性。所以，无论在创作活动中还是在艺术作品的整体中，都不可能显示出一个规则系统所表现的性质。尽管艺术的历史表明有其传承连续的方面，但更为重要的是，"每一件伟大的作品在继承过去的同时取消过去、开辟未来"②。假使有一个艺术的规则，创造也是对这个既定规则的超越。即便是继承，更多的是精神、趣味、境界等非规则的方面，这就是艺术的历史性。杜夫海纳对此说得很直率："没有什么作品的'系统'，每一件作品都排斥其他作品而进行自己的探索。消息确是由对象的差别提供的，但这个对象必须是一个新的、不可预见的和完整的对象；它必须是与众不同的，而不是由不同的成

---

① ［法］杜夫海纳：《美学与哲学》，孙非译，中国社会科学出版社 1985 年版，第 118—119 页。

② ［法］杜夫海纳：《美学与哲学》，孙非译，中国社会科学出版社 1985 年版，第 82 页。

分构成的。"①

第二，作品完善的必然性。使一部作品完善的，也就是使一部作品成为美的作品的，不在于艺术家对艺术规范的必然性的服从，而在于对完善的作品的必然性的感觉。"这种必然性与那种对语言学规范的服从所赋予语链的必然性不属于同一范畴，后者与句法有关。对词和声调的选择所考虑的是如何明确地说出心里想说出的东西，这一选择不像对色彩、比例和声音的选择那样受永恒的完善这种意识的认可。一方面，这种意识事实上与其说是智力活动，不如说是感觉。必然性不是设想的，除非是事后为了给它作解释；必然性只是作为一种明显的感性被感觉。另一方面，如果说只有感觉在说话，那是因为需要判断的是一种可以说是有机的必然性，而不是逻辑的必然性：作品的产生如同动植物的生长发育，它在逐渐成形的过程中肯定并规定了自己的标准的看法，……艺术家在做构思中的作品期待于他的工作时，听从的正是这些要求，他所感到的必然性的情感终于给了他报偿。在这两种必然性之间，在作品的这些要求和代码的强制性之间，没有丝毫共同之处。"②

第三，对象语言和对象艺术的比较。所谓对象语言，指为语言学家存在的语言；所谓对象艺术，指为批评家和美学家存在的艺术。按照语言学家马丁内的语言双层分节机制，语言学家对体现语言的话语连续体进行两次切分，第一次切分出意义单元——词或词素，第二次切分出无意义的区别单元——音位。在意义单元的基础上再进一步分出句子和文本，综合上述若干层次的切分，就可以发现一个完整的语言符号系统：音位—词素或词—句子—文本。音位是语言中能够区别意义的最简单的语音形式，音位本身与意义无关，属于"前意义"层次，但它可以直接与有意义的词相联系，因此成为体现意义的不可或缺的物质实体。词素是语言符号系统中的最小的音义结合体，所谓最小，是说不能再分解。例如，日、月、山、川等，它们是意义单位，

---

① ［法］杜夫海纳：《美学与哲学》，孙非译，中国社会科学出版社 1985 年版，第 82 页。
② ［法］杜夫海纳：《美学与哲学》，孙非译，中国社会科学出版社 1985 年版，第 83 页。

因而有别于音位。词是最小的能够独立运用的语言单位,"独立运用"是指可以自由地充当句子成分,这样的成分以词为最小。词可以是一个词素,也可以是两个或几个词素。词素或词是把意义引入语言形式最为基础的层次,又是连接音位和句子的中间层次。句子是表达完整意思的言语单位,句子的意义是由组成句子的词的意义和词与词结合的语法意义共同体现的。文本是由句子组成的话语单位,作为句子的复合体,文本层次是比句子层次更高也更为复杂的意义层次。把对象艺术与对象语言进行比较,就需要把上述区分运用于各种艺术。

音乐的要素是声音或音符,音符是音乐的词汇,但是与语言的词素或词相比,音符本身没有任何意义,它没有自律的存在。音符只有被演奏出来,附属于它所归入的系统,融化在节奏运动与和声的整体之中才作为一种符号存在,它永远是在音响流量中被掌握的。调性是音符的安排,形成意群,类似于语言中的句子,和声是音乐的语法。在话语存在之前,有语言学的领域——语言的一种自在,但在音乐作品存在之前却不存在音乐领域的自在。音乐只存在于各种音乐之中,这些音乐总是特殊的。"因此它没有一种像语言那样的存在,用它建立起来的对象也不是一种言语。"[①] 所以,"创造性使音乐语言永远不过是音乐家创造动作的散落物;而作品的独特性则使这种一向都只在事后才建立起来的语言永远不起语言的作用"[②]。尽管我们可以把绘画作品分解为一些成分:色彩,点,线条,面,形状,甚至造型的主题,但是这些成分并不像语言中的词一样具有意义,它们的组合也不能构成类似语言的语法结构关系。"绘画让人观看,它显示而不说话。它不是其存在向一种意指超越的能指。它和它所表现的东西之间的关系,不同于词和概念之间的关系,……它不指示它所表现的东西,它就是它所表现的东西。"[③] 绘画本身不是一种语言,也没有任何绘画领域能构成一种为绘画话语所使用的语言,画家在创作时创造自己的语法,

---

① [法] 杜夫海纳:《美学与哲学》,孙非译,中国社会科学出版社 1985 年版,第 91 页。
② [法] 杜夫海纳:《美学与哲学》,孙非译,中国社会科学出版社 1985 年版,第 93—94 页。
③ [法] 杜夫海纳:《美学与哲学》,孙非译,中国社会科学出版社 1985 年版,第 94 页。

但在创造的同时又背离它。画面，作为电影的组成成分，表面上看似乎与语言符号相同，但实际上它与绘画一样，它是它所表现的东西，能指与所指在此是不分的。电影没有任何东西可以符合语言的双重关系，既没有音素，也没有意义词素。电影作为有组织的连续的画面，尤其是镜头的组合——蒙太奇，它的显现就像是一种话语，它含有一种言语，但又不是语言领域的言语。杜夫海纳认为电影确实没有语言。

　　对象艺术与对象语言的比较显示出，无论是从最基本的意义单元还是从具有普遍性的统一的规则系统看，艺术不同于语言，艺术不同于真正的意义系统。如果说艺术有语言的话，那也是被它歪曲的语言。"艺术的语言并不真正是语言，它不断地发明自己的句法。它是自由的，因为它对自身来说就是它自己的必然性，一个存在的必然性的表现。"① 在这种存在的自由中，也就是说在艺术的创造中，在它创造的话语中，艺术总是在违反。这不仅是指对于普通语言的违反，而且是对于艺术自身语言的违反。

二　能指与所指

　　艺术虽不是语言，但它是符号，是艺术符号。符号的基本构成要素是能指和所指。能指是符号对感官发生刺激的显现面，或是音响形象，或是物质形体，总之它是符号的物质形式，是意义的载体。所指是符号的内容即意义，也就是系统中的符号的意指对象部分。皮尔士认为所指是事物或客体，索绪尔认为所指是概念。我们可综合两家之说，确定所指既包括指称（指示的事物）又包括含义（代表的思想）。能指与所指相配合，形成一种意指关系，就构成了一个符号，而符号之间的关系的总和就构成了符号的体系。

　　现代形式逻辑是最严格的符号系统，在这个系统中，每一个符号能指都有一个所指，并且一个所指仅只一个能指，也就是说，它们的所指都是单义的。语言是最典型、最复杂的符号系统，苏珊·朗格说：

---

① ［法］杜夫海纳：《美学与哲学》，孙非译，中国社会科学出版社 1985 年版，第 106 页。

"迄今为止，人类创造出的一种最为先进和最令人震惊的符号设计便是语言。"① 说它复杂，是因为它具有多样性、多义性、多层次性的特点；说它典型，是因为它具有"透义性"的特点，人们可以直接把握其意义。艺术符号属于非语言符号系统，它的能指是艺术形象，它的所指是艺术形象所表现出的"意蕴"，文学、诗歌虽然以语言符号为材料，但它是"艺术"地运用语言符号，其实质已转化为艺术符号。杜夫海纳曾对符号学领域作过一个初步的分类：处在中央的是语言学，在语言中，信息与代码相互依存，我们利用代码传递信息，因此，它是意义的最佳场合。处在中央一端的是次语言学，在这个领域，虽有能指、指号或信号，但意义不明；有代码，但没有信息。处在另一端的是超语言学，"在这个领域里，系统是超意义的，它们能使我们传达信息，但没有代码，或者说代码越是不严格，信息就越是含糊不清；意义于是成为表现"②。艺术属于超语言学领域，由符号的分类看，艺术不是语言，但是通过艺术与语言的比较，我们可以看出艺术作为符号的一些特点。根据语境的不同，杜夫海纳在不同的地方把语言称为逻辑语言、散文语言、日常语言、能指对象等；与之相对，把艺术称为艺术符号、诗歌语言、审美语言、审美对象、审美形式等。

1. 规约与创造（普遍与个别）

能指与所指的关联有多种方式。索绪尔认为这种关系是"任意的"或"武断的"，或者说是无根据的。皮尔斯认为其联系有三种方式：标示，象似，规约性。标示所体现的是两者之间的因果关系，或邻接关系，或部分－整体关系；象似指的是两者之间因具有相似性而构成相似性符号；规约性就是索绪尔所称的任意武断性。概括索绪尔和皮尔斯的观点，符号关系有两种，一种有根据，如标示和象似；一种无根据，如规约性。但无论有根据还是无根据，能指与所指的关系，在语言领域主要是通过一种集体的契约——即约定俗成来实现的，即使在初始意义的基础上产生出引申义，它仍然是约定的。这种约定构

---

① ［美］苏珊·朗格：《艺术问题》，滕守尧译，南京出版社 2006 年版，第 20 页。
② ［法］杜夫海纳：《美学与哲学》，孙非译，中国社会科学出版社 1985 年版，第 79 页。

成语言规则，所以意义具有透明性，以此实现社会成员之间的话语交流和沟通。因此，语言符号具有规范性、抽象性和普遍性的特征。杜夫海纳所说的逻辑形式与逻辑意义就体现出了这种特点："一种抽象的句法，犹如抽象的共相的结构，所提出的意义是一种确定的但完全是空洞的意义。"而审美形式与审美意义则与此明显不同："感性的具体句法所提出的意义是一种充实的但是非确定的意义，就像一个特殊的世界的结构一样——这个世界是真实的一种可能。"① 句法的抽象性与感性，意义的确定与非确定，是逻辑语言与审美语言的根本差别。

相对于普通语言的规定性和普遍性，杜夫海纳尤其强调了艺术话语的个别性与创造性："创造是个人的一种首创性，像说话一样，但是不同的是，创造行为对待其他作品所提出的代码非常自由，以致每次都似乎在发明自己的语言。"② "如果艺术家想说话，这是在创造；如果他想交流，这是为了完成他的创造。"③ 由于艺术尤其是文学是在普通语言的基础上进行的一种活动，所谓个人的创造性，就首先表现在对普通语言规范的颠覆和反叛，它系统地破坏能指和所指、符号和对象之间的任何自然的或明显的联系，加剧了符号和对象之间的基本对垒，然后才出现俄国形式主义所讲的"陌生化"语言。如特伦斯·霍克斯所说："根据什克洛夫斯基的观点，诗歌艺术的基本功能是对受日常生活的感觉方式支持的习惯化过程起反作用。我们很自然地就不再'看到'我们生活于其中的世界，对它独特的性质视而不见。诗歌的目的就是要颠倒习惯化的过程，使我们如此熟悉的东西'陌生化'，'创造性地损坏'习以为常的、标准的东西，以便把一种新的、童稚的、生气盎然的前景灌输给我们。因此，诗人意在瓦解'常备的反应'，创造一种升华了的意识：重新构造我们对'现实'的普通感觉，以便我们最终看到世界而不是糊里糊涂承认它；或者至少我们最终设计出'新'的现实以代替我们已经继承的而且习惯了的（并非不

---

① ［法］杜夫海纳：《美学与哲学》，孙非译，中国社会科学出版社1985年版，第130页。
② ［法］杜夫海纳：《美学与哲学》，孙非译，中国社会科学出版社1985年版，第109页。
③ ［法］杜夫海纳：《美学与哲学》，孙非译，中国社会科学出版社1985年版，第110页。

是虚构的）现实。"① 以此创造的诗歌是受阻碍的、扭曲的但却是增强
了符号可触知性的感性语言。

2. 分离与同一（所指优势与能指优势）

能指与所指的关系也会因侧重点的不同而呈现出所指优势和能指
优势。大部分科学的、理性的、日常的语言符号现象都是所指优势，
而大部分艺术的、诗歌的、仪式化的符号现象都是能指优势。所指优
势符号导致能指与所指的分离，能指成为所指的手段和工具，这一点
在杜夫海纳所说的"散文语言"中表现得尤为明显："在散文语言的
日常使用中，思想似乎走在话语的前面；语言被看作一种非常顺手而
又有效的工具，以至在人们的使用中消失了。人们说话和听话时，谁
也不去想字典或语法，他们通过词径直走向观念，词对他们来说只是
一种不引人注目的、明显的、没有实质的存在。"② 得意忘言、得鱼忘
筌的目的性把语言变成了工具和手段。在论能指对象时，杜夫海纳曾
非常感性地描述过这种现象："在极端的意义上，我们可以说，基督
教徒正因为是基督教徒，所以反而对基督教艺术视而不见。"③ 基督教
徒所具有的信仰功利性使其掠过能指而径直走向所指，结果导致基督
教艺术从一个审美对象变成了能指对象。

在艺术中形式与意义的内容是什么关系呢？杜夫海纳提出的命题
是："意义内在于形式。"能指优势符号并不是取消了所指，而是从所
指回到能指，消除了所指与能指之间的任何距离，能指成为有意味的
形式，能指与所指达到同一。"审美对象的手段是承受质料，要求将
渗入感性、使感性具有形式的那种形式作为真正的形式。于是被再现
的对象变成了成为它的意义的那种质料的一个成分。"④ "记号就是全
部客体，在客体光辉的显现中带有意义，就如同面孔带有灵魂一样，
肉体变成了言语。"⑤ 艺术中的能指优势表现为，语言具有强烈的自我

① ［英］特伦斯·霍克斯：《结构主义和符号学》，瞿铁鹏译，上海译文出版社 1987 年版，
第 61—62 页。
② ［法］杜夫海纳：《美学与哲学》，孙非译，中国社会科学出版社 1985 年版，第 163 页。
③ ［法］杜夫海纳：《审美经验现象学》，韩树站译，文化艺术出版社 1996 年版，第 154 页。
④ ［法］杜夫海纳：《美学与哲学》，孙非译，中国社会科学出版社 1985 年版，第 129 页。
⑤ ［法］杜夫海纳：《美学与哲学》，孙非译，中国社会科学出版社 1985 年版，第 113 页。

意识，它关注自身，强化自身。特伦斯·霍克斯在评价形式主义学派以形式主宰一切的观点时这样说："文学从本质上讲就是文学的：它是自足的实体，而不是我们借以感知其他实体的'窗口'。内容是文学形式的功能，不是和形式分离的什么东西，也不是在形式之外或通过形式可以感觉到的东西。确实，作品只是似乎具有内容，其实它'说的只是自己如何产生，如何构成的事情'。"① 杜夫海纳以诗歌为例阐述了意义内在于语言和形式结构之中的观点，当读者读诗的时候，是用对诗应有的恭敬去朗读诗，此时，"词对于他们便立刻有了实质和光辉。就这样，词因为自身或者因为给予朗读者的快乐而受到欣赏。词又还给了自然，带有感性性质，又得到了自然存在的自发性。词摆脱了常用规则，互相结合起来，组成最意想不到的形式。同时，意义也变了，它不再是通过词让人理解的东西，而是在词上形成的东西，就像在刚被触动过的水面上所形成的波纹一样。这是一种不确定的而又急迫的意义。人们不能掌握它，但可以感受到它的丰富性。它与其说引人思考，不如说让人感觉。这一意义包含在词中，就像本质包含在现象中一样。它就在那里，凝结在词之中，不能从词中抽象出来加以翻译或概念化。它增添了一个新的维度：在再现上增添了表现"②。

3. 确指与泛指

语言符号的所指是确定的，可称为"确指意义"；而艺术符号的所指则是非确定的，可称为"泛指意义"。泛指意义的产生，杜夫海纳把它表述为"从意指到表现"。在我们看来，从意指到表现实质上就是现实感性符号如何向审美符号转化的问题。感性符号的表象经过艺术加工和特殊的组织，转化为更为感性的意象。譬如，瓦莱里和魏尔仑诗中一些比喻的运用：正午称作公正的人，大海称为十全十美的、酷爱自己蓝色皮肤的水蛇，女子称作秋季晴朗的、玫瑰色的美丽天空。诗人对词句所作的这种独出心裁的拼凑，对声音的这种悦耳动听的组合，目的就是使之超越意指从而具有表现性。由于审美符号由意指走

---

① ［英］特伦斯·霍克斯：《结构主义和符号学》，瞿铁鹏译，上海译文出版社1987年版，第66页。

② ［法］杜夫海纳：《美学与哲学》，孙非译，中国社会科学出版社1985年版，第163页。

向了表现，审美对象由原始感性走向了审美感性，所以，审美对象不论证，它显示。"因此，儿童懂得母亲的微笑，游客懂得森林的阴森恐怖，医生懂得病人的缄默或走投无路的神情。审美对象就是以同样的方式向我们说话的。"① 它给我说的东西是不能用这个世界的术语来表达的。例如，罗丹的青铜雕塑，"它那柔和的倾斜姿态、它那两个拒绝拿任何东西低垂的指头，确实向我说出了有力、灵活，乃至温柔；它手背上那突起的青筋向我道出了人类的艰苦生活以及对平静和休息的渴望。但这只手不要我去参照任何真实的历史，因为它表现的这一切都寓于它自身，也只有在它向我打开的那个世界里才是真的。在那个世界里，没有真实的手，但手不再是真实的手之后都变成了真的手"②。从结构主义的观点看，泛指意义的产生，在于艺术符号从所指回到能指的自我指涉运动。在这个回归语言自身的过程中，一方面瓦解了所指的现实意义，另一方面强化了作为符号自身的能指。因此，对象形式化从而也感性化了。但是审美对象不可能仅仅是一个纯粹形式，感性化了的形式产生了自己的意义——超越性意义，这就是表现。杜夫海纳意识到了这一点，所以他提出了"意指"的地位问题，以及审美知觉如何把握这种意指作用。他意识到了在审美对象的世界里，力量、精细、对休息的渴求都具有绝对的意义。他对这些现象的解释是，作品总有一个主题，但这个主题既不吸引欣赏者的注意力，也不模仿现实，其原因在于它是另一种意指的手段。"主题"即现实符号的意指，"另一种意指"即审美对象的意义。从意指到表现的道理虽大体上讲清楚了，但明显缺乏逻辑的严密性和清晰度。在此，为了更深入地理解这个问题，让我们看看巴尔特的解释。巴尔特在《符号学原理》中把符号系统分成两个层次，这两个不同层次的系统会发生交叉，即"系统交错"。第一层次符号系统由能指（"表达平面"）与所指（"内容层面"）构成，它借助于能指与所指之间的意指作用来说明符号本身说了什么。第二层次符号系统不能凭空产生，它建立在第一

---

① ［法］杜夫海纳：《审美经验现象学》，韩树站译，文化艺术出版社 1996 年版，第 168 页。

② ［法］杜夫海纳：《审美经验现象学》，韩树站译，文化艺术出版社 1996 年版，第 168 页。

层次符号系统的基础之上，由第一层次的能指与所指共同构成第二层次符号系统的能指平面。这时，在这个更高的层次上产生了对应于新的能指的新的所指，这个新的所指指向符号之外的某种乃至某些东西。巴尔特称新的所指为"内涵"，称新的能指为"外延"。巴尔特在比喻性的意义上说，内涵代表外延的"换挡加速"，就如神话是普通指示行为的"换挡加速"一样。"换挡加速"指的是超越性意义的产生过程：其一，它瓦解了第一层次系统中的实指意义，而生成为文学的或审美的虚指意义；其二，它超越了第一层次系统中的确指意义而成为文学的或审美的泛指意义。"换挡加速"就是语言符号从意指（第一层次）走向表现（第二层次）。针对符号系统两个层次之间的转换，特伦斯·霍克斯指出："诗歌与其说不能使词和它的意义'相分离'，不如说诗歌使词的意义范围倍增，并常常令人困惑不解。它再一次提高了常规语言的活动水平。一个词从它习惯的所指对象'分离出来'，这最终意味着它可能自由地和大量的所指对象结合在一起。简言之，词的'诗的'用法使模棱两可性成为诗歌的主要特征，正是这个特征，使诗歌的结构作用从能指转到所指。"①

艺术符号的意义具有如下特点：丰富性，暧昧性，无法阐明。丰富性指的是泛指意义的多样性和完整性，这与在第二层次系统中能指可以自由地与大量的所指对象结合在一起直接相关，在符号的自由运用中，意义也得到自由而充分的流露。不仅词语，而且句子，乃至文本整体都会在这个层面上产生意义的增值现象，丰富性表达的就是这种"意义的密度"。不仅是作品整体，而且作品与它的背景相配合，纳背景于作品之中，艺术的这种"全体性的功能"，使它的意义无穷无尽，构成一个世界。暧昧性来自所指回归能指所产生的形式感性，形式感性与意义感性在此达到了高度的同一，它是体现的而不是推论的。杜夫海纳认为审美符号所特有的暧昧性是一种好的暧昧性，正像杜勃洛夫斯基所说的："这不是走向意义零点的暧昧性，而是含有一

---

① ［英］特伦斯·霍克斯：《结构主义和符号学》，瞿铁鹏译，上海译文出版社 1987 年版，第 63 页。

种超意义的暧昧性；不是那种以缺乏内容或内容消失为前提的暧昧性，而是那种建筑在内容的无限密度之上的暧昧性。"① 审美符号是向知觉开放的，对象的特殊意义只能在知觉的特赦下才能被把握。如果诉诸知性，这种感性的意义便无法阐明，甚至令人困惑。

三 形式与感性

艺术符号能指与所指的同一，表明意义内在于形式；艺术符号的形式感性，表明形式内在于感性。杜夫海纳称此为"双重内在性"："在艺术中，在审美对象不再是一个其功能在于表示或代表另一事物的记号的范围内，形式给予意义以存在。当感性全部被形式渗透时，意义就全部呈现于感性之中。因而，出现了双重内在性：形式内在于感性，意义又内在于形式。对象在这方面的统一保证了它的表现性，保证了它在提供一个以它为本源的世界时，自身带有自己的意义的能力。"② 笔者曾经表明，形式感性指的是审美对象本身形式的感性化，由此提出的命题是：形式在感性中。既然形式在感性中存在，形式自然且必定就是感性形式。"它介入材料之中，材料的效果就是感性。舞蹈的形式首先是按照一种不可抵抗的逻辑占有舞蹈演员们经过化妆的躯体的舞蹈动作。绘画的形式是颜色的协调，即德拉克罗瓦所说的'由色、光、影等的某种安排产生的、可以称为画的音乐的这种印象'。这种形式已经是意义了。"③ "诗的形式，不仅是语言材料的排列（语言通过排列又获得了它的音乐性），而且也是诗的意义。……是诗的真正外貌、像香味一样散发的诗意。"④ 由此可见，所谓感性形式，既是形式又是意义，同时也是形式通过意义所开拓和建立的世界。

1. 感性表现

从文学艺术史和美学史看，与"再现说"相对的"表现说"经历了从主体表现到艺术表现这样一个过程。19 世纪英国浪漫主义的"情

---

① ［法］杜夫海纳：《美学与哲学》，孙非译，中国社会科学出版社 1985 年版，第 147 页。
② ［法］杜夫海纳：《美学与哲学》，孙非译，中国社会科学出版社 1985 年版，第 130 页。
③ ［法］杜夫海纳：《审美经验现象学》，韩树站译，文化艺术出版社 1996 年版，第 174 页。
④ ［法］杜夫海纳：《审美经验现象学》，韩树站译，文化艺术出版社 1996 年版，第 176 页。

感说"是一种主体情感直接表现的理论；20 世纪表现主义美学主张艺术表现，但它是把主体和对象统一在主体心灵之内来规定"表现"的，所以它是一种主体情感间接表现的理论；20 世纪符号论美学排除了主观情感，主张艺术符号所表现的是包含在非人格化事物中的客观情感，艺术的表现性就是这种符号的表现性，即艺术表现。但排除了主体的表现还是表现吗？无论如何，在与再现相对的意义上，表现总是与主体性相关联的，问题的关键在于如何理解这个主体，以及如何理解人与符号、人与自然之间的存在性关系。当杜夫海纳在艺术符号的层面上谈论表现的时候，他说符号的意义就是表现："当知觉深化为情感时，知觉接受审美对象的一种意义。这种意义我们曾主张称之为表现。"[1] 在自发表现形象的艺术（如绘画、建筑、音乐等）中，符号与形象同一，"一座寺庙的意义，首先是作为一座寺庙；一首交响乐的意义，首先是作为一首交响乐。在这里，意义与在创造的操作中被实现的观念相同一"[2]。而在非自发表现形象的艺术（如文学、诗歌等）中，对象与词存在着"经验到的相似"和"家族相似"，词首先勾画对象，同时称谓对象。我们在词和对象面前有着同样的行为，我们在读词时用来捕捉意义的方式类似于我们对待对象的呈现所采取的方式。更为重要的是，在语言艺术中，词与对象是完全融合在一起的，一首诗的意义，就是语言的节奏、音韵的起伏，以及建基于其上的韵律、氛围和意境。因此，可以说对象的意义也就是符号的意义。

把意义定义为表现，但前提是：这个意义是具有"双重内在性"——意义内在于形式同时形式又内在于感性——的意义。这个具有表现性的意义，不是符号的外延意义，而是内涵意义；它所具有的不是陈述功能而是表现功能，不是词语存在而是姿态存在。这就是杜夫海纳在把意义定义为表现时所要表达的真实意思："因为，艺术中的意义的确是内在于形式，但是因为这种形式是感性的，是完全融进质料之中并与背景相结合的，所以意义是另一种性质：它是表现。"[3] 感性的意

① ［法］杜夫海纳：《美学与哲学》，孙非译，中国社会科学出版社 1985 年版，第 113 页。
② ［法］杜夫海纳：《美学与哲学》，孙非译，中国社会科学出版社 1985 年版，第 129 页。
③ ［法］杜夫海纳：《美学与哲学》，孙非译，中国社会科学出版社 1985 年版，第 128 页。

义就是词语照耀自己的光，但不是来自外部的光，而是词语自己发出的光。总之，一句话，表现就是意义的感性表现，感性越显著，表现也越显著。

2. 谁在说话

现在我们需要回到表现主体或说话主体上来，杜夫海纳这样发问："是谁在说话？是作品自身说话，还是艺术家通过其作品说话？"① 需要进一步追问的是：是否是作品让艺术家说话？如果是，那么是谁让作品说话？

通常的也是令人易于接受的回答是艺术家在说话。如果是艺术家在说话，就必定存在着一定的言说意向，即为了说些什么，为了表达一种情绪，为了引起一个回答。表面地看，可能是甚至常常是这样，但从艺术活动的深层看，这个吸引公众的意向并不居于主要的地位。"激励艺术家的，甚至有时使他失望的，是创造的欲望，是创造一件作品，一件美的作品的欲望。"② 就像萨特分析福楼拜时所讲到的"存在的欲望"。福楼拜之所以成为一个作家，并不是由崇高的雄心、心灵的早熟、敏感、激动等这些偶然性的事实引起的，从根本上说，是由对自由理想的欲望所引起，这就是艺术家们的原始选择和基本谋划。同时，艺术家的创造也不是为了与公众进行交流，若想进行交流，普通话语比艺术话语要更为直接从而也更为畅通。艺术家期待公众的是无拘无束地对待作品、知觉作品，能替作品担保并有助于作品的发扬光大。"因为只有在作品被知觉到的时候，它才充分地存在，它才像它所召唤的存在那样存在。"③ 所以，本质地看，不是艺术家在说话，而是他的作品在说话；不是人说，而是语言说。艺术家通过作品传达意义，但这一意义恰恰是属于作品的，它内在于感性。如果一定要说是艺术家在说话，那也是作品让艺术家说话；与其说艺术家通过作品向公众说话，不如说作品通过艺术家向世界说话。

如果我们接受作品在说话，就要面对如何理解艺术家在作品中自

---

① ［法］杜夫海纳：《美学与哲学》，孙非译，中国社会科学出版社1985年版，第109页。
② ［法］杜夫海纳：《美学与哲学》，孙非译，中国社会科学出版社1985年版，第109页。
③ ［法］杜夫海纳：《美学与哲学》，孙非译，中国社会科学出版社1985年版，第110页。

我呈现的问题。艺术作品能够显现创造作品的艺术家，但这并不意味着艺术家在作品中总是谈论自己，或者发表自己的意见，或者展示一些情绪。这些谈论自身的自发形式只不过标志着它尚未进入艺术的门槛。我们强调艺术话语或审美对象的表现性，并不是说这种表现性是以它可能引起的情绪来衡量的。"重要的是，不要把情绪和感觉、激动人心的和具有表现性的混为一谈。女主人公哭哭啼啼的情节戏、色情画、悲天悯人的诗歌、恐怖影片等等绝不是这方面的样板。"① 这不是说艺术不可以表达情绪和情感，而是如何表达情绪和情感。当情绪和情感成为符号的对象，情绪和情感就具有了认知功能，这时，不是艺术家表达情感，而是情感在符号中找到了自己的感性的身体。这种表达的"如何"显现在词语的选择、重音、语调以及韵律性质等各个方面，"当艺术家最终形成了自己的风格时，整个作品都是他的标记"②。现实世界中的情感暴露，在艺术的世界里则转化为情感的感性呈现。真正的艺术把我们引向的就是这样一个世界："这个世界不是由艺术显示出来的，而是由艺术陈述出来的。若是再现性艺术，那么在这个世界里所陈述的东西就不是艺术所再现的东西，而是作为再现手段的感性：表现失意和爱情的是梵·高的笔法和色彩，不是他画的卧室和麦田。"③ 作品就是这样以具有主体性的身份，通过自身的言说揭示艺术家及其世界的。

那么又是谁让作品说话？杜夫海纳的回答是自然："艺术确实是言语，不过，在艺术领域是自然在说话，就像有时自然通过某些自然物说话一样。"④ 概括杜夫海纳的相关论述，词语与事物以及与自然的关系似乎是这样的：言语是从自然中涌现出来的，诗歌语言所显示的是自然的诗歌潜能。词在说话，因为事物在对我们说话。事物用同一种动作对我们说话和自我命名。如果把上述观点作为立论的前提，那么，同样是作为主体，自然的表现、作品的表现、艺术家的表现呈现

① ［法］杜夫海纳：《审美经验现象学》，韩树站译，文化艺术出版社1996年版，第169页。
② ［法］杜夫海纳：《美学与哲学》，孙非译，中国社会科学出版社1985年版，第112页。
③ ［法］杜夫海纳：《审美经验现象学》，韩树站译，文化艺术出版社1996年版，第169页。
④ ［法］杜夫海纳：《美学与哲学》，孙非译，中国社会科学出版社1985年版，第116页。

为这样一种层次性关系："表现首先是属于想自我表现的自然，并在作品中找到了自我表现的途径。这些作品本身也是具有表现性的，是自然所启发的。作品给我们打开的独特世界是自然的一种可能；在实现这种可能时，作品给我们带来了一个实质的信息；艺术家作为一个曾经感到这一信息的人，也从中表现了自我。"① 在此，自然的表现具有了本体的地位，艺术与艺术家的表现只是在于显现这个本体。

3. 原始语言

自然是语言吗？事物如何自我命名和对我们说话？如果立足于认识论的立场，我们就无法回答这个问题，或者说这些命题的成立更多的是基于理论的想象。如果我们立足于存在论的立场，如果我们以现象为进路，自然以及事物向我们说话是一件不证自明的事情，只要人面向事物和自然，就会感觉并理解自然的话语。如若不然，置身于自然和事物之中，就是一件无法忍受甚至是荒谬的事情。如果我们以现象学理论为进路，就需要"视角的颠倒"，就需要进行"现象还原"。梅洛－庞蒂在论述行为与意识的关系时，曾经表达了这样一种观点：意识一旦出现，它就改变了行为的层次和意义。只有相对于意识而言，我们才能说行为是一种结构，才能说行为在物理世界里和在一个机体中的诞生。事实上，"我们称之为自然的东西已经是一种自然意识，我们称之为生命的东西已经是一种生命意识，我们称之为心理的东西仍然是意识面前的一种对象"②。因此，在这里出现了一种"视角的颠倒"。尽管意识只有在下层秩序的基础上，在历史的发展中逐步地形成，但是，当意识一旦获得，"意识由之而来的历史本身也不过是意识所给出的一个场面"③。语言与自然的关系也是如此，与漫长的人类史相比，与更加漫长的自然史相比，人类语言的产生是后来的事情。但语言一旦产生，它与自然、事物、历史的关系就发生了根本性的质的变化，这就是自然、事物、历史闯进了语言，成为语言。我们称之为自然的东西已经是一种自然的无声的语言，我们称之为事物的东西

---

① ［法］杜夫海纳：《美学与哲学》，孙非译，中国社会科学出版社 1985 年版，第 116 页。
② ［法］梅洛－庞蒂：《行为的结构》，杨大春、张尧均译，商务印书馆 2005 年版，第 273 页。
③ ［法］梅洛－庞蒂：《行为的结构》，杨大春、张尧均译，商务印书馆 2005 年版，第 301 页。

已经是一种事物的象形的符号。作为自然的语言、事物的语言，它开始说话并让人说话。正是在这种意义上，杜夫海纳才能这样说：

在口头语言中，记号变成事物；在艺术语言中，事物变成记号。①

我们通过表现能力向世界开放并且被卷进了语言，因为每当语言出现于世界，世界就闯入了语言。这表现能力就像语言在语言艺术中找到了它的根源一样，在艺术中找到了它的最好说明。②

所谓"每当语言出现于世界，世界就闯入了语言"，所谓"事物变成了记号"，表达的就是语言与自然、事物、世界之间关系的"视角的颠倒"。在这种当下即是的生活世界里，自然的"白日依山尽，黄河入海流"，就是作为诗歌的"白日依山尽，黄河入海流"。事物的"春暖花开"，就是我们现在正在阅读的作为词语的"春暖花开"，或者说，作为事物的"春"和"花"在向我们诉说自己的"暖"和"开"，它说的就是"春－暖－花－开"，我们看到的和听到的就是这同一个"春－暖－花－开"。所谓"现象还原"，就是带着语言回到了自然和事物，回到了人与世界的最原始关系，回到了作为根源的生命。

在人与自然的根源之处，杜夫海纳有权这样断言：真正的艺术就是一种原始语言。"语言返回到自己的根源，这是诗歌的话语。"③"诗说的恰好是难以说明的东西：人类以前的自然，存在的深度，密度和潜能。"④ 自然在说话，艺术和诗歌在说话，但艺术家和诗人并没有在作品中消失，"对我们来说，他不是别的，只是对某种促使他揭示某个世界的召唤所作出的回答。这个世界规定他存在的先验，因为它表现了作家曾经感到过的这个世界的面貌。"⑤

---

① 〔法〕杜夫海纳：《美学与哲学》，孙非译，中国社会科学出版社 1985 年版，第 117 页。
② 〔法〕杜夫海纳：《美学与哲学》，孙非译，中国社会科学出版社 1985 年版，第 119 页。
③ 〔法〕杜夫海纳：《美学与哲学》，孙非译，中国社会科学出版社 1985 年版，第 165 页。
④ 〔法〕杜夫海纳：《美学与哲学》，孙非译，中国社会科学出版社 1985 年版，第 167 页。
⑤ 〔法〕杜夫海纳：《美学与哲学》，孙非译，中国社会科学出版社 1985 年版，第 166 页。

第二节　寂静之音

　　海德格尔的语言观与其思想一样，有一个逐渐发展、深化、清晰和丰富的过程。《邓斯·司各特的范畴和意义学说》探讨的就是语言与存在的关系。《存在与时间》把作为"语言的生存论存在论基础"的话语看作是此在之"此的生存论建构"环节之一。《形而上学导论》明确把语言问题看作存在本身的问题，语言就是入乎言词的存在。词的本质就在于它的命名的力量，命名不仅仅是把一个语言符号与一个事物联系起来，而更为重要的是让存在者就其存在显现出来。语言的本质存在于作为构建世界的力量发生的地方。至此，可以说海德格尔的存在语言观已经得以确立。其后有关语言的著作和论文基本上是对这种存在语言观的深化、扩展和丰富。《艺术作品的本源》在把艺术作为艺术品和艺术家之本源的同时，也把语言放在了同样源始的地方，因为一切艺术本质上都是诗。诗是存在者之无蔽的道说，而语言就是这种道说的发生。《哲学论稿》确立了人、语言与存在的关系，语言起源于存在，归属于存在，而人与语言相互规定，人作为存在之真理的守护者归属于存在。《逻各斯》一文通过对"逻各斯"一词各种理性解释的清理，回到了古希腊时期它的原初意思：言说，道说，显现，集合。《关于人道主义的书信》从人的本质的角度探讨人与语言、语言与存在以及思与存在之间的关系，提出了诸多相互关联的命题："存在在思中形成语言。语言是存在的家。人以语言之家为家。思的人们与创作的人们是这个家的看家人。"① 《诗人何为》借"在贫困的时代里诗人何为"的问题，指出"诗人的歌唱"就是去"道说世界的实存"，在在场者本身中在场的"歌唱"也就是实存。语言不是某种符号和密码，语言是存在之圣殿（templum），是存在之家（Haus des Seins），我们是通过语言而通达存在者的。《在通向语言的途中》对作为存在的语言作了多方位的阐发和论述：语言说与人之说，语言说是

---

　　① 孙周兴选编：《海德格尔选集》（上），上海三联书店1996年版，第358页。

寂静之音，人之说是对道说的聆听与应合；语言的本质是本质的语言；经验语言就是从语言而来，把语言作为语言而带向语言。综括言之，经过漫长的思想道路的探索，通过对形而上学语言观的批判，海德格尔把语言转向了存在，语言从人的思想的工具最终转变成为存在的道说。

一　传统工具论语言观及其批判

形而上学的语言观，就是把语言当作一种传达。海德格尔在不同的文章中对此作过虽有差异但大体相同的概括性表述。在《艺术作品的本源》中，他说："流行的观点把语言当作一种传达。语言用于会谈和约会，一般讲来就是用于互相理解。"① 在《语言》中，他把"说"概括为三点：首先，说是一种表达。其次，说是人的一种活动。最后，人的表达总是一种对现实和非现实的东西的表象和再现。② 在《流传的语言与技术的语言》中，他把"说"概括为四点：1）人的一种本能，一种动作，一种成就。2）宣告与倾听的工具之运行。3）由思想导引起来的心灵活动在为获得了解时的表达与传递。4）现实的与非现实的之一番介绍与陈述。③ 综合海德格尔的以上表述，可把传统语言观分如下几点进行阐释：第一，作为说话者，人是语言的主体。而且只有作为说话者，人才是人。或者说，语言是最贴近于人的本质的。这就是《语言》中第二点和《流传的语言与技术的语言》中第一点所表达和蕴含的意思。第二，说是一种表达、传达、传递、介绍或陈述。但这种表达本身是作为工具而存在的，是"宣告与倾听的工具之运行"，是表象和再现。作为如此的语言，是处于次要地位的东西，是事物的外壳，而不是事物的本质本身。第三，表达总是指向一定的对象或内容，这个对象或内容或是现实的，或是非现实的，或是思想，或是心灵的活动。第四，这个作为表达的语言处在表达者和接受者之间，具有交流（会谈和约会）功能（相互理解）。总之，语言只是交

---

① ［德］海德格尔：《林中路》，孙周兴译，上海译文出版社1997年版，第57页。

② ［德］海德格尔：《在通向语言的途中》，孙周兴译，商务印书馆1997年版，第4页。

③ ［德］海德格尔：《存在的天命》，孙周兴译，中国美术学院出版社2018年版，第193页。

流和沟通的方式，只是交换和再现的工具。

对传统语言观的具体内涵，海德格尔作了相应批判。把人看作与动植物有别的语言之物，看作说话的主体，这与将人的本质规定为"理性的动物"的形而上学有根本性关系。在海德格尔看来，人的本质就是人的生存，人在生存中被存在要求着，人只有从此种要求中才能发现他的本质居于何处。把关于人的本质的这种规定放在人与语言的关系中看，不是人在说话，而是语言在说话；不是语言基于人，而是人的存在基于语言，语言是人的本性的根据。海德格尔就此说："人的要素在其本质上乃是语言性的。这里所谓'语言性的'意思是：从语言之说而来居有。这样被居有的东西，即人之本质，通过语言而被带入其本己，从而它始终被转让给语言之本质，转让给寂静之音了。这种转让之居有，乃由于语言之本质即寂静之音需要人之说，才得以作为寂静之音为人的倾听而发声。只是因为人归属于寂静之音，终有一死的人才能够以其方式作发声的说。"①

把语言作为工具同样与将人的本质规定为"理性生物"有关，当人的本质转让给语言之本质的时候，语言工具论也就被彻底否定了。"语言不只是而且并非首先是对要传达的东西的声音表达和文字表达。语言并非只是把或明或暗如此这般的意思转运到词语和句子中去，不如说，唯语言才使存在者作为存在者进入敞开领域之中。在没有语言的地方，比如，在石头、植物和动物的存在中，便没有存在者的任何敞开性，因而也没有不存在者和虚空的任何敞开性。"② 这就是说，语言首先不是工具，而是存在。是作为存在的语言打开了存在者的敞开性，使存在者如其存在一样地显现。对于人这个存在者而言，"唯有语言处，才有世界。……才有永远变化的关于决断和劳作、关于活动和责任的领域，也才有关于专断和喧嚣、沉沦和混乱的领域。……语言保证了——人作为历史性的人而存在的可能性。语言不是一个可支配的工具，而是那种拥有人之存在的最高可能性的居有事件（Ereignis）。"③ 亚

---

① ［德］海德格尔：《在通向语言的途中》，孙周兴译，商务印书馆 1997 年版，第 20 页。
② ［德］海德格尔：《林中路》，孙周兴译，上海译文出版社 1997 年版，第 57 页。
③ ［德］海德格尔：《荷尔德林诗的阐释》，孙周兴译，商务印书馆 2000 年版，第 40—41 页。

里士多德曾就"表达"作过如下的论述：

> 有声的表达（声音）是心灵的体验的符号，而文字则是声音的符号。而且，正如文字在所有的人那里并不相同，说话的声音对所有的人来说也是不同的。但它们（声音和文字）首先是符号，这对所有人来说都是心灵的相同体验，而且，与这些体验相应的表现的内容，对一切人来说也是相同的。①

海德格尔从这段话中抽绎出作为有声表达的语言所具有的结构，即表达符号与所表达对象构成的二元符号关系：声音—心灵的体验，心灵体验—事物，文字—声音。每一次具体表达的声音、文字是不同的，但作为符号对所有的人都是相同的。这个分析所要表达的是，符号关系是抽象的，具有普遍性。这个结构的局限性表现在，说这种活动的声音和音调的本性未被经验到，"显示与它所显示的东西的关联，从未纯粹地从其本身及其来源方面得到阐明"②。究其原因在于，"显示"转变为"符号"，"说"作为符号成为表达"所说"的工具，符号从显示者转变为描述者。按照形而上学的观点来看，语言只是存在和思想的符号；而按照海德格尔的观点来看，自身言说的语言不是符号，而是不说之说，是寂静之音。

二　语言说与人之说

（一）语言说

1. 说与所说的区分

其实，无论是有声的表达还是文字的表达，都包含着说与所说两个方面；从符号的角度看，就是包含着能指和所指两个要素。问题的关键并不在于是否承认自身言说的语言是不是符号，而是如何理解说

---

① ［德］海德格尔：《在通向语言的途中》，孙周兴译，商务印书馆1997年版，第171页。
② ［德］海德格尔：《在通向语言的途中》，孙周兴译，商务印书馆1997年版，第208页。

与所说之间的关系。海德格尔区分了语言的说与所说，但他没能明确区分语言两个层次上的说与所说。前述语言工具论，表现为在第一层次符号系统中对所指（所说）的目的性倾斜，由此导致能指（说）本身沦落为所指（所说）的工具。海德格尔否定了"何谓说"的流俗之见，提出我们要沉思的是"语言本身"，语言本身就是语言，语言之为语言就是"语言说"。这些看似重复、空洞的说法的根本意旨，就是要颠覆在第一层次符号系统中说与所说的关系，进入第二层次符号系统中的"说"本身，这也就是他所说的把我们"带到语言之本质的位置那里"的意思。在这个位置或层次上，海德格尔对"说"与"所说"进行了区分："语言说。语言之说的情形如何？我们在何处找到这种说？当然，最可能是在所说中。因为在所说中，说已经达乎完成了。在所说中，说并没有终止。在所说中，说总是蔽而不显。在所说中，说聚集着它的持存方式和由之而持存的东西，即它的持存（Währen），它的本质。"① 尽管这种区分是必要的，但需要注意的是，在这个层次和位置上，"所说"内在于"说"本身之中，所说与说同一。正是因此，在所说中，说没有终止，并达乎完成；即便是"蔽而不显"，它也在蔽中运行。这种所说是"纯粹所说"，纯粹所说也就是纯粹说，语言的奥秘就在于，语言独自与自身说。这正如诺瓦利斯所说："语言仅仅关切于自身，这就是语言的特性。"② 最能体现这种语言特性的就是诗歌。

2. 何谓说？

什么叫作"说"？说就是显示，同时也意谓着命名、对话、关联、聚集。说叫作显示，从"说"的角度看，显示就是让见到、听到某物，让某物显象；从"所说"的角度看，显示就是某物自己本身向人显示、显象，自己显示自身。说与所说的关系，也就是词与物的关系，物在这里指任何一个当下的存在者，以某种方式存在的东西，词语"把作为存在着的存在者的当下的物带入它的'是'（ist）之中，把物

---

① ［德］海德格尔：《在通向语言的途中》，孙周兴译，商务印书馆 1997 年版，第 5 页。
② ［德］海德格尔：《在通向语言的途中》，孙周兴译，商务印书馆 1997 年版，第 204 页。

保持在其所是中，与物发生关系，可以说供养着物而使物成其为一物"①。词语让事物"是"以及"如何是"，因此，词语不仅处于一种与物的关系之中，"而且词语本身就'是'那个保持物之为物并且与物之为物发生关系的东西；作为这样一个发生关系的东西，词语就是关系本身"②。倘若没有作为关系的词语，那么物之整体便会沉入一片暗冥之中。

作为"说"的词语的本质在于它的命名的力量。命名并不是在事物身上安放上一个名称，而是让某事物作为某事物存在，并使它保持存在。乔治·特拉克尔的《冬夜》一诗，通过诗之说命名冬夜时分，命名就是召唤，这种召唤把它所召唤的东西带到近旁。落雪和晚钟的鸣响此时此际在诗中向我们说话，它们在召唤中现身在场。虽然语言的本质存在是作为显示的说，但海德格尔认为，语言之说（显示）的特征并不基于任何种类的符号，相反，一切符号都源于此一显示，在显示的领域，为了显示的目的，符号才成其为符号。"说"的另一层意思是聚集：言词本身即是关联，因为它把每一物拥入存在并保持在那里。《冬夜》一诗，通过命名召唤雪花、晚钟、窗户、降落、鸣响等诸多事物现身在场，但这种在场并不是说诗中所说诸多事物来到我们现在的座位之间或身旁，而是说"在召唤中被召唤的到达之位置是一种隐蔽入不在场中的在场"，"落雪把人带入暮色苍茫的天空之下。晚祷钟声的鸣响把终有一死的人带到神面前。屋子和桌子把人与大地结合起来。这些被命名的物，也即被召唤的物，把天、地、神、人四方聚集于自身"③。诗歌用落雪、晚钟、面包、美酒等词语描绘了一幅画面，被指称的和没有被指称的事物都在这幅画面之中，不在画面之中的也应召唤而现身在场。"在场"在这里实质说的是，诗之说把我们带进了冬夜、雪地上的漫游者、温暖的家宅、神的馈赠这样一个聚集着天、地、神、人的意义的世界。这个世界，此时此刻因语言的召

---

① ［德］海德格尔：《在通向语言的途中》，孙周兴译，商务印书馆1997年版，第154—155页。

② ［德］海德格尔：《在通向语言的途中》，孙周兴译，商务印书馆1997年版，第155页。

③ ［德］海德格尔：《在通向语言的途中》，孙周兴译，商务印书馆1997年版，第11页。

唤，具体地生动地呈现于我们面前，并召唤我们自己一同进入这个世界。世界存在，我们存在，我们与世界同在于此。比梅尔曾就"说"是聚集这一层意思评论道："语言不是在世界四域之外发现的某种独立的东西（似乎说到底它就在那里），而是在世界四域之中，它就是世界四域的关系。它不是一种超越的力量——形而上学是这样来看的，而是统辖四域结构的'邻近'，海德格尔称之为邻近性（Nahnis）。换句话说，它就是源始的聚合。……聚合着的、无声的、沉默的语言是本质的语言——我们可以说是存在的语言。"①

作为命名的召唤，蕴涵着"令""邀请""对话"等诸种意思。召唤物也就是令物、邀请物到来，并与之进行对话。对话是人与物的对话，同时也是物与物的对话，至此，我们注意到，物本来是语言的"所说"，但在它应命名的召唤进入显示之际，物自身便变成了"说"，这就是"物之物化"。在这种物自身的言说中，由物及物，由物及神，物因此聚集着天地神人，这就是物物化世界。海德格尔说："自从语言真正作为对话发生，诸神便达乎词语，一个世界便显现出来。但又必须看到：诸神的出现和世界的显现并不单单是语言之发生的一个结果，它们与语言之发生是同时的。而且情形恰恰是，我们本身所是的本真对话就存在于诸神之命名和世界之词语生成（Wort-Werden）中。"②从物与世界之词语的生成，可以看出存在如何作为语言与语言如何成为存在。语言说，也就是存在说，存在说即道说。

从命名到物化，从物化到世界，这其中所显示的是词语作为关系本身的关联作用，海德格尔称之为"语言本质之统一"。它所具有的结构（图样、剖面）是："剖面是那种图画的整体面貌，此种图画完全嵌合了被开启的东西即语言的敞开领域。剖面是语言本质之图画，是某种显示之构造，在其中从被允诺的东西而来嵌合了说者及其说，被说者及其未被说者。"③所谓"被允诺的东西"指语言的本质，而语言的本质就是本质的语言。"本质的语言"这个短语中的"本质"不

---

① ［德］比梅尔：《海德格尔》，刘鑫译，商务印书馆1996年版，第150页。
② ［德］海德格尔：《荷尔德林诗的阐释》，孙周兴译，商务印书馆2000年版，第43页。
③ ［德］海德格尔：《在通向语言的途中》，孙周兴译，商务印书馆1997年版，第214页。

是作为一个名词所意指的某物之所是，而是作为一个动词所意谓的"在场着"和"不在场着"中的"本质现身"。"'它本质现身'意谓：它在场，在持续之际关涉我们，并为我们开辟道路。"① 语言的本质恰恰就是作为这种允诺而使语言成其为"被允诺的东西"——本质的语言。所谓"说者"指人，"说"指人的一种言语活动，但说者在此不是言说的主人，而是被言说所规定：说者在说中在场。"说者在场于何处？在说者所与之说的东西那里，在说者所依寓而栖留的东西即总是已经与说者相关涉的东西那里。"② 被说的所有这一切，"它之被说，乃说者彼此说、共同说、向自身说"③。这就是说，在说者在场的地方，说者、他人、他物相互之间构成了一种"彼此说、共同说、向自身说"的言说关系。人在这种言说的相互关系中成为"说者"，"说者"在这种言说的相互关系中成为人。所谓"被说者"具有多样性，或是被"说者"所说的，或是被"道说"所说的。作为前者，它往往只是那种转瞬即逝的东西；作为后者，它是以某种方式获得保存并获得一种显露的东西，它成为被允诺的东西而授予人。所谓"未被说者"是未被道说者，作为未被道说者它尚未被显示，作为自身它尚未进入显现，它作为未显示者而置身于遮蔽之域，从这个意义上说，"未被说者"属于不在场者。它与"被说者"的关系表现为，被说者以多种方式源自未被说者。但在场者和不在场者都在语言本性的结构中自行呈报、允诺或拒绝，自行揭示或自行隐匿。这正好揭示了语言的本真性："语言之本真性就是把在场者与不在场者，也就是最广义的现实性显示出来与现象出来之说。"④ 显现为自身关联、聚集的语言就是作为语言自身的道说。

3. 寂静之音

语言没有说话器官，所以语言本身并不说。所谓语言说，是存在自身的显示。道说即显示。显示就是让在场者显现，让不在场者隐匿。

---

① ［德］海德格尔：《在通向语言的途中》，孙周兴译，商务印书馆 1997 年版，第 168 页。
② ［德］海德格尔：《在通向语言的途中》，孙周兴译，商务印书馆 1997 年版，第 213 页。
③ ［德］海德格尔：《在通向语言的途中》，孙周兴译，商务印书馆 1997 年版，第 213 页。
④ ［德］海德格尔：《存在的天命》，孙周兴译，中国美术学院出版社 2018 年版，第 195 页。

道说把在场者释放到它的当下在场中，把不在场者禁囿在它当下的不在场中。由此看，所谓语言说，实质上指的是在场的存在者和不在场的存在者的存在性运动。它虽然不是语言符号，但一当人类带着语言符号的眼光去看这些在场者或不在场者，就必定发生视角的颠倒，存在本身成为最源始的语言，事物和世界变成了象形符号，所以语言说实即语言作为寂静之音而说。语言作为源始的召唤，令物物化，令世界世界化，"我们把这种无声地召唤着的聚集——道说就是作为这种聚集而为世界关系开辟道路——称为寂静之音（das Geläut der Stille）"①。什么是寂静？在海德格尔看来，寂静不是无声，不是声响的不动，不动本身以宁静为基础，宁静之本质在于它静默。"严格看来，作为寂静之静默，宁静总是比一切运动更动荡，比任何活动更活跃。"② 这也就是说，宁静是一切运动和活动的根源和基础。

语言之令也是区分指令，区分物－世界（Ding-Welt）和世界－物（Welt-Ding），令物和世界进入区分的"之间"中。因为世界与物并非相互并存，如果是并存则成为并不相干或仅具有外在性关系的两物；如果是一物则无须区分之令。世界与物的关系是争执中的相互贯通，"物－世界"和"世界－物"中间的分隔符号所表达的就是两者相互之间的存在性的相通。从这个意义上讲，区分指令也就是存在之令。"于是，两者横贯一个'中间'（Mitte）。在这个'中间'中两者才是一体的。"③ 但这个一体所表达的是两者之"中间"的亲密性（Innigkeit），因为这个两者之"中间"的亲密性，世界与物保持分离，在分离之际又相互贯通。"在两者之'中间'，在世界与物之间，在两者的 ieter 中，在这个'之间'中，有分离起作用。世界与物的亲密性在'之间'的分离中成其本质，在区分（Unter-Schied）中成其本质。"④ 物与世界之间的分离，说的是大地与世界的争执；物与世界之间的亲

---

① ［德］海德格尔：《在通向语言的途中》，孙周兴译，商务印书馆 1997 年版，第 182—183 页。
② ［德］海德格尔：《在通向语言的途中》，孙周兴译，商务印书馆 1997 年版，第 19 页。
③ ［德］海德格尔：《在通向语言的途中》，孙周兴译，商务印书馆 1997 年版，第 13 页。
④ ［德］海德格尔：《在通向语言的途中》，孙周兴译，商务印书馆 1997 年版，第 13—14 页。

密性，说的是世界与大地的统一；物与世界在区分中各成其本质，说的是大地显现，世界建立。

所谓"区分"，不是一个表示形形色色的不同事物的种类概念，不是由我们的观念在对象之间建立起来的区别，也不只是世界与物之间的一种关系。区分是在世界和物本身的范围内衡量世界和物的维度，是测出两者之本质的尺度。区分作为存在，作为唯一的这个一，它的功能，它的"令"，就是召唤物进入世界之实现，召唤世界进入物之赐予。"在召唤物和世界的令中，根本的被令者乃是区分。"① 区分令自身进入那个"之间"，因此，区分同时以双重方式静默：使物入于物化而静默和使世界入于世界化而静默。由此，我们到达了对寂静之音的规定："这种被聚集的令，即区分本身这种召唤世界和物的指令，乃是寂静之音。"②

在区分之双重静默中，我们看到了寂静之音的大地性和世界性——遮蔽与澄明。从语言符号关系的结构看，通常的语言观把所说抬高为语言的精神因素，而语言的肉身因素则没有得到充分的经验。这包含两个层次，一是有声的层次，诸如发声、鸣响、回音、萦绕和震颤等属于身体器官的；二是无声的层次，即有声的语言赖以产生的大地。海德格尔从方言现象对此作了令人信服的说明："方言的差异并不单单而且并不首先在于语言器官的运动方式的不同。在方言中各个不同地说话的是地方（Landschaft），也就是大地（Erde）。而口不光是在某个被当作有机体的身体上的一个器官，倒是身体和口都归属于大地的涌动和生长——我们终有一死的人就成长于这大地的涌动和生长中，我们从大地那里获得了我们的根基的稳靠性。"③ 人栖居于大地之上，这构成了语言的"植根性"和大地性。而语言的世界性，则是指语言的敞开性，在直接的意义上，显示、现象就是敞开，让在场者显现；在交织的意义上，显示、现象也是遮蔽，让不在场者隐匿。世界的世界化一方面依赖于大地的物化，另一方面又要回归大地。显示与聚集，

---

① ［德］海德格尔：《在通向语言的途中》，孙周兴译，商务印书馆1997年版，第15页。
② ［德］海德格尔：《在通向语言的途中》，孙周兴译，商务印书馆1997年版，第19页。
③ ［德］海德格尔：《在通向语言的途中》，孙周兴译，商务印书馆1997年版，第172页。

敞开与遮蔽，物化与世界化，都可以解作"语言说"。

（二）人之说

人之说指的是人的有声的或文字的表达。一方面，我们不能把寂静之音、把语言自身的显示归咎为人类的行为；另一方面，也不能把人的表达和活动局限在人自身来加以考察，应该把人之说植根于它与语言之说的关系中。逻辑地看，作为语言之说的自行显示先行于作为人的表达的显示。

1. 人与语言的关系

海德格尔特地指出："问题根本不在于提出一个新的语言观。重要的是学会在语言之说中栖居。"[①] 人之所以能够学会在语言中栖居，是因为人在本质上是语言性的，语言是人的根本性的存在方式。既然语言是存在的家，人就必定居住在这个家里面。由此可以看出人与语言的关系：一方面，人归属于寂静之音。语言本身的"道说"是人之说的根源；人归属于语言，人总是在倾听语言本身之"道说"中而有所说，而且人只能通过"道说"才有所说；人之说是对语言之"道说"的回答和应合。"作为听者的人归本于道说，这种归本有其别具一格之处，因为它把人之本质释放到其本己之中，却只是为了让作为说者也即道说者的人对道说作出应答，而且是从人的本己要素而来。此本己要素乃是：词语的发声。终有一死的人的应答性道说乃是回答。任何一个被说的词语都是回答，即应对的道说（Gegen-sage），面对面的、倾听着的道说。"[②] 另一方面，寂静之音需要人之说。这实质地体现了存在对于人的指令与召唤。存在居有人，所以存在能使人进入其本身的需用之中。存在与人所构成的这种"需用""使用""被用"的关系，体现在语言方面即是语言用人来让"道说"成为"说"，也就是"把无声的道说带入语言的有声表达中"。海德格尔把这种由"道说"（Sage）到"说"（Sagen）的语言转换称为"开辟道路"，此"道

---

① ［德］海德格尔：《在通向语言的途中》，孙周兴译，商务印书馆1997年版，第22页。
② ［德］海德格尔：《在通向语言的途中》，孙周兴译，商务印书馆1997年版，第223页。

路"既是通向语言的道路，又是存在成其本身的道路。这个道路公式就是：把作为语言的语言（语言本身）带向语言（人言）。

谈论语言说与人之说的关系，可能会给人以这样的观念，即仿佛有两种语言：道言与人言。实际上，所谓"把无声的道说带入语言的有声表达中"，它所表达的不过是语言说与人之说相互贯通的"之间"情形。"因此，没有两个不同的语言，不是存在的语言在一边，人的语言在另一边。不是存在沉默的声音在一边，人言词的发声在另一边。不是先听后答。听发生在说和回应中，沉默发生在言说中。只有一个语言，它既不是人的，也不是非人的。"①

2. 人之说如何发生

在作为寂静之音的语言之说中，人之说如何发生？无论是作为言谈还是作为文字的表达，都意味着打破了寂静。那么人之说如何发生的问题就可以具体化为："寂静之音何以被打破呢？打破了的寂静如何达乎词语的发声？打破了的寂静如何形成言谈，那种以诗行和句子出声的人的言谈？"② 回答这些问题有两个角度：从语言的角度看，语言本身在何处作为语言达乎词语？从人的角度看，人之说如何发生？

从语言的角度看，语言说本身就是对人的召唤和指令，但这个召唤和指令并不是在"普遍的何处"而总是在"特别的何处"作为语言而达乎词语。按海德格尔的看法，它"是在我们不能为那种关涉我们、掠夺我们、趣迫或激励我们的东西找到恰当词语的地方。……在其中语言本身凭其本质从远处而来稍纵即逝地触及我们"③。这就是说，在缺少现成词语的地方，在尚未被说出的东西所在的地方，语言本身赠予我们适当的词语，同时也拒绝给出不适当的词语。它给予我们孕育着生机和光辉的正在生成的词语，同时也拒绝了那些现成的技术的词语。

从人的角度看，首先是人听到了语言的召唤和指令，因为人之说的任何词语都从这种听（Gehor）而来并且作为这种听而说。其次是以

---

① 张汝伦：《二十世纪德国哲学》，人民出版社 2008 年版，第 418 页。
② ［德］海德格尔：《在通向语言的途中》，孙周兴译，商务印书馆 1997 年版，第 21 页。
③ ［德］海德格尔：《在通向语言的途中》，孙周兴译，商务印书馆 1997 年版，第 129 页。

某种方式跟随语言的召唤和指令，获取语言之所说，走在通向语言的路上。再次是克制自身，克制自身意味着始终置身于对寂静之音的归属中，一方面要跟着听寂静之音，另一方面甚至要先行于听（vor-horen）寂静之音，并且从中仿佛是抢先于它的指令。克制中的抢先指的是人以这种方式栖居于语言中。最后是应合，应合是人之说的方式。所谓应合，指的是人之说的任何词语都从这种听而来并且作为这种听而说。应合是有所承认的回答，就连沉默也是一种应合。因为沉默应合于那居有着－显现着的道说的无声的寂静之音。总之，人之所以能说，是因为人归属于语言；人之所以说，是因为人应合于语言。应合就是人之说的发生。但说同时也是听，说本就是一种听，说乃是顺从我们所说的语言的听。由此看来，人之说是听的说，"无论我们通常还以何种方式听，无论我们在何处听什么，听都是一种已经把一切审听和表象扣留起来的让自行道说。在作为顺从语言的听的说中，我们跟随被听的道说（Sage）来道说（Sagen）。我们让道说的无声之音到来，在那里我们要求着已然向我们张开的声音，充分地去向这种声音而召唤这种声音"①。对于归属于语言的听者来说，对道说作出应答，就是把无声的道说带入语言的有声表达之中。

三　返回步伐（从工具到存在）

（一）语言的类型

根据感性或理性程度的不同，人的语言可分为理性语言、感性语言以及处在理性语言和感性语言之间的日常语言三种最基本的类型。

1. 理性语言

理性语言是一种概念化语言，词语概念化、句子命题化、文本逻辑化是其主要特征。海德格尔曾引哈曼的话说："理性就是语言，就是逻各斯。"② 词语的概念化是由显示向符号的转变完成的。词语的显

---

① ［德］海德格尔：《在通向语言的途中》，孙周兴译，商务印书馆 1997 年版，第 217 页。
② ［德］海德格尔：《在通向语言的途中》，孙周兴译，商务印书馆 1997 年版，第 3 页。

示是一种说话器官的感性活动,一种生产过程,是如威廉姆·洪堡所说的发生学意义上的"一次说",因而显示能以多样的个性化的方式使某物显现。但当词语演变为约定俗成的符号,成为"一种僵死的生产品",显示与它所显示的感性事物的关联转变为符号(能指)与抽象的概念(所指意义)之间的关系,语言便由威廉姆·洪堡所说的"是一个真正的世界"转变为"用于相互理解的交流工具"①。对此,海德格尔说:"自泛希腊化(斯多亚)时代以降,通过某种固定而形成了作为描述工具的符号;由此,对某个对象的表象便被调准和指向了另一个对象了。描述(Bezeichnen)就不再是让显现意义上的显示。符号从显示者到描述者的变化乃植根于真理之本质的转变。"② 所谓"对某个对象的表象便被调准和指向了另一个对象",实指由个别转变为一般,个别是具体的事物,一般则是抽象的概念,是众多对象的意义集合,在符号的转变中,它成为一个超感性的东西。所谓"真理之本质的转变",是指由存在者存在的去蔽转变为概念陈述与事实的符合。词语的概念化,导致在对符号的理解和使用上,我们已经变得十分的漫不经心,十分的机械刻板了。

词语构成概念,按照一定的语法规则对概念进行组织便形成命题。这个语法规则就是由系词联结主词和宾词构成述谓结构,其中主语是命题对象,述语则对主语有所陈述和规定,所以命题的基本特征是通过陈述进行判断。"命题是有所传达有所规定的展示。"③ 这个定义有三种含义,它们相互联系并在其统一中界定了命题的整个结构。其一,展示,即让人从存在者本身来看存在者。命题"这把锤子太重了"展示的是处在上手状态中的锤子,而不是锤子的纯粹表象,更不是说话者对锤子进行表象时的心理状态。其二,述谓,即述语陈述并规定主语。述语"太重"就是对这把处在上手状态中的锤子(主语)的陈述和规定,即对锤子的某种存在状况的展示,而不是指"重"这个概念

---

① [德]海德格尔:《在通向语言的途中》,孙周兴译,商务印书馆 1997 年版,第 210 页。
② [德]海德格尔:《在通向语言的途中》,孙周兴译,商务印书馆 1997 年版,第 208 页。
③ [德]海德格尔:《存在与时间》,陈嘉映、王庆节译,生活·读书·新知三联书店 1987 年版,第 183 页。

的意义。任何述谓只有作为展示才是它所是的东西，这表明命题的第二种含义奠基于第一种含义。其三，传达，即让人共同看那个以规定方式展示出来的东西。陈述意味着传达，传达包含着道出状态，也就是对"这把锤子太重"的展示。这表明传达不是说和传递锤子的信息，而是"让人共同看"展示中的锤子。因此，他人分有了向着展示出来的锤子的共同存在。这之所以可能，是因为这个共同向着展示出来的东西的看就是在世界之中存在，而这个世界就是展示出来的东西由之来照面的世界。存在论意义上的传达不仅使分有看成为可能，而且使意指着存在者本身的道听途说成为可能，因为道听途说也是一种在世，是向着听到的东西存在。

命题尽管属于理性的判断并通行有效，但它不是无可追本溯源的"元现象"。命题有其存在论基础，这具体表现为：首先，命题须先行具有已经展开的东西（譬如"这把锤子"），否则便无所展示；其次，命题需要一种先行视见，否则便不能对上到手头的存在者进行具体规定（譬如"重"）；最后，在说出命题之际一向也已经有一种先行掌握（譬如作为先概念的"锤子""重"），否则便不可能说出并进行传达。命题所具有的先行具有、先行视见、先行掌握所构成的结构也是解释的先行结构，所以海德格尔把命题看作奠基于领会、具体表现为解释活动的一种衍生样式。但在派生的过程中，命题发生了变异，即由生存论向认识论的转变。领会是此在的展开状态，领会本身具有"筹划"的生存论结构，把领会中所筹划的可能性整理出来就是解释，而"作为"组建着解释。"作为"指的是上手事物的用途，"某某东西作为某某东西"就是具体事物的作为结构。从单个事物的作为结构到事物存在境域的作为结构，被称为"作为组建着解释"；而反过来，对单个事物的作为结构的理解又必须依靠用具整体性的作为结构。因为用具的整体性一向先于个别用具就被揭示了。这被称为解释的先行结构："把某某东西作为某某东西加以解释，这在本质上是通过先行具有、先行视见与先行掌握来起作用的。解释从来不是对先行给定的东西所作的无前提的把握。……任何解释工作之初都必然有这种先入之见，它作为随着解释就已经'设定了的'东西是先行给定的，这就是说，是在先行具有、先行视见和先行掌握中先行给定的。"① "先行具有"指的是事物已经被领会了的因缘整体性；"先行视见"指的是对被领会了的但还隐绰未彰的东西（因缘整体性）的占有所需要的一种眼光，也就是原初领会的观点——视，包括操劳的寻视、操持的顾视、此在生存的透视。它的作用在于瞄着某种可解释状态，拿在先有中摄取到的东西开刀；"先行掌握"指的是先概念。总之，先行具有、先行视见、先行掌握之"先"不是指一般先验哲学那里形式的"先天"和逻辑在先的意思，而是指它们本质上构成了解释的基础。"解释所揭示出来的东西就是这样一个事实：解释总是已经奠基在某种力图把握我们感兴趣的对象的具体概念活动中。我以这种或那种具体的方式来理解这个对象（我们的前概念），这种方式本身又奠基在某种对我们与这个对象相遭遇的具体领域的认识中（我们的前见），反过来，这种方式最终被嵌入具体的因缘整体中（我们的前有）。"②

　　明确了命题与解释所共同具有的先行结构之后，我们就可以更清楚地看出从生存论的解释转向认识论的命题时的变异。日常生活中一把上到手头的感觉有些重的锤子，人们或者说："太重了"，"换一把锤子"！或者"一言不发"扔开不合用的工具或替换不合用的工具。这些解释都建立在对事物的存在有所领悟的前提下，而"锤子是重的"只是出现在理论命题的句子中。命题一旦提出，先行具有中的锤子这个上手的"作为什么"就变成了命题的"关于什么"。先行视见则把操劳活动的工具（上手之物）转变成了一个认识对象（现成之物），"现成状态的揭示就是上手状态的遮盖。在这种遮盖着的揭示活动范围之内，照面的现成之物就其如此这般现成的存在得到规定"③。在先行视见的转变中，述语从"重"这个特定属性去对主语"锤子"作出具体规定。"锤子""重"这些先行掌握中的前概念就转变成了命

---

① ［德］海德格尔：《存在与时间》，陈嘉映、王庆节译，生活·读书·新知三联书店1987年版，第176页。

② ［英］S. 马尔霍尔：《海德格尔与〈存在与时间〉》，亓校盛译，广西师范大学出版社2007年版，第101页。

③ ［德］海德格尔：《存在与时间》，陈嘉映、王庆节译，生活·读书·新知三联书店1987年版，第185页。

题中的抽象概念。总之，这是"作为"结构整体的转变，一端是存在论解释学的"作为"，另一端是通过命题进行判断的"作为"。当执行其占有被领会的东西这一职能时，判断的"作为"便切断了与上手之物通过指引联络构成的因缘整体和周围世界的联系，"被迫退回到仅仅现成的东西的一般齐的平面上。它向着'有所规定地只让人看现成的东西'这一结构下沉。寻视解释的源始'作为'被敉平为规定现成性的'作为'；而这一敉平活动正是命题的特点"①。

概念之间的联结构成命题，命题之间的组合形成逻辑推论。演绎推理和归纳推理所形成的文本语言，实质上是人类逻辑思维的外化。概念语言与理性思维不可分，理性建立起语言的根据。"人们因此强化了语言之本质整体的已经凝固的方面。所以，二千五百年以来，逻辑语法的、语言哲学的和语言科学的语言观才始终如一。"② 理性语言的进一步发展走向了语言技术化的道路，元语言和技术语言成为理性语言的极端表现形式。

元语言是语言科学和语言哲学所追求制作的一种超语言，元语言学的诸多努力具有技术的性质。因此，海德格尔把元语言看作与人造卫星、导弹技术是一回事情，把元语言学看作把一切语言普遍地转变为单一地运转的全球性信息工具的语言技术化的形而上学。

所谓技术语言，指的是通过技术手段对作为说的语言进行简约改型并加以规定而形成的仅仅给出信号报道的语言。技术语言的特点在于形式化，形式化是对自然语言改型的结果。自然语言作为未经技术设计安排过的语言，被称为流传的语言，"流传并不仅是传递，流传是保存开端的，是收藏已说过的语言之新的可能性。已说过的语言本身包含并馈赠未说过者。语言之流传是靠语言本身来完成，而且是以这样的方式即语言要用人来办这件事，要从保持在用的语言中重新去说世界而且这样把犹未见到的东西显相出来"③。自然语言是从道说那

①　[德] 海德格尔：《存在与时间》，陈嘉映、王庆节译，生活·读书·新知三联书店1987年版，第185页。

②　[德] 海德格尔：《在通向语言的途中》，孙周兴译，商务印书馆1997年版，第5页。

③　[德] 海德格尔：《存在的天命》，孙周兴译，中国美术学院出版社2018年版，第196页。

里获得其自然性的，它的本真性体现为把在场者与不在场者显示出来。自然语言是命运性历史性的，"因为它是通过道说之开辟道路才被指派、发送给人的"①，它不能被人为地订造。

技术语言把自然语言的本真性简约成、萎缩成仅仅是给出信号报道，"如此这般被摆置的说便成了信息。信息探查自身，以便用信息理论来确证它本身的行动。座架乃无往而不在的现代技术之本质，它为自身订造了形式化语言"②。通过形式化，语言被"带到概念和名称的单义性，其精确性与技术操作的精确性不仅相符合，而且与它具有同一个本质来源"③。这种单义的概念、单轨的思想把语言彻底变成了纯粹的工具和手段。

技术语言既是对语言之本真性的攻击，同时也是对人的本质的威胁。"由于语言的这种技术化，真正的丰富的语言必定萎缩，语言的死亡伴随着语言的齐一化而出现：'现实的语言的生命在于多义性。把生动活跃的语词转换成单义的机械的确定的符号系列的呆板性，这是语言的死亡和生活的凝固和萎缩'。"④ "语言之一切技术理论之最后一步，如果不是最初一步的话，就是宣告：语言不是一种仅只保留给人类的特性，而且是一种在一定程度上与由人发展出来的机器分有的特性。"⑤ 当人被设置于计算性技术的本质中，并且逐步牺牲掉自然语言时，人性便转变成了技术理性。

2. 日常语言

日常语言就是此在的话语，或者说，把话语道说出来即成为语言。但语言作为言词整体就像摆在面前的上手事物那样成为世内存在者，而话语作为此在之此的展开状态的源始生存论环节具有生存论性质，它不是存在者，它的存在方式是世界式的。所以，话语是生存论上的

---

① ［德］海德格尔：《在通向语言的途中》，孙周兴译，商务印书馆 1997 年版，第 227 页。
② ［德］海德格尔：《在通向语言的途中》，孙周兴译，商务印书馆 1997 年版，第 225 页。
③ ［德］冈特·绍伊博尔德：《海德格尔分析新时代的技术》，宋祖良译，中国社会科学出版社 1993 年版，第 150 页。
④ ［德］冈特·绍伊博尔德：《海德格尔分析新时代的技术》，宋祖良译，中国社会科学出版社 1993 年版，第 152 页。
⑤ ［德］海德格尔：《存在的天命》，孙周兴译，中国美术学院出版社 2018 年版，第 196 页的

语言。

话语的构成环节有三：第一，话语的关于什么（话语所及的东西）。它包含着所指向的事物和意义，或者说是根据意义分解出来的说话者行为的目的所向。所以在像命令、愿望、说情等言语行为中，尽管可能没有具体的对象，但都有它们的"关于什么"。第二，话语之所云本身。它指的是话语行为本身，它表现为言说的声调、抑扬、速度、方式，等等。这些指标看起来似乎是言说者的内部表现，实际上恰恰是此在作为在世的存在已经有所领会地在"外"了，是此在当下的现身（情绪）方式。第三，传达和公布。传达不是指存在者层次上的把某些体验从这一主体内部输送到另一主体内部这类事情，而是指在广泛的存在论意义上的对此在作为共在的生存情态和可理解性的分享。只不过在话语中，共在以形诸言辞的方式被分享着。

话语结构的整体性不在话语本身的结构，而在此在的存在。从此在存在的整体性，我们就会发现上述话语结构中包含着的但还未出现的两个因素：听和沉默。听与沉默是话语的两个生存论可能性。此在之所以"言"并"能言"，是因为有人"听"并"能听"，"听"对话语所具有的构成作用在此得到显现。此在是共在，所以"每一个此在都随身带着一个朋友；当此在听这个朋友的声音之际，这个听还构成此在对它最本己能在的首要的和本真的敞开状态"[1]。朋友不是外在于此在的他人，而是属于此在本质可能性（共在）的他人。所以，倾听他人的声音就是对自己最本己的能在敞开。话语的另一种本质可能性是沉默，沉默的生存论基础在于："比起口若悬河的人来，在交谈中沉默的人可能更本真地'让人领会'，也就是说，更本真地形成领会。"[2] 这说明沉默同样是表达，沉默为什么能表达？因为领会和理解。对某事滔滔不绝、漫无边际的清谈反而阻碍理解，甚至入于不可理解之中。缄默这种话语样式如此原始地把此在的可理解性分环勾连，

---

① ［德］海德格尔：《存在与时间》，陈嘉映、王庆节译，生活·读书·新知三联书店1987年版，第191页。

② ［德］海德格尔：《存在与时间》，陈嘉映、王庆节译，生活·读书·新知三联书店1987年版，第192页。

可以说真实的能听和透彻的共处都源始于它。因为话语结构具有存在论生存论上的整体性，所以它才能对此在的生存具有组建作用。话语对生存的生存论结构的组建作用通过听和沉默这些现象变得十分清晰。海德格尔非常明确地把人之话语归结为此在的存在："此在有语言。……人表现为有所言谈的存在者。这并不意味着唯人具有发音的可能性，而是意味着这种存在者以揭示着世界和揭示着此在本身的方式存在着。"①

在日常生活中，话语会转变为闲言。从话语本身的结构层面看，闲言从话语的"关于什么"向"所云本身"滑动，但又没有完全转向"所云本身"。若彻底转向"所云本身"，话语就有了"诗性"。从理解的层面看，在这个滑动之间，对"说出过的话语"一向已有领会与解释，但这种解释因共同存在之故往往是平均的。对"正说出来的话语"而言，此在被交托给了这种已有的解释方式。结果是"它控制着、分配着平均领会的可能性以及和平均领会连在一起的现身情态的可能性"②。在这个之间，常人的"平均解释"作为"什么"取代了正说出来的话语的"关于什么"，闲言就此产生。

所谓闲言，就是无须把事情据为己有就懂得了一切的可能性。此在与事情本就有一种源始的存在关系，"把事情据为己有"就是对这种源始存在关系的把握和理解。"关于什么"的话语就是对这种存在关系的表达。但在日常生活中，"话语丧失了或从未获得对所谈及的存在者的首要的存在联系，所以它不是以源始地把这种存在者据为己有的方式传达自身"③，此在无须对事情作本己的领悟和理解就去表达，仿佛是懂得了一切，实质是不懂一切。闲言之为闲言，在于它似乎并不像闲言。"听和领会先就抓牢话语之所云本身了。传达不让人'分享'对所谈及的存在者的首要的存在联系；共处倒把话语之所云说来说去，为之操劳一番。对共处要紧的是：把话语说了一番。只要

---

① ［德］海德格尔：《存在与时间》，陈嘉映、王庆节译，生活·读书·新知三联书店1987年版，第192—193页。

② ［德］海德格尔：《存在与时间》，陈嘉映、王庆节译，生活·读书·新知三联书店1987年版，第195页。

③ ［德］海德格尔：《存在与时间》，陈嘉映、王庆节译，生活·读书·新知三联书店1987年版，第196页。

有人说过，只要是名言警句，现在都可以为话语的真实性和合乎事理担保，都可以为领会了话语的真实性和合乎事理担保。"① 因为闲言作为话语仿佛是有真实性，仿佛是领会了话语的真实性，日常生活中的此在就不用冒遭受在据事情为己有的活动中失败的风险。

闲言对此在的作用表现有二：其一，对在世的封闭；其二，对此在的除根。话语通过分环勾连把所涉及的"关于什么"分成环节，成为含义之间的联络；通过含义联络的整体展开对世界的领会，并从而同等源始地展开对他人的共同此在的领会以及对向来是本己的"在之中"的领会。但在闲言中，"这种话语不以分成环节的领会来保持在世的敞开状态，而是锁闭了在世，掩盖了世内存在者"②。这就是说，闲言固定了事物的意义，使得事物的种种可能性无法展开。因为闲言本来就不费心回溯到所谈及的东西的根基上去，所以闲言本来就是一种封闭。说闲言是封闭，是指它对此在存在的封闭。而更有甚者，人们在闲言之际自以为达到了对谈及的东西的领会，这就愈发加深了封闭。闲言以封闭的方式把此在从对世界、对共同此在、对"在之中"的首要而源始真实的存在联系处切除下来，此在在漂浮不定的骇异之中得以驶向渐次增加的无根基状态。这就是闲言对此在的除根。但是处在无根基状态的此在并未演变成一种现成状态，它恰恰是以不断被除根的方式而在生存论上是除了根的。

以上的论述给人一种感觉，对于此在来讲，闲言似乎是一个贬义词。但海德格尔一开始就表明自己的态度："闲言这个词在这里不应用于位卑一等的含义之下。作为术语，它意味着一种正面的现象，这种现象组建着日常此在进行领会和解释的存在样式。"③ 闲言作为日常性的话语，它体现了非本己此在的领会和解释。日常此在就是此在本身，此在在日常生活中，忘我地投入到周围世界中去和他物以及他人

---

① ［德］海德格尔：《存在与时间》，陈嘉映、王庆节译，生活·读书·新知三联书店 1987年版，第 196 页。

② ［德］海德格尔：《存在与时间》，陈嘉映、王庆节译，生活·读书·新知三联书店 1987年版，第 197 页。

③ ［德］海德格尔：《存在与时间》，陈嘉映、王庆节译，生活·读书·新知三联书店 1987年版，第 195 页。

打交道，完全忘却了存在的意义。但日常状态完全不影响此在自身作为此在的性质；相反，它属于此在的本质状态。首先，即便在无根基状态中，此在在闲言这种存在方式中依然始终是依乎世界、共乎他人、向乎自身而存在着。除根不但不构成此在的不存在，它反而构成了此在的最日常顽固的"实在"。其次，在对在世的封闭中，尽管掩盖了事物的意义，但是闲言并无这样一种存在样式：有意识地把某种东西假充某种东西提供出来。最后，处在无根基状态的此在并未演变成一种现成状态，此在不是世内存在者，而依然是"在世界之中存在"。一言以蔽之，闲言不过是、始终是、总是日常此在进行领会和解释的存在方式。

3. 感性语言

根据海德格尔"语言与人类相互规定"的思想，我们的看法是，既然理性语言与"理性动物"（animal rationale）相关，日常语言与"此在"（Dasein）相关，那么感性语言则与"此－在"（Da-sein）相关。如果说理性语言用于认识，日常语言用于生存，那么感性语言则用于人的自由地存在——此－在，因为语言是此－在的基础。在感性的意义上，纯粹的散文与诗歌一样富有诗意，就连日常语言也是一种被遗忘了的、因而被滥用了的诗歌，如果日常语言是此在本己生存的本真的话语的话。尽管本真的诗从来不只是日常语言的一个高级样式，但诗歌语言却是感性语言的典型且充分的体现。感性语言有三个规定：首先是感性，其次是源始，最后是自然。

①感性语言之"感性"

歌德区分了语言与人的两种关系——表层关系和深层关系："在普通的生活中，我们将就着对付语言，因为我们只表明表层的关系。一旦我们谈到更深的关系，就立即会出现另一种语言，即诗歌的语言。"① 表层关系是用具性的，而深层关系则是进入了语言本身。对于语言与人的"更深的关系"，诗人约翰·彼得·黑贝尔作了形象化的

---

① ［德］海德格尔：《从思想的经验而来》，孙周兴、杨光、余明峰译，商务印书馆2018年版，第157页。

注释："我们是植物，不管我们是否愿意承认，我们这种植物必须连根从大地中成长起来，方能在天穹中开花结果。"① "大地"和"天空"分别构成了语言的"说"和"所说"，按海德格尔的解释，"大地"是感性的东西，它是可见的、可听的、可感的，它承载着我们、包围着我们、激励着我们并令我们平静。"天空"是非感性的东西、意义、精神，对于它，我们能觉知但不能用感官觉知。而处在完满的感性之物的深度与冷静的精神高度之间的小路就是语言。"语言的词语在语音中鸣响，在文字中闪光和闪烁。语音与文字固然是感性之物，但在感性之物中，向来就有一种意义（Sinn）传露出来并且显示自己。作为感性的意义，语言穿越大地与天空之间的游戏空间的浩瀚之境。语言使一个领域保持敞开，在其中，大地上和天空下的人得以栖居于世界之家。"② 把语言的"说"——语音、文字——说成是完满的感性之物是对的，但把语言的"所说"——意义、精神——说成是非感性的、能觉知而又不能用感官觉知则表现出海德格尔对诗歌语言中的"所说"内在于"说"和"天空"内在于"大地"两者之间的转化关系存在着游移和矛盾。实际上，由于"所说"内在于"说"，"天空"内在于"大地"，才有了"说"向"所说"和"大地"向"天空"在更高层次上的转化。恰恰是在这个"内在于"和"转化"之间，语言打开了人能栖居于其中的世界。因此，所谓感性语言，不仅能指符号是感性的，而且所指意义也同样是感性的；在感性语言所敞开的世界中，由于天、地、神、人的共同游戏，感性语言愈发感性，成为"完满的感性"，以至于就像杜夫海纳所说的，是"辉煌地呈现的感性"，是"灿烂的感性"。

②源始语言

A. 语言源自存在

探讨语言的起源，有两条道路，一是把语言当成人的工具，从发

---

① ［德］海德格尔：《从思想的经验而来》，孙周兴、杨光、余明峰译，商务印书馆2018年版，第157页。

② ［德］海德格尔：《从思想的经验而来》，孙周兴、杨光、余明峰译，商务印书馆2018年版，第158页。

生学的角度来追寻它的历史起源，二是把语言看作对人的规定，从哲学的角度追问语言的本质，语言的本质问题也就是语言之起源的问题。前一条道路是历史学家、人类学家、语言学家等把语言作为一个对象所从事的科学研究；后一条道路则是每一个人所体验的生命现象，是每时每刻都会发生在身边的事情，"是那种拥有人之存在的最高可能性的居有事件（Ereignis）"①。

海德格尔走在后一条道路上，他明确地把语言问题看作存在本身的问题。一方面，语言起源于存有，因此归属于存有；另一方面，语言就是人乎言词的存在，语言是存在之家。语言与存在两者关系之转换就表现为，当人进入存在时，语言就成了存在之词。存在的道说是显示、聚集："存在是（ist）存在者。在此'是'当作及物动词来使用，其意如同'聚集'（versammelt）。存在把一切存在者聚集起来，使存在者成为存在者。存在是聚集——即 Λόγος（逻各斯）。"②而作为"本质的语言"的语言的本质，就是持续、逗留、在场，使天、地、神、人四个世界地带相互面对。总之，语言作为 Logos，就是说和聚集。

语言和词语不是盛装事物的容器，也不是隔着遥远的距离指称事物的手指，词语把事物带入词语不仅仅指称事物，而更为重要的是词语把事物带入了它的存在中，并使事物保持存在。海德格尔曾以他所热爱的希腊语为例表达过这种观点："在希腊语中，被道说的东西同时就是它所命名的东西。如果我们希腊式地来听一个希腊词语，那么我们就跟随这个词的 legen（说、集合），即它的直接呈示。它所呈示的东西就在我们面前。通过希腊式地听到的词语，我们直接就在呈现的事情本身那里，而不首先在一个单纯的词语含义那里。"③ 对于事物和世界而言，自身的存在和语言的显示是一回事情。在这个意义上，我们说，太初有道与太初有言是同一的。源始意义上的道成言（肉）

①　［德］海德格尔：《荷尔德林诗的阐释》，孙周兴译，商务印书馆 2000 年版，第 41 页。
②　孙周兴选编：《海德格尔选集》（上），上海三联书店 1996 年版，第 595 页。
③　［德］海德格尔：《什么是哲学》，转引自孙周兴《语言存在论》，商务印书馆 2011 年版，第 171 页。

身，就是语言的源始的开端。

B. 语言是原诗（诗乃是存在的词语性创建）

理性语言、技术语言、日常语言（闲谈、口号、习语等）使我们失去了与事物的真实关系，它不能言说存在的真理，因为它缺少道说的力量。而源始语言是一种具有质朴性和本质力量的语言，它能够去道说作为存有之语言的存在者之语言。语言的起源之本质就在于，"语言只能从制胜者与莽苍中开起头来，把人显露入在中去。在如此显露中，语言作为在之成词已是诗作了。语言就是原始诗作，一个民族就在原始诗作中吟咏这个在。反过来一个民族赖之进入历史的伟大诗作才开始去塑造此民族的语言"[①]。在这里，存在着对存在的语言、诗的语言和通常理解的语言三者之关系的理解。一方面，存在的语言需要人的聆听；另一方面，当人在存在中显露时，便把无声的道说带入语言的有声表达之中。这个转换并不表明存在着两种语言，它仅仅意味着同一个语言的两个方面。作为源始语言，它是通常理解的语言或作为语言科学和语言哲学已经对象化的语言的可能性之条件。这种源始的语言就是诗的语言，也就是源始的诗。《向着天空和大地，凡人和诸神》的作者马克·拉索尔对源始语言与普通日常语言的区分作了十分清晰的阐释：

> 源始语言是"无声的"，也就是说，它不使用言语来"道说"世界。日常语言只用言语来说话。源始语言向我们显示什么是重要的事情，什么是不重要的事情，让我们看清事物应该如何互相安排起来。日常语言表达了源始语言让我们看清的事实。源始语言说话靠的是让我们向世界现身，进而让我们看清世界依照某种存在方式而排列和组织起来。因此，一切事物都有其特定的本质，对我们重要，向我们调动，以特定的方式做出回应。当我们与他人共享对世界的定位时，我们可以使用日常语言的言语来交流，因为源始语言的"本质"过程让沟通双方世界中相同的特征得以

---

① ［德］海德格尔：《形而上学导论》，熊伟、王庆节译，商务印书馆1996年版，第171页。

涌现并凸显出来，攫住我们的注意力，并让它们自己被我们所提到。当向我们敞开的世界被梳理成相同的样式时，当我们"听从语言"时，当我们"让语言之道说向我们道说"时，我们就同享了一种源始语言。当"我们让道说的无声之音到来，在那里我们要求着已然向我们张开的声音，充分地向着这种声音而召唤这种声音"时，我们就做出了语言行动，就以正确的方式对世界之梳理方式做出了回应。①

恰恰是在这种清晰区分中存在着一个模糊地带，即诗歌语言。诗歌语言是无声的吗？抑或是在语音中鸣响的语言？我们的回答是，作为"寂静之音"它是无声的，但作为人的语言又是鸣响的。海德格尔说："诗乃是对存在和万物之本质的创建性命名。"② "诗的道说乃是最古老的道说。"③ 作为"寂静之音"，它是让万物进入敞开域的最古老的"道说"；作为发光鸣响的语言，它是诗人创建性的开端之说。说到家，语言是原诗，诗是原语言；语言本身使诗成为可能，诗本身使语言成为可能。这表面上看起来是一种相互的循环规定，实际上说的是同一回事情，最古老的也是最新的，"诗乃是一个历史性民族的原语言（Ursprache）"④。

③自然语言

自然语言之"自然"指的是感性语言之自然性。自然性与人为性相对，但不与人相对，因为人不在自然外面，人本身就是自然。感性语言之自然性可从以下三个层面得到论证。

首先，作为存在语言的"道说"，它排除了人为性，但它并没有也不可能排除人，因为人的存在与存在本身是统一的。所谓存在，是对人而言的存在，没有人，还有什么其他非人的事物能够体验、追问

---

① ［美］马克·拉索尔：《向着大地和天空，凡人和诸神》，姜奕晖译，中信出版社2015年版，第140页。

② ［德］海德格尔：《荷尔德林诗的阐释》，孙周兴译，商务印书馆2000年版，第47页。

③ ［德］海德格尔：《演讲与论文集》，孙周兴译，生活·读书·新知三联书店2005年版，第144页。

④ ［德］海德格尔：《荷尔德林诗的阐释》，孙周兴译，商务印书馆2000年版，第47页。

存在的意义吗？"道说"指向人，人在"道说"中，人在世界之中，也就意味着人在道说之中。事情的真相仅只是：人在"道说"之中"听"。海德格尔说自然语言"是从道说那里获得其自然（Nature），也即获得语言本质之本质现身"①。"语言的固有特性乃基于词语的大道式渊源，也即基于那出自道说的人类之说的大道式渊源。"② "本真的语言都是命运性的，因为它是通过道说之开辟道路才被指派、发送给人的。"③ 所谓"语言的固有特性"，所谓本真语言的"命运性"所指向的都是非人为的"自然性"，因为非人为，所以语言的自然性是固有的、命运性的、本真的。

其次，词语让物物化，让物聚集。这一"让"，既是"道说"之让，也是"人之说"之让。在道说之中，人开始"说"，但人之说是建立在本真的听基础上的说，是"听之说"。"任何真正的听都以本己的道说而抑制着自身。因为听克制自身于归属中；通过这种归属，听始终归本于寂静之音了。"④ 人的克制就是要顺应道说而说。这一顺从语言的听的说，首先是与道说之间的"相互说"，"'相互说'意谓：彼此道说什么，相互显示什么，共同相信所显示的东西。"⑤ 其次是"共同说"，"'共同说'意谓：一起道说什么，相互显示在被讨论的事情中那种被招呼者所表明的东西，那种被招呼者自行显露出来的东西。"⑥ 对物而言，道说与人之说的"共同说"就是共同让、共同令。共同让－令物物化，让－令物作为物在场，让－令物作为在场者聚集。我们可以把词语的这一支配作用命名为造化，"这一让就是造化。诗人并没有说明这种造化是什么，但诗人把自己，亦即把他的道说，允诺给词语的这一神秘。……诗人已经让自身，也即他以后还有可能的道说，来直面词语的神秘，直面在词语中的物的造化"⑦。既然词语让

---

① ［德］海德格尔：《在通向语言的途中》，孙周兴译，商务印书馆1997年版，第226页。
② ［德］海德格尔：《在通向语言的途中》，孙周兴译，商务印书馆1997年版，第227页。
③ ［德］海德格尔：《在通向语言的途中》，孙周兴译，商务印书馆1997年版，第227页。
④ ［德］海德格尔：《在通向语言的途中》，孙周兴译，商务印书馆1997年版，第22页。
⑤ ［德］海德格尔：《在通向语言的途中》，孙周兴译，商务印书馆1997年版，第215页。
⑥ ［德］海德格尔：《在通向语言的途中》，孙周兴译，商务印书馆1997年版，第215页。
⑦ ［德］海德格尔：《在通向语言的途中》，孙周兴译，商务印书馆1997年版，第198页。

物物化，那么就可以说，词语就是物的造化，物的造化的自然性也就是词语的自然性。

最后，语言具有大地性，大地因素是语言自然性的一个标志。在人之说的口语中，"我们便倾听到语言之音的大地一般的涌现"①。此处的"语言之音"包含着两个层面，一是有声的层次，诸如发声、鸣响、回音、萦绕和震颤等属于身体器官的；二是无声的层次，即有声的语言赖以产生的大地。"大地一般的涌现"就是原初的自然，"原初的自然乃是涌现，它本身基于大道之中，而道说正是从大道而来才涌现运作"②。诗人之说在自然的涌现中也是自然的，即便是人为，也是经过了再三思考和刻意雕琢之后的仍然具有自然性的自然。

诗歌语言，因为是感性的、源始的和自然的，所以它本质上具有多义性，这与技术语言的单义性形成了鲜明的对比。"但诗意的道说的这种多义性并不分解为不确定的歧义性。……这一诗意的道说的多义性并不是松懈的不准确，而是让存在者如其所是地存在的那个东西的严格——这个东西已经进入'正当的观看'并且现在服从于这种观看。"③诗歌语言的多义性与"此－在"的人性的丰富性成正比，用技术性的、理性的乃至生存性的耳朵就不可能听到它在说什么。

（二）返回开端

1. 作为居所和家园的语言

什么是人存在的居所？对于人的存在而言，并非所有的建筑物都是居所，正如比梅尔所说："我们不能把'居所'理解为仿佛是把人固定在那里的'固定场所'，而是给人提供了发展可能性的处所。"④为了确定这个所居之"所"，首先我们要问什么是"栖居"。作为人，当然要居住在某个地方某座建筑物里，但并非任何居住都是栖居。人的栖居有其本质性的规定："始终处于自由（das Frye）之中，这种自

---

① ［德］海德格尔：《在通向语言的途中》，孙周兴译，商务印书馆1997年版，第175页。
② ［德］海德格尔：《在通向语言的途中》，孙周兴译，商务印书馆1997年版，第226页。
③ ［德］海德格尔：《在通向语言的途中》，孙周兴译，商务印书馆1997年版，第64页。
④ ［德］比梅尔：《海德格尔》，刘鑫译，商务印书馆1996年版，第146页。

由把一切都保护在其本质之中。栖居的基本特征就是这样一种保护。它贯通栖居的整个范围。一旦我们考虑到，人的存在基于栖居，并且是作为终有一死者逗留在大地上，这时候，栖居的整个范围就会向我们显示出来。"① 这个范围就是：大地、天空、凡人和诸神四个领域所构成的世界，它们的统一性在于："在大地上就意味着在天空下。两者一道意指在神面前持留，并且包含着一种向人之并存的归属。从一种源始的统一性而来，天、地、神、人四方归于一体。"②

作为栖居基本特征的保护与自由是相互规定的，只是在自由中，人才能栖居于四重整体中并保护四重整体；只是栖居于四重整体中并保护四重整体，人才可能处于最高的发展可能性——自由——之中。保护四重整体，就是拯救大地、接受天空、期待诸神和护送终有一死者。在四重保护中，作为起点的是拯救大地。拯救大地的真实意思是把某物释放到它本己的本质之中，也就是让某物是某物，成为某物，而不是把某物看作一个完成了的僵死的事实——或是观念的东西，或是单纯功能性的东西。按这种理解，栖居就不仅仅是一种在大地上、在天空下、在诸神面前和与人一道的逗留，而是"栖居始终已经是一种在物那里的逗留。作为保护的栖居把四重整体保藏在终有一死者所逗留的东西中，也即在物（Dingen）中"③。在这种意义上，物就是人的居所，当然不是指狭义上的居家住房，而是指人的自由的居所。一个正在生成着的物是人进入四重整体之门，它当然不是作为某个第五方，在整个海德格尔的思想中，物就是他所谓的生长中的"大地"。因此，"在物那里的逗留乃是在四重整体中的四重逗留一向得以一体地实现的惟一方式"④。之所以有如此判断，是因为"是"某物、"成

---

① ［德］海德格尔：《演讲与论文集》，孙周兴译，生活·读书·新知三联书店 2005 年版，第 156—157 页。
② ［德］海德格尔：《演讲与论文集》，孙周兴译，生活·读书·新知三联书店 2005 年版，第 157 页。
③ ［德］海德格尔：《演讲与论文集》，孙周兴译，生活·读书·新知三联书店 2005 年版，第 159 页。
④ ［德］海德格尔：《演讲与论文集》，孙周兴译，生活·读书·新知三联书店 2005 年版，第 159 页。

为"某物就是聚集,物物化,物化聚集。聚集什么?聚集天、地、神、人四重性,因此事物就是四重性的聚集地。

物之所以"是"某物,是因为词语的命名,命名召唤事物,让-令事物到场、显露,让物物化。所以,说物是人的居所,也就是说语言是人的居所。让事物到场也就是海德格尔所谓的"语言精神":"一种语言精神庇藏着什么呢?它内部保藏着毫不显眼、但又起着承载作用的与上帝、世界、人和其作品以及与事物的关系。语言精神(Sprach-geist)于自身中庇藏的东西乃是那种高度,那种贯通并支配一切的东西,一切事物都从中起源,从而变得有价值、结出果实。"① 语言以自身的"说"协调四个世界地带,使之邻近。近邻之切近不以时空关系为根据,它超越时间和空间,使天、地、神、人四个世界相互面对,彼此敞开,相互通达。"为四个世界地带之近邻状态开辟道路,让它们相互通达并把它们保持在它们的辽远之境的切近中的东西,乃是切近本身。切近为'相互面对'开辟道路(Be-wegen)。着眼于它的这一开辟道路,我们把切近(Nähe)称为'近'(die Nahnis)。"② 海德格尔称之为邻近性(Nahnis)的东西就是源始的聚合。

聚合四个世界地带并使之归于一体的,并不是普遍的语言,而是作为母语的方言;作为栖居起点的大地,也不是空泛的漫无所归的任何什么地方,而是作为家园和故乡的土地。"语言,就其支配性地位(Walten)和本质而言,都各自是一个故乡的语言,它觉醒于本乡本土之间,被用于父母家中,语言总是作为母语的语言。"③ 方言是每种成熟语言的源泉,或者说,语言就其本质来源而言是方言。作为母语的方言,故乡的土地也扎根其中。但是,所谓"方言""故土",只是一个象征性表达,不能仅从字面意义来理解,它的本质规定性在于:方言是源始的自然地融入身体这片土地的感性语言,土地是人扎根于其

---

① [德] 海德格尔:《从思想的经验而来》,孙周兴、杨光、余明峰译,商务印书馆 2018 年版,第 132 页。

② [德] 海德格尔:《在通向语言的途中》,孙周兴译,商务印书馆 1997 年版,第 178 页。

③ [德] 海德格尔:《从思想的经验而来》,孙周兴、杨光、余明峰译,商务印书馆 2018 年版,第 163 页。

中的承受生命之重并记录下人生悲欢离合的土地。这样的方言是一个民族的原语言，因而也是一个民族命运的原诗，此语言自身即是人的家园。因而栖居是以诗意为根基的，作诗把人带向大地，使人归属于大地，从而使人进入栖居之中。作诗是本真的让栖居，是原始的让栖居。作诗与栖居相互要求，共属一体。源始语言是一个开端性维度，在这里人的本质才能适应存在及其要求，并在这种适应中属于存在。

2. 返回步伐

海德格尔所要求的"回到开端"就是回到存在本身，这个命题可以作多方面多角度的含义阐释。从语言的角度说，回到开端中去，就是回到源始语言，回到语言本身。如果按步伐也即道路来理解，返回的具体步伐是：技术语言—理性语言—日常语言—感性语言—诗歌语言—寂静之音。从技术语言到寂静之音的每一步伐，都是从存在的遗忘到存在的觉醒，都是从诸神的逃遁到神的时代的正在到来，从而也就是从人性的沉沦到人性的敞开。从思想的角度看，回到开端也就是从表象性的思想回到思念之思。总之，返回，并不是前去我们未曾在的地方，而是回到我们已经在的地方。

当然，海德格尔提醒我们："这些步伐并不构成一个由此及彼的相继的序列——那顶多是一个表面的现象。毋宁说，这些步伐顺应一种向同一者（das Selbe）的聚集，并且转回到这个同一者中。看起来像是一条节外生枝的弯路，实际上是进入那种规定着紧邻关系的本真的开辟道路之中，这就是切近。"① 我们上面列出的具体步伐，并不意味着如海德格尔所说的"由此及彼的相继序列"，因为我们可能处在每一个步伐中，它的意义仅在于指明了我们当下所在的地方和回返的方向。同时，海德格尔还提醒我们："从一种思想回到另一种思想，这种返回步伐绝不只是态度的转变。"因为，"一切态度连同它们的转变方式，都拘执于表象性思想的区域中"。而"这个返回步伐寓于一种应合（Entsprechen），这种应合——在世界之本质（Weltwesen）中

---

① ［德］海德格尔：《在通向语言的途中》，孙周兴译，商务印书馆1997年版，第176页。

为这种本质所召唤——在它自身之内应答着世界之本质"①。这意味着，回返的路是一条漫长的道路，它绝非轻松的态度转变所能完成的。但海德格尔所谓的态度是拘执于知性范围内的，而对世界之本质的应合也同样需要一种态度的转变，这是不同于知性态度的无功利的自由的态度。这种自由态度的转变固然可以是"瞬间性"的，但它需要长期的人生修养和生活磨炼而生成的能够辨别韵律的耳朵和能够欣赏绘画的眼睛，否则最美的音乐和最美的绘画也毫无意义。佛教的"顿悟"建立在长期"渐修"的层层石阶之上，"回头是岸"之所以可能，是因为人先已陷身于"苦海无边"。

格奥尔格的诗句"词语破碎处，无物存在"，意指语言对于物的显现作用，但海德格尔对此作了"猜度"性的修改："词语崩解处，一个'存在'出现"，并把"词语的这种崩解"理解为"返回到思想之道路的真正的步伐"②。何谓"词语的崩解"？海德格尔解释为"传透出来的词语返回到无声之中"，孙周兴解释为"由显入隐的聚集"，我们可把它解释为，在人的语言停止的地方，存在的语言开始显现。停止道路上的每一种言说，就是向作为开端的源始语言的回返。对于存在的经验而言，我们最好的做法是：停止言谈，保持沉默。

停止言谈就是对言谈的"弃绝"，这是弃绝否定性的一面，作为否定，它是一种真正的拒绝。但弃绝绝不仅仅是一种否定，它是否定中的肯定，因为，弃绝就是向道说的回返，它是如此的肯定，以至于我们可以说弃绝本身就是一种道说。"自身拒绝看起来不过是回绝和取消，其实却是一种自身不拒绝（Sich-nicht-versagen）：向词语之神秘自身不拒绝。这种自身不拒绝只能以下述方式说话，即它说：'它是'。从此以后，词语就是物之造化。这一'是'（sei）让存在（Lasst sein），让词与物的关系真正地存在（ist）并且如何存在：无词便无物存在。在'它是'（essei）中，弃绝向自身允诺这一'存在'（ist）。……'是'（sei）

---

① ［德］海德格尔：《演讲与论文集》，孙周兴译，生活·读书·新知三联书店 2005 年版，第 190—191 页。

② ［德］海德格尔：《在通向语言的途中》，孙周兴译，商务印书馆 1997 年版，第 183 页。

隐蔽地，从而更纯粹地，把'存在'（ist）呈示给我们了。"①

四 从语言而来

我们一方面要"回到开端"，而另一方面又要"从语言而来"。这从表面上看起来是自相矛盾的，但海德格尔已经说过："思想中持存者乃是道路。而且思想之路本身隐含着神秘莫测的东西，那就是：我们能向前和向后踏上思想之路，甚至返回的道路才引我们向前。"② 这就是说，返回的路也就是向前的路。实际上，返回的路和向前的路是同一条路。

（一）语言经验

回到开端的过程是一个经验语言、感受语言的过程，海德格尔称此为"在语言上取得一种经验"或"词语的诗意经验"。人与语言的关系有外在与内在之分，外在的关系表现为：把语言作为一个对象加以考察，从而获得关于语言的知识，这是语言科学、语言哲学所做的事情。内在的关系表现为：语言对人的渗透、融化和支配成为人在世界之中存在的具体表现形式，语言是人，人是语言，这是诗人（广义）所做的事情。在语言上取得一种经验，不是认识语言，而是经验语言。对此海德格尔有许多表述，我们对其概括为如下几个方面：

第一，语言自身与自身的关系。当语言自身说的时候，语言本身把自身带向语言而表达出来；而当我们说的时候，我们无论以何种方式来说一种语言，语言本身在那里恰恰从未达乎词语。尤其在日常语言中，语言本身并没有把自身带向语言而表达出来，而是抑制着自身。只是在我们不能为那种关涉我们、掠夺我们、趋迫或激励我们的东西找到词语的地方，语言本身才作为语言而达乎词语。由此，可把语言与自身的关系表述为：语言说语言。

第二，词语与存在的关系。词语给出存在，词语是存在的居所。

---

① ［德］海德格尔：《在通向语言的途中》，孙周兴译，商务印书馆1997年版，第198页。
② ［德］海德格尔：《在通向语言的途中》，孙周兴译，商务印书馆1997年版，第83页。

"这种诗意经验显示出有（es gibt）而不'存在'（ist）的东西。词语也是一个有的东西——或许不光也是有的东西，而是先于一切地是有的东西，甚至是这样：在词语中，在词语之本质中，给出者遮蔽着自身。按实情来思索，我们对词语绝不能说：它是（es ist）；而是要说：它给出（es gibt）——这不是在'它'给出词语的意义上来说的，而是在词语给出自身这一意义上来说的。词语即是给出者（das Gebende）。给出什么呢？按诗意经验和思想的最古老传统来看，词语给出存在。"① 语言给出存在，但语言自身不存在。

第三，词语与物的关系。词语让一物作为它所是的物显现出来，并因此让它在场；而正是在这种在场中，某物才显现为存在者。词语把一切物保持并且留存于存在中。词语让物聚集为天、地、神、人构成的世界。

第四，我们与语言的关系。以上诸种关系最终都归结为人与语言的关系，人不是语言的主宰，相反，语言才是人的主人。所以人归属于道说，听从于道说，从而能跟随着去说一个词语。因此，在语言上取得一种经验意味着，接受和顺从语言之要求，从而让我们适当地为语言之要求所关涉。

第五，语言经验使我们接触到我们的此在的最内在的构造——成为人之所是。语言是人的居所，为了成为我们人之所是，就要突入这个栖居之所，嵌入语言的本质中，为语言本身所注视，归本于语言的本质。

（二）从语言而来

既然人在回到开端的道路上取得了如上一种语言经验，那么，人应该如何说话？这依然是行走在同一条道路上，海德格尔为此提出了一个道路公式："把作为语言（道说）的语言（语言本质）带向语言（有声表达的词语）。"② 这是一种"语言转换"（Wandel der Sprache），

---

① ［德］海德格尔：《在通向语言的途中》，孙周兴译，商务印书馆1997年版，第160页。
② ［德］海德格尔：《在通向语言的途中》，孙周兴译，商务印书馆1997年版，第223页。

即"道说－人言"或"不可说－可说"的生成转换。但这是一种"带向语言"的转换："把从前未被言说的、从未被道说的东西提升到词语中，让迄今遮蔽的东西通过道说（Sagen）而显现出来。"① 因此，带向语言不是我们通常所理解的用口头或书面语言表达些什么，而是向语言的固有特性靠近，把存在庇护入语言之本质中。

语言转换表现为"道说"与"人言"的对话，但它不是随便一种什么对话，而是"从语言而来"的对话。从语言自身看，是道说本身使道说达乎说；从人言看，是作为听的说从道说那里接受总是要道说的东西，并把所接受的东西提升到有声词语之中。"从语言而来"的说是诗意的或运思的说。

（三）思与诗

诗与思是道说的两种方式，两者有一个共同的要素——道说。"道说之成为诗与思的'要素'其方式全然不同于水之于鱼和空气之于鸟——道说乃以迫使我们停止谈论要素这样一种方式成为诗与思的要素，因为道说不光'承荷'着诗与思，并且提供出诗与思横贯其中的领域。"② 这个横贯其中的领域就是大地与世界。

1. 思

思不是理性思维，理性思维是人作为理性动物理解并言说世界的逻辑方式，它以概念为基本材料，以命题、推理为主要形式。概念性的、逻辑的思维不是原初的思，它与存在本身并不直接相关，作为理智意义上的思，归根结底它只是表象。在理性之思中，存在以及事物都成了空洞而苍白的共相。

原初的思是存在性的，是存在之思。思与存在的关系不是认识与认识对象的关系，而是属于的关系，思属于存在；而存在反过来也需要思，存在要靠此在奠基。思与存在是相互依赖和共属的关系。"思与存在的共属关系，其实就是此在与存在，或人与存在的关系。一方

---

① ［德］海德格尔：《从思想的经验而来》，孙周兴、杨光、余明峰译，商务印书馆 2018 年版，第 155 页。

② ［德］海德格尔：《在通向语言的途中》，孙周兴译，商务印书馆 1997 年版，第 156 页。

面，人作为存在者当然与存在判然有别；但另一方面，……人在海德格尔那里首先是一种存在方式，它提供了存在得以呈现的空间。"① 思是"存在之思"有两方面的含义，一方面，思是存在的，因为思由存在发生，是属于存在的。就是说，存在使思成为可能。另一方面，思所思的是存在，没有存在，思想便失去了指向性。由以上两种含义，决定了思想的基本特征是：响应、应和、等待、追问存在。在海德格尔看来，只有那种对存在本身的追问才是真正的思想，只有那种响应存在召唤的思想才是本真的思想。

如果从本真的时间思考"存在之思"的话，"思"有三个时间向度，这就是与将来、当下、曾在三个时间环节相对应的期望之思、当下之思和回忆之思。当然与三个时间环节的相互绽出同样的是，期望之思、当下之思和回忆之思也是相互蕴含的。作为对"道说"的回应，思也可以被理解为"回忆"。"回忆思念已被思想过的东西。但作为缪斯之母，'回忆'（Gedächtnis）并不是任意地思念随便哪种可思想的东西。回忆在此乃是思想之聚集，这种思想聚集于那种由于始终要先于一切获得思虑而先行已经被思想的东西。回忆聚集对那种先于其他一切有待思虑的东西的思念。"② 在相互蕴含的意义上，海德格尔说："思之为曾在者之到达"，"思之为持存者之聚集"③。与时间的解说相应，是对思的空间的解说，"在思中，既没有方法也没有论题，而倒是有地带——之所以叫它地带，是因为它为那种为思而给出的要思的东西提供地域，也即把后者开放出来。思行进在地带之道路上，从而栖留于地带中。这里，道路乃地带的一部分而归属于地带。"④ 地带（Gegend），表示自由的辽阔（die freie Weite），因其辽阔而能聚集。

2. 诗

诗有狭义广义之分，狭义的诗，指的是作为语言作品的诗歌。广

---

① 张汝伦：《二十世纪德国哲学》，人民出版社 2008 年版，第 406—407 页。
② ［德］海德格尔：《演讲与论文集》，孙周兴译，生活·读书·新知三联书店 2005 年版，第 144 页。
③ ［德］海德格尔：《在通向语言的途中》，孙周兴译，商务印书馆 1997 年版，第 125 页。
④ ［德］海德格尔：《在通向语言的途中》，孙周兴译，商务印书馆 1997 年版，第 146 页.

义的诗，也包括了建筑、绘画、音乐等艺术门类。因为一切艺术本质上都是诗，所以我们把与"思"相对而说的"诗"看作是广义的诗。

无论诗歌，还是其他艺术，都是真理的有所澄明的筹划，都是筹划着的道说："世界和大地的道说（die Sage），世界和大地之争执的领地的道说，因而也是诸神的所有远远近近的场所的道说。诗乃是存在者之无蔽的道说。"① 但在海德格尔看来，诗歌与其他艺术的"道说"之间有一些差异，因为诗的本质是从语言的本质那里获得理解的，所以，"诗乃是对存在和万物之本质的创建性命名，……是那种首先让万物进入敞开域的道说"②。作为对万物的创建性命名，诗歌不是任意的道说，而是一种占有突出地位的道说。而其他艺术"总是已经、而且始终仅只发生在道说和命名的敞开领域之中。它们为这种敞开所贯穿和引导，所以，它们始终是真理把自身建立于作品中的本己道路和方式。它们是在存在者之澄明范围内的各有特色的诗意创作，而存在者之澄明早已不知不觉地在语言中发生了"③。由此看来，语言的本质先是对诗歌作了规定，而其他艺术之所以具有诗意，是因为它们是在与语言和词语的紧密的本质同一性中被理解的。

就诗与日常语言而言，是诗本身使日常语言成为可能；就诗与源始语言而言，是源始语言使诗成为可能。诗是一个历史性民族的原语言，这句话只能在后一种意义上来理解。因此，所谓作诗，就是倾听道说，跟随着道说，让这种道说转换成为表达意义上的道说。"观看和道说之语言就成了跟随着道说的语言，即成了诗。"④

3. 思与诗

思与诗表面看来是背道而驰的，但实质上则是处于紧邻关系：相互面对、相互归属，所谓"一切凝神之思都是诗，而一切诗都是思"⑤。如何理解这个命题？首先，两者都从道说而来，不同的地方在于，思

---

① ［德］海德格尔：《林中路》，孙周兴译，上海译文出版社1997年版，第57页。

② ［德］海德格尔：《荷尔德林诗的阐释》，孙周兴译，商务印书馆2000年版，第47页。

③ ［德］海德格尔：《林中路》，孙周兴译，上海译文出版社1997年版，第58页。

④ ［德］海德格尔：《在通向语言的途中》，孙周兴译，商务印书馆1997年版，第59页。

⑤ ［德］海德格尔：《在通向语言的途中》，孙周兴译，商务印书馆1997年版，第230页。

是对"有待思想的东西"——开端、家园——的思念和回忆,而诗则是对"思"所思念的、所回忆的言说和表达。所以,诗居于思念,"一切诗歌皆源出于思念之虔诚"①。其次,相互面对,"在运作着的'相互面对'中,一切东西都是彼此敞开的,都是在其自行遮蔽中敞开的;于是一方向另一方展开自身,一方把自身托与另一方,从而一切都保持其本身;一方胜过另一方而为后者的照管者、守护者,作为掩蔽者守护另一方。"② 思与诗的"相互面对"源起于天、地、神、人四方映射游戏彼此通达所形成的辽远之境。

孙周兴认为诗与思的区别在于,诗是显、分、升、散、动,更具开端性和创建性;思是隐、合、降、敛、静,更有持守性和保护性。此说实际上仅具有相对性。思与诗的相互蕴含,使对两者的区分带来了困难,海德格尔本人亦未曾讲清。陈嘉映在分析各种关系之后说:"不少专家探索过海德格尔文本中诗思的关系,结果都归失望。科克尔干脆认为这个问题在海德格尔的思想框架中是无法澄清的。"③ 我们认为,诗与思是同一个道说运动的两面,它们之间具有同质性。原初的思是情思,原初的情是思念之情。

第三节　事物的声音

梅洛-庞蒂对语言所作的现象学思考可分为三个时期,早期的《行为的结构》和《知觉现象学》分别探讨行为和身体的知觉经验,把言语看作身体表达功能的延伸,语言作为一种动作从属于身体。中期的《论语言现象学》和《世界的散文》转向社会和文化领域,语言成为论述的正题。在这一时期,他力图建立"语言现象学";在与胡塞尔和索绪尔的对话中,他对语言自身的关系(符号与意义)和语言与身体的关系作了全方位的论述;通过对两种语言的区分,他从对科

---

① [德]海德格尔:《演讲与论文集》,孙周兴译,生活·读书·新知三联书店 2005 年版,第 144 页。

② [德]海德格尔:《在通向语言的途中》,孙周兴译,商务印书馆 1997 年版,第 178 页。

③ 陈嘉映:《海德格尔哲学概论》,生活·读书·新知三联书店 1995 年版,第 323 页。

学语言的批判走向了对感性语言的肯定。后期的《眼与心》和《可见的与不可见的》关注语言与存在的关系，受后期海德格尔语言是存在之家观点的影响，梅洛－庞蒂提出了存在是语言之家的居主的命题。与中期仍然把身体经验作为语言问题的基础和实质不同的是，后期他把语言看作是存在的语言。语言问题地位的变化，与梅洛－庞蒂思想从身体主体、文化世界到存在本体的前后变化是一致的。如果我们从语言本身的角度看，梅洛－庞蒂的语言学思考始终沿着一条从知性到感性的路线行走，对语言的知性所作的是批判，对语言的感性所作的是从语言的身体性到语言之肉的逐步揭示和肯定。

一　两种语言的区分

在《知觉现象学》中，梅洛－庞蒂就立足于身体的表达，区分了"能表达的言语"和"被表达的言语"。前者是意义意向处在初始状态的言语，它显示了生存超越自然物体的规定，试图在存在之外聚集所做的努力。因而它的意义处在不断地生成之中，像波浪那样聚集和散开。"在画家或说话的主体那里，绘画和言语不是对一种既成思想的阐明，而是这种思想的占有。"① 在这种"原初言语"中，"言语不能被当作思维的单纯外壳，表示也不能被当作一种自明的意义在一种随意的符号系统中的表达"②。后者则是在"表达活动构成了一个语言世界和一个文化世界"时形成的，它的意义是固定的，因而它是像拥有获得的财富那样拥有可支配意义的被表达的言语，是建立在原初言语之上的"已经获得思想的第二言语"。

在《世界的散文》中，梅洛－庞蒂立足于语言本身，区分了被言说的语言和能言说的语言。"其一，存在着事后语言，那种习得的语言，那种在意义面前消失的语言（它是意义的载体）。其二，存在着在表达的环节自我形成的语言，它将准确地使我从符号滑向意义。简言之，一是被言说的语言，一是能言说的语言。"③ 被言说的语言，是

---

① ［法］梅洛－庞蒂：《知觉现象学》，姜志辉译，商务印书馆2001年版，第488页。
② ［法］梅洛－庞蒂：《知觉现象学》，姜志辉译，商务印书馆2001年版，第487页。
③ ［法］梅洛－庞蒂：《世界的散文》，杨大春译，商务印书馆2005年版，第10页。

既定的符号与可自由处置的含义的各种关系之全体，是它构成了语言以及该语言的全部书面的东西，它完全作为一个在文字和页面之外的独特的、不容置疑的个体存在着。它是既成的，符号与含义之间的关系是固定的，阅读就是被书支配的过程。能言说的语言，是在表达的环节自我形成的语言，语言在此仿佛从来没有存在过一样，读者与语言共同存在。在言说的过程中，符号和可以自由处置的含义之间发生了变化，一种新的含义从中分泌出来。结果竟是这样：由于司汤达，我们会超越司汤达。但"这是因为他不再向我们说话，这是因为他的写作对于我们而言已经丧失了其表达的效力。只要语言真实地发挥作用，对于听和读的人来说，它就不会是一种去发现在它自身那里已经存在着的含义的简单邀请。作家或演说家正是通过这一策略，触动已经在我们身上的那些含义，并使它们产生出陌生的声音来"[①]。这种新的含义的产生，始于言语和它的回音的共谋，始于语言的耦合。此外，在《世界的散文》中，梅洛-庞蒂还作了另一种区分：制度化的言语和征服性的言语。征服性的言语是人类的最初含义获得表达时刻的语言，它让意义存在，并把它教给说者又教给听者，它自我取消并且我超越。制度化的言语建基于征服性言语，它把征服性言语的含义公共化、制度化。

在《旅程Ⅱ》中，针对萨特对于诗歌和散文所作的区分，梅洛-庞蒂立足于文学语言，区分了伟大的散文和平庸的散文。萨特主张"介入文学"，在回应艺术、诗歌如何介入这一问题时，他从语言的角度区分了诗歌和散文。在他看来，散文是符号的王国，而诗歌是站在绘画、雕塑、音乐这一边的。这倒并不是说诗歌不使用文字，而是说诗歌使用文字的方式与散文不同。从诗人的角度说，他从语言-工具脱身而出，拒绝利用语言，他对词采取的是一种诗意的态度。他把词看作物，看作像树木和青草一样在大地上自然地生长的物，看作像颜色、花束、匙子磕碰托盘的叮当声这样一些对艺术家而言的最高程度的物。"他不屑把词语当作指示世界某一面貌的符号来使用，而是在

---

① ［法］梅洛-庞蒂：《世界的散文》，杨大春译，商务印书馆 2005 年版，第 13 页。

词里头看到世界某一面貌的形象。"① 从词语本身来看，词的内部结构所发生的重要变化，如词的发音、长度、开音节或闭音节的结尾以及视觉形态这样一些形式因素的结合，与其说是表达意义，不如说它表现意义。意义浇铸在词里，被词的音响或外观吸收了，变厚、变质，它也成为物。"于是在词与所指的物之间建立起一种双重的相互关系，彼此既神奇地相似，又是能指和所指关系。"② 这后一种关系表明诗的语言仍然是一种词语，而前一种关系则表明词语变成了物本身，变成了物的黑色核心，变成了一个微型宇宙。诗人创作诗歌就等于画家把颜色集合在画布上，表面上看，他在造一句句子；而实质上，他在创作真正的诗的单位——句子－客体。词语，句子－物，与物一样攫住感情，浸透了感情，使情感变形，甚至从各方面溢出引起它们的情感，诗句因此有着更多的含义，并具有一种调性，一种滋味。散文与诗歌虽然同样是使用文字，但散文在本质上是功利性的。散文作者是一个在诗歌根本不是使用文字的意义上的使用词语的人，是一个说话者。他指定、证明、命令、拒绝、质问、请求、辱骂、说服、暗示。"对于说话的人，词是有用的规定，是逐渐磨损的工具，一旦不能继续使用就该把它们扔掉。"③ 就散文语言本身看，词语不是像诗歌语言的词－客体，而是客体的名称。词语本身是透明的，是从事某一事业特别合适的工具。因此，重要的不是词语本身是讨人喜欢的还是招人厌恶，而是它们是否正确地指示世界上的某些东西或某一概念。借助于语言作为工具这一纯粹功能，作者就能够介入世界，说话就是行动，介入就是揭露，揭露就是改变。总之，萨特是以能否介入或以不同的方式介入世界来区分诗歌和散文的。严格地说，萨特所谓的散文实质上已经取消了它的文学性，梅洛－庞蒂则立足于文学语言而提出"伟大的散文"与"平庸的散文"的区分。伟大的散文是对意指工具的一种再创造，并且自此以后这种工具将按照一种新的句法被运用。这种被重新发明了的语言，包含着一种到现在为止尚未被客观化的意义。按此

① ［法］萨特：《萨特文学论文集》，施康强等译，安徽文艺出版社 1998 年版，第 75 页。
② ［法］萨特：《萨特文学论文集》，施康强等译，安徽文艺出版社 1998 年版，第 76 页。
③ ［法］萨特：《萨特文学论文集》，施康强等译，安徽文艺出版社 1998 年版，第 74 页。

标准，全部有价值的散文实际上都是诗歌，而平庸的散文则局限于借助习惯性的符号来探讨已经置入文化中的含义。

梅洛-庞蒂在不同时期对两种语言的划分，由于立足点的不同，其含义并不完全一致，但其基本的规定还是相同的，即现成与生成、工具与自由、理性与感性之别。"被表达的言语"，"被言说的语言"，"制度化的言语"，"第二语言"，"平庸的散文"属于前者；"能表达的言语"，"能言说的语言"，"征服性的言语"，"原初语言"，"伟大的散文"属于后者。

二　语言的生存特性

语言与身体密切相关，语言的特性基于身体主体的生存特性。身体在世生存，同样，语言是身体在世生存的一种方式。身体在世生存的维度、范围决定了语言的维度和范围，当然，语言也开拓着身体在世生存的维度和范围。梅洛-庞蒂把组织符号的内在意义（语言的"语言"意义）看作"我能"而不是"我思"，把"不把意义变成词语也不使意识的沉默停止的这种表达能力"看作身体意向性的一个突出的例子。

1. 身体性

语言与身体的生存性关系，决定了语言具有身体性。语言的身体性表现为三个层次：一是语言基于身体，是身体表达的延伸；二是语言本身具有躯体性；三是语言回归身体回归事物，身体本身和事物本身成为语言。

语言是人的一种生存表达现象，而"我的身体是表达现象的场所，更确切地说，是表达现象的现实性本身。例如，在我的身体中，视觉体验和听觉体验是相互蕴含的，它们的表达意义以被感知世界的前断言统一性为基础，并因此以语言表达和纯概念性意义为基础。我的身体是所有物体的共通结构，至少对被感知的世界而言，我的身体是我的'理解力'的一般工具"[①]。抛开语言单就身体本身而论，身体与事物、他人以及世界所构成的知觉与被知觉关系就已经是一种表达，

---

① ［法］梅洛-庞蒂：《知觉现象学》，姜志辉译，商务印书馆 2001 年版，第 300 页。

动作、表情、姿势，就是身体在世界之中存在的一种原初的根本的"表达"，所以说，是身体在表现，是身体在说话。在这种前断言的和无言的表达中，动作与动作的意义是同一的。因为身体以及身体的动作是感性的，所以动作的意义也同样是感性的。在身体表达的情况下，我们不是去理解意义，而是去感觉意义。

原初语言作为身体表达的延伸，既不是事物也不是精神，既是内在的又是外在的。"词语在成为概念符号之前，首先是作用于我的身体的一个事件，词语对我的身体的作用划定了与词语有关的意义区域的界限。"① 词语一出现，行为随即产生。以词语"红"（rot）为例，它对我而言，不是带着其意义知识的一个符号，不是"红"概念本身，而是一个感性的事物，当我读到它时，它在我的身体中开辟了一条道路，"这是一种难以形容的感觉，一种震耳欲聋的感觉侵入我的身体，……我正是在这个时候觉得纸上的这个词语得到了其表达意义，在一种深红色的光环中，它迎面而来。"② 在此，词语是等同于事物及其感性的，词语的意义就是词语对我的身体的行为，使人理解词语就是知觉人们说的、听到的和看到的东西。语言与思想的关系，如同身体的生命与意识的关系，思想寓于语言之中，语言成为思想的身体。梅洛 – 庞蒂在《论语言现象学》中称此为"符形的准躯体性"，在此，梅洛 – 庞蒂区分了两种意义，一种是"属于该符号的意义"，一种是符号所暗示的"始终延缓的意义"。前者是概念性的，后者与人的身体生存相关联。在后一种意义上，他说："所有符号都如同一个还没有填写的空白表格，如同针对和界定我没有看到的一个在世界上物体的他人的行为。"③ 符号的非概念性特征体现为身体的意向性，如声音的吞吞吐吐，声调的变化等，都会改变符号的意义。在我与他人的语言交往中，"我并不是通过把我的全部思想置于语词中（其他人将会从这些语词中吸收我的思想）来与其他人进行交流，而是用我的喉咙，我的声音，我的语调，当然还有我偏好的那些语词、那些句法结

---

① ［法］梅洛 – 庞蒂：《知觉现象学》，姜志辉译，商务印书馆 2001 年版，第 300 页。
② ［法］梅洛 – 庞蒂：《知觉现象学》，姜志辉译，商务印书馆 2001 年版，第 301 页。
③ ［法］梅洛 – 庞蒂：《符号》，姜志辉译，商务印书馆 2003 年版，第 108 页。

构，我决定给予句子的每一部分的时间，来编织一个谜团——它只包含着一种唯一的解决，而沉默地伴随着这种布满线索、高潮和低落的变化的旋律的他人，将会自己去捕捉这一谜团，和我一起谈论它，而这就是理解。"① 因此，阅读言语，最终说来是作者躯体与读者躯体之间借助于语言的一种遭遇，在这个语言交流的过程中，作为肉身化主体，我被暴露给他人，而他人也被暴露给我。当我说话的时候，"我的整个身体器官集合起来以便找到并说出语词，就像我的手调动自己以便拿住别人递给我的东西一样。进一步地说，我指向的甚至不是要说的语词，甚至不是语句，而是一个人，我依据他的实际情况向他说话。"当我听他人说话时，"我没有必要说我拥有对发出的声音的听知觉，而是话在我身上说出自己，它向我提出疑问，而我做出回应，它包围我和寓居在我身上，以至于我不再知道什么来源于我，什么来源于它。在这两种情形下，我都把我投射给他人，我都将他人引入我自己，我们的交谈就如同两个拔河运动员之间的竞争"②。在拥有抽象而确定的含义之前，感性的语言本身就是含义，正是在这一确切的范围内，语言把我们引导到事物本身。

当原初语言演变为科学语言时，使用中的言语在思想中变形，思想也在言语中变形。这正如让·波朗所说："为了成为思想，语词通过这种变形不再能够被我们的感官所通达，并且失去了它们的重量、噪声、线条、空间。但为了成为语词，思想在它那一方面放弃了它的快速或者缓慢、出其不意、不可见性、时间、我们对它具有的内在意识。"③ 科学语言与原初语言之间的关系表现为，前者以后者为前提；而在语言学还原的情况下，科学语言又可以返回到原初语言，并进一步返回到身体，这就形成了语言身体性的第三个层次——作为身体本身和事物本身的语言，作为存在的语言。

2. 生成性

语言的身体性必然带来语言的生成性特点。所谓语言的生成性，

---

① ［法］梅洛－庞蒂：《世界的散文》，杨大春译，商务印书馆 2005 年版，第 31 页。
② ［法］梅洛－庞蒂：《世界的散文》，杨大春译，商务印书馆 2005 年版，第 19 页。
③ ［法］梅洛－庞蒂：《世界的散文》，杨大春译，商务印书馆 2005 年版，第 132 页。

指的是身体主体在具体情境中对语言的活的使用。语言的活的使用意味着意义对于符号既定关系的消除，以及新的关系的建立。这说明意义的生成发生在"被表达的言语""被言说的语言""制度化的言语""第二语言"与"能表达的言语""能言说的语言""征服性的言语""原初语言"之间。梅洛－庞蒂为此区分了两种意义——概念意义和实存意义，两种秩序——观念或永恒的秩序和被知觉者或现存的秩序，两种维度——概念的或本质的维度与存在的维度，思维的语言和说话的思维。

科学语言是一种现成的语言，符号的能指与所指是一一对应的。梅洛－庞蒂就此说："算法把精心而圆满地获得界定的含义赋予给选定的那些符号（signe），它确定了一定数量的透明关系，并为表述这些关系而构造符号（symbole）——这些符号本身并不表示任何东西，它们从来都只表示我们习惯上让它们表示的那些东西。"① 科学把语言客观化、静态化以至成为凝固的语言。科学语言追求的是人与人之间的纯粹的精神沟通，纯粹的思想交流，语言本身在交流中自行消失。"我们明白向我们所说的东西，因为我们事先就知道人们向我说出的那些词的意义。"② 梅洛－庞蒂把科学语言追求的这种透明状态称为"纯粹语言的幻象"。但由于身体主体在世界中存在，每时每刻都在与世界发生着种种具体的个别的联系，这就远远超出了具有普遍性的科学语言的规定，而作为实存活动一部分的言语活动，就必然要求冲破既定语言的概念意义而去发现与人的生存相应的实存意义。其实，文学艺术的领域已经证明，语言并不是在完全清楚明白中自我拥有的思想的一种简单外衣。在作家那里，思想并不从外面主宰语言：作家自身就像一种新的方言，它自己形成，自己发明表达手段并且按照它特有的意义产生变化。画家在一幅画中插入改变该绘画的含义的新线条时，就会在人们面前出现一个新的对象。

从语言自身的角度看，语言不是一种肯定的实体，它并不与意义

① ［法］梅洛－庞蒂：《世界的散文》，杨大春译，商务印书馆2005年版，第2—3页。
② ［法］梅洛－庞蒂：《世界的散文》，杨大春译，商务印书馆2005年版，第7页。

一一对应，而是在区分中产生意义，它们产生区分而不肯定地规定，它们只是在整个语言的内部，并且在某一话语的语境中才是清楚的。语言本身是自主的，即使语言能直接表示一个思想或一个事物，它也只不过是来自其内的生活的一种第二能力。我们的思想为什么能够在语言中延伸，是因为意义是言语的整体运动。随着我们投入到语言中。语言超越符号走向意义。"在过去、现在和将来混杂一团的这一永恒的语言运动中，任何严格的断裂都是不可能的，最终存在的严格说来只是处于生成中的唯一语言。"① 从现存的秩序看，尽管我们无法说出落山的太阳其光线是在什么时候由白向粉红转变的，但它向我显现粉红光芒的时刻总会来临。尽管我不能够说出在屏幕上显现出来的这一形象在什么时候可以被称作是一张面孔，但它是一个显现在那儿的面孔的时刻总会来临。在存在的维度中，言语并不仅仅为一个已经被界定的含义选择一个符号，"它围绕某种意指意向进行探索，而这一意向没有任何文本可以用来指引自己，它正准备写这一文本"②。

从身体主体的角度看，表达活动发生在能思维的言语和会说话的思维之间，而不是发生在思维和语言之间。所以，动作的意义既不包含在作为物理或生理现象的行为中，也不包含在作为声音的词语中，而是包含在超越和改变其自然能力的意义核心的一系列不连续行为中。"这种超越活动首先出现在行为的获得中，然后出现在无声的动作沟通中：就是通过这种能力，身体向一种新的行为开放，使外部旁观者理解这种新的行为。"③ 通过当前的我的言语活动，一方面，我使词语说出了某种它们从未说过的东西；另一方面，我找到了着手理解他人在同一世界中在场的方式。

当然，在这种生成性的言语活动中，由于消解了既定的能指与所指关系，我们面临着某种混乱和不明，但恰恰是这种混乱和不明阻止言语成为某种普遍语言（概念语言、算法）的体现，同时也并没有妨碍言语自身的揭示和交流功能。相反，它为我们带来了一种新奇感、

① ［法］梅洛－庞蒂：《世界的散文》，杨大春译，商务印书馆2005年版，第42页。
② ［法］梅洛－庞蒂：《世界的散文》，杨大春译，商务印书馆2005年版，第49页。
③ ［法］梅洛－庞蒂：《知觉现象学》，姜志辉译，商务印书馆2001年版，第251页。

陌生感，它为我们显现了一些新的事物和世界。在此，我们仿佛是听到了人类的第一句话，但"第一句话并不建立在没有交流之中，因为它从已经是公共的那些行为中呈现出来并且扎根于已经不再是私人世界的一个感性世界中"①。

3. 多样性

语言的多样性，意味着打破了单一的制度语言的限制，生长出更多的维度和领域，包括主体的多样性（不仅仅是意识主体，而且还有说话主体，文学艺术的主体等），意义与语词关联的多样性，主体与事物、他人关系的多样性，以及由此拓展的世界的多样性。语言不再是一种精神之间强制性的沟通工具，而是人的一种具有含混性的生存方式。梅洛－庞蒂对语言多样性的阐述是以对工具语言观的批判为前提的。

符号能指与所指关系的约定，使得作为工具语言的算法具有纯粹性和精确性。纯粹性使得含义摆脱了它与它主宰并使之合法化的符号之间的妥协，精确性使得含义与符号严格地一致。能指与所指的约定性所造成的后果是多方面的。从语言自身看，它把语言变成了一个令人惊异的装置，"它允许用有限数量的符号表达不确定数量的思想或事物——这些符号被选用来准确地重新组织我们打算说的一切新东西，被选用来向我们通报事物最初命名的证据"②。就语言与事物的关系看，语言没有歧义地指示着事件、事物状态和事物秩序。在阅读一本书的时候，透过符号，我们总是朝向并达到同一个事件，同一次历险，以至于不再知道它们是从哪个角度，以什么视点被提供给我的。就语言与言语主体的关系看，它用约定俗成的信号代替了知觉，它把我们全部的经验重新引回到了我们在学习语言时就已经掌握了的这个符号和这个含义之最初一致的系统中。符号成为在任何时候都可以被完整地解释和证明的某种思想的单纯简化。而人的需要，人的激情，人的思想的能力，全都被这种算法轻易地掠过或抹平。在运用这种工具性

---

① ［法］梅洛－庞蒂：《世界的散文》，杨大春译，商务印书馆 2005 年版，第 45—46 页。
② ［法］梅洛－庞蒂：《世界的散文》，杨大春译，商务印书馆 2005 年版，第 2 页。

语言的时候，人们"不知道词语能把我们自己意识不到的可能反应放在我们的嘴唇上，不知道萨特所说的词语把我们自己的思想告诉我们"①。

打破符号约定性的限制，意味着从工具语言回到了原初语言，意味着把语言纳入人的生存结构中，意味着语言恢复了它作为人的生存方式的本来面目。此时，语言具有表象、表达自我和呼唤他人的功能。表象意味着我与世界的关系，表达自我意味着自我意识，而呼唤他人关注的是我与他人的关系。在上述几个方面，语言都显示出一种相对于工具语言单一性的多样性。如果说单一性是一种强制，那么多样性就是一种创造。如果说单一性是一种理性的透明，那么多样性就是一种感性的含混。原初语言含义多样性的根据在于语言本身的感性，其具体表现是不透明、间接、暗示、沉默、变化、扩大、分化。

原初语言感性的含混不仅表现为思想和言语相互交叉和相互涵盖，而且更表现为语言与身体的相互交叉和相互涵盖。就前一方面而言，"如果我的思维打开的意义界域不能通过言语成为人们在戏剧中称之为非活动布景的东西，那么我的思维就不能跨出一步。"就后一方面而言，"如果我的远处视觉不能在我的身体中找到一种使之转变为近处视觉的自然方法，那我就不能跨出一步"②。如果说"任何思想都来自言语和重返言语，任何言语都在思想中产生和在思想中告终"③，那么我们同样可以说，任何言语都来自身体并重返身体，而任何身体也都在言语中产生和在言语中告终。言语、思想、身体是如此紧密地联结着，以至于它们融化为一个生命的整体。从这个整体看，原初语言是间接的、暗示的、沉默的。如梅洛－庞蒂所说："真正的言语，有含义的语言，最终使'隐藏在花束中的女人'显现和释放禁锢在事物中的意义的言语，从经验用法的角度看只不过是沉默，因为言语不能到达普通名词。"④

---

① ［法］梅洛－庞蒂：《符号》，姜志辉译，商务印书馆 2003 年版，第 20 页。
② ［法］梅洛－庞蒂：《符号》，姜志辉译，商务印书馆 2003 年版，第 22 页。
③ ［法］梅洛－庞蒂：《符号》，姜志辉译，商务印书馆 2003 年版，第 20 页。
④ ［法］梅洛－庞蒂：《符号》，姜志辉译，商务印书馆 2003 年版，第 53 页。

我们和梅洛－庞蒂一样赞同让·波朗关于"语言的含义就是一些微光"的说法，它们对于看到它们的人是可感觉的，对于注视它们的人则是隐藏着的；但不赞同梅洛－庞蒂把让·波朗关于言语在思想中变形看作"语言的神秘"。语言的神秘不在原初语言向规范语言的转变上，恰恰相反，它体现在由后者向前者的回返上。在这个过程中，我相互关联地针对物体和其他人，但不是"一个人对另一个人"说，而是"一个有身体和语言的人对另一个有身体和语言的人"说。因此，随着人们进行身体间的交流，语言的含义发生了变化、扩大和分化。最终，言语、事物、人都孕育着新的含义，并继续向一种陌生的含义开放。

三　存在的语言

1. 语言的现象学还原

前述所区分的两种语言还仅仅是作为存在者的语言，如何才能发现两者之基底的存在的语言或语言的存在？梅洛－庞蒂诉诸现象学还原：

> 如果我们想理解在其最初活动中的语言，那么我们应该假装从来没有说过话，应该对语言进行还原，如果不经过还原，当语言把我们重新引向它对我们表示的东西时，就会离开我们，应该像聋哑人注视正在说话者那样注视语言，应该比较语言艺术和其他的表达艺术，应该把语言艺术当作这些无声艺术之一。①

在梅洛－庞蒂看来，还原就是回到原初语言。但如何才能"理解在其最初活动中的语言"？他所提供的方法是"假装从来没有说过话"，这实际上是现象学的排除法，即排除曾经"说过话"，然后"像聋哑人注视那些说话的人那样注视语言"，最终就会发现原初语言就像其他无声艺术一样是一种沉默的语言。我们赞成他关于回到原初语言的思

---

① ［法］梅洛－庞蒂：《符号》，姜志辉译，商务印书馆 2003 年版，第 55 页。

想，因为不经过还原，语言本身就会自我掩饰以致离开我们。但我们不同意他所提供的具体方法，因为"假装从来没有说过话"并不等于真的没有说过话，既然是还原，就意味着"从……到……"。如果我们从来就没有说过话，也就不存在"回到……"的问题。语言现象学还原的真正意思，恰恰是从科学语言回到原初语言，并在对两者的超越中无须像聋哑人注视语言那样就能发现语言的沉默。他在《行为的结构》中所说的"视角的颠倒"完全可以用在这里说明自然、事物、历史如何闯进了语言并成为语言的秘密。

2. 存在的语言

说存在的语言，并不是说有一种与科学语言和原初语言并列的第三种语言，因为"语言不是有机体的表示，不是生命的陈述，甚至不是符号，甚至不是意指，而是存在的降临"①。我们虽然可以把存在作为问题，但我们说不出存在，而只能以知觉的沉默借助让事物自身言说的方法去接触（感觉、领会）沉默的言语。在此，涉及人、事物、存在三者之间的交织、交错、交叉、循环、交换、侵蚀、转换、翻转等互逆性关系，其中，人与存在、事物与存在之间的交织表现为垂直存在，所以不是人说语言，而是语言让人说。梅洛－庞蒂就是这样看待语言与人的关系的："他不是它的组织者，他也不汇集诸语词，而是语词通过他而由自身意义的自然交织，以及由隐喻神秘的变迁汇集在一起，而在隐喻这里重要的不再是每个词和每个形象的显义，而是其转化和变迁中牵涉到的隐藏的联系和亲缘关系。"② 同样，不是事物要说话，而是存在让事物说话。只是在这种意义上，梅洛－庞蒂才说："就像瓦雷里说的那样，语言就是一切，因为它不是任何个人的声音，因为它是事物的声音本身，是水波的声音，是树林的声音。"③ 这种垂直存在的互逆性是不可见的。在人与事物之间存在着看和可见的可逆性，由此在两者的交汇点上产生了人们称之为知觉的东西。而在作为

① ［法］梅洛－庞蒂：《1959—1961 年课程笔记》，转引自杨大春《感性的诗学》，人民出版社 2005 年版，第 320 页。
② ［法］梅洛－庞蒂：《可见的与不可见的》，罗国祥译，商务印书馆 2008 年版，第 155 页。
③ ［法］梅洛－庞蒂：《可见的与不可见的》，罗国祥译，商务印书馆 2008 年版，第 192 页。

语言的事物或作为事物的语言层面上，存在着言语与其所指的可逆性。"这种可逆性支撑着沉默的知觉和言语，并且就像通过肉身的升华那样，通过观念的几乎是肉身的存在而显现。从某种意义上说，如果人们要彻底地揭示人类身体的结构系统，揭示它的本体论构架，揭示它是怎样自看和自听的，人们将会发现它的沉默世界的结构是这样的，语言的所有可能性已经在它之中被给予了。"① 综合不可见的垂直存在、可见的事物与沉默的声音的交织，我们就会发现，存在的语言、事物的声音、人的知觉完全交织在一起了，在这里，可见的就是可见的不可见的，不可见的就是不可见的可见的。当梅洛－庞蒂把存在称为"存在之肉"的时候，存在的语言也就成了"语言之肉"，它是不可见的，但它是感性的。

---

① ［法］梅洛－庞蒂:《可见的与不可见的》，罗国祥译，商务印书馆2008年版，第191页。

第五章　自由意识

　　审美知觉蕴含着意识的向度。杜夫海纳并不回避"意识"问题，并且把意识看作世界之本。海德格尔虽避免使用"意识"概念，但此在（Dasein）之所以有"此"（Da），正是因为它有"意识"。胡塞尔的意向行为分析，萨特对意识哲学的阐发，梅洛－庞蒂关于意识与自然的关系的论述，都从不同角度对审美知觉中的自由意识提供了有益的启发。

　　胡塞尔虽然被冠以"纯粹意识现象学"之名，但他并不仅仅谈论纯粹意识，他也同样谈论非纯粹意识，这就是他所做的客体化行为与非客体化行为的区分，以及两者之间的奠基关系。客体化行为，是指能够使客体或对象被构造并显现出来的意识行为；非客体化行为则是指不具有构造客体对象能力的行为。两种意识行为的关系表现为：非客体化行为奠基于客体化行为之中。萨特把存在分为自在和自为，"自在"是指现象的存在，而"自为"则是指意识的存在。自在的特征是"是其所是"；而自为的特征是"是其所不是和不是其所是"。自为包含着三重关系：与自我的关系，与自在的关系和与他人的关系，而这三重关系又表现为人的实在的三种存在方式：时间性、超越性和为他。自为作为意识，但它是与身体纠缠在一起的意识。身体与意识有三个相关联维度：我的为我的身体，我的为他的身体，我的为他的身体而为我的生存。梅洛－庞蒂谈论身体的行为与知觉，但其目的都是在于理解意识与自然的关系。所谓身体，不可能是自在的身体，而是一个为意识的身体；所谓意识，不是外在于身体的心灵，而是身体的功能。总之，由行为和知觉所显示的意识，是身体意识或自然意识，而不是赤裸裸的纯粹意识。

自由意识的基本规定是：第一，还原与超越。所谓还原，即由纯粹意识回到身体意识；所谓超越，即超越身体意识和纯粹意识，上升为纯粹感性意识。因此，还原是超越中的还原，而超越则是还原中的超越。超越中的还原，意味着回到身体意识但不等于身体意识；还原中的超越，意味着自由意识不仅超越了（否定）理性意识，而且也超越了（否定之否定）原始感性意识。第二，审美态度作为自由意识的前提，同时也构成自由意识的活动状态，即排除了理性意识的抽象性和感性意识的功利性，但保留了纯粹意识的精神性和身体意识的感性特征，成为纯粹感性的意识。第三，整体性。自由意识的整体性包含三个方面：一是人与对象的整体性（自我意识与对象意识的完全同一），二是意识与身体的整体性（身体意识与灵魂意识的同一），三是意识本身诸能力之间的结构整体性（认知与意向的完全同一）。第四，自由意识是审美活动中的意识，其基本表现：其一，在心物之间——神与物游；其二，在诸心意能力之间——知觉、想象力、理解力、情感等的协和一致；且前者构成了后者之所以可能的前提条件。

自由意识的具体运作：当主体悬置了自身的功利性诉求，在知觉与被知觉物（杜夫海纳）、人的"此-在"与物化之物（海德格尔）、想象与想象物（萨特）、可感的感觉者与可感之物（梅洛-庞蒂）之间，审美活动的自由性得以展现。这首先表现为心物之间的"神与物游"，其次表现为心意诸能力之间的自由协调。神与物游，对杜夫海纳而言，表现为主体与客体的相互协调，最终达到了两者的统一。这时，主体躯体和对象躯体、主体精神和对象精神便等同起来，感觉之物变成了我的对象，感觉者变成了对象之我。对海德格尔而言，表现为人诗意地栖居于物，而物物化。栖居于物，意味着人的自由生存；物物化，意味着物在是其所是的感性存在化的过程中，通过时空和意义的建构，聚集天、地、神、人于纯一性的世界。杜夫海纳接受了康德心意诸能力自由协调的思想，包括主体与对象之间的无目的的合目的性，主体心意诸能力之间的协调，以及自由协调所达致的状态——

具有普遍可传达性的愉快情感。但他强调了为康德所轻视甚至忽略了的知觉，由此得以改变的是，想象力不仅与知性和理性游戏，而且首先与知觉游戏，而想象与知性和理性的游戏则是融化在知觉中的。

第一节　意识的向度

杜夫海纳并不回避"意识"问题，实际上，与审美对象相对的审美知觉就是一种纯粹感性意识。为了避免美学上的心理主义，《审美经验现象学》首先从审美对象说起，把经验从属于对象，而不是把对象从属于经验。但是，这仅仅是一个研究所遵循的途径和方法问题，它并不意味着对意识的否定和忽视。他明确地说："这个意识是有所根据的，而它本身同时又是根据。并且只要有一个给定物，它就会赋予意义。我们存在在世界中，这意味着意识是世界之本，任何对象都依照意识采取的态度并在意识的经验中得到展示和表达。"[①] 他表示，在以其对象为前提条件并先于意识加以研究之后，我们可以描述意识的出现和发生，可以单独地考察主体，把意识作为主体性的，作为主体的存在方式。海德格尔虽明确避免意识，但此在（Dasein）之所以有"此"（Da），正是因为它有"意识"，或者说，"此"的展开包含着意识的维度，所谓"领悟""理解"都是意识活动的具体表现。虽然如此，杜夫海纳、海德格尔确实没有进行具体的意识分析，因此，在本节，我们把探讨的重点放在胡塞尔的意向行为分析、萨特对意识哲学的阐发、梅洛－庞蒂关于意识与自然的关系的论述上。

一　意向行为

胡塞尔以意识为中心概念，经过本质还原和先验还原，建构了他的"纯粹意识"现象学。纯粹意识的意向性结构是：或意向行为—意向内容—对象（《逻辑研究》），或意向作用—意向对象（《观念》Ⅰ），或自我—我思—所思（《笛卡尔式的沉思》）。尽管在不同时期所

---

① ［法］杜夫海纳：《审美经验现象学》，韩树站译，文化艺术出版社 1996 年版，第 5 页。

作表述存在着差异，但意识作为"意向活动"则是同一的。由于我们现在所作的是杜夫海纳审美知觉现象学的现象学阐释，因此，论述的重点理应放在"意向行为"一侧。

1. 意识行为的意向本质

意向行为即意识活动本身，它包含两个层次，一个是材料层次（包括感觉材料和想象材料），如色彩感觉、声音感觉等；一个是意向活动层次，在这一层次上所进行的是意义给予，即激活材料并赋予材料以意义，胡塞尔又称其为"意指"。更明白地说，意向行为在活动的层次上所做的工作就是组织、整理、解释感性材料，并使之作为意向内容而指向对象。

意向行为的意指过程，具有质性（qualitaet）和质料（materie）两个方面："前者随情况的不同而将行为标识为单纯表象的或判断的、感受的、欲求的等等行为，后者将行为标识为对这个被表象之物的表象，对这个被判断之物的判断，等等。"① 可以看出，"质性"即使一行为作为该种类行为的东西，是行为中决定这个行为是什么类型的行为，以及使它区别于其他类型意识行为的那种内在规定性。简单地说，质性就是意向活动指向对象的方式。如对于同一房屋对象我们可以有"正看着""回忆中看着""想象中看着"三种不同种类的行为。而"质料"则是行为中确定哪一个是被意向的对象的那种要素，是使意向行为从一定角度或在一定意义上意指一对象的意识行为成分。质料不仅可使行为指向客体，而且使其以一定方式指向客体。它被看作是"在行为中赋予行为以与对象之物的关系的东西，而这个关系是一个具有如此确定性的关系，以至于通过这个质料，不仅行为所意指的对象之物一般得到了牢固的确定，而且行为意指这个对象之物的方式也得到了牢固的确定"②。质性和质料是一个行为的完全本质性的并因此而永远不可或缺的组成部分，两者的统一构成了意向行为的意向本质。

---

① ［德］胡塞尔：《逻辑研究》第二卷第一部分，倪梁康译，上海译文出版社 1998 年版，第 447 页。

② ［德］胡塞尔：《逻辑研究》第二卷第一部分，倪梁康译，上海译文出版社 1998 年版，第 450—451 页。

作为行为的内容，质料告诉我们把对象作为"什么"来理解；作为行为的一般特征，质性则表明我们"如何"理解它。意识行为的质性和质料是互为依存、不可分离的，但在质性与质料的同一性中，质性可以发生变化，而质料则始终保持同一。这即是说，质料作为具体行为体验的一个成分，可以为这些行为体验以及完全不同质性的行为所共同具有。但这并意味着对某种行为来说，行为质料是异己的、外在地附加在行为之上的东西，它"是行为意向、意向本质本身的一个内部因素、一个不可分割的方面"①。

2. 意识行为的分类

存在着诸多种意识行为，如何对其进行种类区分，则取决于所选择的根据因素。胡塞尔主要的区分有：客体化行为与非客体化行为，设定行为与不设定行为，简单行为与复合行为；而在同类型的意识行为中，又存在着行为等级的区别。

所有意识行为都可以被划分为客体化和非客体化这两种意识行为。客体化行为，是指能够使客体或对象被构造并显现出来的意识行为；非客体化行为则是指不具有构造客体对象能力的行为，它包括情感、评价、意愿等价值论、实践论的行为活动。区分这两种行为的根据在于是否能构造客体或对象，所谓"客体"，是指与意识活动相对而言的意向对象。"因此，我们将那些本身不是意识体验及其内在组成的客体称作确切意义上的客体。""客体是一个意识的统一，它可以在重复的行为中（即在时间的后继中）作为这同一个而得到确定；客体是意向的同一之物，它可以在任意多的意识行为中被认同，并且是在任意多的感知中被感知或可以再次被感知。"② 这样的"客体"概念，与传统意义上主客体关系中的"客体"或"对象"概念是同义的，不同之处，只是通过还原把自然观点中的主客体关系回溯到了意识与在它之中被构造起来的意识对象的关系。

客体化行为可划分为称谓的和陈述的这两种意识行为，称谓行为

① ［德］胡塞尔：《逻辑研究》第二卷第一部分，倪梁康译，上海译文出版社1998年版，第538页。

② 倪梁康：《胡塞尔现象学概念通释》，生活·读书·新知三联书店2007年版，第320页。

指"表象"或"命名",即以实事（Sache）为客体的行为；而陈述行为所标识的则是"判断""论题",亦即以事态（Sachverhalt）为客体的行为。一方面,"就质性方面来看,在称谓行为与陈述行为之间存在着属的共性"①；另一方面,区分两者的是作为质料的实事和事态,"唯有质料（即在那个对于此项研究来说是决定性的意义上的质料）才构成了这一个和另一个区别；因此,唯有它才规定着称谓行为的统一,并且又规定着陈述行为的统一"②。质料虽有区别,但任何一个陈述的行为都可以被还原为称谓行为。

称谓行为可以划分为直观的和符号的意识行为,这种划分是由客体化行为的"立义形式"（质性）所决定的:"直观行为"的立义形式是直观性的,而这种直观性的立义形式本身又可分为感知的和想象的立义形式。"符号行为"的立义形式则是借助于符号而进行的"表述的意指",因为不可能存在着纯粹符号的行为。所以符号行为是混合行为,不仅是质性的不同,而且质料也存在着差异。"在直观行为中,行为质料与被展示的内容（感觉材料或想象材料）具有内在的必然联系,也就是说,例如当我们将一堆感觉材料立义为'一棵树'时,我们一定具有一个必然的理由。与此相反,符号行为的质料只需要一个支撑的内容,但在它的种类特性和它本己的种类组成之间不存在某种必然性的联系,例如我们看到的字母 A 可以是指某个被感知的事物,同样也可以是指一个被想象的事态,这里的联系毋宁说是随意的。"③

直观行为可分为感知行为和想象行为。感知行为具有原本性和存在性特征,原本性是指每一感知都在对其对象进行自身的或直接的把握,因此,感知是原本意识；存在性是指对其对象的感知带有存在设定性,因此,感知是存在意识。想象行为具有两个含义,一是"非现时性",因此,与所有带有存在设定的行为相对立,想象是非设定行

---

① ［德］胡塞尔:《逻辑研究》第二卷第一部分,倪梁康译,上海译文出版社 1998 年版,第 539 页。

② ［德］胡塞尔:《逻辑研究》第二卷第一部分,倪梁康译,上海译文出版社 1998 年版,第 540 页。

③ 倪梁康:《胡塞尔现象学概念通释》,生活·读书·新知三联书店 2007 年版,第 16 页。

为；二是"当下化"或"再现"，因此，与感知的当下性原本意识相对立，想象是一种当下化的再造意识。

3. 诸种意识行为之间的奠基关系

胡塞尔认为，在不同的意识行为之间存在着一种奠基关系，这种关系既体现在客体化行为之间，也体现在客体化行为与非客体化行为之间。客体化行为之间的奠基关系表现为：最具根本奠基性的意识行为是直观行为，符号行为奠基于直观行为之中，陈述行为奠基于称谓行为之中。客体化行为之间的这种奠基关系标明了它们之间所具有的层级性，即由感性直观到理性认识基本等级的区分，处在底层的是低级客体化形式，处在上层的是高级客体化形式。从质性来看，是感性形式与思想形式之间的区分；从质料来看，是感性对象与思想对象之间的区分。客体化行为与非客体化行为之间的奠基关系表现为：非客体化行为奠基于客体化行为之中。胡塞尔就此指出："任何一个意向体验或者是一个客体化行为，或者以这样一个行为为'基础'，就是说，它在后一种情况中自身必然具有一个客体化行为作为它的组成部分，这个客体化行为的总体质料同时是、而且个体同一地是'它的'总体质料。"① 这就是说，在胡塞尔看来，非客体化行为不具有自己的质料，只有客体化行为才具有自己的质料。非客体化行为必须借助于这种奠基，才能获得意识行为所必须有的质料。至此，我们看到了奠基所具有的两重含义：一方面是指一些客体化行为（复合行为）在另一些客体化行为（简单行为）中的奠基；另一方面是指非客体化行为（如喜悦、意愿、憎恨等）在客体化行为（如称谓、陈述等）中奠基。

但切莫对意识行为的"奠基"作表面的理解，胡塞尔给出的规定是："一个行为的被奠基状态并不意味着，它——无论在何种意义上——建立在其他行为之上，而是意味着，被奠基的行为根据其本性，即根据其种属而只可能作为这样一种行为存在，这种行为建立在奠基

---

① ［德］胡塞尔：《逻辑研究》第二卷第一部分，倪梁康译，上海译文出版社1998年版，第552页。

性行为属的行为上。"① 根据这段文字，"奠基"的意思不是指一个行为同时性地建立在另一个行为之上进行，也就是说，一个行为完全可以独立地进行。但从两个行为的本性即种属关系来看，假如两者之间存在着种属关系，那么属于"种"的行为必定奠基于"属"的行为之上才是可能的。也就是说，一种行为必须以另一种行为为基础才可能发生。图根特哈特对奠基的解释是："奠基并不意味着论证。它仅仅意味着，被奠基的构成物如果不回溯到奠基性的构成物上去就无法自身被给予。"②

二 自为的存在作为意识

萨特以意识为自己思考的核心问题，表明他的哲学依然是意识现象学。他认为人的实在是有意识的存在，正是意识（自为）使人区别于其他一切物（自在），而使万物具有一种存在的意义。这正如叶秀山从哲学史和存在论的角度所评价的："按照现象学基本原则，'意识'不是抽象的理智，而是理智的直观，直观的理智，是'存在性'的，而非'知识性'的，所以在这个意义上，萨特承认把现象学原则运用到巴克莱的'存在即是被感知'上使它带有现象学的意义的合法性。'存在'是意识赋予的，'语言'是'存在'的'家'，也就是承认'意识'是'存在'的家，'存在'就是被'意识'。"③

（一）作为自为存在的意识

按存在方式、类型、形态、领域，萨特把存在分为自在和自为。所谓"自在的存在"是指现象的存在，而"自为的存在"则是意识的存在的现象。萨特对意识的定义是："它是一个存在，对它来说，它在它的存在中是与它的存在有关的，因为这存在包含一个异于它的存在。"④

---

① ［德］胡塞尔：《逻辑研究》第二卷第二部分，倪梁康译，上海译文出版社 1999 年版，第 180 页。

② 转引自倪梁康《现象学及其效应》，生活·读书·新知三联书店 1994 年版，第 38 页。

③ 叶秀山：《思·诗·史》，人民出版社 1988 年版，第 266 页。

④ ［法］萨特：《存在与虚无》，陈宣良等译，生活·读书·新知三联书店 1987 年版，第 80 页。

"意识没有实体性，它只就自己显现而言才存在，在这种意义下，它是纯粹的显像。"① 自在的存在特征是"是其所是"，而自为的存在特征是"是其所不是和不是其所是"。是其所不是和不是其所是的特征显示自为包含着三重关系：与自我的关系，与自在的关系和与他人的关系，而这三重关系又表现为人的实在的三种存在方式：时间性、超越性和为他。

1. 自为与自我的关系——时间性

时间性是自为存在向自为的自我即"可能"超越的方式。"正是在时间中，自为才以'不是'的方式是它自身的可能；正是在时间中，我的诸种可能才在它们构成我的世界的范围内显现出来。所以，如果人的实在本身被看作是时间的，如果其超越的意义是它的时间性，那么，我们就只能指望自为的时间性在我们描述、规定'时间'的意义之前被阐明。"② 时间是不可分割的整体，过去、现在和将来不是时间的组成部分，而是时间性整体结构的诸环节。

什么是一个过去了的存在的存在？常识的观点有二：或如笛卡尔所说过去不复存在，或如柏格森所说，过去存在但已停止活动。这两种观点都是把过去和现在孤立起来而对待过去，其结果是把过去变成了自在的存在。萨特的观点是：应从整体出发看待具体的过去，我的过去是根据我所是的某种存在而存在，它原本是我的现在的过去。过去与现在的内在性关系表现为，只存在对某一现在而言的过去，因而，现在的存在就是它自己过去的基础。"'曾是'意味着：现在的存在在其存在中应是其过去的基础，而且它自己就是这一过去。"③ 而自为存在的特征就恰恰在于，由于我是我的过去我才能不是我的过去（不是其所是）。只是从这样的意义上，我们才能够说：过去，就是我作为被超越物所是的自在。综合上述两个方面，我们说，过去既是自为同

---

① ［法］萨特：《存在与虚无》，陈宣良等译，生活·读书·新知三联书店1987年版，第14页。

② ［法］萨特：《存在与虚无》，陈宣良等译，生活·读书·新知三联书店1987年版，第150页。

③ ［法］萨特：《存在与虚无》，陈宣良等译，生活·读书·新知三联书店1987年版，第160页。

时又是自在。说它是自为，是因为它是对作为自为的现在而言的自在；说它是自在，是因为它是被自在捕捉又被自在淹没的凝固起来的自为。向过去进行的过渡是自为的一种本体论的规律。

如果说过去是自在，那么现在是自为。现在的存在相对于已不复存在的过去和尚未存在的将来是一个瞬间，按胡塞尔的说法，一种推至无限分裂的理想极限就是虚无，因此，现在的存在就是虚无。作为虚无，作为自为，现在的存在的意义，就是面对整个的自在存在的在场。所谓面对……在场，意味着用一种内在性的关系同这一存在相连，而这种内在性的联系具有否定性，因为它否认现时的存在是它对之在场的存在。对存在的在场就是自为的在场，因自为并不存在，所以现在的最初意义就是：现在不存在。它以否定联结着过去和将来，而自己本身却是无法把握的。因此，它就是"是其所不是和不是其所是"本身："作为自为，它有着在其前后的脱离自身的存在。在其后，是说它曾是其过去，而在其前，则是说它将是它的未来。它逃脱于与之共同在场的存在之外，还逃脱于它曾经是的又朝着它将要是的存在的存在。因为它是现在，它并不是它所是的（过去），而它又是它所不是的（将来）。"① 现在就是一个不断地否定（不是）过去而肯定（是）将来的虚无化过程。

将来是通过人的实在来到世界上的。将来是我要成为的东西，因为我现在不是它。将来是自为还不是的东西，因此将来是一种欠缺。自为要成为的，就是它自己的可能性，因为可能就是自为为了成为自我而欠缺的东西。作为可能性，将来是与过去严格对立的。作为全然不能预先决定我的未来的可能性的谋划，将来是对存在进行现时化的现在的逃逸。"将来不是自在的，它同样也不是以自为之存在的方式存在，因为它是自为的意义。将来不存在，它自我可能化。将来是诸种'可能'的持续的可能化。"②

---

① ［法］萨特：《存在与虚无》，陈宣良等译，生活·读书·新知三联书店 1987 年版，第 173 页。

② ［法］萨特：《存在与虚无》，陈宣良等译，生活·读书·新知三联书店 1987 年版，第 180 页。

　　由过去、现在和将来这三个时间维度的现象学考察，可以看出，时间性就是自为的这样一种连续不断的自我否定过程。时间的真正起点是将来，即是其所不是；现在是自为自身；本质则是过去了的存在。以将来环节为核心，统一过去和现在，构成自为原始时间性的整体结构。

　　2. 自为与自在的关系——超越性

　　①表现自为与自在关系的是直观的认识

　　人的实在与自在存在的原始关系不能是统一两个原本孤立的实体的外在关系，而是一种内在的关系。由于自在是其所是的特征，这种内在性关系不可能是自在的构成成分；在其存在中，对与自在的关系负责的恰恰是自为。这种关系的具体表现就是自为对自在的直观认识。"自为是这样一种存在，对它来说，它的存在在其存在中是在问题中，因为这种存在根本上是不存在的方式同时又是设定为不同于它的东西的存在。因此认识显现为一种存在方式。"① 这种直观的认识就是意识的意向性所造成的面对事物的在场。

　　②作为认识基础的在场的原始关系是否定的

　　何为否定？按自为存在的观点考察意识，意识必然是对某物的意识意味着：事物是那个不是意识而又面对意识在场的东西，而意识则通过使自身不成为某种它所面对其在场的某物而成为它自身的存在。在这个"反映－反映者"的二元结构中，包含着自为通过自在实现了对自身的纯粹的否定——自为不是它所认识的东西。例如，自为正是通过超越的自在的广延并在这种广延中使自己显示出来并实现自己的非广延的。非广延只是对广延的否定，广延是一种自为恰就其否定自身是广延而言不得不理解的超越的规定性。"我们把在规定了在其存在中的自为时揭示了自在的那个内在的而且又实现着的这种否定称为超越性。"②

　　————————

　　① ［法］萨特:《存在与虚无》，陈宣良等译，生活·读书·新知三联书店 1987 年版，第235 页。

　　② ［法］萨特:《存在与虚无》，陈宣良等译，生活·读书·新知三联书店 1987 年版，第242 页。

③自为与自在的本体论关系

应该从自为与自在所构成的基本的本体论关系去看待认识。从自在的角度看，认识是存在面对自为的在场，而自为则是实现这种在场的虚无。从自为的角度看，认识是自为没于存在的绝对涌现，这个涌现在这存在之外，是从这存在出发，它不是这个存在而是作为这个存在的否定和虚无化。自为与自在的这种相互铰接构成了存在的准整体，"按对这种整体的观点，自为的涌现就不仅是对自为而言的绝对事件，而且是自在中发生的某物，是自在的唯一可能的偶发事件；事实上，一切的发生，似乎是自为通过它的虚无化本身，把自己构成为'对……的意识'，就是说通过它的超越性本身逃避了那种在其中肯定因被肯定的东西而凝固起来的自在的法则"。① 认识，对于自为而言是一个绝对的原始事件；而对于自在而言则是唯一可能的偶发事件。自为通过它的自我否定而变成对自在的肯定，因此，认识就是自在的出神与自为的出神的融合，或者更直接地说，认识就是作为准整体的存在的运动本身。在这种运动中，一方面，自为没有添加什么东西到自在上，"世界和事物－工具，空间和量和普遍时间一样，是纯粹被实体化了的虚无，并且丝毫改变不了通过它们表现出来的纯粹存在"。② 而另一方面，自在和自为在认识中构成的"准整体"不是自在，凭借着起源于存在内部的一个细微的虚无化，自在达到了极度动荡，从而有了世界，这是一个自为通过对自在的虚无化而生成的人化的超越性的世界。

3. 自为与他人的关系——为他

除与自我和自在的关系之外，自为还要与其他的自为发生关系，因此，自为成为为他的自为或为他的存在。

①他人的存在

如何确定他人的存在？为了避免唯我论，不是从认识出发，而是

---

① ［法］萨特：《存在与虚无》，陈宣良等译，生活·读书·新知三联书店 1987 年版，第286—287 页。

② ［法］萨特：《存在与虚无》，陈宣良等译，生活·读书·新知三联书店 1987 年版，第287 页。

从我思出发。他人的存在之所以不是臆测和虚构，是因为存在有与他人的存在相关的我思。例如"羞耻"，作为一种意识样式，它的结构是非反思的，即它是（对）作为羞耻的自我（的）非位置意识。但羞耻按其原始结构是在某人面前的羞耻，我对我自己感到羞耻，是因为我向他人显现。或者说，羞耻是在他人面前对自我的羞耻，这两个结构是不可分的。他人是我和我本身之间不可缺少的中介。我思向我揭示的不是对象的他人，而是一个同我一样的自为的存在。

人的实在是一个由意识和身体构成的整体，如果分离开自我的心灵和身体，结果就会导致我的身体与他人的身体、他人的身体和心灵以及他人的心灵和我的心灵的分离。一个心灵不可能直接面对另一个心灵在场，一个心灵只能直接面对另一个身体在场，但这个被从人的整体中割裂出来的身体，像一块石头或一棵树或一块蜡一样，已不复为人的身体。"如果身体是一个实在地作用于思想实体的实在的对象，他人就变成纯粹的表象，他的实存就是被感知，就是说他的实存是由我们对他的认识衡量的。"① 而我要达到他的心灵也还差整整一个身体的厚度。

②我与他人的存在的存在关系

我与他人的关系不是认识的关系而是存在的关系，他人的"注视"充分揭示了这一点。当我透过门上的锁孔向里窥视的时候，我是纯粹的对事物的意识，而对自我则处在非正题意识的水平上，这就是说，在这个世界中，我是自为的存在。但当听到走廊里的脚步声，意识到有人注视我的时候，我本身就发生了变化。"反思的意识直接把'我'作为对象。……我一下子意识到我，是由于我脱离了我，而不是由于我是我自己的虚无的基础，因为我有我在我之外的基础。我只是作为纯粹对他人的反映才为我地存在的。"② 这就是说，在别人的注视下，我变成了自在的存在。"注视"在这里虽然是指他人对我的注

---

① ［法］萨特：《存在与虚无》，陈宣良等译，生活·读书·新知三联书店 1987 年版，第 295 页。

② ［法］萨特：《存在与虚无》，陈宣良等译，生活·读书·新知三联书店 1987 年版，第 337—338 页。

视，但并不意味着他人的眼睛在现场盯着我，而只是说它是一种纯粹对于我的注视。"注视首先是从我推向我本身的中介"①，即我与我自己之间反映的中介。通过注视，我发现了我自己的一种新的存在方式——为他人的存在。

纯粹的注视所确立的"他人"，实质上是以"他人"的形式出现的自我，或者说是我通过他人的出现而发现了我自己，因此，所谓他人的存在，实际上就是他人的为我存在。这样，我的为他存在的结构与他人的为我存在的结构是同一的，它所表明的是，我与他人是超越了我是他人的一个客体而他人是我的一个客体的两个自为意识之间的存在性关系。

（二）自为存在的身体之维

身体是自为的外在化，它不是相异于意识的他物。身体也有与意识相应的三个维度：我的为我的身体，我的为他的身体，我的为他的身体而为我的生存。

1. 我的为我的身体

在反思的层次上，意识与身体是分离的；而在非反思的层次上，意识与身体是同一的，也就是说，非反思的意识没有对身体的意识，或者说，（对）身体（的）意识是非位置的意识。萨特所谓"自为的存在完全应该是身体，并且完全应该是意识"表达的就是这个意思。

与工具性事物的关系，使我们得出如下的结论：我的身体是为我的。感官及感觉器官就是我们在没于世界的形式下应该是的我们的在世的存在，行动是我们在没于世界的工具性存在的形式下应该是的我们的在世的存在，身体就是我们在没于世界的形式下应该是的以超越存在走向我本身而使世界存在的我们的在世的存在。"身体是我不能以别的工具为中介使用的工具，我不能获得对它的观点的观点。"② 超

---

① ［法］萨特：《存在与虚无》，陈宣良等译，生活·读书·新知三联书店 1987 年版，第 335 页。

② ［法］萨特：《存在与虚无》，陈宣良等译，生活·读书·新知三联书店 1987 年版，第 419 页。

越一切观点之上的那个观点，就是我的身体。当我观察事物的时候，我总是处在与事物的某个相对的位置上，此时人对对象而言所处的位置完全是偶然的。而人以这个位置为原点造成一个"观点"下的世界，而这个给予世界以意义的观点就是身体。身体是我的存在的永久结构，是我的世界意识和向着未来超越的可能性的永久条件。身体意味着我与世界的一种实际介入关系，它表现了我对于世界的介入的个体化。

2. 我的为他的身体

我的身体不仅是为我的，也是为他存在的。因此要研究我的身体向他人显现的方式，因为我的为他存在的结构与他人的为我存在的结构是同一的，所以可以从他人存在的结构出发确立为他身体的本性。

我的存在与他人的存在的基本关系是一种内在的否定关系，他人首先为我存在，在此基础上我在我的身体中把握他，他人的身体对我来说是次级结构。他人作为自为具有超越性，但对我而言则显现为被超越的超越性——对象－超越性，即我越过并超越他的超越性。由此来看，如果我的身体是诸事物指示着的整个归属中心，那么他人的身体则是工具性事物附带地指示着没于世界的次级归属中心；如果说我的身体是我不能以任何工具为手段来使用的工具，那么不同于我的身体的他人的身体则是我所不是的又是我所使用的工具。因此，他人的身体就是作为工具性超越性的他人本身。这种看法也适用于作为感觉器官综合总体的他人的身体，如果说我的自为对自在的关系是直观认识，那么他人拥有的对我和世界的认识则变成了对象－认识，他人的这种感官是被认作进行认识的被认识的感官。进行认识的他人的身体显现为人为性，但他是归属于我的人为性的人为性。他人的身体并非首先是为我的身体而与处境相联系，相反，他人原本是作为处境中的身体向我表现出来；并不是首先有身体然后才有行动，相反身体是他人行动的客观偶然性。因此，"他人身体的存在是为我的综合整体。这意味着，（1）除非从指示他人的身体的整个处境出发，我绝不可能把握他人的身体。（2）我不可能单独地感知他人身体的任意一个器官，并且我总是从肉体的或生命的整体出发指出任何一种独特的器官。于是，我对他人身体的感知根本不同于我对事物的感知"。①

自由作为无条件地改变处境的能力是他人的客观品质，同我是自由的一样，他人是自由的，但他人客观的自由只是被超越的超越性，对我的自由而言，它是对象－自由。"作为被超越的超越性的人为性的身体，总是'指向它本身之外的身体'：同时在空间中——就是处境——和在时间中——这就是对象－自由。"② 自由，表明了他人的身体通过自为的否定不断地超越自身，一方面是对过去身体的否定（不是其所是），另一方面指向它本身之外的将来的身体（是其所不是）；而"对象－自由"则表明，他人身体的自为性是为我的他人的身体的自为性。

3. 我的为他的身体而为我地生存

我的为我的身体与为他的身体的结合，就构成了我的身体存在论的第三维，即我作为被身为身体的他人认识的东西而为我地存在。我的为他的身体的存在，使他人成为主体－存在，而我成为他人的对象－存在。"对象－存在"这一概念涵盖了我的为他的身体所具有的所有含义。我的自为的身体转变成为他人注视下的自在的身体和被异化身体，我的作为诸事物指示着的整个归属中心的身体转变为一个混于其他工具中间的工具存在，我的本身不可能自我把握的这个感官总体把自己确定为在别处并通过他人把握的东西，我的世界成了他人在他的世界中重新把握的但对我而言则是崩塌了的世界。我被迫用别人的眼睛看我们自己，我们努力通过外在的语言的指示来知晓我们的存在。总之，"一个对象－我对我表现为不可认识的存在，表现为一种向我所是的、我对之负有完全责任的他人中的逃遁"③。

---

① ［法］萨特：《存在与虚无》，陈宣良等译，生活·读书·新知三联书店 1987 年版，第 438 页。

② ［法］萨特：《存在与虚无》，陈宣良等译，生活·读书·新知三联书店 1987 年版，第 445 页。

③ ［法］萨特：《存在与虚无》，陈宣良等译，生活·读书·新知三联书店 1987 年版，第 445 页。

但是，我在我的实际存在中感到自己被他人所伤害仅仅是一个方面，因为在我的为他的身体的存在之外，我还是我的为他的身体而为我的生存，因此，我必须并能够对这种对象－存在负责，对我的这种"为他的存在"负责。具体地说，就是他人注视我，把我当作对象；但我也可以注视他人，把他人当作对象，我要注视他人的注视，这就是在我的为他的存在与我的为他的身体而为我的生存之间，在被注视的存在与进行注视的存在之间，在对象－我们与主体－我们之间必然会产生的冲突，因此，他人的为我的对象性是我的为他的对象性的毁灭。

三　意识与自然

梅洛－庞蒂建立了身体现象学，但意识在他的现象的身体里并没有消失，而是具体化在身体中并且内在于世界中。如果我们探讨他的意识哲学，意识与自然就是一个恰当的题目。他为《行为的结构》所确立的目标就是"理解意识与有机的、心理的甚至社会的自然的关系"①，而《知觉现象学》的问题同样在于"理解意识和自然、内部世界和外部世界的关系"②。两者的区别表现在，《行为的结构》从外部即行为，而《知觉现象学》则是从内部即知觉去考察人。由于取消了心灵与身体的二分，并追求意识与自然的统一，梅洛－庞蒂所谓的意识不再是纯粹意识而是身体意识，身体主体的意识活动不再是说出的我思而是沉默的我思。

在《行为的结构》中，梅洛－庞蒂从作为中性的"行为"出发探讨意识与自然的关系，而反过来，我们也可以从人类行为中看出意识在其中的地位和作用。梅洛－庞蒂区分了三种形式的行为：混沌形式、可变动形式和象征形式。混沌形式是最简单的行为，是一种基于刺激－反应模式的本能性的行为类型。"在这个层次上，行为要么与情景的某些抽象方面联系在一起，要么受制于某些非常特殊的刺激的特定情结（comlexe）。无论如何，它被束缚在其自然条件的范围之

---

① ［法］梅洛－庞蒂：《行为的结构》，杨大春、张尧均译，商务印书馆2005年版，第15页。
② ［法］梅洛－庞蒂：《知觉现象学》，姜志辉译，商务印书馆2001年版，第536页。

内，并且只能把那些意外出现的情景当作是为它规定的那些生命情景的暗示。"① 可变动形式的行为超越了刺激－反应模式，它是以相对独立于它们在其中得以实现的那些质料的结构为基础的，它所参照的情景是可以变化的：或是个体的，或是抽象的，或是本质性的情景。行为的结构已经作为一个主题呈现出来，而对条件刺激做出的专门反应变成了某一特定目的的手段。象征形式是人类独具的一种行为，人类不但能适应环境、应对环境的变化，而且能在此基础上创造一个语言和文化的世界。人类所创造的符号超越信号而成为一种象征，"它为它自己表达刺激，它向真理、向事物本身的价值开放，它趋向于能指与所指、意向与意向所指的东西之间的相符。在这里，行为不再只是具有一种含义，它本身就是含义"②。上述三种行为构成了人类行为的三个层次。与上述三个层次的行为相联系的是三种秩序（或结构）：物理秩序，生命秩序，人类秩序。物理秩序，指的是物体处于平衡状态或恒定的变化状态中的各种力量的整体，而每一局部或力量的变化都可以通过各种力量的重新分配在一种形式中表现出来，由此保证了物理系统整体的稳定性。生命秩序，包括混沌形式和可变动的形式这两种行为范畴。它是指机体通过自身的努力，挣脱外部环境的压力，并对外产生作用，以便为自己建构一个合适的环境。由于具有象征化的能力，人类行为就从生命秩序中独立出来，构成一个独特的整合了物理秩序和生命秩序于一身而又高于前两者的人类秩序。因此，"从行为在'它的统一'中、在它的人类意义中获得理解这一环节出发，人们探讨的就不再是一种物质性的实在，更不是一种心理的实在，而是既不属于外在世界亦不属于内在生命的一种意义整体或一种结构"③。

在这种结构性的人类行为中，每一种秩序对更高级秩序的关系都是部分对整体的关系，在高级秩序获得实现的范围之内，它把那些低级秩序的自主性予以取消，并产生了为它们构成某种新意义的方式。它们之中的每一种都不是新的实体，而是前一种的重新开始和重新构

---

① ［法］梅洛－庞蒂：《行为的结构》，杨大春、张尧均译，商务印书馆 2005 年版，第 159 页。
② ［法］梅洛－庞蒂：《行为的结构》，杨大春、张尧均译，商务印书馆 2005 年版，第 189 页。
③ ［法］梅洛－庞蒂：《行为的结构》，杨大春、张尧均译，商务印书馆 2005 年版，第 271 页。

造。结果是，高级秩序从低级秩序中解放出来，同时又把它奠基于后者之上。因此，物质、生命、精神不能够被界定为实在的三种秩序或者三种存在能力，而是意义的三个平面或同一体的三种形式。"人类意识秩序就不会呈现为叠加于两种其他秩序之上的第三秩序，而是它们的可能性的条件和它们的基础。"①

从人类行为的结构性，可以看出意识与身体之间不是并置的而是相对的并且是相互纠缠的："存在着作为一堆相互作用的化学化合物的身体，存在着作为有生命之物和它的生物环境的辩证法的身体，存在着作为社会主体与他的群体的辩证法的身体，并且，甚至我们的全部习惯对于每一瞬间的自我来说都是一种触摸不着的身体。这些等级中的每一等级相对于它的前一等级是心灵，相对于后一等级是身体。一般意义上的身体是已经开辟出来的一些道路、已经组织起来的一些力量的整体，是既有辩证法的土壤——在这一土壤上，某些高级形式的安置发生了，而心灵是由此而建立起来的意义。"② 就此而言，所谓身体，不可能是自在的身体，而是一个为意识的身体，是人的身体；所谓意识，不是外在于身体的心灵，而是身体的功能，是一种依赖于某些外部事件的"内部"事件，通过作为它们的透视外表的一个身体呈现出来。合意识与身体而言之，"我们称之为自然的东西已经是一种自然意识，我们称之为生命的东西已经是一种生命意识，我们称之为心理的东西仍然是意识面前的一种对象"③。总之，由行为和知觉所显示的意识，是身体意识或自然意识，而不是赤裸裸的纯粹意识。

第二节　自由意识的基本规定

与人与世界的基本关系——前主客关系、主客关系、超主客关系——相应，意识有身体意识、纯粹意识和自由意识。如果说身体意识是感性意识，纯粹意识是理性意识，那么自由意识则是纯粹感性意识。自

① ［法］梅洛－庞蒂：《行为的结构》，杨大春、张尧均译，商务印书馆 2005 年版，第 296 页。
② ［法］梅洛－庞蒂：《行为的结构》，杨大春、张尧均译，商务印书馆 2005 年版，第 307 页。
③ ［法］梅洛－庞蒂：《行为的结构》，杨大春、张尧均译，商务印书馆 2005 年版，第 273 页。

由意识的基本规定是：第一，还原与超越。所谓还原，即由纯粹意识回到身体意识；所谓超越，即超越身体意识和纯粹意识，上升为纯粹感性意识。因此，还原是超越中的还原，而超越则是还原中的超越。超越中的还原，意味着回到身体意识但不等于身体意识；还原中的超越，意味着自由意识不仅超越（否定）了理性意识，而且超越（否定之否定）了原始感性意识。第二，审美态度作为自由意识的前提，同时也构成自由意识的活动状态，即排除了理性意识的抽象性和感性意识的功利性，但保留了纯粹意识的精神性和身体意识的感性特征，成为纯粹感性的意识。第三，整体性。自由意识的整体性包含三个方面：一是人与对象的整体性（自我意识与对象意识的完全同一），二是意识与身体的整体性（身体意识与灵魂意识的同一），三是意识本身诸能力之间的结构整体性（认知与意向的完全同一）。第四，自由意识是审美活动中的意识，其基本表现：其一，在心物之间——神与物游；其二，在诸心意能力之间——知觉、想象力、理解力、情感等的协和一致。且前者构成了后者之所以可能的前提条件。

一　杜夫海纳 “感觉” 描述中的规定

杜夫海纳所说的审美经验中的“感觉”（或知觉）就是纯粹感性意识的体现，它是对人在感到美时意识所处状态的描述："在审美经验中，如果说人类不是必然地完成他的使命，那么至少也是最充分地表现了他的地位：审美经验揭示了人类与世界最深刻和最亲密的关系。他需要美，是因为他需要感到自己存在于世界。而存在于世界，并不是成为万物中之一物，而是在万物中感到自己是在自己身上，即使这万物是最惊人的、最可畏的，因为万物都是有表现力的。或者说，审美对象在自己的躯壳内产生一种感觉，犹如风使大草原具有生命力一样；它是向我们作出的一种信号，要我们只参照信号。为了具有意义，对象无限化，变成一个独特的世界，它让我们感觉到的就是这个世界。这个对我们说话的世界向我们说的是世界，丝毫不是观念、抽象的图式、添加于视觉之中的无视觉的景象，而是成为一个世界的一种式样、在明显的感性中的一个世界的原则。可见物的表面，也就是梅洛·庞蒂（Merleau-Ponty）所说的，'使它配有不可见的储备的东西'，就是这表面所含有的、构成表面的感觉的这个世界。这是一种在身体最深处回荡的感觉。"① 这种审美经验中的感觉，产生在人与世界之间。正是人的纯粹感觉意识，使世界依照感觉意识所采取的态度并在感觉意识的经验中得到展示和表达。于是我们看到了万物并不是与我们并列的万物，而是存在于我们自己身上；世界不是观念和抽象的图式而是感性的景象。这种感性的景象具有表现力，因为它对我们说话并且说的就是一个独特的具有无限意义的世界。反过来，这个具有表现力的世界又唤起了我们身体最深处回荡的感觉。

人与世界的这种最深刻最亲密的关系（人与世界的整体性，自我意识与对象意识的同一），表明了作为审美经验的纯粹感觉意识，在对理性意识和身体意识的超越中返回到了人与世界的根源部位。对此，杜夫海纳是毫不含糊并且作了明确的表述的，但由于深受康德"感性—知性—理性"认识发展三阶段的影响，在具体表述时，出现了一些矛盾："当概念扩展成为审美理念，当百合花的白色变成纯洁的象征时，理解力就被超越而走向理性。只有在这时，想象力才能突破理解力的统治而去思考对象的形式，并'在形象的静观中进行活动'。因此，协调处于超感性中的一个集中点，这一集中点证明了人类的理性使命和人类在实践领域中的道德使命。"② 在此，他把感觉中的"审美理念"定位于知性向理性的过渡，所谓"理解力就被超越而走向理性"，所谓"超感性中的一个集中点，这一集中点证明了人类的理性使命和人类在实践领域中的道德使命"，表达的都是这个意思。一个明显的矛盾是：作为感性的"审美理念"却处于"超感性的一个集中点"。因为杜夫海纳没有看到理性的理念向感性身体的回返，所以他不能解释"审美理念"为何以及如何是感性的。他更没有看到这种回返是超越中的回返，所以他只能把超越了原始感性和知性的理解力定位于理性。他看到想象力突破了理解力的统治并在形象的静观中进行

---

① ［法］杜夫海纳：《美学与哲学》，孙非译，中国社会科学出版社1985年版，第3页。
② ［法］杜夫海纳：《美学与哲学》，孙非译，中国社会科学出版社1985年版，第4页。

活动，但他却把想象力的这种感性活动解释为"思考对象的形式"。他看到了"在概念扩展成为审美理念"时百合花的白色变成了纯洁的象征，但他却把这一点定位于"人类在实践领域中的道德使命"，而根本没有看到审美活动对道德实践（即实践理性）所具有的超越性。对杜夫海纳作如此评论，并不是要否定他关于审美感觉根源性的定位，而只是提醒读者注意他在"无拘无束地引述《判断力批判》这部著作"时所受到的康德思想的限制。似乎他也意识到了康德思想的局限性，并试图克服这种局限性："要赞同这种分析，不需要把超感性设想成对感性的一种彻底超越，把道德设想成对一种超越任何内容的纯粹形式的顺从。"① 但如何超越这种设想，杜夫海纳并没有讲出来。

杜夫海纳注意到了超功利态度在审美知觉中的作用："美就是这种从事物之中被感受到的事物的价值，是那种在表象的独立自在之中直接显现的价值；在那种情况下，知觉不再是一种实用的反应，实践不再是功利性的。"② 作为在身体最深处回荡的感觉，"它不像狩猎物、障碍、工具或者甚至谈话"③，它的理想性是一种想象性。想象性体现的是审美活动的自由性，而狩猎物、障碍、工具或者甚至谈话都是功利性的活动。因此，他提醒读者理解"梅洛－庞蒂为什么思考艺术的非直接性语言和无声的呼声的问题"，因为梅洛－庞蒂的上述问题涉及的是艺术活动中"沉默的我思"这个感性意识以及它的运作状态。

杜夫海纳完全接受了康德关于审美活动中心意诸能力自由协调的思想，他说："我们从康德那里采纳的，首先是所有能力的自发的、美好的和谐这种思想；审美经验使我们同自己和解：当我们自己对对象的呈现开放时，我们不否认自己的认识能力，我们让一种感觉渗透自身，这种感觉大概是不确定的，但却是迫切的，可能是道德属性的象征，正如山峰作为纯洁的象征，或者暴风雨作为激情的象征一样。此外，美并不像任何刺激物那样产生刺激，它只是产生启示，它调动整个心灵，使它自由自在。正是在这个基础上勾画出道德的形象，前

---

① ［法］杜夫海纳：《美学与哲学》，孙非译，中国社会科学出版社 1985 年版，第 4 页。
② ［法］杜夫海纳：《美学与哲学》，孙非译，中国社会科学出版社 1985 年版，第 2—3 页。
③ ［法］杜夫海纳：《美学与哲学》，孙非译，中国社会科学出版社 1985 年版，第 3 页。

提是，这些形象既需要人格的全部参与，又需要有超越真实之物走向能成为一种理想的非真实之物的能力。"① 所谓 "审美经验使我们同自己和解" 讲的是心身之间的和谐，即身体意识与灵魂意识的同一。所谓 "它调动整个心灵，使它自由自在"，讲的是心意诸能力之间的和谐。无论是心身之间还是心意诸能力之间的和谐，其根源在于由理性意识向身体意识作超越性还原所形成的结构性整体在审美活动中的必然体现。由于缺少超越性还原的思想，康德只是把它解释为诸认识能力的 "相称" 和 "比例"，而杜夫海纳也未能在康德的基础上作出推进性的解释。

二　非客体化行为与客体化行为的复杂关系

胡塞尔关于非客体化行为奠基于客体化行为之中的思想，明显地反映出他的认识论立场，即他首先以认识论的标准去区分客体化行为与非客体化行为，即他把客体化行为看作一个认识行为，而非客体化行为则是一种感受行为。客体化行为的 "质料" 是一个认识行为所指向的客体或对象，而非客体化行为则不具有这样一个为认识行为所要求的客体或对象。然后以此论断非客体化行为奠基于客体化行为之中，这就忽略了非客体化行为所具有的不同于认识行为所要求的独特的质料——非客体化的对象。如果说客体化行为是认知意向性，那么非客体化行为则是感受意向性。

非客体化行为是原意识，而客体化行为则是后反思，原意识与后反思之间的关系在于，原意识是一种原初的意识并且构成后反思的基本前提，这就是说，原意识为反思意识奠基。这样一种观点与胡塞尔非客体化行为奠基于客体化行为之中的思想是矛盾的，如何解决这个矛盾，涉及如何理解意识 "构造对象" 的问题。意识总是关于某物的意识包含着两个基本意思，一是指向对象，二是构造对象。按第一种意思，所有的意识行为都具有对某物的指向性。"在我们普遍称之为感受的许多体验那里都可以清晰无疑地看到，它们确实具有一个与对

---

① ［法］杜夫海纳：《美学与哲学》，孙非译，中国社会科学出版社 1985 年版，第 4 页。

象之物的意向关系。这种情况表现在例如对一段乐曲的喜爱，对一声刺耳的口哨的厌恶等方面。每一个快乐或不快都是对某个被表象之物的快乐或不快，它们显而易见也是一种行为。"① 非客体化的情感、意愿行为当然是对情感对象、意愿对象的指向和感受，因为"一个没有被喜欢之物的喜欢却是不可思议的"②，"没有这种指向，它们就根本不能存在"③。对于意识的构造性，胡塞尔却认为，客体化行为能够构造对象和事态，据此可分成表象和判断两种；而非客体化行为含有对象，但不能构造对象。而喜欢（Gefallen）或厌恶（Mibfallen）所指向的这个被表象的对象只能来自客体化行为所构造的"表象"。"感受只是心态（Zustände），不是行为、意向。每当它们与对象发生关系时，它们总要借助于与表象的复合。"④ 这里的问题在于，非客体化所指向的对象是否是客体化行为所提供的表象？或者必须是一个以表象为基础的对象？按不同的意识行为构成不同的对象性关系的原理来看，答案显然是否定的。非客体化行为不仅指向一个感性的对象，而且也能够构造感性的对象，情感、意愿等行为与感性对象的关系偏重于主观的感受，而非客观的认知。舍勒指出："这里存在着一个原初的、感受活动对一个对象之物、对价值的自身关系、自身朝向。……在这里，感受活动并不是要么直接和一个对象外在地被放置在一起，要么通过表象（它机械偶然地或通过单纯思考的关系而与感受内容结合在一起）而和一个对象外在地被放置在一起，相反，感受活动原初地指向一种特有的对象，这便是'价值'。"⑤ 更严谨的表述应该是，价值构成了非客体化行为与感性对象的主观感受关系。这也就是说，非客体

---

① ［德］胡塞尔：《逻辑研究》第二卷第一部分，倪梁康译，上海译文出版社 1998 年版，第 427 页。

② ［德］胡塞尔：《逻辑研究》第二卷第一部分，倪梁康译，上海译文出版社 1998 年版，第 428—429 页。

③ ［德］胡塞尔：《逻辑研究》第二卷第一部分，倪梁康译，上海译文出版社 1998 年版，第 428 页。

④ ［德］胡塞尔：《逻辑研究》第二卷第一部分，倪梁康译，上海译文出版社 1998 年版，第 427 页。

⑤ ［德］马克斯·舍勒：《伦理学中的形式主义与质料的价值伦理学》，倪梁康译，生活·读书·新知三联书店 2004 年版，第 312—313 页。

化行为是从感受价值的角度指向对象并构造对象的。客体化行为与表象所构成的对象性关系是理性的认知，表象已经是对感性对象的抽象，不管这个表象是本真表象（感知表象和想象表象）还是非本真表象（图像表象和符号表象）。从这个意义上说，不是客体化行为为非客体化行为奠基，相反是非客体化行为为客体化行为奠基。

与此同时，还要考虑到由客体化行为返回非客体化行为所产生的另一种非客体化行为，即审美感受行为。如果说，在认知之前的一般感受行为所指向的对象是感性事物，那么在认知之后的审美感受行为所指向的对象则是感性意象。胡塞尔指出："美的感受或美的感觉并不'从属于'作为物理实在、作为物理原因的风景，而是在与此有关的行为意识中从属于作为这样或那样显现着的，也可能是这样或那样被判断的，或令人回想起这个或那个东西等等之类的风景；它作为这样一种风景而'要求'，而'唤起'这一类感受。"① 因此，在此出现了非客体化行为与客体化行为的更为复杂的关系，一般生活感受行为为客体化行为奠基，而此两者又为审美感受行为奠基。客体化行为受客体对象的制约，一般感受行为受自身追求价值的制约，两者都是不自由的。而审美感受行为因为从客体化行为回到了生活世界的非客体化行为，从而超越了两者，扬弃了它们各自的局限性，在与感性意象的同一中，成为真正自由的感受意识行为。

三 自在与自为如何达到统一

人的实在追求自在与自为的绝对统一，即理想的存在。但在萨特看来，"这种理想的存在是被自为建立并同一于建立它的自为的自在，就是说，自因的存在。但是正因为我们置身于这种理想的存在的观点来判断我们称之为大全的实在的存在，我们应该体会到，实在的东西是一种达到自因的神圣之乡的流于失败的努力。一切的发生就好像世界、人和在世的人，都只是去实现一个所欠缺的上帝。因此一切都好

---

① ［德］胡塞尔：《逻辑研究》第二卷第一部分，倪梁康译，上海译文出版社1998年版，第430页。

像是自在和自为都在就一个理想的综合而言的一种解体的状态中表现出来。不是曾经有过整体化，而恰恰相反，这整体化总是被指出而又总是不可能的"①。自为对自在的虚无化，一方面，把纯粹偶然的自在转化为自为的欲望对象即人为性的自在，这就是萨特所说的"通过自在而被存在的虚无，并不是缺乏意义的单纯虚空。虚无化的虚无的意义，就是被存在（笔者注：指自为通过自在而被存在）以便奠定存在（笔者注：赋予存在以意义）"②。另一方面，这种自为的自在同时成为是其所是的自在。所以说，"理想的存在""上帝""整体化""大全"这些标志自在与自为达到绝对统一的整体存在，总是被指出而又总是不可能。由此，萨特把人对理想存在的追求看作"一种达到自因的神圣之乡的流于失败的努力"，把自为看作"自我奠定为存在的不间断的谋划以及这个谋划的不断失败"③。

是否能够达到自为与自在的统一，问题的关键在于如何看待自为本身。自为作为意识具有层级性，萨特对此的区分是：反思意识与非反思意识。非反思的意识直接指向对象，但同时又是对自身的非位置性意识，因此，它是对象意识与自我意识的同一。反思意识指向被反思的意识，它是对意识的位置性意识，作为认识意识，对象意识与自我意识分裂。从层级性看，非反思意识是原初意识，一阶意识；而反思意识则是派生意识，二阶意识。萨特拒绝否认无意识，因为在他看来，说无意识就相当于对存在的否定。

正如前述，人的实在追求自在与自为的统一，这构成了人的本体存在的欲望，它的特性是自由的存在的欠缺。但是这个总体的欲望必须由具体的欲望来显现，因此，具体的做的欲望是与没于世界的具体存在物的关系，譬如，一块面包，一辆汽车，一位女子，一部艺术作品，如此等等。"于是欲望以它自己的结构本身表现了人与世界上的

---

① ［法］萨特：《存在与虚无》，陈宣良等译，生活·读书·新知三联书店 1987 年版，第771—772 页。

② ［法］萨特：《存在与虚无》，陈宣良等译，生活·读书·新知三联书店 1987 年版，第768 页。

③ ［法］萨特：《存在与虚无》，陈宣良等译，生活·读书·新知三联书店 1987 年版，第768 页。

一种或好几种对象的关系。"① 做的欲望就是依靠自为把具体自在化归己有的活动——作为，萨特在《存在与虚无》中列举了三种"作为"的方式：科学探索，体育运动，美学创造。实际上，更严谨的做法是按照意识的类型进行划分，如此则有如卢卡奇所谓的人类活动的三种方式——日常生活、科学活动和艺术活动，勃兰兑斯所谓的观察事物的三种方式——实际的、理论的和审美的。而化归己有就是自为通过自身和具体自在之间形成的一种存在关系，使人拥有或占有某物。由于这种关系会被对这个自为及被占有的自在之间的同一化的理想指示所纠缠，所以，拥有的欲望说到底就是某种存在的关系中对某个对象而言的可还原为存在的欲望。

　　与反思意识相应的是人类的认识活动，科学探索是其典型体现。"在认识中，意识给自我带来它的对象，并渗入其中；认识是同化；……于是，有一种从对象走向认识主体的分解运动。被认识的东西转化成了我，它变成了我的思想，并因此同意只是从我这里获得它的存在。"②在科学探索中，人把他的意识的对象进行分解和概念化，并按照逻辑的秩序重新加以组合，结果是自在已经不是人所欲望的自然，被认识的对象已经成为作为物件的我的思想。在此，欲望毁灭了它的对象。如此一来，人就不可能将自为转化为纯粹的自在了，因为人是在"强奸"了自在的"童贞"之后将它化归己有的。与非反思的意识相应的是实际活动，日常生活是其典型体现。对此，萨特缺少集中而明确的论述，只是在与游戏活动的比较中以及论述具有目的性的体育活动中涉及这个问题。萨特认为，游戏对立于严肃精神，似乎是最少包含占有的态度，它从实在的东西那里夺去了它的实在性。而具有严肃精神的活动，则把更多的实在给予自我，而不是给予世界。"严肃的人把对他的自由的意识藏在他自身的最深处，他是自欺的，并且他的自欺旨在在他自己眼中把他自己表现为一种结果：对他来说，一切都是后

① ［法］萨特：《存在与虚无》，陈宣良等译，生活·读书·新知三联书店1987年版，第715页。
② ［法］萨特：《存在与虚无》，陈宣良等译，生活·读书·新知三联书店1987年版，第719页。

果，永远没有原则；所以他是如此期待着他的活动的结果。"① 结果是目的的实现，只注重结果而忽略过程，"于是所有的严肃的思想被世界弄得迟钝，它凝固了；它为了世界的利益放弃了人的实在。"② 萨特所论的体育活动，可分为两种，一是游戏性的；一种是目的性的。后者如为了打破纪录，实现一项体育成绩；或为了拥有一个好的身体；或为了掌握一种运动的技术。非反思意识是一种身体意识，它在日常生活中的表现就是满足身体的欲望，无论这种欲望是自觉性的还是非自觉性的。因此，自为在这个意识层次上的作为只可能是部分地化归己有。与艺术活动（萨特所谓美学创造，以及游戏活动和具有游戏性的体育活动）相应的是自由意识，但萨特所讲的自由意识是想象，他说："想象并不是意识的一种偶然性的和附带具有的能力，它是意识的整体，因为它使意识的自由得到了实现；意识在世界中的每一种具体的和现实的境况则是孕育着想象的，在这个意义上，它也就总是表现为要从现实的东西中得到超脱。"③ 我们同意他关于想象是意识的整体的观点，但这个整体在我们看来是由于反思意识回到非反思意识的结果。它之所以是自由的，首先是因为这个整体意识的无目的性；其次才是他所说的"它在每时每刻也总是具有着造就出非现实的东西的具体的可能性"。游戏活动的无目的性表现为，人把自己看成自由的并要使用他的自由，因此游戏的人完全不关心占有一个世界的存在。如果说游戏有一个目的，那么这个目的则是"使本身成为某种存在，这存在正是关心其存在的存在"④。在游戏性的体育运动中，行为与对象的关系不是像科学探索一样占有一个对象，而是使用一个对象。草场、雪地不一定为我所拥有，但它可以为我所使用。一方面，通过使用，运动的对象（如雪场）属于我；另一方面，通过攀登、划桨等战

---

① ［法］萨特：《存在与虚无》，陈宣良等译，生活·读书·新知三联书店 1987 年版，第721 页。

② ［法］萨特：《存在与虚无》，陈宣良等译，生活·读书·新知三联书店 1987 年版，第721 页。

③ ［法］萨特：《想象心理学》，褚朔维译，光明日报出版社 1988 年版，第 281 页。

④ ［法］萨特：《存在与虚无》，陈宣良等译，生活·读书·新知三联书店 1987 年版，第721 页。

胜、驯服、支配了对象。这就是体育运动化归己有的特有的方式："不是为占有元素本身，而是在于占有以这些元素的手段表现出来的一种类型的自在的存在：人们要在雪的情况下占有的正是实体的均匀性；人们要在大地和岩石等等等等的情况下化归己有的则是自在的不可入性和它非时间的永恒性。"① 在这里，雪地、操场、大地、岩石等对象被看作存在的象征。在艺术活动中，艺术家和欣赏者创造了一个审美的对象，但他们的目的并不完全在占有这个对象上，而是通过这个特殊的对象占有世界。因为人的欲望有双重规定："一方面欲望被规定为要成为某种自在－自为的、其存在是理想的存在的欲望；另一方面，在绝大部分情况下欲望被规定为与一个偶然的、具体的、它计划化归己有的自在的关系。"② 由于我的具体的对象对我显现为是居于我的绝对外在性和非我的绝对外在性之间的中介存在关系，所以前一种规定必定借助后一种规定才能得到实现。正是由于这一点，借助于塞尚的绘画这个特定的具体的对象，欣赏者的目光穿过现象的符合因果性，并进而穿过作为客体的深部结构的符合目的性，最终达到作为客体的源泉及其原始基础的人的自由。而 17 世纪荷兰画家弗美尔的如照片一样的现实主义绘画，同样能使欣赏者接近绝对的创造，因为我们在物质的被动状态本身中也遇到人的深不可测的自由。每幅画、每本书都是对存在的整体的一种挽回，它们都把这一整体提供给观众的自由。

　　科学、日常生活、游戏和艺术都是化归己有的活动。在不同的活动中，面对着不同的对象，其将存在化归己有的程度是有巨大差异的。萨特认为这些活动，"或许是全部地、或许是部分地，而它们想在它们寻求的具体对象之外化归己有的东西就是存在本身，自在的绝对存在"③。但何种活动是"全部地"，何种活动是"部分地"，以及这种

---

① ［法］萨特：《存在与虚无》，陈宣良等译，生活·读书·新知三联书店 1987 年版，第 727 页。

② ［法］萨特：《存在与虚无》，陈宣良等译，生活·读书·新知三联书店 1987 年版，第 727 页。

③ ［法］萨特：《存在与虚无》，陈宣良等译，生活·读书·新知三联书店 1987 年版，第 727 页。

区分的根据，他显然未能讲清楚。如果从意识的层次上看，应该是这样：科学活动通过反思意识把具体存者凝固为概念，把存在凝固为精神实体，所以知的欲望不能还原为存在的欲望，它所化归己有只能是知识。日常生活通过前反思意识与具体存在物的感性存在的目的性关系，部分地将存在化归己有。艺术活动则以自由意识通过审美对象（艺术作品）全部地将存在化归己有，从而实现了自在与自为的统一，达到了理想的存在，人成为上帝。

四　存在的自由与自由的意识

　　萨特已经通过自为的身体之维，在一定程度上承认了人是观念性与物质性的统一，因此，人本身在一定程度上也体现了自在与自为的统一。梅洛－庞蒂则推进一步，把人看作身体主体。意识与身体、心理与历史、普遍性与个别性等表现为身体主体的两种结构性因素，并由此构成身体主体的存在方式和存在风格。"我的所有行动和思想都与这一结构有关联，甚至一个哲学家的思想也是说明他对世界的把握的方式，这就是他之所是。"① 以此去看人的自由问题，梅洛－庞蒂一方面明确反对决定论而肯定人的自由要求，因为我不在物体之列；另一方面他又反对萨特的绝对自由观而主张有条件的自由，因为"一旦我们存在，我们就不再是纯粹意识"②。

　　既然身体主体在世界之中存在，那么我们的身体性，我们的社会性，世界的先在性，总之，这个所谓的"处境"就构成了我们自由要求的基础和前提。一方面，这个已在的可作为自在的处境，是我们没有自由的生活背景，但自由行动只有在一个没有自由的生活背景下才能显示出来；它具有限定性，但限定性是我们为了在世界上存在必须付出的代价。另一方面，由于我们有一个身体，我们就具有自发评价周围环境的一般意向，因此这个处境对我们又具有基础性的意义，梅洛－庞蒂称此为自在世界的"有"的结构，"如果没有结构，自在的

---

　　① ［法］梅洛－庞蒂：《知觉现象学》，杨大春、张尧均、关德群译，商务印书馆2021年版，第623页。

　　② ［法］梅洛－庞蒂：《知觉现象学》，姜志辉译，商务印书馆2001年版，第563页。

世界就只能是无固定形状和难以形容的一团东西"①。譬如，无论我是否决定攀登这些山，这些山对我来说仍然是高大的。即便我决定从天狼星看东西，并把自己描述为能离开地球环境的自然的我，我也不能把阿尔卑斯山当作一堆鼹鼠丘来对待。因为我有一个身体，因为这个普遍的意向不是我固有的，它们来自我的外面。正是它向我们的身体显现为需要触摸、需要把握、需要翻越。

　　世界是什么？对我们来讲，世界是一个在我们周围的一般存在和既成计划的区域，是所有主题和所有可能样式的场所，它既是一个独一无二的个体，又是一种意义。我是什么？作为具体化的主体，我是一个呈现场——向自我、向他人和向世界的呈现。"因为这种呈现把主体置于主体得以被理解的自然和文化世界。我们不应该把主体想象为与自己的绝对联系，无内在间隙的一种绝对密度，而应该把主体想象为在外面继续存在的一个存在。"② 正是通过我的身体和我的历史处境，我才是这个身体和这个处境，以及其他一切。总之，我就是我看到的一切。自由是什么？我的自由既不在我之内，也不在我之外，它在我与世界之间。我们选择了世界，世界选择了我们。被具体看待的自由始终是外部世界和内部世界的一种会合，尽管在处境和接受处境的人之间的交流中，我们不能确定处境的分量和自由的分量。但正如梅洛－庞蒂所说："出生，就是出生自世界和出生在世界上。世界已经被构成，但没有完全被构成。在第一种关系下，我们被引起；在第二种关系下，我们向无数的可能事物开放。"③ 我们不应该简单地说在自在和自为之间，而应该说在"自在的自为"与"自为的自在"之间，自由存在的门已经敞开。

　　自由存在包含意向、选择和行为三个相继推进的层面。首先是意向，在作为自发评价的一般意向的基础上，身体主体需要有具体的明确的意向，譬如攀登某一座山的谋划。正是这个具体的谋划，赋予一座山以不可攀登的等属性，以及相应的阻碍攀登的障碍与协助它的手

① ［法］梅洛－庞蒂：《知觉现象学》，姜志辉译，商务印书馆2001年版，第550页。
② ［法］梅洛－庞蒂：《知觉现象学》，姜志辉译，商务印书馆2001年版，第565页。
③ ［法］梅洛－庞蒂：《知觉现象学》，姜志辉译，商务印书馆2001年版，第567页。

段。"事实上，人们称之为自由的障碍的东西也是通过自由显现出来的。"① 作为外在的事物，只是对主体的意向来说才显示出它在自由谋划中的意义。其次是选择，选择是处境中的选择，这就排除了纯概念性的选择。因为理性主义的选择不涉及我们与世界和与我们的过去的关系，这在实际上就等于取消了选择。因为我不是虚无，所以我不能通过虚无进行自我选择。作为身体主体，我的选择实际上并不是自觉的选择，而是前自觉的或实存的选择。"只有当自由在其决定中起作用，只有当自由把它所选择处境当作自由的处境，才有自由的选择。"② 从这个角度讲，真正的选择是我们的全部个性和我们在世界上的存在方式的选择。这意味着，自由选择是一种存在的选择和转变。最后是行动，意向停留在内部，选择刚刚开始，意向需要行动付诸实施，选择需要行动来完成其选择的目标。行动意味着时间的持续，从一个瞬间到另一个瞬间。"如果自由是创造，那么它创造的东西不应随即被另一个新的自由取消。因此，每一个瞬间不应是一个封闭的世界，一个瞬间应能使后面的瞬间介入，决定一旦作出，行为一旦开始，我应有一种获得的经验，我应利用我的冲动，我应倾向于继续下去。"③ 行为体现的是自由地存在本身，它在本质上是面向将来的存在。如果不是这样，自由就不能产生。通过具体的行为，自在和自为的综合得以实现，梅洛－庞蒂把这种综合看作存在定义本身，看作是实现了的自由。

在存在的自由中，我们所关心的是，在梅洛－庞蒂的理论语境中，意识如何才可能是自由的。梅洛－庞蒂把萨特的自为看作虚无或纯粹意识，然后把这种纯粹意识与绝对的自由对应起来，以此证明他所谓的自由是处境中的自由。"处境的概念排斥在我们的介入开始时的绝对自由。处境的概念也排斥在我们的介入结束时的绝对自由。"④ 但这却证明了纯粹意识实际上恰恰是既定处境的一个组成因素，这意味着

① ［法］梅洛－庞蒂：《知觉现象学》，姜志辉译，商务印书馆 2001 年版，第 546 页。
② ［法］梅洛－庞蒂：《知觉现象学》，姜志辉译，商务印书馆 2001 年版，第 547 页。
③ ［法］梅洛－庞蒂：《知觉现象学》，姜志辉译，商务印书馆 2001 年版，第 547 页。
④ ［法］梅洛－庞蒂：《知觉现象学》，姜志辉译，商务印书馆 2001 年版，第 569 页。

纯粹意识没有自由。对纯粹意识的否定，也就是对纯粹意识的排除，所谓"一旦我们存在，我们就不再是纯粹意识"①，表达的就是纯粹意识的现象学还原，即回到了身体意识，但身体意识还不是充分的自由意识。如果说身体主体是他在自在与自为的对立项中所找到的第三种存在项，那么后期的存在之肉则是在身体与世界这两个相对的维度之外所寻找的作为第三维度的非相对项。以此来看，身体意识尚需要还原到存在性意识，以此排除身体意识的目的性，即排除有意识的选择和行为，才可能构成充分的自由意识。因为，在这里，知觉既不是人这个具体主体的知觉，也不是具体感性事物的知觉，而是作为垂直存在的各种元素的知觉。在此，自我意识与存在意识达到了同一，所谓自由存在，也就是（对）自由存在的意识，或意识到的自由存在。

第三节　自由意识的运作

当主体悬置了自身的功利性诉求，在知觉与被知觉物（杜夫海纳）、人的"此－在"与物化之物（海德格尔）、想象与想象物（萨特）、可感的感觉者与可感之物（梅洛－庞蒂）之间，审美活动的自由性得以展现。这首先表现为心物之间的"神与物游"，其次表现为心意诸能力之间的自由协调。

一　主体与客体的协调

对杜夫海纳而言，神与物游就是主体与客体的协调，两者协调的整体表现是相互呈现，知觉提供舞台，知觉对象在这个舞台上演出自己的完成之戏。由于在存在方式上知觉主体与知觉对象各有自己的规定性，其相互呈现可以据此得到更具体的表述。

知觉对象的规定是：自在－为我们－自为。所谓"自在"，首先意味着对象不依赖我而存在，它有一种我达不到的充实性，它是一个物。其次意味着它有一种仅仅呈现于知觉的这种对象的真实性。所谓

---

① ［法］梅洛－庞蒂：《知觉现象学》，姜志辉译，商务印书馆2001年版，第563页。

"为我们",是说它是知觉的对象,如果没有人去感知物,就无法设想感知之物。"为"所表达的是,作为自在之物需要通过主体的知觉才能转变为审美对象。所谓"自为",是指知觉对象与主观性相联系,因此具有了一定程度的主体表现性。知觉主体的规定是:自为－为对象－自在。所谓"自为",指主体所具有的意识性。所谓"为对象",是指在与对象的关系中,我的知觉是对象感性实现的工具和场所。所谓"自在",指主体所具有的身体性。"自在－为我们－自为"显示知觉对象是一个准主体,"自为－为对象－自在"显示知觉主体是一个准客体。

因此,主体与客体的协调就更具体地显示为"主体－准客体"与"客体－准主体"之间的相互呈现。在自在的层面上,知觉与对象具有身体间性,这是各自身体的相互呈现。"我们作为自然的人置身于自身和事物之中,置身于自身和他人之中,以至于通过某种交织,我们变成了他人,我们变成了世界。"① 在自为的层面上,知觉与对象具有意识间性,这是各自灵魂的相互呈现。"在画家和可见者之间,不可避免地会出现作用的颠倒。因此,许多画家都说,物体在注视他们……它们是如此难于区分,以致我们不再晓得哪个在看,哪个被看,哪个在画,哪个被画。"② 作为"自在－为我们"的对象,它期待知觉、付诸知觉、奉献给知觉,它以引发主体知觉意向性的方式呈现于我;作为"自为"的准主体,知觉对象发号施令,引发知觉,操纵知觉,它以对象自身意向性的方式向我呈现;作为"自为－为对象"的准客体,我为对象提供知觉的舞台,我以身体意向性的方式呈现于对象,以此回应对象的呼唤。在"自在－自为"与"自为－自在"整体存在的层面上,知觉对象以辉煌的感性向我呈现,而我则回到纯粹知觉的感性并沉湎在对象的感性之中,因为感性是感觉者和感觉物相互呈现的共同行为和它所达到的最高峰。

---

① [法]梅洛－庞蒂:《可见的与不可见的》,转引自杨大春《杨大春讲梅洛－庞蒂》,北京大学出版社 2005 年版,第 124 页。

② [法]梅洛－庞蒂:《梅洛－庞蒂美学论文集》,刘韵涵译,中国社会科学出版社 1992年版,第 136—137 页。

主体与客体的相互协调，最终达到了两者的统一。这时，主体躯体和对象躯体、主体精神和对象精神便等同起来，感觉之物变成了我的对象，或者说变成了对象之我。这正如马克思所说的，当对象性的现实成为人自己的本质力量的现实，"一切对象也对他说来成为他自身的对象化，成为确证和实现他的个性的对象，成为他的对象，而这就等于说，对象成了他本身"[①]。或如杜夫海纳所言："人就是这样在风暴中认出自己的激情，在秋空中认出自己的思乡之情，在烈火中认出自己的纯洁之情。"[②] 而我则"变成了双簧管的尖细悦耳的音调、小提琴的纯旋律线和铜乐器的声响；我变成了哥特式尖顶的气势或绘画的协调色彩；我变成了词语及其特有的面貌，变成了当我念词语时词语留在我口中的滋味"[③]。一句话，我成了对象本身。这个对象成了"他本身"和我成了"对象本身"，其实说的是知觉与对象在审美的自由活动中所归属的同一件事情——感性及其感性显现。

二　人的栖居与物之物化

海德格尔所谓的游戏是存在性的，其游戏思想包含游戏主体、游戏的时空意义结构和游戏方式三个方面。

海德格尔的存在性游戏同样发生在心物之间，因此，游戏的主体是人和物。人是终有一死者，是人的"此－在"；而物是物化之物，是物这个特定存在者的"此－在"。例如《艺术作品的本源》中的"艺术作品"，《物》、《筑·居·思》中的"物化"之"物"，《诗人何为?》中的"敞开者"与"锁闭者"，《物》中的"站出者"，以及作为人之居所的语言，如此等等。在笔者看来，凡是超越"物"自身而成其"象"者，都属物化之物。学界没有对海德格尔游戏主体和游戏的时空意义结构作出区分，只是笼统地称为四方游戏或四化，这是不准确的。对此，海德格尔本人有一些不明显的提示。物是人的栖居之

---

① ［德］马克思：《1844 年经济学—哲学手稿》，刘丕坤译，人民出版社 1979 年版，第 78—79 页。
② ［法］杜夫海纳：《审美经验现象学》，韩树站译，文化艺术出版社 1996 年版，第 590 页。
③ ［法］杜夫海纳：《审美经验现象学》，韩树站译，文化艺术出版社 1996 年版，第 263 页。

所，物是人生长中的"大地"，因此，"在物那里的逗留乃是在四重整体中的四重逗留一向得以一体地实现的惟一方式"①。"倘若栖居仅仅是一种在大地上、在天空下、在诸神面前和与人一道的逗留，那么，终有一死者就决不能实现这种作为保护的栖居。而毋宁说，栖居始终已经是一种在物那里的逗留。"② 把人在物中的逗留作为四重整体中的四重逗留之前提，强调前者是后者实现的唯一方式，虽未明言但实际上突出了游戏的主体是人和物。

人与物之间的游戏生发并开显出了超越"物"本身的"象"——世界，这个世界就是游戏所开展的、同时也就是贯通栖居的整个范围——天、地、神、人四方。首先是"在大地上"（也就是说"物"首先显现为大地），而这也就意味着"在天空下"。"两者一道意指'在神面前持留'，并且包含着一种'向人之并存的归属'。"③ 大地、天空、神、人四方开显之间所蕴含的"就意味着""两者一道意指""并且包含"等关系，揭示了这个"物象－世界"的时空结构。终有一死者的人与永恒的神作为时间，大地与天空作为空间，时间之经与空间之纬交织构成了整体的世界，海德格尔因此说："从一种原始的统一性而来，天、地、神、人'四方'（die Vier）归于一体。"④ 有人曾问："世界如何由这四大构成，却还不清楚。固然我们被告知，四大镜映游戏。但为什么偏偏是四大而不是五大六大呢？或三大？"⑤ 此种疑问，从一般角度看有其发问的道理，甚至还可以更随意地继续追问，为什么不是一大、二大以至更多因素？但从世界的时空结构看，四方具有明显的合理性。

"物象－世界"的时空结构，同时也就是它的意义结构，一是作

---

① ［德］海德格尔：《演讲与论文集》，孙周兴译，生活·读书·新知三联书店 2005 年版，第 159 页。

② ［德］海德格尔：《演讲与论文集》，孙周兴译，生活·读书·新知三联书店 2005 年版，第 159 页。

③ ［德］海德格尔：《演讲与论文集》，孙周兴译，生活·读书·新知三联书店 2005 年版，第 157 页。

④ ［德］海德格尔：《演讲与论文集》，孙周兴译，生活·读书·新知三联书店 2005 年版，第 157 页。

⑤ 陈嘉映：《海德格尔哲学概论》，生活·读书·新知三联书店 1995 年版，第 279 页。

为构成要素的四方各有其自身的意义，二是作为四方之纯一性的世界之意义。前者的意义显示为：

> 大地是效力承受者，开花结果者，它伸展于岩石和水流之间，涌现为植物和动物。
>
> 天空是日月运行，群星闪烁，四季轮转，是昼之光明和隐晦，是夜之暗沉和启明，是节气的温寒，是白云的飘忽和天穹的湛蓝深远。
>
> 诸神是有所暗示的神性（Gottheit）使者。从神性那神圣的支配作用中，神显现而入于其当前，或者自行隐匿而入于其掩蔽。
>
> 终有一死者乃是人。人之所以被叫作终有一死者，是因为人能够赴死。赴死意味着能够承受作为死亡的死亡。惟有人赴死，而且只要人在大地上，在天空下，在诸神面前持留，人就不断地赴死。[1]

后者的意义显示为：四方的纯一性构成为四重整体，终有一死的人通过栖居而在四重整体中存在。

游戏的方式，就人而言是意向着物的筑造、栖居；就物而言是召唤着人的物化、聚集。筑造，即古高地德语中的 buan，相当于现代德语中的"是"。因此，筑造就是人据以在大地上存在的方式。人在大地上存在，其意就是居住。所以说，"筑造源始地意味着栖居"[2]，"筑造本身就已经是一种栖居"[3]，而且是"真正的栖居"[4]。作为栖居的筑造进而展开为那种保养生长的筑造与建立建筑物的筑造。栖居，意味

---

[1] ［德］海德格尔：《演讲与论文集》，孙周兴译，生活·读书·新知三联书店 2005 年版，第 157 页。

[2] ［德］海德格尔：《演讲与论文集》，孙周兴译，生活·读书·新知三联书店 2005 年版，第 154 页。

[3] ［德］海德格尔：《演讲与论文集》，孙周兴译，生活·读书·新知三联书店 2005 年版，第 153 页。

[4] ［德］海德格尔：《演讲与论文集》，孙周兴译，生活·读书·新知三联书店 2005 年版，第 156 页。

着居住在某一居所里，但居所不是把人固定在那里的"固定场所"，而是给人提供了发展可能性的处所，是人的本质之处所，是人的存在之处所。以此看栖居，它的根本规定是人的自由存在，即海德格尔所谓的"诗意地栖居"，其基本特征是守护四重整体的本质。至此，我们就清楚了人意向着物的游戏方式——拯救大地（把某物释放到它本己的本质之中），接受天空（一任日月运行，群星游移，一任四季的幸与不幸），期待诸神（期待着诸神到达的暗示，期待着已经隐匿了的美妙），护送终有一死者（把终有一死者护送到死亡的本质中）。

所谓物化，即物是，物存在。事物不是抽象的概念，不是现成的单纯物质化和功能化了的"什么"，而是在其存在中不受干扰，在自身中憩息，保持是其所是的存在性。物之物化有两条路线，一是从物到世界，二是从世界到物。从物到世界的物化，就是物在是其所是的感性存在化的过程中，通过时空和意义的建构，聚集天、地、神、人于纯一性的世界。"物化之际，物居留统一的四方，即大地与天空，诸神与终有一死者，让它们居留于在它们从自身而来统一的四重整体的纯一性中。"① 从世界到物的物化，则是世界世界化，"惟当——也许是突兀地——世界作为世界而世界化（Welt als Welt weltet），圆环才闪烁生辉；而天、地、神、人的环化从这个圆环中脱颖而出（entringt）进入其纯一性的柔和之中"②。物因此从世界之映射游戏的环化中生成、发生。物化虽然有两条路线，其实说的是一回事情，即物与世界都是在天、地、神、人相互转让的环化中成其自身的，或者说物在世界中生成，世界在物中开显。至此，我们就清楚了物召唤着人的游戏方式，即四重整体的映射游戏——"四方中的每一方都以它自己的方式映射着其余三方的现身本质。同时，每一方又都以它自己的方式映射自身，进入它在四方的纯一性之内的本己之中。"③ 人为物之为

① ［德］海德格尔：《演讲与论文集》，孙周兴译，生活·读书·新知三联书店 2005 年版，第 186 页。

② ［德］海德格尔：《演讲与论文集》，孙周兴译，生活·读书·新知三联书店 2005 年版，第 191 页。

③ ［德］海德格尔：《演讲与论文集》，孙周兴译，生活·读书·新知三联书店 2005 年版，第 187 页。

物所召唤，并在四方的相互映射游戏中进入世界这个存在的自由域，完成人在大地上、天空下从生到死、追求神性意义的生命旅程。

三　心意诸能力的自由协调

杜夫海纳接受了康德心意诸能力自由协调的思想，认为美对于人来说并不是产生刺激，而是产生启示，"它调动整个心灵，使它自由自在"①。但他没有对审美活动中的心灵（心意诸能力）及其自由（如何协调）作出明确表述。因此，我们首先需要回到康德，然后运用现象学的观点对其局限性加以分析批判，在此基础上，建构审美知觉现象学的心灵自由理论。

康德关于审美判断所关涉因素及其自由协调的过程可用下列图式表示：

$$感性表象（主观形式的合目的性）\longleftrightarrow 主体（无目的）\left\{\begin{array}{c}想象力\\ \uparrow\downarrow \\ 知性\cdot理性\end{array}\right\}\rightarrow 愉快的情感$$

在这个图表中，首先是对主体与对象关系的规定，即无目的的合目的性；其次是对主体心意诸能力的确定，即想象力与知性或理性；再次是想象力与知性（或理性）自由游戏所达致的状态，即具有普遍可传达性的愉快情感。

1. 无目的的合目的性

在鉴赏判断中，主体是没有任何功利和目的的。所谓功利，表现为主体的欲求能力与一个对象的实存的表象之间的利害关系，由此产生的愉悦或是快适或是善。"前者带有以病理学上的东西（通过刺激，stimulos）为条件的愉悦，后者带有纯粹实践性的愉悦，这不只是通过对象的表象，而且是同时通过主体和对象的实存之间被设想的联结来确定的。"② 但规定鉴赏判断的愉悦，在主体的情感能力与感性对象之间却是不带任何利害的，因为"它对于一个对象的存有是不关心的，

---

① ［法］杜夫海纳：《美学与哲学》，孙非译，中国社会科学出版社1985年版，第4页。
② ［德］康德：《判断力批判》，邓晓芒译，人民出版社2002年版，第44页。

而只是把对象的性状和愉快及不愉快的情感相对照"①。而且，它也不是建立在概念之上或以概念为目的的，因为鉴赏判断不是认识判断，既不是理论上的认识判断也不是实践上的认识判断。"在所有这三种愉悦方式中惟有对美的鉴赏的愉悦才是一种无利害的和自由的愉悦；因为没有任何利害、既没有感官的利害也没有理性的利害来对赞许加以强迫。所以我们对于愉悦也许可以说：它在上述三种情况下分别与爱好、惠爱、敬重相关联。而惠爱则是唯一自由的愉悦。"② 从现象学的观点看，康德在此论述并加以比较的三种不同特性的愉悦，一方面，显现为三种不同的意向性关系，即作为感官欲求能力、意志欲求能力、情感能力与其相关项即快适（的对象）、善（的对象）、美（的对象）的关系；另一方面，构成鉴赏判断的情感能力是建立在对欲求能力（感官欲求和意志欲求）、认知能力的悬置或排除之上的。所谓反思判断力之"反思"，不仅仅是由客体回到了主体，而且也是由主体的认知、欲求回到了情感。

与主体的超功利和无目的相关的则是感性对象的主观形式的合目的性。所谓目的，指的是使一个客体成为现实的根据或原因，而这个原因或根据就是主体关于该客体的概念；而一个概念的因果性就它的对象来看就是合目的性。主体的无目的表明，在排除了概念认知和利害欲求之后，与感性表象相联结的是主体的情感。"而这样一来，对象就只是由于它的表象直接与愉快的情感相结合而被称为合目的的；而这表象本身就是合目的性的审美表象。"③ 问题的关键在于如何理解无目的而又合目的这样一种特别的主客关系。首先，这种合目的性是主观的而不是客观的，"因为通过它们我对该表象的对象什么也没有认识到，尽管它们很可以是任何一个认识的结果。于是一物的合目的性只要它在知觉中被表现出来，它也不是客体本身的任何性状（因为一个这样的性状是不可能被知觉到的），虽然它能够从一个物的知识中推断出来。所以，先行于一个客体知识的、甚至并不要把该客体的

---

① ［德］康德：《判断力批判》，邓晓芒译，人民出版社 2002 年版，第 44 页。
② ［德］康德：《判断力批判》，邓晓芒译，人民出版社 2002 年版，第 45 页。
③ ［德］康德：《判断力批判》，邓晓芒译，人民出版社 2002 年版，第 25 页。

表象运用于某种认识而仍然与这表象直接地结合着的这种合目的性，就是这表象的主观的东西"①。这种主观的东西，就是与这表象结合着的愉快或不愉快。其次，这种合目的性是形式的而不是质料的。"它的对象的形式（不是它的作为感觉的表象的质料）在关于这个形式的单纯反思里（无意于一个要从对象中获得的概念）就被评判为对这样一个客体的表象的愉快的根据。"② 如果是质料的合目的性，那么它就与愉快的情感无关，而是与判定这些物的知性有关，而这表象就是自然的合目的性的逻辑表象。"之所以是'形式的'，是因为在客观内容上并不能够真的发现这种目的，而只是在主观形式上我们按照一个自己的原则可以把对象看作是趋向于某个目的的。"③ 在此，形式是感性形式，它处在主体与客体之间，如杜夫海纳所说它是感觉者和感觉物相互呈现的共同形式。最后，合目的性之"合"不是两个外在事物的符合，而是主体与对象形式的协调。"一物与诸物的那种只有按照目的才有可能的性状的协和一致，就叫作该物的形式的合目的性。"④ 只是由于主体与客体形式的协调一致，才唤起了愉快的情感；或者反过来说，能够构成主体没有概念而普遍可传达的那种愉悦，没有任何别的东西，"而只有对象表象的不带任何目的（不管是主观目的还是客观目的）的主观合目的性，因而只有在对象借以被给予我们的那个表象中的合目的性的单纯形式，如果我们意识到这种形式的话。"⑤ "我们意识到这种形式"是从主体方面对协调的规定，而"对象借以被给予我们的那个表象中的合目的性的单纯形式"则是从客体方面对协调的规定。

2. 心意诸能力及其结构

在鉴赏判断中，心意能力包含知觉、情感、想象、理解（知性和理性）。康德在论快适时曾区分过"感觉"的双重含义：客观的感觉

---

① ［德］康德：《判断力批判》，邓晓芒译，人民出版社 2002 年版，第 24—25 页。
② ［德］康德：《判断力批判》，邓晓芒译，人民出版社 2002 年版，第 25 页。
③ 邓晓芒：《康德〈判断力批判〉释义》，生活·读书·新知三联书店 2008 年版，第 121 页。
④ ［德］康德：《判断力批判》，邓晓芒译，人民出版社 2002 年版，第 15 页。
⑤ ［德］康德：《判断力批判》，邓晓芒译，人民出版社 2002 年版，第 56—57 页。

和主观的感觉。客观的感觉，指把一件事物的（通过感官，即通过某种属于认识能力的接受性而来的）表象称为感觉时所指称的东西，因为该表象是与客体相关的，所以，"我们……把感觉这个词理解为一个客观的感官表象"①。主观的感觉，指愉快和不愉快的情感，因为它只与主体相关。"我打算把那种任何时候都必须只停留在主观中并绝不可能构成任何对象表象的东西用通常惯用的情感这个名称来称呼。"② 他举例说，"草地的绿色属于客观的感觉，即对一个感官对象的知觉；但对这绿色的快意却属于主观的感觉，它并没有使任何对象被表象出来：亦即是属于情感的，凭借这种情感，对象是作为愉悦的客体（这愉悦不是该对象的知识）而被观赏的"③。借助于这种区分，他把客观的感觉规定为对一个感官对象的知觉，而把主观的感觉规定为情感。在他看来，感觉在鉴赏判断中的作用在于，一是表示在人与对象审美关系中主观方面的统一性，二是作为两种能力（想象力和知性）调谐活动的推动力。就协调活动本身而言，康德主要是指想象力与知性之间的协调一致：

> 想象力（作为先天直观的能力）通过一个给予的表象而无意中被置于与知性（作为概念的能力）相一致之中。④

> 所以内心状态在这一表象中必定是诸表象力在一个给予的表象上朝向一般认识而自由游戏的情感状态。现在，隶属于一个使对象借以被给出并一般地由此形成知识的表象的，有想象力，为的是把直观的杂多综合起来，以及知性，为的是把结合诸表象的概念统一起来。⑤

---

① ［德］康德：《判断力批判》，邓晓芒译，人民出版社 2002 年版，第 41 页。
② ［德］康德：《判断力批判》，邓晓芒译，人民出版社 2002 年版，第 41 页。
③ ［德］康德：《判断力批判》，邓晓芒译，人民出版社 2002 年版，第 41 页。
④ ［德］康德：《判断力批判》，邓晓芒译，人民出版社 2002 年版，第 25 页。
⑤ ［德］康德：《判断力批判》，邓晓芒译，人民出版社 2002 年版，第 52 页。

其中，想象力的作用在于把直观的杂多综合起来，知性的作用在于把结合诸表象的概念统一起来。在此，并未涉及知觉，而愉悦的情感则是由想象力和知性协调一致所唤起的一种心意状态。在崇高判断中，想象力与理性的协调活动则是由两者之间的冲突和不相适合而显示出来的："因为正如想象力和知性在美的评判中凭借它们的一致性那样，想象力和理性在这里通过它们的冲突也产生出了内心诸能力的主观合目的性：这就是对于我们拥有纯粹的、独立的理性、或者说一种大小估量能力的情感，这种能力的优越性只有通过那种在表现（感性对象的）大小时本身不受限制的能力的不充分性，才能被直观到。"① 在此，不相适合就是协和一致的，不相适合就是合目的性的，不愉快就是愉快的。

康德注意到了鉴赏判断中的知觉、情感、想象、知性、理性等心意诸能力，但他突出地强调了想象力与知性或理性的协调，以及这种协调活动所产生的具有普遍可传达性的愉快或不愉快的情感；而相对弱化甚至忽略了知觉（客观的感觉）和情感（主观的感觉）这种主体的感性能力，这是他理性主义美学观的体现。此外，在想象力与知性的协调中，他强调两者比例的适合。他说想象力和知性就是"那些以某种比例结合起来构成天才的内心力量"，而且这是一种"没有任何科学能够教会也没有任何勤奋能够学到的那种幸运的比例，即为一个给予的概念找到各种理念，另一方面又对这些理念加以表达，通过这种表达，那由此引起的内心主观情绪，作为一个概念的伴随物，就可以传达给别人"②。这些论述表明，康德注意到了"表象力相互之间在它们被一个表象规定时的关系"③，但他没有去进一步探究心意诸能力在现象学还原中所形成的纯粹感性结构。恰恰是这种整体性结构才是审美意识自由运作的质的规定性，只是在质的规定性的前提下，比例才仅仅具有一定量的意义。

3. 心意诸能力的自由协调

纯粹感性结构是由理性意识（知性和理性）向感性意识（知觉、

---

① ［德］康德：《判断力批判》，邓晓芒译，人民出版社 2002 年版，第 97 页。
② ［德］康德：《判断力批判》，邓晓芒译，人民出版社 2002 年版，第 161—162 页。
③ ［德］康德：《判断力批判》，邓晓芒译，人民出版社 2002 年版，第 56 页。

想象）作超越性回返所形成的，这种超越性回返已经是理性能力与感性能力之间的一种自由协调的活动了。超越性回返的动力是情感，其所唤起的心意状态是愉快的情感。回返中的理性意识把自身的理性能力融入感性意识之中，并与感性意识共同转化为纯粹感性。因此，尽管它保留了理性能力，但却扬弃了对概念或理念的逻辑运用，这就是康德所谓的作为对客体的合目的性的审美判断，"它不是建立在任何有关对象的现成的概念之上，也不带来任何对象概念"①。同时，感性意识由于理性的融入，它超越自身成为一种含有精神并具有普遍性的感觉能力。现在，处在知觉与知性（或理性）之间的想象力，一方面与知觉自由协调，另一方面与知性或理性自由协调。想象力本身就是一种感性意识，当知觉呈现感性对象的形式时，想象力并不是跟随在知觉后面被动地再现知觉对象，并非像康德所断言的那样"被束缚在客体的确定形式上"，而是创造性地对对象形式进行多样性的组合、孕育、生发，通过意义的指引、时间与空间的开拓，促使对象形式向感性转化，最终如海德格尔所说的物物化世界。一个作为物的物之所以能够转化为一个世界，如果缺少了想象力的自由建构是根本不可能的。想象力与知性或理性的协调，首先表现为，想象力摆脱了在认识活动中知性的强制和伦理活动中理性的强制，而在审美的意图中，知性或理性为想象力服务，而不是想象力为知性或理性服务。其次表现为，想象充当了知性和理性向感性回返的桥梁和中介，是理性与感性得以融合的关键因素。如黑格尔所说："审美的判断既不单纯地出自知解力，即不出于概念的功能，又不单纯地出自感觉和感觉到的丰富多彩的东西，而是出自知解力与想象力的自由活动。就在这两种认识功能的这种协调一致里，对象就和主体以及主体的愉快和满足情感发生了关系。"② 最终表现为，审美观念与想象力里的表象的一致。审美观念是知性和理性回返感性的存在性显现，而想象力里的表象则是想象与知觉所提供的多样性的感性材料，两者在想象与知性或理性的自

---

① ［德］康德：《判断力批判》，邓晓芒译，人民出版社 2002 年版，第 25 页。
② ［德］黑格尔：《美学》第一卷，朱光潜译，商务印书馆 1979 年版，第 72 页。

由活动中达到存在性同一。康德说："我所了解的审美观念就是想象力里的那一表象，它生起许多思想而没有任何一特定的思想，即一个概念能和它相切合，因此没有言语能够完全企及它，把它表达出来。"①因为审美观念与感性表象的同一就是世界。

---

① ［德］康德：《判断力批判》上卷，宗白华译，商务印书馆1964年版，第160页。

第六章 "情感先验－存在"与自然

　　情感是审美的领域，这在康德的批判哲学中是被明确划定了的，但现象学对审美领域中的情感有自己特定的看法。现象学还原是一个感觉回归的过程。与纯粹感觉相应的情感，超越了原始感性中的情绪和欲望，成为纯粹感性中的自由情感。

　　审美知觉虽是具体的感性活动，但它之所以具有普遍性，在于它通向存在。在人与存在的关系上，海德格尔把人看作是一个显示者，而且人的本质就在于成为这样一个显示者。海德格尔认为作为显示者的人在本质上是一个思想者，在对巴门尼德的箴言——"必需去道说和思考存在者存在"——所作的阐释中，他论证了思想是与存在共属一体的，因而归属于存在本身。但这个"思"是从理性跳跃到感性的原初之思，在与身体相关联的意义上，他提出"思想是一种手－工"的命题。在原初之思中包含着情感，这种情感构成了思想的基本情调。

　　"情感先验"是杜夫海纳审美经验现象学中的存在论概念。为了回答"审美经验如何可能？"这个问题，杜夫海纳借鉴并改造了康德的"先验"概念，提出了"情感先验"。情感先验既是审美经验乃至审美对象之所以可能的条件，同时又是审美经验和审美对象的构成因素。作为存在的一种属性的先验，既先于主体又先于客体，并使主客体的亲缘关系成为可能，所以它同时是主体和客体的一种规定性。情感先验在对象身上体现为"情感特质"，在主体身上体现为情感能力，而对情感先验的存在性认知则为"情感范畴"。在海德格尔思想情调的基础上，杜夫海纳论证了情感对于存在的归属；借助于情感范畴的感性显现论证了情感与存在的同一——"情感先验－存在"。作为与纯粹感觉相应的情感，在审美经验中向我们揭示了存在的完满。

情感先验与存在本源同一的具体表现情状就是自然性。自然是意向活动的意向相关项。作为纯粹意识相关项的自然是客观的，作为身体意识相关项的自然是生存的，作为自由意识的相关项的自然是审美的意象。从自然的角度看，作为情感与存在的本源同一表现为：自然的召唤，诗人的应合，审美对象"存在"的自然性。审美对象"存在"的自然性是形式存在的自然性，审美对象的形式是感性形式，因此，自然的必然性最终体现为感性中的必然性，它不是被认识到的而是被感觉到的。正是在当下的感觉中，审美对象存在——它存在于感性之中，存在于形状、色彩或音响的王国之中。审美对象正是通过自身的这种感性形式的力量，在人与世界的结合点上，成为本体层次上的情感与存在的自然。审美对象本体层次上的情感与存在的自然，也就是人的本体层次上的情感与存在的自然。

第一节 思想－存在

一 什么叫思想

西方传统哲学把思想与人的理性相关联，人是理性的动物也就意味着人是思想的动物，在这里，思想或思维被描述为概念认知。海德格尔一方面承认这一点："人却被叫作能思想的东西——而且这个说法是有道理的。因为人是理性的动物。而理性，即 ratio，是在思想中展开自身的。作为理性的生物，只要人愿意，他是必定能思想的。"[①]但另一方面他又否认了这一点："可是，也许人意愿思想，其实却不能思想。说到底，在这种思想意愿中，人意求太多，因而所能太少。"[②] 在此，他区分了思想的可能性与现实性，就人具有思想的可能性而言，

---

① ［德］海德格尔：《什么叫思想》，孙周兴译，商务印书馆2017年版，第5页。
② ［德］海德格尔：《什么叫思想》，孙周兴译，商务印书馆2017年版，第5页。

人是能思想的；但就现实性而言，这种可能性尚未保证我们能够思想。这就涉及"什么叫思想"的问题。

由于"什么叫思想"这个问题的多义性，海德格尔提出了四种追问方式：

（1）"思想"一词意味着什么？

（2）关于思想的传统学说即逻辑学把思想理解为什么？

（3）要合乎本质地实行思想，我们需要什么条件？

（4）是什么叫我们去思想？

这四种追问方式并不是各自独立、相互疏异的，也不是从外部被排列在一起的，"它们出于某个统一体而共属一体，这个统一体是从四种追问方式中的一种方式出发结构起来的"[①]。其中第四个问题本身规定着四种提问方式在其中得以共属一体的结构，因此，它是决定性的、首要的，按等级来看是最高的方式，它构成"什么叫思想"追问的起点。

第四个问题"是什么叫我们去思想？"主要是对"叫""什么"以及"我们"的规定。"叫"有通常含义和原初含义之分，按通常含义（即眼下流行的含义），"叫"意味着命名或得到命名。命名某物，就是叫某物名字；或更原始地，命名就是用某个词语叫某物。按原初含义，"'叫'（Heiβen）乃是托付性的召唤，指引性的让到达。……'叫'指的是：召唤某物让它进入达和在场之中；在劝说之际向之招呼"[②]。总之，叫乃是召唤，作为召唤的呼声是一种到达，即便它没有被倾听和听到。叫是一种指示，它传召着和叫唤着，要求……过来，因而是指引性的。两种含义之间并非毫无联系和格格不入，"叫"的通常含义植根和依据于原初含义之中，"在任何情形下，一切命名和被命名之所以都是我们所熟悉的'叫'，只是因为命名本身本质上都基于真正的叫，基于'叫到来'，基于召唤，基于一种嘱咐和托付。"[③]"召唤"和"指示"，体现了召唤者和指示者在"叫"我们去思想时的

[①] ［德］海德格尔：《什么叫思想》，孙周兴译，商务印书馆 2017 年版，第 130 页。

[②] ［德］海德格尔：《什么叫思想》，孙周兴译，商务印书馆 2017 年版，第 135 页。

[③] ［德］海德格尔：《什么叫思想》，孙周兴译，商务印书馆 2017 年版，第 137 页。

主动性,但"托付性""指引性"等限制性词汇又排除了它单方面的强制性,"叫"所真正体现的是,"把思想作为我们的本质规定性托付给我们,并且因此首先把我们转让给思想,让我们归本于思想"①。也就是把我们唤入思想中,让我们到达和在场,并在此"居住"。

那召唤我们、指示我们去思想的东西是什么呢?海德格尔把它称为"最可思虑者"。最可思虑者,一方面叫我们去思想,要求我们去思想,并且把思想作为礼物赠予我们,因为它自发地于自身中把值得思想者的最大丰富性保存下来;另一方面它自身也"自为地需要思想",因为我们尚未思想。这个"尚未"表明,我们已经存在于与给予思想的关联之中,我们已经在通向思想的途中。最可思虑者,一方面给予我们思想,另一方面自为地需要思想。这种"给予"和"自为地需要"并非偶尔地发生,而是向来如此并永远如此地发生。这个被命名为最可思虑者的叫唤者就是存在者存在。

"我们"之所以能够思想,我们之所以能够听到最可思虑者的召唤,是因为思想是我们的本质规定性。所以在与最可思虑者的关系中,"我们不仅是要沉思指令由以向我们发出的那个东西,同样也是要坚决地沉思指令叫我们去做什么,也即思想"②。

从第四个问题出发我们已然活动于第一个问题中了,"思想"一词意味着什么?这个问题不是要我们说出"思想"这个动词指的是什么,更不是把"思想"看作一个探究的对象和课题,而是要我们投身于这个问题之中。在这个问题中,我们本身就是直接被招呼者。

因此,首要地要把"思想"置于叫唤者和被招呼者的本质关系领域中。对此,海德格尔明确地说:"'思想'一词意味着什么,这是由要求思想的指令来规定的。……这个指令把我们的本质带入自由之境,而且这是如此确定,以至于那个把我们召唤入思想之中的东西首先给予自由之境的自由,使得人的自由能够居留于其中。自由的原初本质隐藏于指令中,后者给予终有一死者,使之去思最可思虑的东西。"③

---

① [德] 海德格尔:《什么叫思想》,孙周兴译,商务印书馆 2017 年版,第 139 页。
② [德] 海德格尔:《什么叫思想》,孙周兴译,商务印书馆 2017 年版,第 145 页。
③ [德] 海德格尔:《什么叫思想》,孙周兴译,商务印书馆 2017 年版,第 152—153 页。

此处所说的"自由之境"就是叫唤者与被招呼者之间的本质关系领域，在这个关系域中，如果说最可思虑者的"叫"是一种指引性的"召唤"，那么被招呼者的"思想"就是一种对召唤的"倾听""等待"与"应合"。对此，海德格尔所用的词汇是"记忆""凝思""思念""谢恩"。"记忆"不是指回忆的能力，而是指心情和凝思，它把思想（思念）聚集到那个守持我们的东西上面。"持续不断地、聚集地保持在……那里，而且绝不只是持守于过去之物那儿，而是同样地持守于当前之物和可能到来的东西那儿。过去之物、当前之物和到来之物显现于向来特有的在－场（An-wesen）之统一性中。"① 作为如此这般被理解的记忆，思想也已经是一种"谢恩"。其实，思想本身作为叫唤者的赠礼同时也就是作为被招呼者的谢恩，假如我们听从指令而去实行思想的话。这正是海德格尔所说的意思："原始的谢恩乃是归因。唯在这种归因中，而且只是从这种归因而来，才出现那种谢恩，即我们认作在善与恶的意义上的酬劳和报答的谢恩。"② 我们不断地接受给予我们的赠礼，因此之故，我们也就不断地感谢这种馈赠。

其次要把"思想"理解为思想行为——即通过某种人类精神行为而发生出来的事体。由于语言本身的局限性，在它对"思想"的命名中，即便如海德格尔，也常常是把"思想"弄成了名词性的什么，例如"所思""想法""心思""思念"。在这种情况下，我们一定要把这个"什么"还原到"关系领域"和"思想行为"上来。在海德格尔看来，在"思想""所思""想法""思念""谢恩"等这些词语的本质联系中，某个东西诉诸语言了，利用"诉诸语言"这一点，他把思想规定为"道说"："思与诗本身就是原初的、本质性的、因而同时是最终的言说（Sprechen），是语言通过人说出来的最终的言说。"③ 他之所以把诗与思看作本质上切近的，并不是因为两者没有区分（他说：思想并非作诗），而是因为思想作为语言的一种原始的道说和言说接近于诗歌。就诗与思的关系而言，诗的本质就居于思想中，被聚集起

---

① ［德］海德格尔：《什么叫思想》，孙周兴译，商务印书馆2017年版，第160页。
② ［德］海德格尔：《什么叫思想》，孙周兴译，商务印书馆2017年版，第161页。
③ ［德］海德格尔：《什么叫思想》，孙周兴译，商务印书馆2017年版，第147页。

来的对有待思想的东西的思念构成了诗的源泉。

综括上述，我们是否可以把思想暂时描述为与"计算性思维"相对的"沉思之思"呢？从关系的角度看，沉思之思必须耐心等待指令发出的东西，就像农夫守候种子抽芽和成熟那样；思想是一种道说，但它是从一种应合而来说话的。从时空的角度看，"我们只需栖留于切近处而去慎思最切近的东西，即思索此时此地关系到我们每个个体的东西；所谓'此地'，就是在这块故乡的土地上，所谓'此时'，就是在当前的世界时刻"①。"此地"就是人的栖居之地、自由之境；"此时"就是思想行为实行的聚集过去和未来于当下的时间过程。

第二个问题：关于思想的传统学说即逻辑学把思想理解为什么？这与第一个问题紧密相关并由此而来。逻辑是关于逻各斯的科学，λόγος［逻各斯］的本义即是言说（Spruch）和道说（Sage）。但后来人们把它解释为理由、理性、法则、逻辑和思想的必然性等，这样，逻各斯（λόγος）就从言说转化为关于某物的言说（陈述）。"作为λόγος［逻各斯］之学说，逻辑把思想视为关于某物陈述些什么。在逻辑看来，思想的基本特征就是这种言说。为了使这种言说根本上成为可能的，被陈述出什么的东西即主词与被陈述者即谓词必须在言说中是协调一致的。"②关于某物作某种陈述，就是逻辑学所理解的思想。显然，如此理解的思想已成为一种理智（最广义的理性）活动，它所把握的是某物是什么（本质），而完全漏掉了某物存在之实情（实存）。由于人的理性取代了事物的存在性，人成为主体，主体与物的任何关系都将构成为一种表象活动，存在者成为表象之对象，世界成为图像。因此，海德格尔说以往思想的基本特征乃是觉知、表象。觉知包括接受、领受、先行－取得、讲解、传达，觉知的能力被叫作理性。"觉知乃是对希腊词语 νοεῖν［思想］的翻译，这个希腊词语意味着：发觉某个在场者，有所发觉之际预取之，并且把它当作在场者加以采纳。这种有所预取的发觉乃是一种表象（Vor-stellen），在简单、

---

①　孙周兴选编：《胡塞尔选集》（下），生活·读书·新知三联书店 1996 年版，第 1233—1234 页。

②　［德］海德格尔：《什么叫思想》，孙周兴译，商务印书馆 2017 年版，第 177 页。

广泛同时又本质性的意义上的一种表象，即：我们让在场者如其站立和放置那样站立和放置在我们面前。"① 在表象中觉知展开自身，而表象乃是再现。逻辑学把思想变成了表象、陈述、判断、推理等理性活动，完全偏离了思想本身。思想是一种道说、言说，但并不是在一个句子中固定起来的陈述。海德格尔由此得出结论说：我们还不能够思想。追问第二个问题的意图就在于，寻找这种不能够思想的原因。所以，正确的追问方式是，在决定性的第四种提问方式的意义上来追问这个问题："已经指引我们并且仍将指引我们进入陈述性的 λόγος（逻各斯）意义上的思想之中的那个指令是何种指令？"② 通过对这一历史性问题的追问，去发现思想的本质规定及其命运。

第三个问题：要合乎本质地实行思想，我们需要什么条件？这个问题最近于第四个问题，海德格尔认为对这个问题的解答是最难的。因为，第一，难以通过说明和命题来提供答案；第二，即便列举出合乎本质地思想所需要的条件，但决定性的东西——即我们必须亲自去发现"什么叫思想"这个问题只能以何种方式得到解答——始终还是不明确的。尽管如此，鉴于这个问题的重要性——它会影响到对其他三个问题的解答，完全有必要作出必要的说明。实际上海德格尔本人在他的论述中已经在不同程度上涉及了这些条件，更为重要的是，思想本身的规定性也显示了实行思想所需要的条件。通过说明和列举，我们虽不能合乎本质地实行思想，但它会让我们更接近这一点。

首先，清醒地意识到在其现实性上我们还不能够思想，我们尚未思想。因为表象、陈述、判断、推理等理智活动不是思想，建立在逻辑学基础之上的近代－现代科学尽管以其特殊方式与思想相干，但其自身也不思想。因为在理性活动和科学活动中，有待思想的东西从人那里扭身而去，它对人隐匿自身。其次，由于思想构成了我们的本质规定，人具有思想的可能性。如何把思想的可能性转变为思想的现实性，这需要我们学习思想。"学习意味着：使我们的所作所为与每每

① ［德］海德格尔：《演讲与论文集》，孙周兴译，生活·读书·新知三联书店 2005 年版，第 148 页。

② ［德］海德格尔：《什么叫思想》，孙周兴译，商务印书馆 2017 年版，第 189 页。

允诺给我们的本质性的东西相应合。"① 也就是通过关注那个使思想有所思虑的东西来学习思想。但学会思想是艰难的，这并不是因为思想错综复杂，而是因为它简单，甚至对于流行的通常表象思维来说是太简单了。再次，追随指令，踏上思想的道路，并保持对指令的可疑问性的追问。追随指令，即倾听并应合最可思虑者的召唤。踏上思想的道路，即通过运思的追问，让道路出现，或者说思想首先在追问进程中建造自己的道路，并保持在途中。思想的步伐与道路相并而行。保持追问，并不是简单地对"什么叫思想？"的追问，而是使问之所问即指令保持在其可疑问性之中。海德格尔提醒我们说："'什么叫思想'这个问题的目的不在于谋求一个答案，由此尽可能简单明了地完成这种追问。而毋宁说，在这个问题上重要的首先只是一件事，即：使这个问题变成值得追问的。"② 他进一步说："当我们从这种可疑问性而来追问时，我们就在思想。"③

二 思想与存在共属一体

在古希腊思想家巴门尼德那儿有这样一个箴言：χρή τό λέγειν τε νοεῖν τ' ἐόν ἔμμεναι. 这个箴言的意思是：必需去道说和思考存在者存在。海德格尔借这个箴言阐述了思想与存在共属一体的关系。海德格尔断言，这就是西方－欧洲思想所服从的那个指令，同时也是我们投身于思想所听到的指令。当把这个箴言作为思想的指令来理解时，必须注意到，不是巴门尼德提出了箴言中的要求，而是这一箴言向巴门尼德本身说话。"这一点，即 χρή τό λέγειν［必需去道说］以及别的，是我要叫你记在心头上的。"④ 这个"我"不是任何一个谁人，而是，而且无论如何都是一个叫唤者；"必需去道说"无论如何都是一个指令，"它指示给思想者三条道路：一条是思想先于一切地必须走的道路；一条是思想同时也必须关注的道路；一条是思

---

① ［德］海德格尔：《什么叫思想》，孙周兴译，商务印书馆 2017 年版，第 12 页。
② ［德］海德格尔：《什么叫思想》，孙周兴译，商务印书馆 2017 年版，第 183 页。
③ ［德］海德格尔：《什么叫思想》，孙周兴译，商务印书馆 2017 年版，第 194 页。
④ ［德］海德格尔：《什么叫思想》，孙周兴译，商务印书馆 2017 年版，第 201 页。

想不能通行的道路。这个指令把思想召唤到道路、无路与歧路这三路的交叉路口。"①

该如何去倾听、翻译和解释"必需去道说和思考存在者存在"这一箴言？就翻译来说，必须关注两点：第一点涉及箴言的内容，第二点涉及语言转换的方式。箴言内容的不言自明会使我们面临十分轻率地把"存在者存在"这样的句子打发掉的危险，因为，一方面在这个句子中我们没有发现有什么值得思的东西；另一方面关于"存在"所道说的东西，我们也不能再说什么了。实际上，如果回避了这个危险，我们将会发现这个句子其实是令人惊奇的。翻译中的语言转换将沿着"什么叫我们思想？"这个唯一问题的道路来尝试进行，按此，这个箴言说的是："必需的：既道说又思想：存在者：存在。"②

（一）词语解释

插入的冒号：它从外部指示着这个箴言的词语彼此排列起来的方式——并行式的。并行式的词序并不意味着这个箴言没有句法，或为原始的，"我们这样做也只是出于一种窘境。因为这个箴言是在没有任何词语的地方，在冒号所显明的词语之间的过渡领域里说话"③。这里所谓"窘境"是指，作为思想的语言所指向的思想本身具有同时性，而箴言则只能显示为一个词语序列，插入的冒号旨在消除这种词语序列而回归思想的同时性。

需用、需要：首先，本真的需用绝不只是由人类施加和实行的，甚至根本上不是终有一死的人的事情，甚或终有一死的人为需用之闪光所照耀，它本身来自别处。像下雨、刮风一样，需用是一个没有主语的句子。"需用"这个说法更多地接近于"有"（Es gibt）一类的用法。为了避免陷入一种任意专断性的猜测，海德格尔指出"需用"一词是在一种最高意义上被道说的。其次，本真的需用既不是一种单纯的利用，也不是一种急需，它是一种适应性的应合。它让所需用者进

---

① ［德］海德格尔：《什么叫思想》，孙周兴译，商务印书馆 2017 年版，第 202 页。
② ［德］海德格尔：《什么叫思想》，孙周兴译，商务印书馆 2017 年版，第 210 页。
③ ［德］海德格尔：《什么叫思想》，孙周兴译，商务印书馆 2017 年版，第 214 页。

入本质之中，并维持于本质之中；让某物保留在它所是和如何是中。
海德格尔把荷尔德林的诗句——"岩石需用锋芒，大地需用垄沟。"
中的"需用"阐释为"岩石与锋芒、大地与垄沟的本质归属性"①，以
此来解释箴言中的"需用"则是，需用者与被需用者之间在最高意义
上具有本质归属性。"如此这般有待思的需用不再是、也绝不是人类
行为和活动的事情。而反过来，倒是终有一死者的有为和无为都归属
于 χρή［需用、需要］的要求领域。需用把被需用者托付给它自己的
本质。在这种需用中隐藏着一种命令和托付，一种召唤。"②

　　既道说又思想：什么叫"道说"？道说并不意指语言器官活动意
义上的言说，道说本质上乃是一种置放。置放含义有二：一是呈放，
二是采集；合而言之就是：让一起在场者聚集于自身而呈放于眼前。
因为道说和言谈的本质是让一切被置放于无蔽状态中的在场者一起呈
放于眼前，置放由此获得了道说和言谈的含义。"置放，即 λέγειν
［言说、置放］，关涉到呈放的东西。置放就是让呈放。当我们关于某
物说些什么时，我们让它作为这样那样的东西呈放出来，同时也即让
它显现出来。使……达到先行显露和让……呈放，这就是希腊人所思
的 λέγειν［言说、置放］和 λόγος［逻各斯］的本质。"③ 语言之本质
根据呈放者与让呈放的关联而得以澄明。什么叫"思想"？νοείν［思
想、留心］意味着觉知。觉知不是对某物的单纯接受，它包含着实行
某事的特征，我们对被觉知者实行之，如何实行？我们留心之。留心
并没有改变如此这般被留心者，留心乃是：被留心者恰恰如其所是地
被保持在心里。把"需用""呈放"和"留心"关联起来的表述就是：
需用既让呈放又留心。在此，一方顺应于另一方，λέγειν［言说、置
放］即让呈放，同时自发地展开为 νοείν［思想、留心］；反之，νοείν
［思想、留心］则始终是一种 λέγειν［言说、置放］。让呈放与留心，
交替地相互接纳和相互进入，两者关系乃是一种相互朝向的接合。两
者基于其接合而完成了被命名为解蔽的东西，即"解蔽并且使无蔽者

① ［德］海德格尔：《什么叫思想》，孙周兴译，商务印书馆 2017 年版，第 223 页。
② ［德］海德格尔：《什么叫思想》，孙周兴译，商务印书馆 2017 年版，第 225 页。
③ ［德］海德格尔：《什么叫思想》，孙周兴译，商务印书馆 2017 年版，第 233 页。

保持解蔽"①。如果在两者的接合中寻求思想的本质特征，我们就会发现：νοεἶν［思想、留心］是由λέγειν［言说、置放］来规定的，"一方面，νοεἶν［思想、留心］从λέγειν［言说、置放］而来展开自身，取得（Nehmen）不是掌握，而是一种让呈现者到来。另一方面，νοεἶν［思想、留心］被扣留于λέγειν［言说、置放］中，把事物放在心上的留心属于聚集，即把呈放者之为呈放者庇护入其中的聚集"②。

存在者：如上所说，让呈放和留心，两者交互地共属于一种接合。但这种接合需要它所顺应的那个东西的规定，这个东西就是λέγειν［言说、置放］和νοεἶν［思想、留心］所关涉的——"存在者"。存在者指的是"存在着"的事物，这些事物不仅仅存在着，而且具有某种规定性，即具有某种特定的内容与形式。诸如山脉、大海、森林、马匹、轮船、天空、神、比赛、集会等，都提示着"存在者"的意思。

存在者存在：这个箴言的最后的词语是：存在者：存在。这两个词语意味着：（1）存在者与存在的二重性。存在者有两种含义：一是作为名词指存在着的东西，二是作为动词指这个东西存在。例如，"盛开者"指的是某个盛开着的东西与盛开，"流动者"指的是某个流动的东西与流动。存在着的东西与存在（或存在者存在着：存在着存在者）这两种含义相互指引，构成了隐藏在"存在者"之中的二重性。"依照这种二重性，一个存在者在存在中本质性地现身，而存在作为一个存在者之存在而本质性地现身。"③柏拉图的个别存在者对其理念的分有思想，已经从根本上预设了存在者与存在的二重性。如果我们说"存在"，那么它指的是："存在者之存在。"如果我们说"存在者"，那么它指的是：鉴于存在的存在者。我们总是处于这种二重性说话。这说明，存在者和存在这两个词语所命名的东西是共属一体的。（2）在场者之在场。存在者一词命名的是在场者，而存在意味着：在场。在场和在场状态意味着：当前。当前指的是：迎面逗留。在场者之在场的基本特征是：无蔽状态、从无蔽状态中涌现、进入无

① ［德］海德格尔：《什么叫思想》，孙周兴译，商务印书馆2017年版，第245页。
② ［德］海德格尔：《什么叫思想》，孙周兴译，商务印书馆2017年版，第247页。
③ ［德］海德格尔：《什么叫思想》，孙周兴译，商务印书馆2017年版，第259页。

蔽状态。（3）对让呈放和留心相接合的顺应。存在者存在乃是与 λέγειν［言说、置放］和 νοείν［思想、留心］之接合相适应的那个东西，它指引着构成思想之基本特征的东西——λέγειν［言说、置放］和 νοείν［思想、留心］——使之进入自己的本质之中。它所命名的就是"是什么叫我们思想"的那个叫唤者。在存在者存在中隐藏着叫唤入西方思想之中的指令。

（二）箴言综合

在对箴言中的每一个词语作了一番暂时解释之后，现在，我们需要回到箴言整体："需用既让呈放又留心：存在者存在。"

1. 问题

这个箴言显示"言说、置放"和"思想、留心"本身与"存在者：存在"相关联，由此提出的问题是：

（1）如果说后者是前者关联的对象，那么这个"存在者存在"是"言说、置放"和"思想、留心"的客体吗？抑或更可能是把一切"言说、置放"和"思想、留心"引向自身、关联于自身的主体？

（2）让呈现和留心为什么以及以何种方式会与"存在者存在"相关联呢？谁或者什么需用"言说、置放"和"思想、留心"与"存在者存在"这样一种关联？"存在者存在"需用让呈现和留心吗？

（3）若没有关注存在者的人存在，存在者竟能存在吗？叫我们进入思想的指令是来自存在者，还是来自存在，抑或是来自两者，抑或并不来自两者中的任何一方？

2. 关系

（1）存在者与存在的二重性必须首先以自己的方式公然呈放，必须已经得到留心和保存，方能在存在者对存在分有的意义上得到表象和探讨。

（2）这个箴言对我们发出了何种指令让呈放和留心存在者存在着？

（3）"存在者存在"乃是"既让呈放又留心、既言说又思想"必须针对的东西，由此方能从两者的接合中发展出后来决定性的思想之本质。这就是说："存在者存在"自为地——鉴于自身——要求"既让呈放又留心、既言说又思想"。唯当让呈放和留心顺应于"存在者存在",并且总是依赖于"存在者存在",总是被指引入其中,它们的结合才能满足从"存在者存在"而被要求的思想之本质。

(4)"存在者存在"即在场者之在场,乃是这样一个东西,"需用"通过这个东西才说话。"存在者存在"隐蔽地命名了作为"需用"中的"它"。因此,"存在者存在"命名了那个把思想叫唤入其本质之中、进入"言说、置放"和"思想、留心"的接合之中的东西。

(5)"存在者"一词说的是:在场者之在场。在思想关注它并且以一个专门的名词命名它之前,它所道说的东西已经在语言中说话了。思想之道说只是特别地把这种未被言说的东西带向词语。它由此带来的东西并不是被发明的,而倒是被寻找到的,而且是在已经达乎语言的在场者之在场中被寻找到的。

3. 思想与存在共属一体

所谓思想,只有当它指向存在,并且被指引入其中时,它才是一种思想。思想是与存在共属一体的,因而归属于存在本身。巴门尼德说:"思想和存在是同一的。"但应该如何理解这个"同一"?康德把"同一"解释为"同时":"一般经验可能性的诸条件同时就是经验对象之可能性的诸条件。"① 黑格尔把"同一"解释为"存在就是思想"。而在海德格尔看来,思想与存在不是相同者,作为在场者之在场与留心,它们恰恰是不同的东西。"作为这种不同的东西,思想与存在恰恰是共属一体的。但两者在哪里以及如何是共属一体的呢?使两者共属的要素是什么呢?"② 海德格尔的回答是:"νοεῖν [思想、留心] 的本质在于,始终被指引入在场者之在场中。所以,ἐόν [存在者],即在场者之在场,把 νοεῖν [思想、留心] 保存于自身,而且是把它当作归属于自己的东西。从 ἐόν [存在者] 即在场者之在场中说话的是两者的二重性。从这种二重性中说话的是那种指令,后者把我们叫唤入思想之本质中,让思想进入自己的本质之中,并且把它保存

---

① [德] 康德:《纯粹理性批判》,邓晓芒译,人民出版社 2004 年版,第 151 页。

② [德] 海德格尔:《什么叫思想》,孙周兴译,商务印书馆 2017 年版,第 283 页。

在自身那里。"① 这就是说，在思想与存在的关系中，不是思想去主动把握存在，而是存在者之存在把思想指引入在场者之在场中，让思想进入自己的本质之中，并把思想保存在存在自身那里。

三　思想中的情感

1. 跳跃：从理性到感性

自柏拉图把"存在者存在"分离为个别存在者与理念的分有关系，自亚里士多德把"存在者是什么？"确立为思想的永恒主题，西方－欧洲思想从存在者出发走向存在。在对"言说、置放"和"思想、留心"的接合中，思想把自己作为对存在者存在的道说变成了一种理性的表象活动，这样，对它而言，在场者之在场被十分轻率地忽略了，从此以后，思想的本质是由逻辑来规定的。"逻辑"在这里意味着绝对主观性的存在－学，西方逻辑也因此变成逻辑斯谛。西方－欧洲近代以来的形而上学和科学，分别代表了对人而言的逻辑理性和科学理性，这两者都不思。从形而上学和科学如何回到思想？海德格尔说，在思想和科学之间（其实质是在思想与理性之间）没有桥梁，只有跳跃。"唯有跳跃才能把我们带入思想的地方之中。……跳跃突兀地把我们带向那个处所，那里万物皆异而令我们诧异。突兀、突如其来，就是突然从天而降或者拔地而起。它规定着鸿沟之边缘。尽管我们在这样一种跳跃中没有跌倒，但我们在跳跃中达到的东西却使我们震－惊。"② 这里所谓"跳跃"是什么意思呢？海德格尔曾举例对其作了说明：

> 我们站在一棵鲜花盛开的树面前——而树也站在我们面前。树把自己置于我们面前。树站在那儿，我们面对着树，由此，树和我们相互置于对方面前。进入这种相互关系之中——被置于对方面前，树和我们才存在。③

① ［德］海德格尔：《什么叫思想》，孙周兴译，商务印书馆2017年版，第284—285页。
② ［德］海德格尔：《什么叫思想》，孙周兴译，商务印书馆2017年版，第19—20页。
③ ［德］海德格尔：《什么叫思想》，孙周兴译，商务印书馆2017年版，第50页。

在树和我们相互置于对方面前之际，我们已经跳跃了。在跳跃之前，我们处在科学和哲学领域。在跳跃之后，我们跃入了思想的地方——一块牢固的土地——我们真正的立身之地。因此，去掉这些比喻式的说法，所谓跳跃，就是从理性回到了感性，从表象（计算性思维）回到了思想（沉思之思）。正是凭借着这种跳跃，这棵鲜花盛开的树不是站立在意识中，而是站立在我们所在的大地上。树让我们不是带着我们的头脑或意识而是带着我们的身体置于它的面前，而我们则让这棵树有一次机会站立在它站立之处。

在《同一与差异》中，海德格尔把对表象性思想态度的自行脱离表述为跳越（Sprung）意义上的跳跃（Satz）："它跳离，也就是说从把人作为理性动物的流行观念中跳出来；理性动物在现代变成了对于其客体而言的主体。……跳往何处？跳到我们已经被允许进入的地方，即：跳到对存在的归属之中。"① 《哲学论稿》把"跳跃"作为从第一开端向另一开端过渡的六个关节（接缝）之一，海德格尔把它定义为"原初思想的行为"，它摒弃一切流俗之物，从最肆无忌惮的假象中显现出来，"一跃而入作为本有的存有之全幅本现中"②。在这种冒险的"跳跃"中，人凭借"此－在"敞开自身，达到"自身－存在"。

2. 思想与身体

从理性跳跃到感性，原初思想必定与身体相关，但由于海德格尔在他的主要著作中缺乏关于身体的研究，所以我们看不到原初思想与身体的相关论述，尽管他也像传统一样，把感性称为肉身和形体，把理性称为超感性或非感性。但这并不意味着海德格尔所谓的"思想"没有身体的维度，在论及"学习思想"之"学习"的含义——"使我们的有为和无为去应合那个总是向我们劝说的本质性的东西"——时，他举了一个细木工学徒的例子。木工学徒，不仅仅是练习使用工具的机能和熟悉要制作的用具的样式，更为重要的是去应合各种不同的木头以及在其中蛰伏的形象，去应合木头如何以其本质的隐蔽丰富

① ［德］海德格尔：《同一与差异》，孙周兴、陈小文、余明峰译，商务印书馆2011年版，第37页。

② ［德］海德格尔：《哲学论稿》，孙周兴译，商务印书馆2012年版，第237页。

性突现于人类的居住中。他断定，这种与木头的关联支撑着整个手艺。如果没有这种关联，这门手艺就会停留在空洞的瞎忙碌中。他的这种应合所思之物的观点与庄子"梓庆削木为鐻"寓言故事中"以天合天"的思想是相通的。

> 梓庆销木为鐻，鐻成，见者惊犹鬼神。鲁侯见而问焉，曰："子何术以为焉？"对曰："臣工人，何术之有！虽然，有一焉。臣将为鐻，未尝敢以耗气也，必斋以静心。斋三日，而不敢怀庆赏爵禄；斋五日，不敢怀非誉巧拙；斋七日，辄然忘吾有四肢形体也。当是时也，无公朝；其巧专而外骨消；然后入山林，观天性；形躯至矣，然后成见鐻，然后加手焉；不然则已。则以天合天，器之所以疑神者，其由是与！"①

这个寓言故事重点在讲"以天合天"如何可能上，即排除功利，虚以待物，如此才能达到创作中的精神自由；海德格尔的"应合"思想侧重于思想对存在者存在的倾听与顺应上。

由这个例子，海德格尔提出了一个有关思想和身体的命题："思想是一种手－工"②。什么是手？在这里，才真正体现出了现象学的身体观：手不是身体的器官之一，手根本不同于动物的抓握器官，只有会思想的动物才有手，并且在操作中完成手的作业。手的作业非常丰富：握和抓，压和推，伸展和触及，携带，画画，标记，以及两手合一，如此等等，不可胜数。手是所有这一切，这一切都是真正的手－工。因为手与语言相贯通，所以手的作业基于思想："在手的每一个作业中，任何手的运动都是由思想的要素来承担的，都是在思想的要素中表现出来的。所有手的作业都基于思想。因此，如果思想要适时地特别地得到完成，那么，思想本身就是人的最简单因而也是最艰难的手－工。"③"思想是一种手－工"这一命题充分表明，精神与身体

---

① 《庄子·达生》。
② ［德］海德格尔：《什么叫思想》，孙周兴译，商务印书馆2017年版，第23页。
③ ［德］海德格尔：《什么叫思想》，孙周兴译，商务印书馆2017年版，第24页。

不是两个并置的实体，而是交融在一起形成的一个新的"结构"，心灵与身体构成了作为一个整体的"身体本身"。

3. 思想中的情感

由理性回到作为身体的感性，不只是回到了作为感性认识的知觉，而是回到了作为情感的感觉，所以，在原初思想中包含着情感。海德格尔所谓"记忆""凝思""思念""心思""谢恩"等与思想相关联的词汇，都包含着一种"心情"。"心思"意味着：心情、心灵、心底；"记忆"指心情和凝思；"谢恩"就是心情想念它所拥有和它所是的东西，就是对赠礼的感恩之情。在海德格尔看来，用现代的说法，心情也已经涉及了人类意识的情感方面，但他更愿意把它表述为"整个人类本质的本质现身"[①]。本质现身，不仅仅是"什么存在"与"如何存在"的结合，而且更根本的是这两者的更原始的统一体。

在《存在与时间》中，海德格尔把情绪看作此在之此的生存结构。此在存在着，但它是以情绪的源始方式存在着。海德格尔把此在去是它的此的情绪状况称为"现身情态"："我们在存在论上用现身情态这个名称所指的东西，在存在者层次上乃是最熟知和最日常的东西：情绪；有情绪。"[②] 这里所谓"情绪"是指作为一种基本生存论现象的情绪，而不是作为心理现象的情绪。情绪作为此在的源始存在方式先于一切认识和意志，且超出二者的展开程度而对它自己展开了。现身情态具有如下的存在论性质：第一，此在被抛状况的开展。此在存在着，但这个存在着是"它在且不得不在"，这个"它存在着"是这一存在者被抛入它的此的被抛境况。"被抛"就是说这个此不是此在所能决定的，它被交付给了这个"此"，存在成为此在不得不承受的负担。因此此在带着情绪现身于它的被抛境况中：或者是直面它的存在，或者是回避它的存在。第二，整个"在世界之中"的当下开展。存在论情绪要比通过内省发现的摆在那里的现成的"体验"或"灵魂状态"更为源始，所以，它在此在无所反省地委身任情于它所操劳的世

---

① ［德］海德格尔：《什么叫思想》，孙周兴译，商务印书馆 2017 年版，第 169 页。

② ［德］海德格尔：《存在与时间》，陈嘉映、王庆节译，生活·读书·新知三联书店 1999 年版，第 156 页。

界之际袭击此在。情绪既不是从外也不是从内到来的，而是作为在世的方式从这个在世本身中升起来的。而在世是一整体结构。世界是此在在其中的先行开展了的意蕴整体，所以"情绪一向把在世作为整体展开"，其中要素如世界、共同此在（他人）和生存（在其中）同样原始地以情绪的方式展开。这就是情绪展开的整体性。第三，世内存在者的牵连性。此在在世存在必然与世内存在者打交道，与事物发生牵连。这种在世界之中与事物相遇的"可发生牵连的状态"奠基在情绪之中。"是现身情态把世界向着可怕等等展开了。只有现身在惧怕之中或无所惧怕之中的东西，才能把周围世界上手的东西作为可怕的东西揭示出来。现身的有情绪从存在论上组建着此在的世界的敞开状态。"① 在上述性质中，情绪在被抛状况中的展开具有核心的地位和作用，由此弥漫于世界、他人、他物以及此在的具体生存中，其基本现身情态就是"畏"。

经过了思想的转向，在《哲学论稿》中，人作为生存的"此在"转变为人凭借跳跃而进入的"此－在"。其基本情调是：惊恐、抑制、畏惧、预感、猜－度。所谓情调，是对此－在思想的雕刻和调谐，因此，它是思想的基本情调或风格。这当然是从此－在与存有的关系而立论的，所以说，"情调乃是作为本有的存有在此－在中的颤动的消散"②。消散不是消失和熄灭，而是在"此"之澄明意义上的保存。惊恐，是人由表象活动回行到思想直面存在者存在时所产生的情绪。抑制，是此在向本有之转向的克制着的先行跳跃，是作为赠予的拒予（遮蔽者本身）的期备状态的先行情调。它调谐着作为从第一开端向另一开端过渡的六个关节（接缝）之一的建基，建基的基本意思是在存在（存有）之真理与人之存在（此－在）之间的关联中，让存有之真理得以本现和建立。因此，抑制构成了建基的基本情调，并规定着另一开端中的开端性思想的风格。畏惧，不是胆怯而是接近于最遥远者本身并保持这种切近的方式，通过这种切近这个最遥远者变成了最

---

① ［德］海德格尔：《存在与时间》，陈嘉映、王庆节译，生活·读书·新知三联书店1999年版，第160页。

② ［德］海德格尔：《哲学论稿》，孙周兴译，商务印书馆2012年版，第24页。

切近者。预感，是对整个时间性——"此"之时间－游戏－空间——的测量和衡量，它揭示了被指派的和被拒绝的东西的遮蔽的广度。因此它也是遮蔽者本身（即拒予）的解蔽的庇护。这些基本情调尽管是多名称的，但是多名称性并不否认这种基本情调的单义性。因而，任何一种情调也都会折射并蕴含着其他情调，由此构成思想的基本风格。与第一开端的基本情调——惊奇——相比，另一开端在面对存在的遗忘时，在"惊奇"中渗透了克制、抑制、期备、庇护、虚怀敞开与泰然任之的情感基调，从而表现为带有惊恐、抑制、畏惧、预感、猜－度等复合性因素的思想风格。

由于西方哲学理性传统的深刻影响，海德格尔在对原初思想的追溯中，尽管已经到达了比思想更原初的情感（在《存在与时间》中），但它在表述中还是把情感依附于思想，把它看作是思想中的心情，把它命名为思想情调和思想风格。

第二节　情感先验－存在

一　情感及其地位

在本书第三章"审美知觉"部分，我们曾指出，知、情、意作为人的三种心理能力之间并不是并列关系，而是纵向的层次结构关系。"情"处于底层，"意"在中层，"知"处于上层。这意味着"情"比"意"和"知"更为原初，从而也更为根本。

胡塞尔把称谓的和陈述的意识行为划作客体化行为，而把情感、评价、意愿等价值论、实践论的行为划作非客体化行为。非客体化行为是原意识，而客体化行为则是后反思，原意识与后反思之间的关系在于，原意识是一种原初的意识并且构成后反思的基本前提，这就是说，原意识为反思意识奠基。但基于认识论的立场，胡塞尔主张非客体化行为奠基于客体化行为之中。由此他也就把情感现象排除在它的纯粹意识现象学之外。

舍勒针对胡塞尔现象学偏于认知的倾向，建立了情感现象学。他明确指出："与认知和意愿相比较，性情更堪称作为精神生物的人的核心。它是一种在隐秘中滋润的泉源，孕育人身上涌现出来的一切的精神形态。尤有进者，性情规定着这个人最基本的决定要素：在空间，他的道德处境；在时间，他的命运，即可能而且只能发生在他身上的一切东西的缩影。"①"'对某物'感兴趣和'对某某'的爱才是为一切其他行动奠基的最基本、最为首要的行动，我们的精神在这类行动中才能把握某种'可能的'对象。它们同时为针对同一对象的判断、感受、观念、回忆和意义意向构成了基础。"② 舍勒所说的情感，泛指人的一切感官的、机体的、心理的以及精神的感受，这四种感受之间存在着深度层次的差别，越往后深度层次越高，越能体现人之为人的本质，其中"爱"在人的存在中起着根本性的奠基作用。在舍勒看来，爱是一种原－行为，它倾向于将每个事物引入价值完美的方向，并完成它。"在人是思之在者或意愿之在者之前，他就已经是爱之在者。"③

海德格尔在《存在与时间》中，把情绪看作先于一切认识和意志的此在的源始存在方式，它表现为此在之"此"的生存论建构的"现身情态"（详见本章第一节），只是在后来他又向后退了半步，让情感依附于思想，将其规定为思想情调。

萨特一方面接受海德格尔《存在与时间》中的观点，把情感看作不是我们头脑的内在状态，而是我们在这个世界上的生存方式；另一方面运用胡塞尔"意识都是对某物的意识"的现象学方法，对情绪的本体地位和先验本质进行证明。他指出："情绪意识首先是非反省的，就这一意义而言，它只有在非位置的意义上才是对自身的意识。情绪意识首先是对世界的意识。"④ 情绪对世界的位置性意识同时就意味着对自身的非位置性意识，作为反思前的我思，情绪属于第一等级

---

① ［德］马克思·舍勒：《爱的秩序》，孙周兴等译，北京师范大学出版社 2014 年版，第 92 页。

② 刘小枫选编：《舍勒选集》（下），上海三联书店 1999 年版，第 799 页。

③ ［德］马克思·舍勒：《爱的秩序》，孙周兴等译，北京师范大学出版社 2014 年版，第 105 页。

④ ［法］萨特：《情绪理论纲要》，转引自涂成林《现象学的使命》，广东人民出版社 1998 年版，第 214 页。

的意识。因此，情绪的主体与情绪的对象就统一于一个不可分割的综合体中。

梅洛－庞蒂认为身体不是客观的身体，而是现象的身体。作为现象的身体，"灵魂和身体结合不是最终地和在一个遥远的世界中完成的，这种结合每时每刻在心理学家的思维中重新出现，不是作为重复的、每次都能重新发现心理现象的事件，而是作为心理学家认识到它的同时也在他的存在中了解到的一种必然性。"① 显然，梅洛－庞蒂是在将情感划归灵魂的古希腊哲学的意义上，提出"身体是一个有感情的物体"这一命题的。他虽然没有对思想、欲望和情感进行层次划分，但联系到他将人定位于"身体主体"和"可感的感觉者"就可以推断出，如果说"身体主体"是在对纯粹意识的排除之后，作为有性别的身体，作为表达和言语的身体；那么，"可感的感觉者"则是在对身体的欲望排除之后，作为"情感－感觉"的可感的身体。梅洛－庞蒂所说的"可感的－感觉者"就是说出我们生活经验的、歌唱我们生活和我们世界的艺术家。

英加登认为审美经验中的情感是一种"原始情感"。为什么称之为"原始情感"呢？他的解释是："因为它是审美经验这一特殊事件的实际起点。"② 它的产生来自被感知对象打动我们或强加于我们的那种性质的兴奋，其中包含着通常令人愉快的惊奇因素。在转化为一种更连贯、轮廓更清晰的情感经验中，它包含着如下一些原始要素："（a）同所接受的性质发生情感的、直接的交流，这种交流仍然在发展过程中；（b）拥有这种性质以及强化直观地拥有它所允许的快乐的渴望；（c）不断增长地从这种性质中获得满足和继续拥有它的努力。"③ 从它的这些要素中，可以进一步发展出它的意向性关联物即审美对象的构成。在笔者看来，仅仅从结果来解释情感之为"原始"是

---

① ［法］梅洛－庞蒂：《知觉现象学》，姜志辉译，商务印书馆2001年版，第133页。
② ［波］英加登：《对文学的艺术作品的认识》，陈燕谷、晓未译，中国文联出版公司1988年版，第197页。
③ ［波］英加登：《对文学的艺术作品的认识》，陈燕谷、晓未译，中国文联出版公司1988年版，第198—199页。

不充分的，更为重要的是，审美经验即情感经验产生于现象学的还原，即英加登所谓的"以前经验的'正常'过程以及对现实世界中围绕着他的对象的行为方式的某种停顿"，而不是他所错误地解释的原始情感造成了这种"停顿"。正是在这种对我们关于世界存在的信念（包括智性的理解、之前所热衷的事关利害的事情等）的悬置或排除中，作为基底的"原始情感"产生了，并必然地包含着上述原始要素。

杜夫海纳所谓的"情感"是一个与"感觉"相对应的概念。现象学的还原是一个感觉回归的过程，这个过程表现为：理性（知性、理性）—感性（感性欲望）—纯粹感性（感觉、情感）。在审美经验中，感觉就是感到一种情感。回归的感觉，一方面悬置理性意识的抽象性，另一方面悬置了感性意识的功利性，最终建构了审美意识的自由性，感觉成为自由的感觉。自由的感觉融自然与文化于一体，构成审美感觉的整体结构：五官感觉（外觉对象之感性形式，内觉自身为"悦耳悦目"）、心理感觉（外觉对象之意蕴，内觉自身为"悦情悦意"）、精神感觉（外觉由对象所显现的形上观念，内觉自身为"悦志悦神"）。五官感觉、心理感觉、精神感觉是审美感觉整体的三个垂直层次。与纯粹感觉相应的"情感"，超越了原始感性中的情绪和欲望，成为纯粹感性中的自由情感。这个自由的情感，一方面是审美经验之所以可能的条件，另一方面又是审美经验中的构成因素，杜夫海纳称之为"情感先验。"

杜夫海纳认为，审美经验处于根源部位上，处于人类在与万物混杂中感受到自己与世界的亲密关系的这一点上，审美经验揭示了人类与世界的最深刻和最亲密的关系。而"情感先验"作为一个本源性的概念，就是要去回答如下一些根本性的问题：审美经验如何可能？审美经验普遍性的根据何在？我们如何通达存在？

二 作为存在属性的情感先验

1. 情感先验的结构及其意义

杜夫海纳从主体与客体相关联的方式提出了"情感先验"的结构性问题，他说："主体联系于客体有多种方式，客体向主体显示也有多种方式。主体至少在三个方面是构成因素：第一，在呈现阶段，通过梅洛－庞蒂所说的肉体先验，这种先验勾画出肉体自身所体验的世界的结构。第二，在再现阶段，通过那些决定对客观世界的客观认识的可能性的先验。在这里，我们又和康德相会了。第三，在感觉阶段，通过那些打开深层的我第一个体验和感觉到的一个世界的情感先验。在每个阶段，主体都呈现出一个新面貌：在呈现阶段，他是肉体；在再现阶段，他是非属人的主体；在感觉阶段，它是深层的我。主体就是这样先后承受着与体验的世界、再现的世界和感觉的世界的关系。"①审美知觉三阶段——呈现、再现、感觉——是意识还原所体现的倒置结构，它所体现的是审美知觉的三个层次。与此相应，"情感先验"也具有同样的结构层次：肉体先验、再现先验、情感先验。这就是说，情感先验融肉体先验、再现先验于一身，构成结构性的情感先验，如同深层的我融肉体主体、非属人的主体于一身而构成结构性的具体主体一样。由情感范畴的结构性，我们可以读出情感先验观念的多重意义。

首先是先验的逻辑意义。杜夫海纳的"先验"概念受到康德的启发，康德的先验观念指的是逻辑上在先从而使经验知识成为可能的东西："我把一切与其说是关注于对象，不如说是一般地关注于我们有关对象的、就其应当为先天可能的而言的认识方式的知识，称之为先验的。"②"先验……这个词并不意味着超过一切经验的什么东西，而是指虽然是先于经验的（先天的），然而却仅仅是为了使经验知识成为可能的东西说的。"③ 由于康德哲学的立足点是认识论，因此他的先验概念虽有感性先验、知性先验和理性先验之分，但它所标志的仅仅是人类认识能力的不同层次或阶段而已。总之，康德的先验是认识先验。杜夫海纳在康德的基础上扩大了先验的范围，提出了与人的不同活动层次相应的三种先验：肉体先验、认识先验、情感先验。如果说康德的知性先验是一个对象被给予、被思维的条件，那么杜夫海纳的

① ［法］杜夫海纳：《审美经验现象学》，韩树站译，文化艺术出版社 1996 年版，第 484 页。
② ［德］康德：《纯粹理性批判》，邓晓芒译，人民出版社 2004 年版，第 19 页。
③ ［德］康德：《未来形而上学导论》，庞景仁译，商务印书馆 1978 年版，第 172 页。

情感先验则是一个世界能被感觉的条件。

其次是先验的经验意义。先验不仅是经验和经验对象可能性的条件，而且是经验和经验对象的构成因素，唯有如此，我们才能通过后天经验认识先验。杜夫海纳说："凡是使对象成为对象——不是使对象自身成为对象，而只是使它属于经验范围，使主体得以与它进行联系——的东西都是构成因素。"① 先验既是对象的构成因素，即情感特质；又是主体的构成因素，即主体的存在态度、存在方式及情感能力。在这里，杜夫海纳与康德存在着区别，康德认为，先验之所以先于经验，是因为它属于主体，它是认识的一个结构。他说："使物质空间成为可能的是存在于我们思想中的空间。它不是万物自身的一个属性，只是我的感性再现的一种形式。"② 杜夫海纳则认为，先验既表征主体（"存在的先验"）又表征客体（"宇宙论的先验"），同时还说明这二者之间的相互关系。情感特质作为审美对象的构成因素和价值属性，使对象成为辉煌的感性；而主体则以感觉勾画出肉体自身所体验的世界的结构。

再次是先验的认识意义。先验可以成为一种认识的对象，这种认识本身也是先验。杜夫海纳把这种以先验为认识对象的认识本身称为"情感范畴"。情感范畴的实质是作为先验的情感特质对自身的认识，或者说，是情感特质自身对自身关系的认识论转化。杜夫海纳说："情感特质确实还有一个方面，……这些特质不但构成我们所是的先验，而且构成我们所认识的先验。更加概括地说，什么是肉体先验、智力先验或情感先验，这一点我们总是早已知道的，并依靠这种早于任何学问的学问而生活。我们在所有经验以前认识这些先验。"③ 把情感范畴规定为认识的先验，仿佛又回到了康德的知性先验，但与康德不同的是，情感范畴不是诉诸知而是诉诸感觉，"情感范畴存在于感觉之中。这些范畴构成的知是有感觉能力的深层的我的装备的一部分。

---

① ［法］杜夫海纳：《审美经验现象学》，韩树站译，文化艺术出版社 1996 年版，第 482 页。

② ［德］康德：《未来形而上学导论》，转引自［法］杜夫海纳《审美经验现象学》，韩树站译，文化艺术出版社 1996 年版，第 482 页。

③ ［法］杜夫海纳：《审美经验现象学》，韩树站译，文化艺术出版社 1996 年版，第 503 页。

感觉使这种知复活；这种知使感觉具有智力"①。因此之故，杜夫海纳把情感范畴又称为"先知""原知"。

最后是先验的本体意义。情感先验既是宇宙论现象，又是存在现象；既是客体的构成因素，又是主体的构成因素；情感特质既是对象中的主体特性，又是客体属性中的价值。"其中任何一个方面对另一方面都没有主动性或优先地位，那它就应该作为在规定这两个方面之前的东西来把握"②。杜夫海纳把这种主体和客体之前的东西称为"原始现实"，也即是存在。由此，"先验的逻辑意义滑进了本体论的意义，可能条件变成了存在的一种属性。先验只是因为它是存在的一种属性，这种属性既先于主体又先于客体，并使主客体的亲缘关系成为可能，所以它同时是客体和主体的一种规定性"③。

2. 情感先验归属存在

情感先验的本体论意义，是杜夫海纳对情感先验归属于存在的一种证明。这种论证虽有理据可循，但不免过于简单，这就留下了进一步论说的空间和必要性。无论是思想与存在，还是情感与存在，探讨的都是人与存在的关系。按海德格尔的看法，存在是对我们隐匿自身者，但它恰恰通过隐匿牵引我们同行。当我们被牵引至自行隐匿者之际，人就成了对自行隐匿者而言的显示者。"只要人存在于这种牵引中，他就作为这样一个牵引者显示着自行隐匿者。作为如此这般的显示者，人就是显示者。但在这里，人并非首先是人，此外和偶尔还是一个显示者，而毋宁说，被牵引至自行隐匿者那里，在向自行隐匿者的牵引过程中，因而显示着隐匿，人才是人。人的本质就在于成为这样一个显示者。"④ 这里的问题在于，是思想还是情感，或者说是思想者还是感觉者能更充分、更根本地显示存在这个自行隐匿者？人的本质是在于成为一个可思的思想者还是成为一个可感的感觉者？当然，思想与情感，思想者与感觉者并不是截然对立的，两者之间存在着交

---

① ［法］杜夫海纳：《审美经验现象学》，韩树站译，文化艺术出版社1996年版，第510页。
② ［法］杜夫海纳：《审美经验现象学》，韩树站译，文化艺术出版社1996年版，第494页。
③ ［法］杜夫海纳：《审美经验现象学》，韩树站译，文化艺术出版社1996年版，第495页。
④ ［德］海德格尔：《什么叫思想》，孙周兴译，商务印书馆2017年版，第14页。

织。但是，是情感依附于思想？还是思想融化为情感？这个问题在"情感及其地位"中，笔者已经作出了回答。我们的意图是，既然海德格尔通过对古希腊巴门尼德箴言的阐释，证明了思想与存在共属一体；那么，我们可在这个基础上进一步证明情感与存在的相互归属。

巴门尼德箴言的两种排列和解释——

"必需的：既道说又思想：存在者：存在。"①
"需用既让呈放又留心：存在者存在着。"②

其中"必需的"即是"需用"，作为无主句，它强调了存在对于存在者（包括人这个存在者）的召唤和指令。"道说"即"让呈放"，表达的是存在的言说和对存在者而言的存在之让。"存在"表达的是存在者的"在场"。这些词语的含义，对"思想与存在"和"情感与存在"都是基本相同的，不同的是"思想"和"存在者"，因此需要作进一步的解释。海德格尔把"思想"解释为"思想、留心"，我们把"思想"置换为"情感"，并将其解释为"感觉、情感"。海德格尔把"存在者"解释为"言说、置放"和"思想、留心"所关涉的东西，我们把"存在者"解释为"言说、置放"和"感觉、情感"所关涉的东西，这个存在者并非一般的存在者，而是蕴涵着情感特质的作为审美对象的存在者。于是，巴门尼德的箴言在我们这里就变成了："需用既道说又感觉：存在者存在"。

情感先验既体现在主体方面又体现在客体方面，体现在主体方面的是"感觉、情感"，按杜夫海纳的表述是"存在现象"或"存在先验"，存在先验就是我通过自己的所有活动直接的我之所是。体现在客体方面的是蕴涵着情感特质的存在者，按杜夫海纳的表述是"宇宙论现象"或"宇宙论的先验"。兹分别从不同层面对"存在现象"和"宇宙论现象"作一论述。

---

① ［德］海德格尔：《什么叫思想》，孙周兴译，商务印书馆 2017 年版，第 210 页。
② ［德］海德格尔：《什么叫思想》，孙周兴译，商务印书馆 2017 年版，第 268 页。

在经验的层面上，情感先验是主体的构成因素，这显现为三个层面：与身体相应的是肉体先验（生命先验），与智性相应的是再现先验（认识先验），与既是肉体又是精神的具体主体相应的是融肉体先验和认识先验于一体的情感先验。情感先验既是主体的存在态度——"以情观之"，又是主体的存在方式——"感－情"，同时更是主体的情感能力——情感本身、情感观念、情感感觉。在逻辑的层面上，主体的情感先验既是审美对象之所以可能的前提条件，又是审美主体之所以可能的前提条件，合而言之则是一个世界能被感觉的条件。杜夫海纳就先验的存在方面说："先验之所以独特，是因为它也是一个具体的、因而也是独特的主体的特征。"因为正是作者通过作品表现的世界表现自己，所以，他说应该把这种先验赋予主体意识。"先验表示一个主体在万物面前所处的绝对地位，以及主体瞄准、体验与改造万物的方式和主体联系万物以创造自己的世界的方式，就如同肉体先验是一个独特的肉体根据自身结构的迫切需要与自己的环境联系的方式一样。实际上，先验就是一个具体主体借以构成自己的、萨特的存在精神分析应该找出的那种不可还原的东西。"① 这个东西不是萨特所谓的绝对自由的自我选择行为，而是一个具体主体对世界所保持的独特的感觉。叶秀山对此评论说："为了回答审美经验如何可能的问题，杜弗朗区分了三种类型的先天性，因为没有先天必然的形式规则是不可能形成统一的'经验'的。杜弗朗说，有存在性的先天性，有思想性的先天性，也有情感性的先天性。存在性的先天性使人的实际生活成为可能，思想性的先天性使人的知识成为可能，情感性的先天性则使人的深层交往成为可能，……思想性的先天性涉及事物之'表象'，而情感性的先天性涉及主体的深层结构。"② 从本体的层面上看，主体的情感先验并不是凭空生起的对于存在者的把捉或被动地接受和反应，而是存在的"需用"和"道说"而"让"主体去"感觉"和体会（心情）存在者之存在。

---

① ［法］杜夫海纳：《审美经验现象学》，韩树站译，文化艺术出版社 1996 年版，第 487 页。
② 叶秀山：《思·诗·史》，人民出版社 1988 年版，第 337 页。

审美对象的存在，作为与"既道说又感觉"相接合的顺应，在经验的层面上，情感特质是客体的构成因素，它同样显现为三个层面：体验的世界、再现的世界和表现的世界，这三个世界分别对应于肉体先验、认识先验和情感先验。尽管我们曾说主体的情感先验是审美对象之所以可能的前提条件，但这并不意味着审美对象与情感无关，恰恰相反，作为对象的构成因素，它首先是指审美对象所显现出来的情感特质。"感觉就是感到一种情感，这种情感不是作为我的存在状态而是作为对象的属性来感受的。情感在我身上只是对对象身上的某种情感结构的反应。"① 其次是指审美对象通过情感特质所孕育的一个世界，海德格尔所说的物物化世界表达的就是这个意思。最后是指审美对象的一种存在方式，即情感性质是对象中的主体特性，是客体属性中的价值。例如，博希的可怕、莫扎特的欢乐、麦克白的悲惨和福克纳的嘲讽，如此等等。在逻辑的层面上，构成审美对象因素的情感特质就是自身的先验。杜夫海纳说过："并非任何情感特质都构成一种先验，它只有被审美化时才能如此。"② 这里的意思无非是说，作为普通的存在者，它就是一个物；而作为审美对象的存在者，则是一个物化之物，即开显出一个世界的物。"当作品表现的情感特质成为审美对象的世界的构成因素，因而——因为这是成为构成因素的证明——它能够像我们——如同康德所说——可以设想一个没有对象的空间或时间那样独立于再现的世界之外被我们感觉时，情感特质就是一种先验。"③ 从本体的层面上看，审美对象不是一个现成的、是其所是的物，而是一个正在生成……的事情。存在者存在着，在场者在场。存在让其是，让其存在；存在者显现存在。

以上我们对情感先验的存在现象和宇宙论现象分别作了描述，但两者相关，主体的感觉与对象的情感特质是统一的。情感特质既构成主体又构成客体，它同时是客体和主体的构成因素。杜夫海纳对此所作的表述是："主体的一个世界的概念应该倒转过来，用世界的一个

① ［法］杜夫海纳：《审美经验现象学》，韩树站译，文化艺术出版社1996年版，第481页。
② ［法］杜夫海纳：《审美经验现象学》，韩树站译，文化艺术出版社1996年版，第479页。
③ ［法］杜夫海纳：《审美经验现象学》，韩树站译，文化艺术出版社1996年版，第485页。

主体的概念来补偿。'世界'和'主体'应该处在平等地位。尽管像我们以前所做的那样强调情感特质对一个主体而言是世界的特质，那也不应该忘记它对一个世界而言同样是一个主体的特质。换句话说，一个主体一定要有一个世界，因为主体联结到一个世界时才是主体；同样，一个世界一定要有一个主体，因为有了见证人世界才是世界。作者通过作品的世界表现自己，作品的世界也通过作者表现自己。"①主体与世界的相互规定意味着有一个超出两者的东西，这个东西就是存在。情感先验只是因为它是存在的一种属性，所以它既先于主体又先于客体，并使主客体的亲缘关系成为可能，所以它同时是客体和主体的一种规定性。莫里茨·盖格尔运用现象学方法所建立的价值论美学对审美价值的客观性与主观性及其相互关系的论述，遵循着与杜夫海纳同样的理路。就审美价值与审美对象的关系看，审美价值是对象属性；就审美价值与主体的关系看，审美价值是主观意味。把客体、价值、主体连接为一个整体的表述则是：价值是某种事物所具有的特性，是因为它对于一个主体来说具有意味。价值是在客体方面的一种客观投射，主体则认识到，这种客观投射的意味是由于主体才存在的。② 在审美活动中我们所体验到的是作为精神意味的审美价值，所以，在体验中，存在就是价值，价值也就是存在。但这是一种被体验到的存在，它既不单是人的存在，也不单是世界的存在，而是人与世界之间不可分割的纽带。③

从存在现象、宇宙论现象以及两者的关系三个角度所作的论述，我们可以得出如下一个结论：情感与存在相互归属。

三 情感中的思想

在一般意义上，称情感特质为思想或说情感中的思想似乎是一个悖论，但理性回归感性的现象学还原并没有排除理性，而是把理性意识融入感性之中并超越感性转化为纯粹感性中的理性能力。这种纯粹

---

① ［法］杜夫海纳：《审美经验现象学》，韩树站译，文化艺术出版社1996年版，第493页。
② 张云鹏：《审美价值与存在的自我》，《美学》2002年第5期。
③ 张云鹏：《审美价值与存在的自我》，《美学》2002年第5期。

感性中的理性能力，表现在情感特质身上，就构成了杜夫海纳所说的认识的先验。情感特质，一方面构成我们所是的先验，另一方面构成我们所认识的先验。我们所是的先验与我们所认识的先验是同一个先验吗？胡塞尔曾区分过"原意识"与"后反思"，"原意识"意味着对在进行之中的行为本身的一种非对象性的意识到，而"后反思"则是在每一个行为进行之后对这个行为的当下化，即反思性的再造。显然，原意识与后反思不属于同一个层次上的意识活动。萨特区分过"自身意识"与"自身认识"，"自身意识"就是他所谓的"前反思的我思"；而"自身认识"则属于"反思的我思"。情绪作为对自身的非位置性意识属于第一等级的意识。梅洛－庞蒂在"沉默的我思"的意义上说过："什么是欲望，不就是意识到一个对象是有价值的（或者其价值是因为在欲望倒错的情况下，对象是没有价值的）吗？什么是爱，不就是意识到一个对象是可爱的吗？既然关于一个对象的意识必然包含意识本身的知识，否则意识就可能消失，就不可能把握其对象，那么欲望和知道本身有欲望，爱和知道本身在爱就只是一种行为，爱就是爱的意识，欲望就是欲望的意识。没有意识到本身的一种爱或一种欲望可能是一种不在爱的爱，或一种没有欲望的欲望，正如一种无意识的思维可能是一种不进行思维的思维。"①（注：译文略有改动）按照以上诸家对不同层次意识的区分，按照杜夫海纳对情感特质作为认识先验的整体论述，可以断定，我们所是的先验与我们所认识的先验是同一个先验。但情感与情感对自身的意识毕竟是有区别和差异的，在情感自身的层面上，杜夫海纳认为，无论是呈现的先验、再现的先验还是情感先验，都完全是不可把握的。但在情感对自身意识的层面上，我们却能够对这些先验有所认识，譬如"我们之所以能够感觉拉辛的悲、贝多芬的哀婉或巴赫的开朗，那是因为在任何感觉之前，我们对悲、哀婉或开朗已有所认识，也就是说，对今后我们应该称之为情感范畴的东西有所认识"②。

① ［法］梅洛－庞蒂：《知觉现象学》，姜志辉译，商务印书馆2001年版，第474页。
② ［法］杜夫海纳：《审美经验现象学》，韩树站译，文化艺术出版社1996年版，第504页。

1. 情感范畴

情感范畴作为情感特质的先验"观念"，同情感特质一样具有两面性——宇宙论方面和人的方面，即它既体现为一个世界的特征，也体现为一个主体的特征。在世界方面，由于物的世界和人的世界的丰富性和多侧面性，它体现为诸审美范畴（或审美类型、审美价值），如美、崇高、悲、滑稽、漂亮、雅致、壮烈、盛大、讽刺、哀伤、荒诞，等等。诸范畴其实质指的是审美对象所内涵的精神意义，如英加登所谓的"形而上学性质"："既不是通常所说的事物的属性，也不是一般所指的某种心理状态的特点，而是通常在复杂而又往往是非常危急的情景或事件中显示为一种气氛的东西。这种气氛凌驾于这些情景所包含的任何事物之上，用它的光辉透视并照亮一切。"① 与价值哲学所谈论的"价值"相比，杜夫海纳认为"唯有美可以称为价值——但它必须是出类拔萃的，必须与其他范畴没有公度，表示某些审美对象具有的那种获得成功的特权，亦即充分表现这样或那样的情感范畴，毋庸置疑地显示出一个世界的真实性的特权"②。在此，杜夫海纳强调了情感范畴的独特性以及显示世界真实性的特权。在主体方面，情感范畴表示自我向一个世界开放的某种方式，即某种"感"，譬如说悲感、滑稽感、荒诞感，等等。"情感范畴表现的情感完全可以称为人的范畴，而情绪却只是些偶然的东西。这些范畴是存在先验，因为它们本身是先验地被认识的。它们表示一个人在与自己感受的一个世界的关系中所持的根本态度。"③ 悲与悲感，滑稽与滑稽感，崇高与崇高感，如此等等，都是不可分割地联系在一起的，因为有关世界的种种面貌的先知也是有关人所持态度的一种先知，因为世界是人的世界而人是在世界之中的。从现象学的角度看，感觉回归的结果，就是情感融认知和意愿于一身，认知、意愿被情感化，形成根源性的情意或情思。所谓"情感范畴"，体现在宇宙论方面就显现为具体感性事物的存在风格；体现在人的方面就显现为一个具体主体的生命情调。事物

---

① 张云鹏：《"形而上学性质"的中西比较释读》，《美学》2002 年第 11 期。
② ［法］杜夫海纳：《审美经验现象学》，韩树站译，文化艺术出版社 1996 年版，第 505 页。
③ ［法］杜夫海纳：《审美经验现象学》，韩树站译，文化艺术出版社 1996 年版，第 515 页。

的存在风格是为人的，而人的生命情调则是缘于事物的。

这里的问题在于，我们怎样知道这个"先知"？这个问题的实质是：如何证明情感范畴的先验性？杜夫海纳提出了两项证明：一是先知直接内在于感觉；二是它并非出于一种经验的概括。关于第一项证明，他说："知不是在感之后。知不是对感的一种思考，不是感借以从某种盲目状态向某种知性状态，从参与走向理解的那种思考。感觉是立刻是有智性的。"① "情感范畴存在于感觉之中。这些范畴构成的知是有感觉能力的深层的我的装备的一部分。感觉使这种知复活；这种知使感觉具有智力。"② 归纳起来，无非是说，知是感觉的灵魂，是感觉对自身的理解。至于这个先于"感觉"的认识从哪里来，杜夫海纳没有作出说明。关于第二项证明，他认为情感范畴是一般性的，但它不是一种概括的结果，这个一般不是一种抽象。他称这个一般为"与人性有关的一般"，以此区别于"与事物有关的一般"。他说："与事物有关的一般是从模仿我们对事物可能产生的影响开始的，因为事物确实受我们的影响。与人性有关的一般总包含着某种有关人类整体的观念，以及任何人与我们都有亲属关系的这种感觉。如果这种一般是先验，就是说，如果人的这个观念由于是我身上的、我的人性的保证，在任何模式构成之前就已出现，那么情况就更是如此"③。与事物有关的一般是经验概括的结果，与人性有关的一般则是经验可能性的条件。因此，莫扎特的欢乐与一般欢乐的关系就不同于种与属的外部关系，而是完全等同于在人自身内部所体现的人与人类的内在关系。这种关系，对于思考它的人来说，就是在人身上发现人性。其实，所谓"先知""原知"，不是与存在相对的知性认识，而是与存在同一的存在性认知。叶秀山对此所作的评价是："杜弗朗在论述审美范畴时，明确地把胡塞尔的这种早于各门具体科学之知识与康德的先天范畴论联系起来，具体运用于情感的问题上，认为在具体的情感可以分别出来之前，对于情感必有一个先天的、普遍的观念——范畴，因而这种

---

① ［法］杜夫海纳：《审美经验现象学》，韩树站译，文化艺术出版社1996年版，第510页。
② ［法］杜夫海纳：《审美经验现象学》，韩树站译，文化艺术出版社1996年版，第510页。
③ ［法］杜夫海纳：《审美经验现象学》，韩树站译，文化艺术出版社1996年版，第512页。

'前科学'之知识也有必然性和普遍性，即不仅有'纯粹科学'（纯粹知识），也有'纯粹美学'（纯粹审美）。在这里，杜弗朗承认，他所运用的是比康德本人还要彻底的康德原则。"①

2. 情感范畴的感性显现

在"情感范畴的有效性"的题目下，杜夫海纳所要谈论的是，作为一般性的情感范畴与作为个别性的作品的关系。或者更具体地说，"一般怎样能应用于独特，独特又怎样在我们身上提示那个阐明独特的一般呢？我们怎样通过范畴认识独特作品、通过观念认识具体事实呢？"② 如果我们站在海德格尔的立场看，那么上述问题就变成了此在如何通过存在者追问存在的意义的问题。如果我们立足于康德的立场，那么上述问题就变成了一个如何把普遍和特殊连接起来的反思性判断力的问题。

在把情感范畴确定为"一般、普遍"、把审美对象或艺术作品确定为"特殊、个别"、把人确立为具体主体之后，杜夫海纳指出了两个寻找普遍的途径："一方面，如果我们转向已被认识的东西，那就应该指出独特本身含有一般，这样才有理由使用具有一般意义的范畴。……另一方面，如果我们转向认识者，那么就该指出，这些范畴之所以有效，只是因为是先验，是因为人自身原来就带有人的观念，又因为这些范畴同时构成一种特殊类型的、前概念的又像是潜在的知。所以，正是这些范畴的不确定性使之适用于独特。"③ 他所谓的"两条途径"，其实只是同一条途径的两个方面，这条途径就是："认识者——被认识的东西——情感范畴"。即欣赏者（认识者）在静观个别的审美对象（被认识的东西）时，审美对象（或艺术作品）以自己的独特性显现着情感范畴的一般和普遍。所以根据康德，它不是从一般到个别的规定性判断，而是从个别到一般的反思性判断；或根据海德格尔，它不是此在直接追问存在，而是此在通过存在者领会存在。

---

① 叶秀山：《思·诗·史》，人民出版社 1988 年版，第 339 页。

② ［法］杜夫海纳：《审美经验现象学》，韩树站译，文化艺术出版社 1996 年版，第 515 页。

③ ［法］杜夫海纳：《审美经验现象学》，韩树站译，文化艺术出版社 1996 年版，第 516—517 页。

艺术作品的一般性，不是指门类（包括材料、创作方式、创作规律等）的一般性，而是指寓于作品独特之中的人的本性——自由。"作品的情感特质在展现以我为灵魂和关联物的这个世界时，它概括和表现的正是在艺术作品中表现的这个深层的我。然而，或许当我们最深刻地成为我们自己时，我们与别人最为相近。这不但说明这时我们能够与别人沟通，成为别人的知己或榜样，而且还说明我们是与别人同体的、相像的：我们在自身深处又找到了人性。"① 这表明作为情感范畴的人性既是一般又是独特的。作为知，它是一般的；作为我所是的知，它是独特的。独特当中包含着一般，一般当中包含着独特。"艺术作品是这种因为它走到自己的独特性的尽头而达到普遍性的独特本质。所以作品孕育着普遍性而又不失为独一无二的东西。"②

不仅被认识的东西——作品——是一般与独特的统一，作为认识者——人——同样也是一般与独特的统一。但人对自身人性——存在性自由——的认知需要对象化，没有作为中介环节的存在者，没有审美对象或艺术作品，存在或情感范畴就不可能显现。"当先验用于独特时，我身上的人性就与对象中的人性会合。"③ 但这种会合是这样实现的：一个非属人世界的情感范畴转化为一个属人世界的感性观念，一个非属人主体的知转化为一个属人的具体主体的感觉。论述至此，我们可以清楚地看到，在海德格尔思想情调的基础上，杜夫海纳往前推进一步就达到了情感对于存在的归属，借助于情感范畴的感性显现再进一步就达到了情感与存在的同一。因此他才这样说："哲学家也许会看到，任何思想，一旦克服了妄想，就意味着情感，任何与世界的关系意味着对世界的这种情感。"④ 如果说思想带有疑问，而情感则是揭示。"在自然的审美经验中，情感向我们揭示了存在的完满。"⑤

---

① ［法］杜夫海纳：《审美经验现象学》，韩树站译，文化艺术出版社1996年版，第519页。
② ［法］杜夫海纳：《审美经验现象学》，韩树站译，文化艺术出版社1996年版，第521页。
③ ［法］杜夫海纳：《审美经验现象学》，韩树站译，文化艺术出版社1996年版，第522页。
④ ［法］杜夫海纳：《美学与哲学》，孙非译，中国社会科学出版社1985年版，第51页。
⑤ ［法］杜夫海纳：《美学与哲学》，孙非译，中国社会科学出版社1985年版，第48页。

第三节 "情感先验–存在"与自然

胡塞尔说："自然在那里存在着，精神作为完全不同者也在那里存在着。反之，最初看起来二者是自然区分开的，再进一步思考后，二者就以非常难以把握的方式显示出彼此模糊地交融和渗透在一起了。"① 按照胡塞尔的这种观点，我们首先在区分精神与自然的前提下，单独地谈论自然；然后从现象学意向性的角度，分析精神与自然之间交融和渗透的不同层次所体现的具体关系；最后从自然性来看情感先验与存在本源同一的具体表现情状。

一 作为存在的自然与作为存在者的自然

"自然"本身的含义是多重的，但归纳起来可以说有两种：一是作为存在的自然，二是作为存在者的自然。《牛津哲学词典》对自然所作的概括是：事物的本性和整体的自然世界。J. S. 密尔说："自然一词的基本含义有二：一是表示事物的整个系统，即所有事物特性的集合体；二是表示事物成其所然，不受人类干预。"② 事物的本性，事物成其所然，指的是作为存在的自然；而整体的自然世界和事物的整个系统，指的是作为存在者的自然。

在古希腊，自然（φύσις）意指生长。海德格尔对此所作的解释是："希腊人没有把生长理解为量的增加，也没有把它理解为'发展'，也没有把它理解为一种'变易'的相继。Φύσις乃是出现和涌现，是自行开启，它有所出现同时又回到出现过程中，并因此在一向赋予某个在场者以在场的那个东西中自行锁闭。"③ 这明显是以"存在"释"自然"，它的特征是自行开启，非借外力；在让存在者在场的同时自行锁闭。

---

① ［德］胡塞尔：《现象学心理学》，李幼蒸译，中国人民大学出版社 2015 年版，第 40 页。

② ［英］尼古拉斯·布宁、余纪元编著：《西方哲学英汉对照辞典》，人民出版社 2001 年版，第 662 页。

③ ［德］海德格尔：《荷尔德林诗的阐释》，孙周兴译，商务印书馆 2000 年版，第 65 页。

亚里士多德在《形而上学》中，从六个方面解释自然的含义：其一，生物的创造；其二，发动一生物生长的内在部分；其三，事物的生长；其四，自然物所赖以组成的原始材料，即组成万物的自然元素，如"火""气""地""水"；其五，自然事物的本质；其六，事物之所由成为事物者的"怎是"。在《物理学》中，他对自然的定义是："'自然'是它原属的事物因本性（不是因偶性）而运动和静止的根源和原因。"而"凡在自身内有上述这种根源的事物就'具有自然'。"①事物运动的原因有四：质料因、形式因、动力因、目的因。质料因是事物的"最初基质"，即构成每一事物的原始质料；形式因是指事物的形式或模型；动力因是指使一定的质料取得一定的形式结构的力量，也就是引起一具体事物的变化者，是变化或停止的来源；目的因是指一具体事物之所以成为形式所追求的那个东西，也就是它的产生是为了什么目的。其中，形式因、动力因和目的因是一致的，形式是一个事物的本质，它构成一个事物在运动中朝向的目的和动力。因此，四因最终归结为质料与形式二因，但形式比质料更为重要。亚里士多德对自然含义的解释是多方面的，但归结起来有二：《形而上学》强调的是"自然万物的动变渊源"的本性；《物理学》强调的是事物运动的本原。"'本性'的基本含义与其严格解释是具有这类动变渊源的事物所固有的'怎是'；物质之被称为本性〈自然〉者就因为动变凭之得以进行；生长过程之被称为本性，就因为动变正由此发展。在这意义上，或则潜存于物内或则实现于物中，本性就是自然万物的动变渊源。"②本原则是指作为事物运动原因的要素——形式和质料。相比而言，本性比本原更为根本，它指的就是自然万物的存在本身。

斯宾诺莎区分了"能动的自然"和"被动的自然"。"能动的自然"是指"在自身之内并通过自身而被认识的东西，或者指表示实体的永恒无限的本质的属性，换言之，就是指作为自由因的神而言"。"被动的自然"则是指"出于神或神的任何属性的必然性的一切事物，

---

① ［古希腊］亚里士多德：《物理学》，张竹明译，商务印书馆1982年版，第30、31页。
② ［古希腊］亚里士多德：《形而上学》，吴寿彭译，商务印书馆1959年版，第89页。

换言之，就是指神的属性的全部样式，就样式被看作在神之内，没有神就不能存在，也不能被理解的东西而言。"① 能动的自然是"能自然化的自然"，被动的自然是"被自然产生的自然"，前者指上帝，后者指被造的世界。海德格尔直接用存在来解释斯宾诺莎的"能动的自然"："我们在这里必须在宽广的和根本的意义上来思自然，也即在莱布尼茨所使用的大写的 Nature 一词的意义上来思自然。它意谓存在者之存在。存在作为原始作用力成其本质。这是一种开端性的、集万物于自身的力量，它在如此这般聚集之际使每一存在者归于本身而开放出来。"②

杜夫海纳受斯宾诺莎和海德格尔的影响，把斯宾诺莎的"能动的自然"和海德格尔作为"存在者之存在"的自然命名为"造化自然"（Nature），其含义是原初存在并永恒存在，孕育一切并包容一切，它以创造化生之意与作为它诞生物的一切自然事物（nature）相区别。因此，"造化自然是一种显现为原生自然的超越自然的自然"③。"这个自然不是单纯自然物的自然，而完全是原始宗教所竭力祈求的那种原始力量，是先于人和物的那个存在的神秘光辉。"④ 在《自然的审美经验》中，他称自然就是必然性，"必然性就是这个不可驳斥的存在，就是自然的这种完满。"⑤

在对造化自然的阐释中，由于受西方基督教思想和斯宾诺莎泛神论思想的影响，为了强调其绝对性和至高无上，他用上帝来命名自然："上帝于是成为这造化的名字。作为必然性的绝对内在和存在者的他者存在，上帝不可抵制也无可辩护，它就是那个我们所导向的那个上帝。"⑥ "人在美的指导下体验到他与自然的共同实体性，又仿佛体验到一种先定和谐的效果，这种和谐不需要上帝去预先设定，因为它就

---

① ［荷兰］斯宾诺莎：《伦理学》，贺麟译，商务印书馆 1983 年版，第 29—30 页。
② ［德］海德格尔：《林中路》，孙周兴译，上海译文出版社 1997 年版，第 283 页。
③ ［法］杜夫海纳：《诗学》，法兰西大学出版社 1963 年版，第 177 页；转引自尹航《重返本源和谐之途》，中国社会科学出版社 2011 年版，第 181 页。
④ ［法］杜夫海纳：《审美经验现象学》，韩树站译，文化艺术出版社 1996 年版，第 262 页。
⑤ ［法］杜夫海纳：《美学与哲学》，孙非译，中国社会科学出版社 1985 年版，第 48 页。
⑥ ［法］杜夫海纳：《诗学》，法兰西大学出版社 1963 年版，第 207 页；转引自尹航《重返本源和谐之途》，中国社会科学出版社 2011 年版，第 182 页。

是上帝:'上帝,就是自然'。"① 存在与存在者的关系,也正是造化自然与自然事物的关系,前者是万物的根基和秘密源泉,后者则通过居留于天地中的所有存在物及生命形式,展现造化自然的力量。

二 从意向性看自然

自然本身无所谓自然,在严格的意义上,自然总是对人而言的自然。立足于现象学的立场,就应把自然作为对应于意向活动的意向相关项,从不同类型的意向活动去考察自然的存在方式及其存在形态,如此方可把握处于不同情境中的自然的不同含义。意识可分为纯粹意识、身体意识、自由意识。纯粹意识作为知性意识所意向的自然是经验科学的对象,由于经验科学包含以形式为对象的数学、几何学、逻辑学以及以内容为对象的广义的物理学,所以,对应于前者的是抽象概念的自然,对应于后者的是作为表象的现实个体的自然。在这种情况下,人与自然构成的是一种理论的关系。身体意识作为融知性与感性于一体的生活意识所意向的自然,是作为物的现实的个体的自然,它成为现实生活的对象。在这种情况下,人与自然构成的是一种生活实践的关系。自由意识作为融知性意识与身体意识为一体的超越性意识所意向的自然,是作为意象的具体的理念的自然,它成为审美的对象。在这种情况下,人与自然构成的是一种自由的关系。

更深入地考察意向性这一观念,就会发现,它突破了主体与客体的层次而具有一种本体论的意义,它不仅体现为意识的意向性,也体现为存在的意向性。杜夫海纳就此写道:

> 归根结底,意向性就是意味着自我揭示的"存在"的意向——这种意向,就是揭示"存在"——它刺激主体与客体去自我揭示。主体和客体仅存在于使这二者结合的中介之中,因此,它们就是产生意义的条件,一种逻各斯的工具。海德格尔虽没有将辩证法

---

① [法]杜夫海纳:《美学与哲学》,孙非译,中国社会科学出版社 1985 年版,第 51 页。

并入本体论，却将这个逻各斯与"存在"同一起来。对于客体，他按照先验的分析的方式，将其作为客观性的中心。他着重指出客体要参照"存在"，这种参照关系是"现在"所表现的，因为"存在"就是允许这种表现的揭示。关于主体，海德格尔认为它是"定在"，而不再是意识。他着重指出它所具有的通向"存在"的能力，但同时也赋予"存在"本身这种超验性。"存在"召唤主体作它的见证人，召唤主体把自身变成呈现的场所，因此，它的投射便是"存在"向它的投射。客体和主体就这样被解除了它们的特权。"存在"就像同时指挥目光和被观看事物的光线，它具有主客体关系的首创性。①

根据杜夫海纳关于存在意向性的观点，在意向活动与意向相关项后面，我们就会发现"作为存在的自然"的存在情态。

1. 纯粹意识与自然

按照胡塞尔，纯粹意识是一种客体化的行为，其所对应的是理论的主体和理论态度。理论主体被理解为与我思不可分的自我，理解为纯粹主体。理论态度意味着意识体验是在认知功能中被实行的，在这种实行方式中，我思想，我在特殊意义上实行一种行为，我设定着主体，并在主词上设定谓词，如此等等。"在这些实行中，对于自我来说，不只是一般地存在着一个对象，而是这个自我作为自我注意地（也就是在思想中地、在积极设定中地），也就是在把握中地朝向着对象。"② 与此相对的是另一种态度，即评价的（广义上对美和善进行评价的）和实践的态度。理论态度在忽略了善、美、有用及"有价值"后，我以肯定的方式使自己成为一个旁观者。这就是胡塞尔在《现象学心理学》中所说的近代自然科学的方法论倾向："将属于直接经验物的'纯主观'的属性，将一切来自主体性的特点，加以系统的截除。"③ 因此说，理论的行为是一种客观化行为。

---

① ［法］杜夫海纳：《美学与哲学》，孙非译，中国社会科学出版社1985年版，第52页。
② ［德］胡塞尔：《现象学的构成研究》，李幼蒸译，中国人民大学出版社2013年版，第5页。
③ ［德］胡塞尔：《现象学心理学》，李幼蒸译，中国人民大学出版社2015年版，第40页。

作为纯粹意识相关项的自然，作为为理论的主体而存在的自然，它是由概念和命题所规定的表象现实的自然事物、自然事态或整体自然界。由于排除了或未包含任何价值，作为一种认知和科学的对象，它属于客观自然和物的自然。"此自然并不特别被理解为感性经验的（以及'相对于主体的'）领域。在人类日常经验中，通过对比，个人的和文化的世界（一切胡塞尔认为属于前所与的生活世界），都是前于自然的。在自然态度中人所经验的自然是文化上分层的，而且是按照利益和价值加以经验的（例如，美、功用、适当性，等等）。然而，作为由伽利略开创的近代自然科学相关项的自然，并不包含'国家、教会、宗教'等概念。在此意义上，胡塞尔将自然与精神相对立。作为自然一部分的人，被理解为物质性身体或心物统一体，但从不被理解为人格。"①

随着对一客观自然事物规定为这是"什么"，自然事物成为一个观念的现成之物，一个没有任何价值谓词的纯粹事物。作为一个已经完成了的单纯事物，它与作为本源的自然的联系就被切断了；或者说，本源的自然在客观自然面前彻底地隐藏着自身，自然本身本就具有的深度、奥秘和神性，对意识主体完全消失了，客观自然因此成了一个缺乏自然性的自然。

2. 身体意识与自然

身体意识是融知性与感性为一体的生活意识，如果说纯粹意识是一种"知"，那么身体意识则是一种"意"，其所对应的是身体主体和日常生活态度，即胡塞尔所谓的侧重功用的评价和实践的态度。胡塞尔虽没有身体主体的概念，但他把身体看作"躯体"与"心灵"的结合点。躯体虽然被他看作具有"广延性"的物的一部分，但由于心灵居于其内，躯体也就成为经验的中心，一种行动和指控运动的中心。"我们使其与作为第二种实在的物质自然相对立者，不是'心灵'，而是躯体和心灵的此具体统一体，此心灵即人的（或动物

---

① ［爱尔兰］德尔默·莫兰、约瑟夫·科恩：《胡塞尔词典》，李幼蒸译，中国人民大学出版社 2015 年版，第 173 页。

的）主体。"① 海德格尔的"此在"，尽管没有明确谈论身体，但不能由此断定此在不包含身体的维度，正如不谈论意识，此在也毫无疑问包含意识的维度一样。实质上，他所谈论的不是作为实体的身体而是作为现象的身体，即生存着的身体。从意识的角度看，有身体参与的此在之意识是非反思的原初意识，是身体意识，生存意向性也就是身体意向性。此在的生存结构是"在世界之中存在"，在世本质上就是操心，操心意味着此在在世界中和它所遭遇的存在者打交道。梅洛－庞蒂的身体主体是一个投身世界的主体。身体是在世存在的立足点、视点、零点、出发点和锚定点。身体本身包含着自然和精神两个因素，自然作为一切精神存在和文化存在基底的土壤，在这个主体中起着一种底层构架的作用，因此规定了身体主体的前人格特征：非反思的、感知的我。

作为身体意识相关项的自然事物及其世界，对胡塞尔来说，就是在前科学和前先验态度中的空间－时间－质料的感性经验世界，它是前科学的我们的感性经验的世界，它属于胡塞尔所谓的"生活世界"。对海德格尔来说，自然不是在自然产物的现成存在中，而是在此在的生存中作为遭遇到的自然、作为周围世界的自然被揭示的。如果用传统认识论的观点去看自然，那么"那个澎湃汹涌的自然，那个向我们袭来、又作为景象摄获我们的自然"就会深藏不露。因此"植物学家的植物不是田畔花丛，地理学确定下来的河流'发源处'不是'幽谷源头'"②。对于梅洛－庞蒂来说，自然属于被知觉的世界。对于杜夫海纳来说，自然属于"现实世界"，这个"世界保证世界中每个事物在我们眼中的现实性。……它是各种被感知到的对象的总体，但丝毫不是某种能概括它的科学所认识的总体，而是作为一切境域的境域给予一切被感知到的对象的境域的那个总体。这个世界是一切形体清晰

---

① ［德］胡塞尔：《现象学的构成研究》，李幼蒸译，中国人民大学出版社 2013 年版，第378 页。

② ［德］海德格尔：《存在与时间》，陈嘉映、王庆节译，生活·读书·新知三联书店 1999年版，第 83 页。

显现的背景"①。

在身体主体与自然事物之间，并不表现为一种外在的一个面对另一个的主客体关系，而是一种相互蕴含的关系，事物就内置于我的肉体之中，同时我们的身体将我们投射到令人信服的事物的世界中。我们属于物体，物体也属于我们。所谓感知，就是与自然世界保持一种生命联系，而世界则把感知当作我们的生活的熟悉场所呈现给我们。在这种相互归属的生命联系中，作为存在的自然，借自然事物的感性的价值，显示了自身的自然本性。身体主体的实践行为，一方面，通过物质实践活动改造自然，从而在本体上把自在的盲目的自然变成了属人的自然，如马克思所说："从理论领域来说，植物、动物、石头、空气、光等等，一方面作为自然科学的对象，另一方面作为艺术的对象，都是人的意识的一部分，是人的精神的无机界，是人必须事先进行加工以便享用和消化的精神食粮。"② 但在现实生存中，这仅仅是一种可能性。另一方面，人的感性活动的质的规定性是现实生存，功利性和目的性是现实生存的根本特征。身体意识之"意"体现的是一种对外在自然的欲望关系，人化自然走向反面就造成了人与自然的对立，人以"欲望－身体"主体的身份所进行的感性的现实生存活动，固然从一般的、必然的、抽象的科学世界回到了个别的、偶然的、现象的、感性的生活世界，但是自身存在的目的性和片面性，必然缩减了事物的丰富性，造成了物的单质化、功能化和齐一化。人的单面生存和物的单质化导致作为存在的自然不可能充分显现。至此，我们可以说，生存意识所指向的自然限定着存在，因此，人为的自然是带有限定性的自然。

3. 自由意识与自然

自由意识是融知性意识与身体意识为一体的具有超越性的情感意识，其所对应的是具体主体及其超功利的审美态度。审美态度使知觉主体放下了"知"与"意"所带来的生命负担，成为一个自由自在的

---

① ［法］杜夫海纳：《审美经验现象学》，韩树站译，文化艺术出版社 1996 年版，第 180 页。
② 《马克思恩格斯全集》第 42 卷，人民出版社 1979 年版，第 95 页。

人，一个真正自然的人。杜夫海纳把这个主体称为"具体主体"——情感主体，因为，情感是人的本源性的存在方式和构成因素，并以此指向并建构着审美对象和它所是的世界。海德格尔把这个主体称为"此－在"。此－在是人的存在的本源、基础，此－在标识着人的存在的最高可能性，此－在占有人和人被让进入或被放入此－在，此－在使人能自由地从事他的一切实际活动；在变得更具存在性之际，人寓居于这个"此"。梅洛－庞蒂把这个主体称为"可感的感觉者"。"可感的－感觉者"仍然立足于身体，只是它比"身体主体"更原初从而也更感性，它是"身体之肉"或"肉之身体"，它解除了身体的主体性，而代之以身体与他人他物，与自然，与世界，乃至与存在本身的"身体间性"。身体间性超越了身体知觉的单向意向性而成为人与世界交错与交织的可逆的双向意向性。

自由意识的相关项是审美对象。在此，首先的一个问题是，审美对象能表征自然吗？杜夫海纳"审美对象就是自然"表达的到底是什么意思？正如前言，作为纯粹意识相关项的客观自然，是一个缺乏自然性的自然；作为身体意识相关项的自然，是一个自然性受到限定的自然；只是在审美对象这里，自然性得到了辉煌的感性的显现。从审美对象所覆盖的范围来看，在审美知觉之外，任何对象（包括艺术作品）都是一物，尽管有的是自然之物，有的是人造之物，有的是人化之物，但作为物的本性没有本质的区别。在审美知觉的范围之内，这些"物"因为被情感主体的审美态度悬置了它的有用性和客观性而转化为"艺术作品"，这些"艺术品"是处于可能状态的审美对象。审美知觉与艺术品相遇，使其感性得以辉煌地呈现从而转化为审美对象。艺术作品、实用对象、技术对象等这些人为对象，在转化为审美对象时，就服从自然，走向自然，最终成为自然；而自然对象则以其向审美对象的转化而走向自身。正是因为审美对象扩大了自然的范围并成为整个自然的表征，所以不仅自然界，而且整个世界才表现为它自己的属人的存在的基础。从审美对象自身的构成看，它所包含的自在、自为、感性存在三个层面都蕴涵着自然之义。作为"物"，它是自在的自然；作为具有表现力的准主体，它是自为的自然；作为感性存在，它是本体层次上的自然。

在本体的层次上，凭借审美对象这个中介，人与自然达到了高度统一。自然在事物身上显现，人的精神在事物之中进行自我认识。"在这个条件下，自然把我自己的形象反射给我，对我来说，它的深渊就是我的地狱，它的风暴就是我的激情，它的天空就是我的高尚，它的鲜花就是我的纯洁。"①

三 作为情感与存在本源同一的自然性

情感、存在与自然的本源关系，不是预（将来）成和既（过去）成，而是在此时此地（瞬间场域）的当下（现在）生成。王夫之的"现量"说对此作了很好的说明："'现量'，'现'者有'现在'义，有'现成'义，有'显现真实'义。'现在'，不缘过去作影；'现成'，一触即觉，不假思量计较；'显现真实'，乃彼之体性本自如此，显现无疑，不参虚妄。"②《易传》说："生生之谓易"，我们说："生生之为美"。从自然的角度看，作为情感与存在的本源同一表现为：自然的召唤，诗人的应合，审美对象"存在"的自然性。

1. 自然的召唤

杜夫海纳认为人与自然的关系，一方面人是造化自然的产物；另一方面自然通过人而自我揭示。就前一个方面看，"如果说，人类和世界通过它们的密切关系而彼此形成对方的'基础'，那么它们都植根于造化，造化是它们的'土地'或'根基'：'造化这个根基产生了一个能荣耀它自己的意识，它是在基础层次把人类与世界连接在一起的先天的先天'。"③ 就后一个方面看，造化自然需要人类，同时在人身上它实现了自我需要。

海德格尔在对荷尔德林诗的阐释中，把自然描述为显现者、迷惑者、出神者、神圣者。作为显现者，"自然在一切现实之物中在场着。自然在场于人类劳作和民族命运中，在日月星辰和诸神中，但也在岩

---

① ［法］杜夫海纳：《美学与哲学》，孙非译，中国社会科学出版社1985年版，第41页。

② 王夫之：《相宗络索·三量》，《船山全书》第十三册。

③ ［法］杜夫海纳：《审美经验现象学》，韩树站译，文化艺术出版社1996年版，第623页。

石、植物和动物中，也在河流和气候中"①。总之，自然以其在场状态贯穿了万物，因为它是无所不在之在场，因而是无所不在者之本质。自然的显现具有整全性，但不是指对现实之物的数量上的完全的囊括，而是指把相互对立的事物如至高的天空和至深的深渊保持在共属一体的统一体之中的贯通事物的方式。"以此种方式达乎'极端'而显现出来的东西乃是最高的显现者。如此这般显现者乃是迷惑者。"② 这一无所不在的统一体乃是出神者，因为这个统一体把相互对立的事物置回到宁静之中，在其中，一方把另一方摆置于显现之中。"无所不在的自然有所迷惑又有所出神。而这同时的迷惑和出神就是美的本质。"③ 荷尔德林在诗中把自然命名为"神圣者"，海德格尔从时间的角度对其作了如下的解释：

> "自然"是最古老的时间，但绝不是形而上学所说的"超时间"，更不是基督教所认为的"永恒"。自然比"季节"更早，因为作为令人惊叹的无所不在者，自然先就赋予一切现实事物以澄明，而只有进入澄明之敞开域中，万物才能显现，才能显现为现实事物之所是。自然先行于一切现实事物，先行于一切作用，也先行于诸神。……，自然，"强大的"自然，比诸神更能胜任别样东西：在作为澄明之自然中，万物才能当前现身。④

总之，作为神圣者的自然，就是指让万物得以显现的作为澄明之敞开域的当下瞬间。所以它能自行出现或开启，并能自行返回或锁闭。作为出现，自然是先于一切的最古老者；作为返回，自然是晚于一切的最新者。作为显现者、迷惑者、出神者，都可以纳入到这个当下瞬间来理解。荷尔德林说，"神圣者到来，神圣者就是我的词语"。词语在此指的是存在的道说，以此可以理解海德格尔解释："词语乃是神圣

---

① ［德］海德格尔：《荷尔德林诗的阐释》，孙周兴译，商务印书馆2000年版，第60页。
② ［德］海德格尔：《荷尔德林诗的阐释》，孙周兴译，商务印书馆2000年版，第61页。
③ ［德］海德格尔：《荷尔德林诗的阐释》，孙周兴译，商务印书馆2000年版，第61—62页。
④ ［德］海德格尔：《荷尔德林诗的阐释》，孙周兴译，商务印书馆2000年版，第68—69页。

者之居有事件。"①

　　按照海德格尔，人与"神圣者"的关系是，人归属于"神圣者"并被"神圣者"所拥抱，而诗人则因其培育（"把诗人们置于其本质的基本特征中"）而与"神圣者"相应合。按照杜夫海纳，是造化自然唤醒了诗人言说的欲望。所谓"自然的召唤"，究其实质，不过是说，自然以其无所不在的显现让诗人说。

　　2. 诗人的应合

　　什么是诗人？诗人如何应合自然的召唤？杜夫海纳区分了两类诗人："手工业诗匠"（le poète artisan）和"灵感诗人"（le poète inspiré）。手工业诗匠有两个特征：其一，把写诗看作是谋生的手段和工具，作诗对他们来说不过是一种职业；其二，按照特定的程式作诗，而不是去破除既定的规范进行创新。与此相对，灵感诗人不是某种从业者，对他们来说作诗不是谋生的手段或必须履行的义务，而是自身存在的需要。"这类诗人不是很关心自己在作诗这一活动，而完全在关心自己的一种心境状态。"② 从创作动机看，灵感诗人摆脱了功利性或目的性的强求，凭自发性实现了创造的自由；从创作结果看，其诗作充满丰富的情感内涵和个性化的风格特征。与手工业诗匠相比，灵感诗人是一个实现了精神自由的人。这意味着，诗人不仅"把诗从学院主义所培育的耳朵里解放出来"，而且将其"从理性的控制下拯救出来"③。在与自然和世界的关联中，诗人直接而无中介地表达自己的情感。

　　海德格尔也提出了同样的问题，与神圣者相应合的是何种诗人呢？他回答说："是那些处于适宜气候中的诗人们。惟这些诗人保持在与在预感中安宁的自然的应合关系中。基于这种应合，诗人之本质得到了重新裁定。"④ 这个被重新裁定了本质的诗人，不是所有的诗人，也不是无规定的任意什么诗人，而是"未来者"。"未来者"在《哲学论

---

　　① ［德］海德格尔：《荷尔德林诗的阐释》，孙周兴译，商务印书馆2000年版，第90—91页。

　　② ［法］杜夫海纳：《诗学》，法兰西大学出版社1963年版，第177页；转引自尹航《重返本源和谐之途》，中国社会科学出版社2011年版，第175页。

　　③ ［法］杜夫海纳：《诗学》，法兰西大学出版社1963年版，第161页；转引自尹航《重返本源和谐之途》，中国社会科学出版社2011年版，第177页。

　　④ ［德］海德格尔：《荷尔德林诗的阐释》，孙周兴译，商务印书馆2000年版，第64页。

稿》中是从"第一个开端"向存有之本现的"另一个开端"过渡的六个"环节"（接缝）之一，海德格尔本人对"未来者"的规定是："将来者乃是以抑制心情内立于被建基的此－在中的那些人，唯有他们才能获得作为本有的存在（跳跃）；作为本有的存在居有他们，并且授权他们去庇护存在之真理。"① 我们在此要记住，如瓦莱加－诺伊所说，并非因为它们会在一个可能的将来到来，它们才被成为未来者。作为一个寓居于此的人，未来者的本质是在将来、曾在和当前这三个时间性绽出环节得到规定的，对于驶入本现之中但尚处在存有之自行遮蔽中的人而言，他是将来的存有（本有）之敞开的寻求者；对于进入此－在之中的人而言，他是已经发生（曾在）的存在之真理的保护者和正在发生（当前）的最后之神的掠过之寂静的守护者。基于对人的本质的这三重规定，海德格尔把荷尔德林称为最具将来性的诗人。

从人与自然的关系看，无论是杜夫海纳的"灵感诗人"，还是海德格尔的"未来者"，都是一个顺应自然并回归自然的人。在这个意义上，康德把"天才"视为一种自然的禀赋："天才就是天生的内心素质（ingenium）。"② 因此，天才不是超人，而恰恰是最平凡、最普通的人，他悬置了一切人为而成为一个自然之子。他之所以能够突破"规则"具有独创性，是因为自然不需要"任何确定的规则"；他的作品之所以能够成为典范，是因为自然通过他给艺术提供典范。

诗人如何应合自然的召唤？杜夫海纳认为其途径是灵感，"灵感意味着一种意向性关系"③。诗人作诗不是因为个人情感的激励，而是被诗性直觉所揭露的"造化情感"。"诗人只在自己怀揣造化自然对他说的话时，才能够说出些什么；也就是说，他说话的方式只能是遵循某种外在的声音。"④ 这就是海德格尔所说的作为听的说。自然与人之

---

① ［德］海德格尔：《哲学论稿》，孙周兴译，商务印书馆 2012 年版，第 428 页。

② ［德］康德：《判断力批判》，邓晓芒译，人民出版社 2002 年版，第 150 页。

③ ［法］杜夫海纳：《诗学》，法兰西大学出版社 1963 年版，第 175 页；转引自尹航《重返本源和谐之途》，中国社会科学出版社 2011 年版，第 189 页。

④ ［法］杜夫海纳：《诗学》，法兰西大学出版社 1963 年版，第 178 页；转引自尹航《重返本源和谐之途》，中国社会科学出版社 2011 年版，第 191 页。

间，听与说之间，因为存在着共同的"情感先验"，所以能在特定的瞬间场域"感而遂通"。

3. 审美对象"存在"的自然性

无论是"自然说"还是"诗人说"，最终两者都共同指向了"作品说"，这就是审美对象的"存在"。造化"自己是不会说话的，但为了表现自己，它首先通过诸如水和天、暗和明这些基本形象向我们说话。这些具有原型身份的基本形象被体现在艺术之中，艺术便成为表现造化的东西：'所有艺术都像造化一样富有表现力；但是艺术表现造化，而造化则表现自己。'"①

为什么真正的艺术作品永远带有自然的外表？为什么审美对象就是自然？即使当艺术家并不抹去他加工的一切标记甚至有时还加强这些标记时也是如此，因为它们是一种自然的运动本身的标记，因为它们来自身体的深处，因为它服从于事物的实际情况。归结到一点，因为它们是自然必然性的表现。所谓自然的必然性，指的是存在本身的自然性。存在的必然性不是逻辑的必然性，不是预先思考过的必然性，而是自然的必然性。自然的必然性是自发性的别名，如果如杜夫海纳所说"天地所证明的不是一个偶然的世界，而是一个必然的世界"，那么"自发性之中的'创造的自然'只能通过在必然性中的'被创造的自然'，才能加以揭示"②。但假如天地所证明的不是一个必然的世界，而是一个偶然的世界，那么必然性中被创造的自然则只能通过自发性之中创造的自然才能得以揭示。

审美对象的"存在"是形式化的存在，是形式让审美对象存在。形式使审美对象不再作为一个实在对象的再现手段而存在，而是有它自身的存在。因此，审美对象"存在"的自然性是形式存在的自然性，正如杜夫海纳所说："是自然的必然性给自然对象以形式，它组成海上的'每一颗不可见的泡沫钻石'，使山坡生色，给屋顶提供

---

① ［法］杜夫海纳：《审美经验现象学》，韩树站译，文化艺术出版社1996年版，第622—623页。

② ［法］杜夫海纳：《美学与哲学》，孙非译，中国社会科学出版社1985年版，第49页。

建筑材料和倾斜度，给道路画出路线，给乡村的房屋规定方向和分布。"① 审美对象的形式是感性形式，因此，自然的必然性最终体现为感性中的必然性，它不是被认识到的而是被感觉到的，正是在当下的感觉中，审美对象存在——"它存在于感性之中，存在于形状、色彩或音响的王国之中"②。审美对象正是通过自身的这种感性形式的力量，在人与世界的结合点上，成为本体层次上的"情感与存在"的自然。审美对象本体层次上的"情感与存在"的自然，也就是人的本体层次上的"情感与存在"的自然。

---

① 〔法〕杜夫海纳：《美学与哲学》，孙非译，中国社会科学出版社 1985 年版，第 45 页。
② 〔法〕杜夫海纳：《美学与哲学》，孙非译，中国社会科学出版社 1985 年版，第 212 页。

主要参考文献

［法］杜夫海纳：《美学与哲学》，孙非译，中国社会科学出版社 1985 年版。

［法］杜夫海纳：《审美经验现象学》，韩树站译，文化艺术出版社 1996 年版。

［德］海德格尔：《从思想的经验而来》，孙周兴、杨光、余明峰译，商务印书馆 2018 年版。

［德］海德格尔：《存在的天命》，孙周兴编译，中国美术学院出版社 2018 年版。

［德］海德格尔：《存在与时间》，陈嘉映、王庆节合译，生活·读书·新知三联书店 1999 年版。

［德］海德格尔：《海德格尔选集》（上、下），孙周兴选编，上海三联书店 1996 年版。

［德］海德格尔：《荷尔德林诗的阐释》，孙周兴译，商务印书馆 2000 年版。

［德］海德格尔：《康德与形而上学疑难》，王庆节译，上海译文出版社 2011 年版。

［德］海德格尔：《林中路》，孙周兴译，上海译文出版社 1997 年版。

［德］海德格尔：《路标》，孙周兴译，商务印书馆 2000 年版。

［德］海德格尔：《面向思的事情》，陈小文、孙周兴译，商务印书馆 1996 年版。

［德］海德格尔：《什么叫思想》，孙周兴译，商务印书馆 2017 年版。

［德］海德格尔：《时间概念史导论》，欧东明译，商务印书馆 2009 年版。

［德］海德格尔：《现象学之基本问题》，丁耘译，上海译文出版社 2008 年版。

［德］海德格尔：《形而上学导论》，熊伟、王庆节译，商务印书馆 1996 年版。

［德］海德格尔：《演讲与论文集》，孙周兴译，生活·读书·新知三联书店 2005 年版。

［德］海德格尔：《在走向语言的途中》，孙周兴译，商务印书馆 1997 年版。

［德］海德格尔：《哲学论稿》，孙周兴译，商务印书馆 2012 年版。

［德］黑格尔：《精神现象学》（上下卷），贺麟、王玖兴译，商务印书馆 1996 年版。

［德］黑格尔：《精神哲学》，杨祖陶译，人民出版社 2006 年版。

［德］黑格尔：《美学》第一卷、第二卷，朱光潜译，商务印书馆 1979 年版。

［德］黑格尔：《美学》第三卷上册，朱光潜译，商务印书馆 1979 年版。

［德］黑格尔：《美学》第三卷下册，朱光潜译，商务印书馆 1981 年版

［德］黑格尔：《哲学全书纲要》，薛华译，上海世纪出版集团 2002 年版。

［德］胡塞尔：《被动综合分析》，李云飞译，商务印书馆 2017 年版。

［德］胡塞尔：《纯粹现象学通论》，李幼蒸译，商务印书馆 1992 年版。

［德］胡塞尔：《关于时间意识的贝尔瑙手稿》，肖德生译，商务印书馆 2016 年版。

［德］胡塞尔：《胡塞尔选集》（上、下），倪梁康选编，上海三联书店 1997 年版。

［德］胡塞尔：《逻辑学与认识论导论》，郑辟瑞译，商务印书馆 2016 年版。

［德］胡塞尔：《逻辑研究》第一卷，倪梁康译，上海译文出版社 1994 年版。

［德］胡塞尔：《逻辑研究》第二卷第一部分，倪梁康译，上海译文出版社 1998 年版。

［德］胡塞尔：《逻辑研究》第二卷第二部分，倪梁康译，上海译文出版社 1999 年版。

［德］胡塞尔：《内时间意识现象学》，倪梁康译，商务印书馆 2009 年版。

［德］胡塞尔：《欧洲科学危机与超越论的现象学》，王炳文译，商务印书馆 2001 年版。

［德］胡塞尔：《现象学的方法》，倪梁康译，上海译文出版社 2005 年版。

［德］胡塞尔：《现象学的构成研究》，李幼蒸译，中国人民大学出版社 2013 年版。

［德］胡塞尔：《现象学的心理学》，李幼蒸译，中国人民大学出版社 2015 年版。

［德］康德：《纯粹理性批判》，邓晓芒译，人民出版社 2004 年版。

［德］康德：《判断力批判》，邓晓芒译，人民出版社 2002 年版。

［德］康德：《实践理性批判》，邓晓芒译，人民出版社 2003 年版。

［波］罗曼·英加登：《对文学的艺术作品的认识》，陈燕谷、晓未译，中国文联出版公司 1988 年版。

［波］罗曼·英加登：《论文学作品》，张振辉译，河南大学出版社 2008 年版。

［法］梅洛－庞蒂：《符号》，罗国祥译，商务印书馆 2005 年版。

［法］梅洛－庞蒂：《可见的与不可见的》，罗国祥译，商务印书馆 2008 年版。

［法］梅洛－庞蒂：《世界的散文》，杨大春译，商务印书馆 2005 年版。

［法］梅洛－庞蒂：《行为的结构》，杨大春、张尧均译，商务印书馆 2005 年版。

［法］梅洛－庞蒂：《眼与心》，杨大春译，商务印书馆 2007 年版。

［法］梅洛－庞蒂：《意义与无意义》，张颖译，商务印书馆 2018 年版。

［法］梅洛－庞蒂：《哲学赞词》，杨大春译，商务印书馆 2000 年版。

〔法〕梅洛－庞蒂：《知觉的首要地位及其哲学结论》，王东亮译，生活·读书·新知三联书店 2002 年版。

〔法〕梅洛－庞蒂：《知觉现象学》，姜志辉译，商务印书馆 2001 年版。

〔法〕梅洛－庞蒂：《知觉现象学》，杨大春、张尧均、关德群译，商务印书馆 2021 年版。

〔德〕莫里茨·盖格尔：《艺术的意味》，艾彦译，华夏出版社 1999 年版。

〔法〕萨特：《存在与虚无》，陈宣良译，生活·读书·新知三联书店 1987 年版。

〔法〕萨特：《萨特文学论文集》，施康强等译，安徽文艺出版社 1998 年版。

〔法〕萨特：《萨特哲学论文集》，潘培庆、汤永宽、魏金声等译，安徽文艺出版社 1998 年版。

〔法〕萨特：《想象心理学》，褚朔维译，光明日报出版社 1988 年版。

〔法〕萨特：《影象论》，魏金声译，中国人民大学出版社 1986 年版。

〔法〕萨特：《自我的超越性》，杜小真译，商务印书馆 2001 年版。

〔德〕舍勒：《爱的秩序》，孙周兴等译，北京师范大学出版社 2014 年版。

〔德〕舍勒：《伦理学中的形式主义与质料的价值伦理学》上、下册，倪梁康译，生活·读书·新知三联书店 2004 年版。

〔德〕舍勒：《舍勒选集》（上、下），刘小枫选编，上海三联出版社 1999 年版。

后　记

　　自 20 世纪 90 年代末，贸然跨入现象学美学领域，迄今已二十多年了。在此期间，虽无学术研究的明确规划，但受问题各方位的触及，以及由此而来的一步步牵引，笔者陆陆续续地写作并出版了以下四部专著：《现象学方法与美学》，《审美对象存在论》，《存在论的现象学美学视角》，《回到纯粹感性》。

　　《现象学方法与美学》以现象学方法为经，上溯胡塞尔现象学哲学，下及盖格尔、英加登和杜夫海纳的现象学美学，力图在现象学哲学与现象学美学之间做一个贯通，借以揭示现象学哲学与现象学美学之间、现象学美学诸家之间在方法论方面继承发展改造演变之轨迹。以此印证现象学美学的奠基者莫里茨·盖格尔的断言：在美学科学中，人们会找到能够使现象学方法本身得到最出色的运用的领域。《审美对象存在论》是对杜夫海纳《审美经验现象学》中"审美对象的现象学"所作的专题研究。按照现象学的基本原理，此书重构了杜夫海纳审美对象现象学的理论构架：如何，是，什么。"如何"即审美对象的存在方式——自在、自为、为我们。"什么"即审美对象的存在形态——感性及其构成要素（形式、意义、世界）。"是"即审美对象的存在本性——真实性、表现性、自然性。上述内容分别构成了审美对象的"主体现象学"，"感性现象学"，"存在现象学"。《存在论的现象学美学视角》是对现象学哲学和现象学美学思想中"存在之维"的研究。鉴于传统思辨哲学对存在的遗忘，海德格尔、萨特、梅洛－庞蒂、英加登、杜夫海纳诸家，或直接或间接、或自觉或非自觉地走向了审美现象，即从艺术（诗歌、文学、绘画、建筑……）、物化之物等审美现象的角度追问存在。在"此在—存在者—存在"这个存在追问的三重结构模式中，审美对象这个高度感性且纯粹感性化了的存在者，以其"形式""意义""世界"三个构成要素与存在之"真""善""美"三个显现维度的同一，在其"物物化""世界世界化""争执与映射游戏"的本真"时–空"一体的发生运作中开显着存在。《回到纯粹感性》是对杜夫海纳《审美经验现象学》中"审美知觉的现象学"所作的专题研究。审美知觉主体涉及六个基本维度或方面：身体、态度、知觉、语言、意识、情感。对以上六个维度所作的"审美知觉现象学之现象学阐释"是双向的：一方面，运用现象学哲学诸家的理论深化、补充、丰富杜夫海纳的"审美知觉现象学"；另一方面，以此为基点和支点，汇聚、贯穿、融通现象学哲学诸家的相关理论，建构一个具有现象学总体性的审美主体理论。回到纯粹感性，则是对这个审美主体理论的总命名。

当笔者做完上述四项研究，回首自己所走过的路，却也发现，这些文字呈现了美学理论的四个基本方面——方法论、对象论、存在论（本体论）、主体论。如果从审美活动的构成要素来考察，上述"四论"或许能够建构一个汉语现象学美学的理论体系。从这个意义上讲，可以把"四论"看作一个整体，"四论"之间内在地具有一种互文性。

海德格尔论人诗意地栖居，认为在天、地、神、人四重整体的聚合游戏中，作为栖居起点的是大地。但这个大地并不是空泛的漫无所归的任何什么地方，而是作为家园和故乡的土地。栖居于大地之上，当然是一件令人"感–兴–陶–醉"的事情。若如此，那么对家园和故乡土地的寻觅，以及对通往这片土地的道路的刻画和标志，不同样也是一件令人快乐的事情吗？对于一个真正怀着乡愁的人来说，想必他也是会甘愿去做把刻画和标志这条道路所需要的"大钞票"转化成一个个能够兑付的胡塞尔所谓的"小零钱"这种艰苦细致回环往复的工作的。

　　变宋刘辰翁《柳梢青·春感》词意而用之，其中词句恰好象征性地呈现了笔者进入现象学王国后的种种心境：想故国，高台月明。辇下风光，山中岁月，海上心情。

　　是为记。

张云鹏

二〇二二年十二月